机器学习系列

人工智能与机器学习入门

原书第 2 版

[美] 理查德·E. 那不勒坦 (Richard E. Neapolitan)
姜霞 (Xia Jiang) 著

张留美　高国旺　程国建　译

机械工业出版社

本书是在原书第 1 版的基础上，经过全面的修订、更新和扩展，保留了相同的可读性和解决问题的方法，同时介绍了新的素材和最新发展。全书分为 5 个部分，重点介绍了人工智能中常见的关键的技术。本书第 1 部分介绍了基于逻辑的方法，第 2 部分则重点介绍了基于概率的方法，第 3 部分介绍了新兴的涌现智能，探讨了基于群体智能的进化计算及其方法。接下来是最新的发展，第 4 部分详细介绍了神经网络和深度学习。本书最后一部分重点介绍了自然语言理解。

本书可为人工智能和机器学习相关领域技术人员提供关键的人工智能与机器学习算法指导，用于解决具有挑战性的实际问题，如在智慧医学、软件诊断、财务决策、语音识别、文本处理、遗传分析等专业领域中的智能解决方案。

图书在版编目（CIP）数据

人工智能与机器学习入门：原书第 2 版/（美）理查德·E. 那不勒坦（Richard E. Neapolitan），（美）姜霞（Xia Jiang）著；张留美，高国旺，程国建译. —北京：机械工业出版社，2021.8

（机器学习系列）

书名原文：Artificial Intelligence：With an Introduction to Machine Learning，Second Edition

ISBN 978-7-111-68681-1

Ⅰ.①人…　Ⅱ.①理…②姜…③张…④高…⑤程…　Ⅲ.①人工智能②机器学习　Ⅳ.①TP18

中国版本图书馆 CIP 数据核字（2021）第 137897 号

机械工业出版社（北京市百万庄大街 22 号　邮政编码 100037）
策划编辑：朱　林　责任编辑：朱　林
责任校对：李　杉　封面设计：马精明
责任印制：张　博
涿州市般润文化传播有限公司印刷
2021 年 10 月第 1 版第 1 次印刷
184mm×260mm·24 印张·594 千字
0001—1500 册
标准书号：ISBN 978-7-111-68681-1
定价：199.00 元

电话服务　　　　　　　网络服务
客服电话：010-88361066　机　工　官　网：www.cmpbook.com
　　　　　010-88379833　机　工　官　博：weibo.com/cmp1952
　　　　　010-68326294　金　书　　　网：www.golden-book.com
封底无防伪标均为盗版　机工教育服务网：www.cmpedu.com

译　者　序

当前业界与学界流行的热词是人工智能、区块链、云计算、数据科学与大数据、物联网、虚拟现实，而人工智能则包含了机器学习与深度学习。三位深度学习之父 Yoshua Bengio、Yann LeCun、Geoffrey Hinton 因他们在神经计算领域的突出贡献而获得了 2019 年度计算机科学界的最高奖——图灵奖。人工智能技术在 60 多年前就已萌芽，早年由于缺乏足够强劲的硬件和海量数据支撑，导致其发展迟缓。如今，得益于硬件算力的增强和深度学习算法的进步，加上互联网及移动计算产生的海量数据，人工智能技术的发展和应用具备了成熟条件。越来越多的国家和地区将人工智能上升为发展战略，并将其视作促进经济繁荣、社会福祉、国家安全的重要筹码。在最近数年中，计算机视觉、语音识别、自然语言处理和机器人取得的爆炸性进展都离不开人工智能与机器学习。

为满足业界急剧上升的人才需求，全国已有 500 余所高校设立了大数据与人工智能类专业，科技前沿公司也纷纷布局自己的研发战略及产品生态。本书从独特的视野介绍了人工智能中出现的关键技术。全书分为 5 个部分：第 1 部分介绍了基于逻辑的方法；而第 2 部分重点介绍了基于概率的方法；第 3 部分介绍了涌现智能的特点，探讨了基于群体智能的进化计算方法；接下来是最新的发展，介绍了人工神经网络和深度学习；最后一部分重点介绍了自然语言理解。

本书的两位作者是人工智能领域的学科引领者及创业者。Richard E. Neapolitan 博士是美国东北伊利诺伊州大学的计算机科学名誉教授和美国西北大学的生物信息学教授，同时也是贝叶斯网络解决方案公司总裁。其研究兴趣包括概率和统计、决策支持系统、认知科学以及概率模型等在医学、生物学和金融等领域的应用。Xia Jiang 博士是美国匹兹堡大学医学院生物医学信息学系的副教授。她在人工智能、机器学习、贝叶斯网络和因果学习等方面拥有超过 16 年的教学和研究经验，并将这些方法用于建模和解决生物学、医学和转化科学领域的问题。

本书适合作为本科教学参考书及高职院校培训教材，对研究生自修也有极大帮助，对自学及实战者也是不可多得的辅助参考。本书的翻译出版得益于机械工业出版社编辑的推荐与鼓励，在此特致感谢。我的研究生们在全书的初稿形成、图表编辑等诸多方面给予了帮助，在此一并致谢。由于译者水平有限，加之人工智能与机器学习领域新兴概念繁多，难免误译或词不达意，敬请读者赐教与原谅。

译者谨识
2021.5

原 书 前 言

近年来，我对人工智能（AI）课程的认识产生了巨大转变。曾经认为该课程应该讨论为建立一个可以在复杂、变化的环境中进行学习和决策、影响该环境并将所获知识和决策传达给人类的人工实体的工作，即一个可以思考的实体。因此，在课程中会引入那些未能扩展的弱人工智能方法。但是，随着强人工智能方法在有限领域解决挑战性问题时越来越重要，我们的课程也越来越关注于这些方法。现在将引入反向链、正向链、规划、贝叶斯网络推理、规范决策分析、进化计算、决策树学习、贝叶斯网络、监督学习、无监督学习以及强化学习，我们将展示这些方法的实际应用。这些技术对于计算机科学专业的学生来说已经变得与分治法、贪婪方法、分支定界法等技术同等重要。然而，除非学生选修了人工智能课程，否则将不会学到上述方法。因此，我的人工智能课程演变成了一门本科学生可以同时或跟随在算法分析课程之后学习的课程，它将涵盖我认为比较重要的人工智能领域的问题求解方案。我觉得这样的课程应该像数据结构和算法分析一样，成为计算机相关专业本科培养计划中的核心课程之一。

由于以下两个原因，尚未有图书能满足我所教授课程的需要：

1）人工智能是一个广阔的领域，在过去的 50 年中，发展出了许多各种各样的技术。现有的图书试图涵盖全部内容，而不是简单地提供有用的方法和算法。

2）目前没有图书可供美国东北伊利诺伊州大学等主要大学的学生使用。我对算法分析课程也有同样的困惑，这也是写作《算法基础》的原因。

因此，我使用自己的《贝叶斯网络》课本和课堂笔记来教授该课程。最后，我决定将这些笔记变成这本著作，以便其他高校的教授也可以提供类似的课程。虽然我竭力使所有计算机科学专业的学生都能读懂这本书，但依旧很难在严格意义上进行折中。我觉得本书适合在任何开设人工智能课程的高校中使用。

本书撰写的目的不是要成为 AI 的百科全书或呈现 AI 发展史，而是在一个学期有限的时间内，尽量涵盖 AI 内容，并且向学生讲授那些我认为与 AI 相关的最为有用的技术。这些技术包括：

1）基于逻辑的方法；

2）基于概率的方法；

3）基于群体智能的进化计算与方法；

4）神经网络与深度学习；

5）语言理解。

本书清楚地反映了我自己的偏好。书中没有讨论模糊逻辑、支持向量机以及 AI 中的许多其他分支。例如没有包括搜索技术，因为大多数搜索技术都出现在数据结构和算法图书中。书中几乎一半的内容是有关概率的方法，可能有部分原因是我对这些方法最为了解，因为这是我自己的研究领域，也可能因为我认为它们是最为重要的（这就是为什么概率成为我的研究领域)。在第 2 版中，增加了关于神经网络和深度学习的部分，因为它们在语音和图像识别等领域的使用越来越广泛。

本书的撰写是以我讲授的顺序为基础。因此，建议大家从头至尾按顺序学习这些章节。如果没有时间学习整本书，建议可以跳过 9.3~9.6 节内容，这些章节探讨了决策分析中的高阶主题，而 11.6 节则涉及因果学习。标有（∗）的部分所包含的内容与书中的其他内容相比，难度较高，但确涵盖了重要的主题，如果学生有足够的能力来掌握它们，则不应跳过这些章节。

感谢 Dawn Holmes 和 Kevin Korb 阅读了手稿并提供了有用的评论。我还要感谢 Prentice Hall 出版社允许节选了我的著作 *Learning Bayesian Networks*，以及感谢 Morgan Kaufmann 出版社允许节选了我的著作 *Probabilistic Methods for Financial and Marketing Informatics* 和 *Probabilistic Methods for Bioinformatics*。

Richard E. Neapolitan
RE-Neapolitan@ neiu. edu

作 者 简 介

Richard E. Neapolitan 是美国东北伊利诺伊州大学的计算机科学名誉教授，美国西北大学
的生物信息学教授，同时也是贝叶斯网络解决方案公司总裁。其
研究兴趣包括概率和统计、决策支持系统、认知科学以及概率模
型等在医学、生物学和金融等领域的应用。Neapolitan 博士是一
位多产作者，在不确定性推理领域最著名的期刊上发表多篇论
文。他出版过 5 本著作，包括在 1989 年出版的具有开创性的贝
叶斯网络教科书 *Probabilistic Reasoning in Expert Systems*；*Learning
Bayesian Networks*（2004 年）；*Foundattions of Algorithms*（1996
年、1998 年、2003 年、2010 年、2015 年），此书已翻译成 3 种
语言出版；*Probabilistic Methods for Financial and Marketing Infor-
matics*（2007 年）；*Probabilistic Methods for Bioinformatics*（2009

年）等。他编写教科书的方法与众不同，他通过简单的示例引入一种概念或方法，然后再
提供理论基础。因此，他的著作以在不牺牲科学严谨性的情况下使难以理解的材料更易于理
解而著称。

Xia Jiang 博士是美国匹兹堡大学医学院生物医学信息学系的
副教授。她在人工智能、机器学习、贝叶斯网络和因果学习等方
面拥有超过 16 年的教学和研究经验，并将这些方法用于建模和解
决生物学、医学和转化科学领域的问题。Xia Jiang 博士率先将贝
叶斯网络和信息理论应用于从数据中学习因果关系（如遗传认知
学）的任务，并且她在癌症信息学、概率医学决策支持和生物监
测领域进行了开创性研究。她是 *Probabilistic Methods for Financial
and Marketing Informatics*（2007 年）一书的合著者。

目　　录

第 2 部分　概 率 智 能

第3部分　涌 现 智 能

第 4 部分　神 经 智 能

第 5 部分　语 言 理 解

第1章 人工智能入门

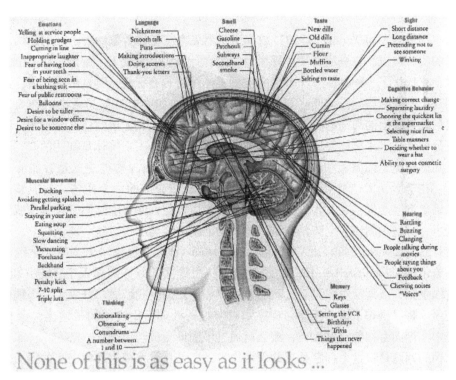

None of this is as easy as it looks ...

1990 年,我(Richard Neapolitan)对人工智能(AI)领域还比较陌生。在麻省理工学院举行的第六届人工智能不确定性大会上,我遇到了尤金·查尼阿克(Eugene Charniak),他当时是一位著名的人工智能研究者。与他在校园中散步时,我说:"我听说日本人正在把模糊逻辑应用到人工智能上。"查尼阿克回答说:"我不相信日本人在这方面的研究比我们更成功。"这番话证实了我已经开始意识到的问题,即人工智能似乎是一个明显的失败。

查尼阿克博士的那番话在 1990 年是正确的,如今仍然也是。如果我们认为人工智能是一种人工实体的发展,比如电影《终结者》(*Terminator*)中的终结者,或者经典科幻电影《太空漫游》(*Space Odyssey*)中的哈尔(HAL),那么我们还没有开发出任何类似的东西。终结者和哈尔是人工实体,他们可以在复杂多变的环境中学习和做出决定,影响那个环境,并将他们的知识和选择传达给人类。我们没有这样的实体。

那么,为什么人工智能领域会一直存在,这本书又是为什么写的呢?在开发人工智能的过程中,研究人员研究了人类等智能实体的行为/推理,并基于这种行为开发了算法。使用这些算法可以解决许多有趣的问题,例如开发在有限域中具有智能行为的系统。这些算法的应用领域非常广泛,例如医疗诊断、软件问题诊断、财务决策、复杂地形导航、航天飞机故障监测、语音和面部识别、文本理解、旅行计划制定、目标跟踪、从相似个体的偏好中学习个人偏好、了解基因之间的因果关系以及哪些基因影响表型。本书将关注这些算法和应用。在进一步讨论本书的内容之前，先简要介绍一下人工智能的历史。

1.1 人工智能的历史

首先讨论定义人工智能的早期工作。

1.1.1 什么是人工智能

阿兰·图灵（Alan Turing，1950）放弃了机器思考或机器智慧的哲学问题，提出了一种人工智能的实验测试，它更适合于计算机科学家在计算机上实现人工智能。图灵测试是一种操作测试，它提供了一种具体方法来确定被测实体是否具有智能。测试中询问者、人及人造实体分别处于不同的房间。询问者只能通过文本设备（如终端）与另一个人和人工实体交流。根据询问者提出的问题的答案，要求询问者将另一个人和人工实体区分开来。如果询问者无法区分两者，人工实体便通过了图灵测试，因此可定义人工实体是智能的。

图灵测试避免了询问者和人工实体之间的物理交互，因为物理交互是智能的非必要条件。例如，在电影《太空漫游》中，哈尔只是与宇航员交流的一个实体，它能够通过图灵测试。如果向询问者提供有关人工实体的视觉信息，以便询问者能够测试该实体感知和识别世界的能力，称这种测试为全图灵测试。电影中的终结者能够通过这个测试。

中文房间（Chinese room，the Chinese room argument）又称作华语房间，是由美国哲学家约翰·希尔勒（John Searle，1980）设计的一个思维实验以推翻强人工智能（机能主义）提出的过强主张，从而反对图灵测试。实验过程如下：假设我们成功开发了一个能懂中文的计算机程序。将汉语句子输入程序，程序对汉字进行处理后用汉语句子输出，参见图1.1。如果能使中文询问者相信它是人类，那么就通过了图灵测试。

希尔勒的问题是：这个程序是真的理解中文，还是只是在模拟理解中文的能力。为了解决这个问题，希尔勒提出以英语作母语的人被关在一个封闭的房间里。他随身带着一本写有中文翻译程序的书，房间里还有足够的稿纸和铅笔。写着中文的纸片通过小窗口被送入房间。

图1.1 中文房间实验

　　中文询问者可以通过门上的一个小窗口提供中文问题，希尔勒可以使用翻译程序的指令处理这些句子，将中文符号组合成对问题的解答，并将答案递出房间。希尔勒说，他已经完成了与通过图灵测试的计算机完全相同的任务。也就是说，每个人都在遵循一个模拟智能行为的程序。然而希尔勒并不会说中文。因此，可以认为计算机也不懂中文。希尔勒认为，如果计算机不能理解对话，那么它就不能思考，因此它就没有智能大脑。

　　希尔勒提出了被称为强人工智能的哲学立场，其内容如下：

　　被正确编程的计算机确实可被认为具有智力，在这个意义上，被恰当编程的计算机其实就可以理解和拥有其他认知状态。

——希尔勒，1980

　　基于中文房间实验，希尔勒得出结论，强人工智能是不可能的。他说："我可以解答任何你提出的问题，但我还是什么都不懂。"希尔勒的论文在一段时间内引发了大量的争议和讨论（例如，[Harnad，2001]）。

　　计算机可以以智能的方式运行，但不能理解其作业内容的状态被称为弱人工智能。所以问题的根本是，究竟是计算机具有思想（强人工智能），还是只能模拟思想（弱人工智能）。这种差异对于研究意识概念的哲学家而言更值得关注 [Chalmers，1996]。哲学家或许可以辩称，在中文房间的实验中可能会出现紧急情况，而希尔勒的所有操作行为可能会进而诱导思维的产生。然而，这些都不是计算机科学家所关心的。对于计算机科学而言，开发出具有智能的应用程序，计算机科学家已经实现了他们的目标。

1.1.2　人工智能的出现

　　人工智能最初的工作是模拟大脑神经元。人工神经元是具有开/关两种状态的二进制变量。这个概念最初是在文献 [McCulloch and Pitts，1943] 中提出的，进而当 Donald Hebb [1949] 为神经网络开发 Hebbian 学习时得到了进一步的发展。1951 年，马文·明斯基（Maruin Minsky）和迪安·埃德蒙兹（Dean Edmonds）建造了第一台神经网络计算机 SNARC。

　　在此基础上结合图灵测试的发展，研究人员越来越关注神经网络和智能系统的研究。1956 年，约翰·麦卡锡（John McCarthy⊖）在达特茅斯大学组织了一个为期两个月的研讨会。他在研讨会上创造了人工智能这个术语。参会者中包括了明斯基、克劳德·香农（信息论的创始人）。人工智能是一门新兴的学科，其目标是创建能够在复杂多变的环境中学习、反应和决策的计算机系统。

1.1.3　认知科学与人工智能

　　认知科学主要关注大脑如何表达和处理信息，研究思维及其过程，是一个跨领域的学科。它涵盖哲学、心理学、人工智能、神经科学、语言学和人类学，作为独立学科与人工智能出现的时间接近。认知科学是对人类心智的实证研究，而人工智能则致力于研究人工心智。这两个学科的研究者可以相互借鉴对方的研究成果。

　　⊖　John McCarthy 为人工智能应用程序开发了 LISP 编程语言，许多人认为他是人工智能之父。

1.1.4 人工智能的逻辑方法

大多数人工智能早期成果都以人类的逻辑建模为基础。第一个人工智能程序 Logic Theorist（逻辑理论家）是在 1955 年至 1956 年期间诞生的，该程序由艾伦·纽维尔（Allen Newell）和赫伯特·西蒙（Herbert Simon）开发，用于模仿人类解决问题的能力。Logic Theorist 能够证明罗素和怀特海（Russell and Whitehead）的数学原理中前 52 个定理中的 38 个，并为其中一些找到更短的证明方法［McCorduck，2004］。1961 年，纽维尔和西蒙提出了 General Problem Solver（通用问题求解器，GPS）程序，能够针对通用问题求解。它的推理基于均值-终点分析和人类在解决问题时处理目标和子目标的方式。GPS 能够解决例如汉诺塔这样的简单问题，但由于组合爆炸而无法扩展。1959 年，Gelernter 开发了 Geometry Theorem Prover（几何定理证明器［Gelernter，1959］），该程序能够证明初等欧几里得平面几何中的定理。

麦卡锡（McCarthy）［1958］描述了一个名为 Advice Taker（咨询者）的假想程序。不同于以前的工作，其设计目的是接受关于环境的新公理，并在不重新编程的情况下对它们进行推理。

我们希望使用 Advice Taker 的人认识到，程序并不会因为修改代码而获得改进，变为只需要输入环境符号以及期望的结果。使用者只需掌握少许的编程知识就可以编写程序指令。可以认为，该程序具有大量保护逻辑结果的类，输入的所有内容和历史知识都可以直接使用。可以认为这与我们描述某些人具有常识的特性有很多共同之处。因此，如果一个程序可以自动对输入的信息进行响应，利用其现有的类以及已知的知识进行推论，那么就可以认为这个程序是有常识的。

—麦卡锡，1958

Advice Taker 在人工智能中提出了一个重要的概念，即将世界的表征（知识）与对表征的操作（推理）分离开来。

研究人员为了提高开发实体过程的可控性，能够更智能化地合理考虑其世界的各个方面因素，进而提出了微观世界。其中最著名的是 blocks world（积木世界［Winograd，1972；Winston，1973］），本书 3.2.2.1 节对此进行了讨论。这个世界由放在桌子上的一组积木构成。机器人则需要用各种方式操纵积木来完成任务。

人工智能早期的成功使研究人员对其未来非常乐观。例如西蒙的名言：

我并不是为了使你惊讶——但我可以做个简单的总结：现在世界上有能够思考、学习和创造的机器。此外，它们的能力将迅速提高，不久之后所能处理问题的范围也将同人类一样广。

—西蒙，1957

然而，不管是能够证明包含有限数量事实定理的系统，还是在微观世界中表现良好的系统，都无法扩展成为能够证明包含许多事实的定理的系统和具有与复杂世界交互的系统。主要原因是组合爆炸。在微观世界中，对象相对较少，因此可执行的动作数量较少。随着对象数量的增加，搜索的复杂性呈指数级增长。此外，表征复杂世界的难度远远高于简单的微观世界。

1.1.5 基于知识的系统

刚刚描述了早期人工智能研究中所开发的通用智能程序，这些程序可以在有限的领域内工作，可以解决相对简单的领域内的问题。然而，这些方案未能扩展到能处理棘手问题的程度。这种无法扩展的方法被称为弱方法（weak method）（请勿与之前讨论的弱人工智能混淆）。创造哈尔和终结者对于现实而言是遥遥无期的，研究人员将精力投入到开发有用系统中去，针对专门的领域解决难题。这些使用丰富的、特定的领域知识的系统，称为基于知识的系统（knowledge-based system）。由于它们经常执行需要专家完成的任务，所以也称作专家系统（expert system）。专家系统遵循麦卡锡为 Advice Taker 指定的方法。即，知识由特定领域的规则表示，推理机制由可以修改规则的通用算法组成。其实现过程的详细信息见2.3.1 节。

著名的基于知识的系统包括：DENDRAL［Lindsay et al.，1980］，一个用于分析化学质谱图的系统；XCON［McDermott，1982］，用于配置 VAX 计算机的系统；ACRONYM［Brooks，1981］，一个视觉支持系统。

最初，基于知识的系统是基于逻辑的，它们执行精确的推理，并得出分类结论。然而，在许多复杂领域，特别是医学领域中，我们无法给出确定的结论。

为什么分类决策难以满足所有医学领域？因为世界太复杂了！尽管可以直接给出某些决策，但另一些决策太难，无法用简单的方式来制定规则。当许多因素可以作为决策依据时，当这些因素本身可能具有不确定性时，当某些因素因其他因素而变为非关键因素时，以及在收集那些实际上可能是非关键的决策信息成本较高时，流程图的刚性使其成为一个不恰当的决策工具。

—索洛维兹（Szolovits）和包克（Pauker），1978

研究人员为基于知识的系统寻找将不确定性纳入规则的方法。成果最显著的是 MYCIN 系统，MYCIN 是一种诊断细菌感染并开出治疗处方的医学专家系统，系统引入了 certainty factors（确定性因素）［Buchanan and Shortliffe，1984］。确定性因素在第 6 章的引言中进行了描述。

1.1.6　人工智能的概率方法

那不勒坦在文献［Neapolitan，1989］中表明，将不确定性知识和推理通过基于规则的形式表示不仅烦琐复杂，而且不能很好地描述人类的推理方式。Pearl［1986］提出了更合理的推测，人类能够识别个体命题和推理之间的局部概率因果关系。与此同时，决策分析研究人员［Shachter，1986］绘制了影响图，针对不确定性提供了规范的决策方法。20 世纪 80年代，认知科学［如朱迪亚·珀尔（Judea Pearl）］、计算机科学［如彼得·切斯曼（Peter Cheeseman）和洛特菲·扎德（Lotfi Zadeh）］、决策分析［如罗斯·沙克特（Ross Shachter）］、医学［如大卫·赫克曼（David Heckerman）和格雷戈里·库珀（Gregory Cooper）］、数学和统计学［如理查德·那不勒坦和大卫·斯皮格豪特（David Spiegelhalter）］和哲学（如，Henry Kyburg）的研究人员在新成立的人工智能不确定性研讨会（现在是一个国际会议）上会面，针对如何在人工智能中最好地应用不确定性推理进行了讨论。书籍《专家系统中的概率推理》［Neapolitan，1989］和《智能系统中的概率推理》［Pearl，1988］将上述讨论的许多成果集成到现今称为贝叶斯网络的领域。贝叶斯网络已经成为人工智能中处理不确定性推理的标准，许多人工智能应用程序都使用贝叶斯网络开发。9.8 节给出了相关案例。

1.1.7　进化计算和群体智能

前面探讨的人工智能的研究方法主要从个体认知的角度出发，即人的逻辑推理和概率推理。人工智能本身出现了不同的研究领域，这些领域多以其他生命形式种群中体现的智能模型为参考。进化计算（Evolutionary computation）[Fraser, 1958；Holland, 1975；Koza, 1992；Fogel, 1994] 以自然选择所涉及的进化机制为范式，获得优化问题的近似解。群体智能主要研究众多物种在群体工作时能够执行复杂的任务，而群体中的个体成员都不具有较高的智力。例如，一个蚁群能够有效地找到在巢穴和食物源之间的最短路径，而一只蚂蚁却没有能力完成这项任务。群体智能是一种智能的集体行为，当一些自治的、非智能的实体相互作用时就会出现。利用群体智能作为模型，研究人员开发了许多能够解决实际问题的算法 [Kennedy and Eberhart, 2001；Dorigo and Gambardella, 1997]。

1.1.8　神经网络与深度学习

如 1.1.2 节所述，20 世纪 40 年代，人工智能的基础工作涉及对大脑神经元的建模，这导致了神经网络领域 [Hebb, 1949] 的出现。人工神经网络由大量的神经元（人工神经元）组成，其行为基本遵循人类大脑中真实神经元之间的交流方式。每个神经元与其他许多神经元连接，这些连接可以增强或抑制相邻神经元的激活状态。网络结构由多层神经单元组成。信号从输入层开始，穿过隐藏层，最后到达输出层。

人工智能的逻辑方法在 20 世纪 50 年代占据主导地位，而神经网络流行度较低。随着用于训练神经网络的新算法和计算机处理速度的显著提高，神经网络在深度学习领域又获得了较高的关注 [Goodfellow et al., 2016]。深度学习神经网络体系结构与旧的神经网络的最大区别是它们通常具有更多的隐藏层。此外，深度学习网络可以通过无监督学习和监督学习进行训练。深度学习在解决计算机视觉和语音识别等其他方法都难以解决的问题中得到了广泛应用。

1.1.9　创建 HAL

利用基于知识的方法、概率方法、进化计算和神经网络，科研人员设计了许多有用的系统，这些系统可以以智能的方式解决特定领域的问题。在本章开始时提供了一些例子。尽管如此，包括 John McCarthy [2007] 和 Marvin Minsky [2007] 在内的一些早期人工智能研究人员仍认为，应该去研究能够思考的系统，而不是执行特定任务的系统。2004 年，他们举办了第一届 human-level AI 研讨会 [Minsky et al., 2004]。

相关研究领域通用人工智能（Artificial General Intelligence，AGI）于 2007 年出现，并拥有自己的期刊《通用人工智能期刊》[Goertzel and Pennachin, 2007]。AGI 的研究人员正在寻找一种可以在任意环境下学习和决策的程序。

当前另一位开发实体思维的贡献者是 Gerry Edelman。Edelman [2006] 用神经元群选择（neuronal group selection）的过程解释了高级大脑功能的发展和组织。这个模型被称为神经元达尔文主义（neural Darwinism）。基于这一模型，他开发了许多基于思维的机器人设备（Brain-Based Device，BBD），这些设备可以与现实环境交互 [Edelman, 2007]。然而，它们只能在有限的空间中活动。

1.2　大纲

如果我们希望有一天能够出现在多变的复杂环境中进行推理的智能实体，那么类人人工智能、AGI 和 Gerry Edelman 的努力都是至关重要的。然而，本书所采用的方法是将重点放在强大的人工智能方法上，使用这些方法开发的系统已经成功地解决了许多专业领域中有趣和重要的问题。

人工智能早期的成功是基于建模逻辑推理。例如，假设 Mary 知道如果某人完成了 120 个学分并通过了综合考试，那么这个人就会毕业。假设她知道 Joe 完成了 120 个学分，但他没有毕业。Mary 就可以断定 Joe 肯定没有通过综合考试。基于这种逻辑推理的人工智能模型是本书第 1 部分的重点。

在 20 世纪 70 年代，人类做出的许多判断越来越多地涉及不确定性或概率推断。例如，假设 Mary 知道努力学习将大大增加考试得 A 的机会；她也意识到聪明的人更有可能在考试中得 A。Mary 得知 Joe 得了 A。此时当 Joe 告诉 Mary 他学习不努力时，Mary 就可以推断 Joe 应该很聪明。到 1990 年，这种概率推理的建模在人工智能中变得很常见，这是第 2 部分的重点。

智能的行为并不局限于人类的推理。进化本身就相当智能，因为那些往往能够更好地适应环境的生物才能生存下来，人类自身的存在就是最好的证据。进化计算的研究人员基于自然选择模型解决了一些有趣的问题。非智能实体在群体中的行为有时会导致一种突发智能，也称为群体智能，并在此基础上研发了相应的算法。我们把这两种类型的智能都称为涌现智能。第 3 部分讨论了基于涌现智能的相关算法。

正如 1.1.8 节所提到的，目前神经网络在深度学习领域的应用举足轻重，并成功地应用于计算机视觉和语音识别等领域。第 4 部分关注神经网络和深度学习。

第 5 部分论述了人工智能的一个重要方面，即对自然语言的理解。

第1部分　逻辑智能

第2章　命题逻辑

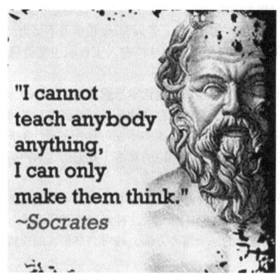

【苏格拉底：我不能教会别人什么，我只是让他们学会思考。】

命题逻辑涉及命题/陈述，从给定为真的陈述中可以推导出其他命题的真实性。演绎推理是一个过程，该过程证明了结论的真实性必然遵循前提的真实性。下面经典的例子说明了其推导过程：

苏格拉底是个人。

如果苏格拉底是个人，那么苏格拉底就是凡人。

因此，苏格拉底是凡人。

假设已知苏格拉底是一个人，可以认为"如果苏格拉底是个人，那么苏格拉底就是个凡人"是一个真实的陈述，那么大多数人都会认为苏格拉底是个凡人。命题逻辑不会质疑这种推理是否有意义。相反，大多数人都认为它在数学上模拟了这种和其他常见类型的演绎推理有其存在的道理。将这种推理结合到人工智能算法中时，此算法可以称为基于逻辑的。

2.1节提供了命题逻辑的基本属性。2.2节提出了一种称为归结定理证明的推理方法，该方法是许多自动推理程序使用的策略。2.3节主要介绍命题逻辑在人工智能中的应用。

2.1　命题逻辑基础

本节从语法及其语义的角度出发讨论命题逻辑。

2.1.1　语法

形式语言是字母按一定规律组成的一组单词。形式语言的字母表是构造每个词组的符号集。组合规则又称为语言语法，指定了字母表中的字母以何种方式组合起来构造词组。此时这些词组是形式化的字符串。

命题逻辑由形式语言和语义组成，为形式化字符串赋予含义，称为命题。命题逻辑的字母表包含以下符号：

1) 英文字母的字母表，即 A，B，C，…，Z 和这些字母中的每一个索引（例如 A_4）。

2) 逻辑的值，如 True 或 False。

3) 特殊符号：

¬（非）

∧（与）

∨（或）

⇒（如果—那么）

⇔（当且仅当）

()（分组）

符号¬ 称为一元连接符，符号∧、∨、⇒和⇔称为二元连接符。

创建命题的规则如下：

1) 所有字母、所有索引字母以及逻辑值 True 和 False 都是命题。它们称为原子命题。

2) 如果 A 和 B 是命题，那么¬ A、A∧B、A∨B、A⇒B、A⇔B 和(A)也是如此。它们称为复合命题。

复合命题¬ A 称为 A 的否定式，A∧B 称为 A 和 B 的合取，A∨B 称为 A 和 B 的析取。

这些字母表示变量，其值可以是原子或复合命题。可以通过这种方式对复合命题进行递归的定义。这些斜体字母不属于字母表。

例 2.1　假设 P 和 Q 是原子命题。如规则 2 中使用∧连接，此时 P∧Q 是一个命题。参考规则 2，可以将此复合命题和原子命题 R 使用∨连接，那么可以得到新命题 P∧Q∨R。

从数学角度出发，以上就是关于命题的形式语言的所有逻辑。然而，命题逻辑被用于对现实世界做出陈述并且进行推断。下一个例子说明了这种情况。

例 2.2　假设命题 P 和 Q 是对于真实世界的陈述：

P：外面正在下雨。

Q：路面很潮湿。

那么，以下复合命题符合真实世界的实际情况：

¬ P：外面不下雨。

P∧Q：外面正在下雨，路面很潮湿。

P∨Q：外面正在下雨或路面很潮湿。

P⇒Q：如果外面正在下雨，那么路面就会变潮湿。

P⇔Q：当且仅当路面潮湿时外面才下雨。

例2.3 P、Q和R是对于真实世界的陈述：

P：外面正在下雨。

Q：路面是湿的。

R：洒水喷头已打开。

然后参考规则2，使用析取符号∨，可以得到命题P∨R。使用合取符号∧再次使用规则2，可以得到命题Q∧P∨R。这个命题对真实世界的陈述如下：

Q∧P∨R：路面潮湿，外面正在下雨或喷水器打开。

2.1.2 语义

例2.3中命题Q∧P∨R有可能产生疑问：

1）路面是湿的为真，外面正在下雨或喷水器开着也为真。

2）路面是湿的且外面正在下雨为真或者喷水器开着为真。

接下来，通过介绍命题逻辑的语义，来解答这个疑问。

命题逻辑的语法只关注发展命题，与意义无关。如前所述，并非绝对需要将世界的陈述与命题联系起来。命题的语义逻辑赋予命题意义。语义由分配规则组成，指定了每个命题的值T（真）或F（假）。这样的赋值称为命题的真值。如果命题具有真值T，则可以认为它是真的。否则，可以认为它是假的。

命题逻辑的语义包括以下规则：

1）逻辑值True始终赋值为T，逻辑值False总是赋值F。

2）为每个其他原子命题分配一个值T或F。所有这些分配的集合将会构成模型或可能的世界。所有可能的世界分配都是合理的。

3）以下真值表给出了将各种连接词应用于任意命题而获得的真值情况：

a:

A	¬ A
T	F
F	T

b:

A	B	A∧B
T	T	T
T	F	F
F	T	F
F	F	F

c:

A	B	A∨B
T	T	T
T	F	T
F	T	T
F	F	F

d:

A	B	A⇒B
T	T	T
T	F	F
F	T	T
F	F	T

e:

A	B	A⇔B
T	T	T
T	F	F
F	T	F
F	F	T

4）可以根据以下规则，参考上述真值表，以递归的方式完成推导复合命题P∧Q∨R的真值：

① 分组符()具有最高优先级，首先评估()符号内子命题的真值。

② 连接词的优先顺序是¬、∧、∨、⇒、⇔。

③ 二元连接词的优先顺序是从左到右。

稍后将简要介绍适用规则4的示例。首先讨论规则3中的真值表。从数学角度出发，命题逻辑的语义只不过是分配真理对命题的价值。所以相比规则 3 中的表格，可以用不同的真理定义语义表格。但是，由于我们的目的是对真实情况做出陈述并以此为理由，所以语义的价值就在于反映人类如何根据对世界的陈述来进行推理。真值表 a~c 非常符合人类习惯。例如，如果 A 和 B 都是真的情况下，我们才考虑 A∧B 为真。但是，A⇒B 的真值表 d 并不容易理解。考虑以下命题：

P：外面正在下雨了。

Q：那不勒坦教授身高 5 英尺⊖。

假设窗外没下雨，那不勒坦教授差不多 6 英尺高。所以 P 和 Q 都是假的。然后，根据真值表 d，第 4 行，P⇒Q 为真。但是，下雨又如何说明那不勒坦的身高 5 英尺呢，而实际情况是他并不是 5 英尺高？首先，必须清楚一个命题代表什么。命题 P 表示外面正在下雨，和其他时间下雨没有任何关系。因此，P⇒Q 并不意味着如果哪天下雨了，那不勒坦将是 5 英尺高。其含义仅涉及了目前有雨这种情况，这是假的。

A⇒B 的解析难度通常涉及了真值表 d 的第 3 行和第 4 行。那么，现在对这些行中的真值是否符合期望进行分析。假设已知 A⇒B 为真，那么如果后来得知 A 也为真，根据真值表 d 的第 1 行，可以得出 B 也为真。这是应该期望的答案。如果得知 A 为假，根据第 3 或第 4 行，那么难以推导 B 的真假。这是应该期望的答案。所以当前的任务真值分配总体符合期望。现在假设根据第 3 行和第 4 行为 A⇒B 分配不同的真值的情况。首先，假设在这两行中将 F 分配给 A⇒B 并且保留第 1 行和第 2 行中的分配不变。然后，如果已知 A⇒B 和 B 都是真值，那么根据第 1 行，得出结论 A 为真。这意味着 B 蕴涵 A，然而这并不是所预期的 A⇒B。假设根据第 3 行而不是第 4 行将 F 分配给 A⇒B。如果已知 A⇒B 为真而 A 为假，那么必须根据第 4 行，可以得出结论 B 是假的。但是，这意味着 A 为假表明了 B 为假，这并非 A⇒B 原本表达的思想。如果将 F 分配给第 4 行的 A⇒B 而不是第 3 行，也会得到相同的解析难度。

上述的讨论过程对真值表 e 中的 A⇔B 的真值分配进行了解读具体讨论可留作练习。

下面通过实例介绍评估表达式真值的方法。

例 2.4 考虑以下命题：Q∧P∨R。这是例 2.3 中的命题。因为 ∧ 优先于 ∨，根据本节开始关于 Q∧P∨R 的含义，即：路面很潮湿、喷水器开着或者外面正在下雨都是真的。

下面真值表展示了 P、Q 和 R 的赋值使 Q∧P∨R 为真的情况。也就是说它，向我们揭示了命题为真的几种可能情况。真值表如下：

Q	P	R	Q∧P	Q∧P∨R
T	T	T	T	T
T	T	F	T	T
T	F	T	F	T
T	F	F	F	F
F	T	T	F	T
F	T	F	F	F
F	F	T	F	T
F	F	F	F	F

⊖ 1 英尺（ft）= 0.3048m。

首先，为 Q、P 和 R 列出所有 8 个可能的值来构造真值表。接下来使用真值表 b 计算 Q∧P 的值，因为∧优先于∨。最后使用真值表 c 计算 Q∧P∨R 的值。

例 2.5　假设实际上在本节开头阐述第一个语句部分是期望的结果。也就是说，路面很潮湿，并且确实外面正在下雨或喷水器开着。规则 4 中()连接词具有最高优先级。所以可以通过 Q∧(P∨R)来作为陈述。这个命题的真值表如下：

Q	P	R	P∨R	Q∧(P∨R)
T	T	T	T	T
T	T	F	T	T
T	F	T	T	T
T	F	F	F	F
F	T	T	T	F
F	T	F	T	F
F	F	T	T	F
F	F	F	F	F

例 2.6　假设在鞋店读到以下信息：如果您的鞋没有穿过，则在购买之日起 30 天内可以退货。这个陈述可以使用命题逻辑推导求真。对于这个世界场景，我们通过以下命题陈述：

P：鞋已经被穿过。

Q：鞋购买后不超过 30 天。

R：可以退货。

那么关于鞋的商店退货声明在逻辑上应表达为以下命题：

$$¬P∧Q⇒R$$

其真值表如下：

P	Q	R	¬P	¬P∧Q	¬P∧Q⇒R
T	T	T	F	F	T
T	T	F	F	F	T
T	F	T	F	F	T
T	F	F	F	F	T
F	T	T	T	T	T
F	T	F	T	T	F
F	F	T	T	F	T
F	F	F	T	F	T

表中的结果看起来有些奇怪。店主的意图是禁止对那些购买后如果已经穿过或超过 30 天的鞋执行退货业务。但是，却存在当 P 值为 T 时¬P∧Q⇒R 为真的情况，这意味着鞋子

已经被穿过。同时，也存在当 Q 为假的情况，这意味着已经超过 30 天。唯一违背店铺初衷的情况是 P 为假（鞋没穿过），Q 为真（不超过 30 天），R 为假（鞋不能被退回）。该问题产生的原因是商店所有者没有明确说明其目的是允许退货：当且仅当鞋未被穿过，没有超过 30 天。如果店主的陈述是这样的，那么在逻辑上对店主的政策表达如下：

$$\neg P \wedge Q \Leftrightarrow R$$

作为练习，可针对这个陈述构造真值表并验证是否正确对商店所有者的意图建模。

2.1.3 重言式和逻辑含义

对命题有以下定义。

定义 2.1 当且仅当一个命题在各种赋值下取值均为真时，该命题被称为重言式。

定义 2.2 当且仅当一个命题在各种赋值下取值均为假时，该命题被称为矛盾式。

请注意，在之前的定义中提到"当且仅当（if and only if）"。从技术层面上讲，如果不这样定义，则会有可能使具有一些不同属性的命题也可以成为重言式。这样做是为了进一步说明例 2.6。虽然本书在此以后的陈述定义中不会那么精确，但"当且仅当"的思想贯穿其中。

例 2.7 以下真值表说明了 $P \vee \neg P$ 是重言式。

P	$\neg P$	$P \vee \neg P$
T	F	T
F	T	T

说明，要么 P 必须为真，要么 $\neg P$ 必须为真。

例 2.8 以下真值表说明了 $P \wedge \neg P$ 是矛盾式。

P	$\neg P$	$P \wedge \neg P$
T	F	F
F	T	F

说明，P 和 $\neg P$ 不可能都是真的。

以下定义涉及两个重要的重言式。

定义 2.3 给出两个命题 A 和 B，如果 $A \Rightarrow B$ 是重言式，可以说 A 逻辑上蕴涵 B，我们写为 $A \Rightarrow B$。

例 2.9 以下是 $A \wedge B \Rightarrow A$ 的真值表：

A	B	$A \wedge B$	$A \wedge B \Rightarrow A$
T	T	T	T
T	F	F	T
F	T	F	T
F	F	F	T

因为 $A \wedge B \Rightarrow A$ 在任何情况下都为真，所以 $A \wedge B \Rightarrow A$。

例 2.10 以下是 A∧(A⇒B)⇒B 的真值表：

A	B	A⇒B	A∧(A⇒B)	A∧(A⇒B)⇒B
T	T	T	T	T
T	F	F	F	T
F	T	T	F	T
F	F	T	F	T

因为 A∧(A⇒B)⇒B 在任何情况下都为真，所以 A∧(A⇒B)⇒B。

定义 2.4 给定两个命题 A 和 B，如果 A⇒B 是重言式，可以说 A 和 B 在逻辑上是等价的，写作 A≡B。

例 2.11 以下是 A⇒B≡¬A∨B 的真值表：

A	B	¬A	A⇒B	¬A∨B	A⇒B⇔¬A∨B
T	T	F	T	T	T
T	F	F	F	F	T
F	T	T	T	T	T
F	F	T	T	T	T

因为 A⇒B⇔¬A∨B 是重言式，所以 A⇒B≡¬A∨B。

请注意，在前面的例子中，A⇒B 和 ¬A∨B 在每种可能的情况下都具有相同的真值。这是关于逻辑等价的一般结果，在下面的定理中加以说明。

定理 2.1 当且仅当 A 和 B 在每种可能的情况下均具有相同的真值时 A≡B。

证明 证明留作练习。

表 2.1 给出了一些重要的逻辑等价，称为定律。请使用表 2.1 建立真值表来进行练习。根据以下定理，通常可以使用这些简化的逻辑表达式定律：

定理 2.2 假设在 A 中有一个命题 A 和一个子命题 B。用逻辑上等价于 B 的任何命题代替 B，将会得到一个在逻辑上等同于 A 的命题。

证明 证明留作练习。

例 2.12 假设有以下命题：

$$¬¬P∧(Q∨¬Q)$$

可以将其简化如下：

根据双重否定定律 　　　　¬¬P∧(Q∨¬Q)≡P∧(Q∨¬Q)

根据排中律 　　　　　　　　　　　　　　≡P∧True

根据同一律 　　　　　　　　　　　　　　≡P

2.1.4 逻辑参数

现在已经奠定了一些基础，可以回到本章开头最初的目标，即数学模型演绎推理。回忆以下示例：

苏格拉底是个人。

如果苏格拉底是一个人，那么苏格拉底就是凡人。

表 2.1　一些众所周知的逻辑等式

逻辑等式	全名	
$A \lor \neg A \equiv \text{True}$	排中律	EM
$A \land \neg A \equiv \text{False}$	矛盾律	CL
$A \lor \text{False} \equiv A$ $A \land \text{True} \equiv A$	恒等律	IL
$A \land \text{False} \equiv \text{False}$ $A \lor \text{True} \equiv \text{True}$	支配律	DL
$A \lor A \equiv A$ $A \land A \equiv A$	幂等律	IL
$A \land B \equiv B \land A$ $A \lor B \equiv B \lor A$	交换律	CL
$(A \land B) \land C \equiv A \land (B \land C)$ $(A \lor B) \lor C \equiv A \lor (B \lor C)$	结合律	AL
$A \land (B \lor C) \equiv (A \land B) \lor (A \land C)$ $A \lor (B \land C) \equiv (A \lor B) \land (A \lor C)$	分配律	DL
$\neg (A \land B) \equiv \neg A \lor \neg B$ $\neg (A \lor B) \equiv \neg A \land \neg B$	德摩根定律	DeML
$A \Rightarrow B \equiv \neg A \lor B$	蕴涵消除	IE
$A \Rightarrow B \equiv A \Rightarrow B \land B \Rightarrow A$	当且仅当消除	IFFE
$A \Rightarrow B \equiv \neg B \Rightarrow \neg A$	对立律	CL
$\neg \neg A \equiv A$	双重否定	DN

因此，苏格拉底是一个凡人。

之前说过，如果假设已知苏格拉底是一个人，就可以相信"如果苏格拉底是一个人，那么苏格拉底就是凡人"陈述为真，那么大多数人都会推断苏格拉底是凡人。接下来看看命题逻辑如何模拟这种推理。使用以下命题代表关于这个世界的陈述：

P：苏格拉底是人。

Q：苏格拉底是凡人。

所以"如果苏格拉底是一个人，那么苏格拉底就是凡人"的命题为

$$P \Rightarrow Q$$

如果命题逻辑模仿人类推理的方式，那么 P 和 $P \Rightarrow Q$ 的值为真是由 Q 为真决定的。我们将证明它确实如此，但首先使用命题逻辑将演绎推理形式化。

论证由一组命题组成，包括了前提和结论。如果在所有前提都为真的每个模型中，前提包含了结论的话，结论也为真。如果前提需要结论，可以认为这个论证是合理的。否则可以说这是一个谬论。这里给出包括前提列表的论证以及结论如下：

1) A_1；

2) A_2；

$\vdots$

n) $\dfrac{A_n}{B}$。

我们使用符号$\vDash$来表示满足（entails）。因此，如果论证是合理的，可以写成

$$A_1，A_2，\cdots，A_n \vDash B$$

如果这是一个谬论则写成

$$A_1，A_2，\cdots，A_n \nvDash B$$

例 2.13 关于苏格拉底的论证如下：

1) P；

2) $\dfrac{P \Rightarrow Q}{Q}$。

其真值表如下：

P	Q	P⇒Q
T	T	T
T	F	F
F	T	T
F	F	T

因为当只有 P 和 P⇒Q 都为真，且 Q 为真时，这个前提才满足（entails）结论，且论证是合理的。所以 P，P⇒Q $\vDash$ Q。

以下定理涉及合理的论证和谬论。

定理 2.3 假设论证由前提 A_1，A_2，$\cdots$，A_n 和结论 B 组成，那么当且仅当 $A_1 \wedge A_2 \wedge \cdots \wedge A_n \Rightarrow B$，$A_1$，$A_2$，$\cdots$，$A_n \vDash B$。

证明 证明留作练习。

这个定理表明，正如期望的那样，一个合理论证的前提实际上在逻辑上已经蕴涵了结论。

例 2.14 表明例 2.13 中的参数是合理的。因此，根据定理 2.3，必须有 P $\wedge$ (P⇒Q)⇒Q。而在例 2.10 中已经得到了相应结果，表明任意命题 A 和 B 的 A $\wedge$ (A⇒B)⇒B。

例 2.15 以下是一个常见的习语："有烟的地方必有火。"当人们想要得出一个人必须是坏人的结论时，通常会使用有关此人的负面陈述。接下来讨论一下根据文字陈述来进行推断本身的过程。以下命题代表对世界现象的陈述：

P：有火灾。

Q：有烟。

可以假设火总会产生烟雾，反之则不然。例如，舞台上的烟雾效果器。所以 P⇒Q 为真，但 Q⇒P 不为真。因为 Q⇒P 不为真，任何使用这个谚语的人都不应该认为 Q⇒P 是真的。因此，他们的推理是由以下论点建模的：

1) Q；

2) $\dfrac{P \Rightarrow Q}{P}$。

此论点的真值表如下：

P	Q	P⇒Q	Q∧(P⇒Q)	Q∧(P⇒Q)⇒P
T	T	T	T	T
T	F	F	F	T
F	T	T	T	F
F	F	T	F	T

因为 Q∧(P⇒Q)⇒P 不是重言式，Q∧(P⇒Q)⇒P 不成立，此时论证是一种谬论，所以 Q，P⇒Q⊭Q。

这恰恰说明了烟是由火产生的，但烟也有其他的产生原因。在这种情况下，产生这样的效果使得原因有多种但不确定。本书将在第 7 章中更多地研究具有原因和影响的概率推理。

2.1.5　派生系统

虽然可以使用真值表来证明任何论证是合理的还是谬误的，但是这个过程有两个困难。首先，前提的数量决定了时间复杂度是以指数级增长。也就是说，如果有 n 个前提，那么真值表中就需要 2^n 行来确定论证的合理性。其次，人们不会以这种方式进行演绎推理。请考虑以下示例。

例 2.16　假设试图确定兰迪如何谋生。已知兰迪要么写书，要么帮助其他人写书。也知道如果兰迪帮助其他人写书，她则可以编辑的身份谋生。最终我们知道兰迪不写书。

可以做如下推理，而不是使用真值表。因为，已知的条件是兰迪写书或帮助其他人写书和兰迪不写书，可以得到兰迪帮助其他人写书的结论。因为兰迪帮助其他人写书是已知的，进而可以得出结论，兰迪以编辑的身份谋生。

针对上述例子，可以使用推理规则来演绎推理。以下命题代表关于这个世界的陈述：

P：兰迪写书。

Q：兰迪帮助其他人写书。

R：兰迪以编辑的身份谋生。

已知 P∨Q 和¬P。根据这两个事实，利用析取三段论，可以得到结论 Q。接下来，因已知 Q 和 Q⇒R 为真，得出结论 R。这种推理方法使用了分离规则（modus ponens rule）。一组推理规则的集合称为演绎系统。表 2.2 中给出了这样的集合。合理的演绎系统仅能派生出合理的论证。要证明表 2.2 中的规则是合理的，那么就需要确保其中每一条都是合理的。可以使用真值表检验每个规则的合理性。

表 2.2　推理规则

推理规则	全名	
A，B⊨A∧B	组合规则	CR
A∧B⊨A	简化规则	SR
A⊨A∨B	加法规则	AR

（续）

推理规则	全名	
A，A⇒B⊨B	分离规则	MP
¬B，A⇒B⊨¬A	否定规则	MT
A⇒B，B⇒C⊨A⇒C	假言三段论	HS
A∨B，¬A⊨B	析取三段论	DS
A⇒B，¬A⇒B⊨B	穷举规则	RC
A⇔B⊨A⇒B	等值消去规则	EE
A⇒B，B⇒A⊨A⇔B	等值引入规则	EI
A，¬A⊨B	不一致规则	IR
A∧B⊨B∧A	"与"交换规则	ACR
A∨B⊨B∨A	"或"交换规则	OCR
如果 A_1，A_2，…，A_n，B⊨C 那么 A_1，A_2，…，A_n⊨B⇒C	演绎定理	DT

例 2.17 确立否定规则的合理性。由于定理 2.3 只需要确定¬B∧(A⇒B)⇒¬A。以下真值表展示了相应结果。

A	B	¬A	¬B	A⇒B	¬B∧(A⇒B)	¬B∧(A⇒B)⇒¬A
T	T	F	F	T	F	T
T	F	F	T	F	F	T
F	T	T	F	T	F	T
F	F	T	T	T	T	T

因为¬B∧(A⇒B)⇒¬A 是重言式，所以¬B∧(A⇒B)⇒¬A。

表 2.2 中其他规则的完整性留作练习。接下来的例子将使用这些规则派生合理论证。

例 2.18 使用规则来推导例 2.16 中论证的合理性。再次让以下命题代表关于这个世界的陈述：

P：兰迪写书。

Q：兰迪帮助其他人写书。

R：兰迪以编辑的身份谋生。

以下推导确定了兰迪的职业：

	推导	规则
1	P∨Q	前提
2	¬P	前提
3	Q⇒R	前提
4	Q	1，2，DS
5	R	3，4，MP

当在规则列中标记"前提"（Premise）时，这就意味着命题是前提的一部分。例如，当在第 4 行标记"1，2，DS"时，就代表了该阶段正在使用第 2 行和第 3 行中的前提以及用于推导 Q 的析取三段论规则（disjunctive syllogism rule）。

请考虑下述夏洛克·福尔摩斯关于谋杀案的报道小说《血字的研究》。

现在要谈谈为什么这个大问题了。谋杀的目的并不是为了抢劫，因为死者身上一点东西也没有少。那么，这是一件政治性案件呢，还是一件情杀案呢？这就是我当时面临的问题了。我的想法是比较倾向后一个。因为在政治暗杀中，凶手一经得手，势必立即逃走。可是这件谋杀案恰恰相反，干得非常从容不迫，而且凶手还在屋子里到处留下他的足迹。这就说明，他自始至终一直是在现场的。

——柯南道尔，《血字的研究》

下一个例子使用表 2.2 中的规则根据上述信息来推导福尔摩斯的结论。

例 2.19　以下命题代表这个世界的陈述：

P：抢劫是谋杀的原因。

Q：有东西被抢走。

R：政治谋杀。

S：情杀。

T：凶手立刻离开现场。

U：凶手在房间里留下了足迹。

以下推导确定了谋杀的原因：

	推导	规则
1	¬ Q	前提
2	P⇒Q	前提
3	¬ P⇒R∨S	前提
4	R⇒T	前提
5	U	前提
6	U⇒¬ T	前提
7	¬ P	1，2，MT
8	R∨S	3，7，MP
9	¬ T	5，6，MP
10	¬ R	4，9，MT
11	S	8，10，DS

因此我们得出结论，这是一起情杀案。

如果演绎系统可以得出每个合理论证，那么这个系统是完整的。表 2.2 中的规则集是完整的。但是，如果去掉最后一个称为演绎定理的规则，那么它就不是完整的。请注意，此规则与其他规则不同。因为，所有其他的规则均涉及有前提的论据。而演绎定理是推导没有前提的论证所必需的。没有前提的论据仅是重言式。

例 2.20　接下来推导⊨ A∨¬ A。请注意，符号⊨之前没有出现前提。所以这是一个没有前提的论证，如果它是合理的话，则是一个重言式。我们使用表 2.2 中的规则来推导其合理性。

	推导	规则	注解
1	A	假设	假设 A 为真
2	A∨¬A	1, AR	
3	A⇒A∨¬A	1, 2, DT	得到 A.
4	¬A	假设	假设¬A 为真
5	¬A∨A	4, AR	
6	A∨¬A	5, CR	
7	¬A⇒A∨¬A	4, 6, DT	得到¬A.
8	A∨¬A	3, 7, RC	

请注意，要使用演绎定理，首先需要暂时假设一个命题为真（例如，步骤1），那么我们得出结论，第二个命题为真（例如，步骤2），最后我们得出结论，认为假定的命题蕴涵了第二个命题（例如，步骤3）。此时，可以解除假设命题，因为并不真的知道它的值是否为真。此时只是暂时假设，以便得到一个推论。

2.2　归结

虽然像夏洛克·福尔摩斯这样有逻辑的人的推理可能与例 2.19 中的推导类似，但是将这种推理转换成计算机程序并不容易。接下来，我们设计了一种不同的推导策略，称为归结定理证明。这是许多自动推理程序中使用的策略。首先，需要引入其范式。

2.2.1　范式

从定义开始。

定义 2.5　文字（literal）是 P 或¬P 形式的命题，其中 P 是除 True 或 False 以外的原子命题。

定义 2.6　合取子句是文字的结合。

定义 2.7　析取子句是文字的分离。

定义 2.8　如果命题是合取子句的析取，则它是析取范式。

定义 2.9　如果命题是析取子句的合取，则它是合取范式。

例 2.21　以下命题是析取范式：

$$(P \wedge Q) \vee (R \wedge \neg P)$$
$$(P \wedge Q \wedge \neg R) \vee (S) \vee (\neg Q \wedge T)$$

以下命题不是析取范式，因为 R∨S∧Q 不是合取子句：

$$(P \wedge Q) \vee (R \vee S \wedge Q)$$

以下命题是合取范式：

$$(P \vee Q) \wedge (R \vee \neg P)$$
$$(P \vee Q \vee \neg R) \wedge (S) \wedge (\neg Q \vee T)$$

以下命题不是合取范式，因为 R∨S∧Q 不是析取子句：

$$(P \vee Q) \wedge (R \vee S \wedge Q)$$

任何命题都可以转换成合取（或析取）范式的逻辑等价命题。接下来，我们提出一种在使用合取范式的情况下完成此任务的算法（如表 2.1 中的定律）。本书中，使用简单伪代码来展示算法。关键字 var 用于表示"按引用传递"，这意味着变量是算法的输出。

算法 2.1 合取范式

输入：一个命题

输出：合取范式的逻辑等价命题

Procedure *Conjuctive_Normal_ form*(**var** *Proposition*) ;

remove all "⇔" symbols using the *if and only if elimination* law ;

remove all "⇒" symbols using the *implication elimination* law ;

repeat

    if there are any double negations

        remove them using the *double negation* law ;

    if there are any negations of non- atomic propositions

        remove them using *DeMorgan's* laws ;

until the only negations are single negations of atomic propositions ;

repeat

    if there are any disjunctions in which one or more terms is a conjunction

        remove them using these laws :

$$A \lor (B \land C) \equiv (A \lor B) \land (A \lor C) \tag{2.1}$$

$$(A \land B) \lor C \equiv (A \lor C) \land (B \lor C) \tag{2.2}$$

until *Proposition* is in conjunctive normal form ;

式（2.1）是表 2.1 中的分配律，式（2.2）可以从交换律和分配律推导出来。

例 2.22 使用算法 2.1 将 $\lnot((P \Rightarrow Q) \land \lnot R)$ 转换为合取范式：

$$
\begin{aligned}
\lnot((P \Rightarrow Q) \land \lnot R) &\equiv \lnot((\lnot P \lor Q) \land \lnot R) & &\text{蕴涵消除}\\
&\equiv \lnot(\lnot P \lor Q) \lor \lnot \lnot R & &\text{德摩根定律}\\
&\equiv \lnot(\lnot P \lor Q) \lor R & &\text{双重否定}\\
&\equiv (\lnot \lnot P \land \lnot Q) \lor R & &\text{德摩根定律}\\
&\equiv (P \land \lnot Q) \lor R & &\text{双重否定}\\
&\equiv (P \lor R) \land (\lnot Q \lor R) & &\text{式(2.2)}
\end{aligned}
$$

例 2.23 使用算法 2.1 将 $(P \land Q) \lor (R \land S)$ 转换为合取范式：

$$
\begin{aligned}
(P \land Q) \lor (R \land S) &\equiv ((P \land Q) \lor R) \land ((P \land Q) \lor S) & &\text{式(2.1)}\\
&\equiv (P \lor R) \land (Q \lor R) \land ((P \land Q) \lor S) & &\text{式(2.2)}\\
&\equiv (P \lor R) \land (Q \lor R) \land (P \lor S) \land (Q \lor S) & &\text{式(2.2)}
\end{aligned}
$$

2.2.2 归结的推导

接下来设计一个使用归结原理的推导系统。以定理为基础，该定理提供了证明论证合理性的新策略。

定理 2.4 假设有一个由前提 A_1，A_2，$\cdots$，A_n 和结论 B 组成的论证。那么 A_1，A_2，$\cdots$，$A_n \vDash B$ 当且仅当 $A_1 \land A_2 \land \cdots \land A_n \land \lnot B$ 矛盾。

证明 证明留作练习。

推论2.1 假设有包括前提 A_1，A_2，…，A_n 和结论 B 的论证，当且仅当 A_1，A_2，…，A_n，¬ B⊨为假时，那么 A_1，A_2，…，A_n ⊨B。

证明 按照定理2.4，当且仅当一个命题在逻辑上为假时再根据定理2.3，它是矛盾的。

使用定理2.4或推论2.1的合理性证明称为反驳。在反驳中，如果把对 B 的否定添加到前提中，就能够得到一个矛盾（即命题在所有可能的世界中都为假）。因为前提在当前世界中被假设为真，所以整个合取为假的情况是当 ¬ B 为假，即 B 为真时。

例2.24 使用反驳和真值表推导出分离规则(A,A⇒B⊨B)。

A	B	¬ B	A⇒B	A∧（A⇒B）∧¬ B
T	T	F	T	F
T	F	T	F	F
F	T	F	T	F
F	F	T	T	F

因为 A∧（A⇒B）∧¬ B 在所有可能的世界中都为假，所以它是矛盾的。因此，根据定理2.4，A，A⇒B⊨B。

在实践中，不使用真值表来证明反驳的合理性。相反，使用基于推论2.1的推导系统，它只有一个推理规则。在下一个定理中对这个规则进行描述。析取子句是对文字的析取。

定理2.5 以下的归结原理是合理的：
$$(A∨P),(B∨¬ P)⊨A∨B$$
其中 P 是文字，A 和 B 是子句。

证明 证明留作练习。

当使用归结原理时，可以认为已经对子句 A∨P 和 B∨¬P 求解，并且归结在 P 上，子句 A∨B 称为归结式。

例2.25 可以对 Q∨P 和 R∨¬ P 求解以获得归结式 Q∨R。

例2.26 可以对 P∨¬ Q∨R 和¬ S∨Q 求解以获得归结式 P∨R∨¬ S。

例2.27 如果对 P 和¬ P 求解，可以得到一个空子句。因为 P，¬ P⊨False，P 和¬ P 的归结式为假。

为了使用归结原理并得到合理证明，需要首先使用算法2.1将论证中的每个前提以合取范式的形式构造出来。然后推导得出每个前提中的每个子句，以及由否定结论得到的子句组成的论证，然后反复使用归结原理导出 False。根据推论2.1，此时论证已经被证明是合理的。

例2.28 为了得出分离规则(A,A⇒B⊨B)，首先以合取范式形式写出前提，并使每个子句成为前提。由此产生的前提如下：
$$A，¬ A∨B$$
其结论已经是合取范式。它的否定是作为前提加入的¬ B。论证如下：

	推导	规则
1	A	前提
2	¬ A ∨ B	前提
3	¬ B	由结论否定衍生的附加前提
4	B	1 和 2 的归结式
5	False	3 和 4 的归结式

因为已经获得了 False，所以根据推论 2.1，该证明是合理的。

请注意，当用 B 求解 ¬ B 时，会获得空子句，它在逻辑上等价于 False。该结果如例 2.27 所示。

例 2.29 为了得出假言三段论规则 (A⇒B, B⇒C ⊨ A⇒C)，首先以合取范式写出前提，并使每个子句成为前提，由此产生的前提如下：

$$¬ A ∨ B,\ ¬ B ∨ C$$

然后以合取范式写出如下结论：

$$¬ A ∨ C$$

使用德摩根定律，结论的否定是 A ∧ ¬ C。因此，基于否定结论的前提是

$$A,\ ¬ C$$

论证如下：

	推导	规则
1	¬ A ∨ B	前提
2	¬ B ∨ C	前提
3	A	由结论否定衍生的附加前提
4	¬ C	由结论否定衍生的附加前提
5	B	1 和 3 的归结式
6	¬ B	2 和 4 的归结式
7	False	5 和 6 的归结式

当使用归结法获得合理证明时，必须按某种顺序求解子句。为了得出结论，可以选择任意顺序。但是，为了编写程序，需要一种能够产生特定步骤的策略，其中一个策略就是一套支持策略集。在这种策略中，子句被分为辅助集和支持集两个集合。辅助集的形成方式使得该集合中没有两个解为 False 的子句，通常，前提集就是这样的一个集合，因此我们让辅助集包含所有的前提，支持集包括从否定结论中获得的子句。然后，执行所有可能的归结，其中一个子句来自新的支持集。以这种方式获得的所有归结式的集合被添加到支持集中。然后，执行所有可能的归结，其中一个子句来自新的支持集，重复此步骤，直到我们导出 False 或无法进一步归结为止。至此，支持策略集已经完成。接下来，将支持策略集应用于例 2.19 中的前提和结论中。

例 2.30 在例 2.19 中有以下命题：

P：抢劫是谋杀的原因。

Q：有东西被抢走。

R：政治谋杀。

S：情杀。

T：凶手立刻离开现场。

U：凶手在房间里留下了足迹。

此外，有这些前提：

1	¬ Q	前提
2	P⇒Q	前提
3	¬ P⇒R∨S	前提
4	R⇒T	前提
5	U	前提
6	U⇒¬ T	前提

然后可以得出结论¬ S。接下来使用支持策略集来归结同样的结论：

	推导	规则
1	¬ Q	前提
2	¬ P∨Q	前提
3	P∨R∨S	前提
4	¬ R∨T	前提
5	U	前提
6	¬ U∨¬ T	前提
7	¬ S	由结论否定衍生的附加前提
8	P∨R	3 和 7 的归结式
9	Q∨R	2 和 8 的归结式
10	R	1 和 9 的归结式
11	T	4 和 10 的归结式
12	¬ U	6 和 11 的归结式
13	False	5 和 12 的归结式

2.2.3 归结算法

以下算法实现了例 2.30 所示的归结方案的支持策略集。

算法 2.2 支持归结集

输入：一个包含论证假设的前提；结论在论证中。

输出：如果前提包含结论，值为真；否则为假。

Function *Premises_Entail_Conclusion* (*Premises* , *Conclusion*) ;

Set_of_Support = clauses derived from the negation of *Conclusion* ;

Auxiliary_Set = clauses derived from *Premises* ;

New = ｛ ｝ ;

repeat

```
        Set_of_Support = Set_of_Support ∪ New;
    for each clause C in Set_of_Support
        for each clause D in Auxiliary_Set ∪ Set_of_Support
            Resolvents = set of clauses obtained by resolving C and D;
            if False ∈ Resolvents
                    return True;
            else
                    New = New ∪ Resolvents;
            endif
        endfor
    endfor
until New ⊆ Set_of_Support;
return False;
```

2.3   人工智能应用

2.3.1   基于知识的系统

基于知识的系统是由以下元素组成的:

1)一个称为知识库的数据集,其中包含关于领域的知识。

2)处理知识以便解决问题的推理引擎。

基于知识的系统通常是专家系统,它能够做出专家判断或决策。例如,医学专家系统可以执行医疗诊断并可能推荐治疗方案或进一步化验。

接下来,将举例说明没有知识库的应用程序的其缺点,及再介绍如何利用基于知识的系统如何更好地解决这些问题。

例 2.31   假设植物学家玛丽试图通过互联网给她的同事拉尔夫提供信息来识别植物。因为她看不到植物,所以她必须向同事提问,以获得识别植物所需的信息。植物根据类型、类别和科进行分类。在一个类型中有许多类,类中又包含许多科。分类方案如图 2.1 所示。图中,树的每个叶子节点包含科和对该科植物的描述。为了确定当前植物的科系,玛丽可以从向拉尔夫描述一颗柏树开始。她可以先问一下茎是否是木质的,如果答案是肯定的,则可以询问树的形态是不是直立的,如果答案是否定的,她会断定这个种类不是柏树。然后,她可以继续提出有关松树的问题。虽然这个程序可行,但问题中有很多冗余,因为所有树木都是直立的,一旦玛丽确定形态不是直立的,她就会知道这个类型不是树。因此,更好的策略是首先问一些可以缩小范围的问题。例如,如果玛丽知道茎是木质的并且形态是直立的,那么她会询问是否有个主干,如果这个问题的答案是肯定的,她会知道这个类型是乔木。然后她会提出决定植物类型的问题。决策树的一部分(不要与第 9 章中介绍的决策树混淆)如图 2.2 所示。整个决策树将是用于确定植物科系种类的专家系统。

刚刚介绍的决策树方法存在两个问题。首先,专家系统通常是通过从专家那里获取信息或知识来开发的。例如,植物学家可能难以从分类系统所需的角度来自上而下识别整

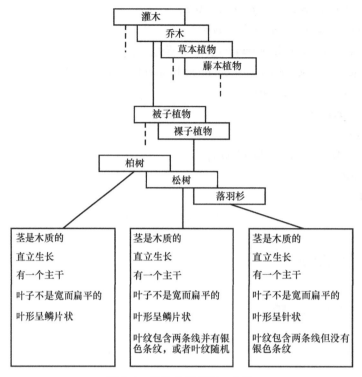

图 2.1 植物分类树的一部分

个决策树。其次，即使整个树被开发出来，如果出现错误并且需要添加或删除信息，则有必要打破树的格局再添加新的树结构。因此，每次需要更改系统中的知识时，都需要重建树。

似乎专家可以根据相关度较高的属性将局域知识组织起来。例如，玛丽可能知道所有具有木质茎、直立特征，并且有一个主干的植物都是树木。可以将这些知识表达如下：

IF 　茎是木质的

AND 　形态是直立的

AND 　有一个主干

THEN 　类型是树

上面是表示为 IF-THEN 规则的知识项。通常，知识工程师（其专业是创建专家系统的人）更容易从专家那里提炼出这种形式的局域规则，而不是一次性提炼出整个系统。玛丽也可能知道所有叶子宽而扁平的树都是裸子植物。代表这种知识的规则是

IF 　类型是树

AND 　叶子宽而扁平

THEN 　种类是裸子植物

所有这些知识或规则的集合称为知识库，表 2.3 中显示了包含图 2.2 决策树中知识的知识库。这只是专家系统知识库的一部分，该专家系统确定表 2.3 中确定植物科系的专家系统中规则的子集。对于特定规则，IF 部分称为规则的前提，而 THEN 部分称为结论。规则前提中的每个单独的子句都称为前提。

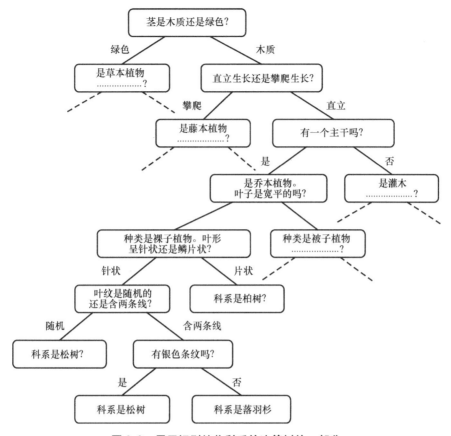

图 2.2 用于识别植物科系的决策树的一部分

表 2.3 确定植物种族的专家系统中规则的子集

1.	IF	为裸子植物
	AND	叶形为鳞片状
	THEN	是柏树科
2.	IF	为裸子植物
	AND	叶形为针状
	AND	图案是随机的
	THEN	是松树科
3.	IF	为裸子植物
	AND	叶形为针状
	AND	图案是两条均匀的线
	AND	有银色带
	THEN	是松树科
4.	IF	是裸子植物
	AND	叶形为针状
	AND	图案是两条均匀的线
	AND	无银色带
	THEN	是秃柏树科

（续）

5.	IF	种类为树
	AND	阔且平
	THEN	是被子植物
6.	IF	种类是乔木
	AND	不阔不平
	THEN	是裸子植物
7.	IF	茎为绿色
	THEN	种类为草本植物
8.	IF	茎为木质
	AND	姿态为匍匐型
	THEN	种类为藤蔓
9.	IF	茎为木质
	AND	姿态为直立
	AND	有一个主干
	THEN	种类是乔本植物
10.	IF	茎为木质
	AND	姿态为直立
	AND	非一个主干
	THEN	种类是灌木

知识库只是一组独立的知识项，它不需要使用这种知识的任何特定方式，利用知识解决问题的机制称为推理引擎。接下来，将讨论基于规则系统的两个众所周知的推理引擎。

2.3.1.1 反向链推理

反向链推理是一种推理引擎，它可以使用表 2.3 中的规则来询问与图 2.2 中相同的问题序列。也就是说，如果想要确定植物的科，则反向链推理会循环执行规则，直至找到与科有关的结论为止。表 2.3 中的规则 1 就是这样。如果规则中的两个前提都是真的，可以从组合规则和分离规则（表 2.2）得出该科就是柏树。所以反向链推理试图确定这些前提是否为真。这是如何实现的呢？通过再次使用规则，也就是说，为了确定该类是否是裸子植物，它再次循环遍历规则，寻找决定科的那条规则。规则 5 就是这样。如果规则 5 可以确定该类是被子植物，那么规则 1 中的前提都并不为真，反向链推理应该继续应用另一个规则来确定种类。所以接下来，反向链推理尝试确定规则 5 中的前提是否为真。为此，它循环遍历规则，寻找那些结论决定植物类型的规则。规则 9 就是这样的一条规则。接下来，反向链推理尝试通过循环遍历规则来确定它的前提是否为真。没有这样的规则，就意味着用户（示例中的拉尔夫）应该能够确定当前前提是真还是假。所以反向链推理问拉尔夫是否茎是木质的。请注意，这与图 2.2 中首先提出的问题相同。如果拉尔夫回答为"是"，则反向链推理会询问规则 9 中下一个前提的问题。如果拉尔夫回答为"否"，则反向链推理会查找另一个确定类型的规则。假设拉尔夫对规则 9 中的所有前提的回答均为"是"，然后，反向链推理确定类型是树，并返回到规则 5 以确定规则 5 中的其他前提是否为真。如果它得知叶子宽而扁平，则结论是该类为被子植物。然后反向链推理回到规则 1，发现第一个前提是假的，放弃该规则并继续到规则 2 来确定种类。算法以这种方式进行，直到其中一个规则最终确定该种类或者得知拉尔夫无法提供足够的信息来解决问题。此过程称为反向链推理，是因为它将包含用户所需信息的规则备份到包含要求用户验证的前提的规则中去了。

反向链推理算法如下。在给定子句中，子句中的特征称为属性。例如，子句"class is gymnosperm"中的属性是"class"。属性（其值由用户请求决定）是初始目标。函数 Backchain 尝试通过查找其结论与该属性相关的规则来确定其属性值。当发现这样的一个规则时，会尝试确定规则中的前提是否为真。对于规则中的每个前提，反向链递归地调用自身，前提中的属性是下一个目标。一旦算法学习了属性的值，这个事实就会保存在一组真的断言中，这样算法就不会尝试再次确定该值。例如，如果用户说"茎干是木质的"，则该断言将保存在一组为真的断言集中。

算法 2.3　反向链推理

输入：用户的目标和用户请求的信息。

输出：用户的目标值可被确定；否则为"未知"。

Function *Backchain*（*Goal*）；

var *Assertion*，*Rule*，*Next_Goal*，*Premise*，*True_Assertion*，
　　All_Premises_True；

if there is an assertion is *Assertion_List* with *Goal* as its attribute

　　Assertion = that assertion；

else

　　Assertion = Null；

if *Assertion* = Null

　　Rule = first rule；

　　while *Assertion* = Null and there are more rules

　　　if *Goal* = attribute in the conclusion of *Rule*

　　　　All_Premises_True = False；

　　　　Premise = first premise in the antecedent of *Rule*；

　　　　repeat

　　　　　　Next_Goal = attribute in *Premise*；

　　　　　　True_Assertion = *Backchain*（*Next_Goal*）；

　　　　　　if *Premise* = *True_Assertion*

　　　　　　　Premise = next premise in the antecedent of *Rule*；

　　　　　　　if *Premise* = Null

　　　　　　　　　All_Premises_True = True；

　　　　　　endif

　　　　until *All_Premises_True* or *Premise* ≠ *True_Assertion*；

　　　　if *All_Premises_True*

　　　　　　Assertion = conclusion of *Rule*；

　　　endif

　　　Rule = next rule；

　　endwhile

```
    if Assertion = Null
        prompt user for value of Goal;
        read Value;
        if Value ≠ Null
            Assertion = Goal "is" Value;
        else
            Assertion = Goal "is unknown";
        endif
        add Assertion to Assertion_List;
    endif
if Goal = User_Goal
    if Assertion = Goal "is unknown"
        write "You cannot answer enough questions to determine" Goal;
    else
        write Assertion;
    endif
endif
return Assertion;
At the top level Backchain is called as follows:
Empty (Assertion_List);                 // 使 Assertion_List 为空.
write "Enter your goal.";
read User_Goal;
Assertion = Backchain (USer_Goal);
```

上述反向链推理算法可以得到很大的增强。首先，应该对规则做一定限制，该限制是知识库不应包含循环规则。例如，如果 A、B 和 C 代表命题，就不应该有以下规则：

IF A THEN B IF B THEN C IF C THEN A

这样的一组规则仅仅意味着 A、B 和 C 总是同时为真，这会导致反向链推理算法无限循环。因此，算法中应包含循环规则的错误检查。

另一个针对规则的限制是，规则之间不能相互矛盾。例如，不应该有如下两个规则：

IF A THEN B IF A THEN NOT B

接下来通过例子说明第三条规则限制的含义。假设有以下两个规则：

IF A AND B AND C THEN D IF A AND B THEN D

第二条规则中的前提集包含了第一规则中的前提集。即，如果 A 和 B 都为真，可以在不考虑 C 的值的情况下得出 D。因此，第一条规则是多余的，应该被消去。

除了规则限制之外，还存在其他增强方法。可以允许用户询问提问的原因。例如，如果用户想知道我们为什么要问茎是否是木质的，系统可以回答这是因为需要通过这个问题确定植物的类型（例如，使用表 2.3 中的规则 9），如果可以确定茎的性质和其他属性，通过规则 9 就可以得到类型。如果用户想知道为什么需要知道类型，系统可以回答这是因为需要确定植物是属于哪一纲的（例如，使用表 2.3 中的规则 5），通过规则 5 就可以确定类型和其他属性。只要用户提出问题，系统就可以以这种方式继续运行。

与图 2.2 中决策树的简单实现相比，反向链推理的效率很低。但是，我们的目标是将控制结构从知识库分离开来。其原因是允许在系统的开发过程中自由地添加和删除知识项。一旦知识库开发完成，系统就可以转换成一个决策树，并在实践中使用。

2.3.1.2 正向链推理

假设植物学家玛丽收到一封包含某植物描述的电子邮件，她尽可能地从描述中做出推断。例如，电子邮件可能会声明以下事实：

茎是木质的。

形态是直立的。

有一个主干。

叶子不是宽而扁平的。

玛丽不会经历图 2.2 所示的提问。相反，她会尽可能地运用知识来推断。由于已知事实有茎为木质、形态为直立，并且有主干，所以结论是树。接下来，因为叶子不是宽而扁平的，可以得出结论：这是裸子植物。这是能够从电子邮件中的事实得出的所有结论。可以通过将称为正向链推理的推理引擎应用于知识库来实现相同的结果。在正向链推理中，首先将所有为真的断言放在断言列表中。然后从第一个规则开始循环，如果规则中的所有前提都在断言列表中（即它们为真），则结论一定为真，因此将结论添加到断言列表中。因为一条规则的结论可以成为另一条规则的前提，所以每次向断言列表中添加结论时，都必须从第一条规则开始。正向链推理算法如下。

算法 2.4 正向链推理

输入：真实断言的一组断言列表。

输出：包含所有断言的断言列表，这些断言可通过将规则应用添加到它的输入中来推导。

Procedure *Forward_Chain*（**var** *Assertion_List*）；

var Rule；

Rule = first rule；

while there are more rules

　　if all premises in *Rule* are in *Assertion_List*

　　and conclusion in *Rule* is not in *Assertion_List*

　　　　and conclusion of *Rule* to *Assertion_List*；

　　　　Rule = first rule；

　　else

　　　　Rule = next rule；

endwhile

在执行正向链推理之前对规则进行排序，可以提高上述过程的效率。排序方案：如果规则 A 的结论是规则 B 的前提，那么将规则 A 放置在规则 B 之前。假设没有循环规则时，这是最好的解决办法。通过这种方式对规则进行排序，当将结论添加到真值断言列表中时，无须返回第一个规则。

2.3.1.3 在配置系统中使用正向链推理

配置系统是将部件装配成一个整体的系统。例如，一个在购物袋中放置物品的系统是配置系统。假设需要设计一个机器人来完成这项任务。表2.4中的规则集是机器人执行此任务可能使用的部分规则。注意，这些是使用命题逻辑表达的动作规则。在动作规则中，如果前提为真，就采取动作使结论为真。应用正向链推理根据表2.4中的规则将表2.5中的物品装袋。当物品装袋完成时，"装袋完成?"条目设置为"是"。

表2.4　货物打包系统中规则的子集

1.	IF	步骤是 Bag_large_items
	AND	有一个大件物品要打包
	AND	有一个大件瓶子要打包
	AND	有一个可装小于6件物品的袋子
	THEN	把大件瓶子放袋子里
2.	IF	步骤是 Bag_large_items
	AND	有一个大件物品要打包
	AND	有一个可装小于6件物品的袋子
	THEN	把大件物品放袋子里
3.	IF	步骤是 Bag_large_items
	AND	有一个大件物品要打包
	THEN	打开新袋子
4.	IF	步骤是 Bag_large_items
	THEN	步骤是 Bag_medium_items.
5.	IF	步骤是 Bag_medium_items
	AND	有一个中件物品要打包
	AND	有一个可装小于10件物品的袋子
	AND	袋子里有0个大件物品
	AND	中件物品被冷冻了
	AND	中件物品不在保温袋内
	THEN	把中件物品放在保温袋内
6.	IF	步骤是 Bag_medium_items
	AND	有一个中件物品要打包
	AND	有一个可装小于10件物品的袋子
	AND	袋子里有0个大件物品
	THEN	把中件物品放袋子里
7.	IF	步骤是 Bag_medium_items
	AND	有一个中件物品要打包
	THEN	打开新袋子
8.	IF	步骤是 Bag_medium_items
	THEN	开始 Bag_small_items.
9.	IF	步骤是 Bag_small_items
	AND	有一个小件物品要打包
	AND	有一个未装满的袋子
	THEN	把小件物品放在袋内
10.	IF	步骤是 Bag_small_items
	AND	有一个小件物品要打包
	THEN	打开新袋子
11.	IF	步骤是 Bag_small_items
	THEN	停止

表 2.5 装袋物品列表

物品	包装类型	规格	冷冻	是否已装袋?
苏打水	瓶装	大	否	否
面包	袋装	中	否	否
冰淇淋	盒装	中	是	否
洗衣粉	盒装	大	否	否
鸡蛋	盒装	小	否	否
冰棍	保温袋装	中	是	否

首先装入大件物品，然后装入中件物品，最后装入小件物品。要通过初始化设置确保首先将大件物品装袋。

$$Step = Bag\_large\_items$$

接下来仔细研究规则，不难发现，规则 1 和规则 2 都要求断言"there is a bag with <6 items。"为真。因为，此时还未得到任何包装袋，所以这个断言为假。规则 3 要求"step is Bag_large_items"，并且"there is a large item to be bagged"。此时，这两个断言都为真，规则触发，开始打包袋 1。接着回到规则的开始，再次寻找其前提都是真的规则。请注意，规则 1 到规则 4 中每个规则的前提都为真。在这种情况下，需要触发哪条规则存在了冲突。熟练的包装工总是将瓶子放在袋子的底部，因为如果放在上面，瓶子可能会损坏另一件物品。规则 1 包含了打包瓶子情况。为了确保此规则被触发，可以使用特异性排序作为解决冲突的方法。

定义 2.10 特异性排序。如果一个规则的前提集是另一个规则的前提集的超集，此时触发第一条规则，并假设它对当前状态更加合适。

现在可以通过对规则进行排序来有效地实现特异性排序，以便首先获得具有更多前提的规则，这在表 2.4 中已完成。

此时触发规则 2，因为其他 3 个规则中的所有前提都是规则 2 中前提的子集。就可以将 1 瓶苏打水放入袋 1 中，并标记苏打水已经装袋。再看一遍规则，可以发现规则 2、3 和 4 中的前提都为真。根据特异性排序，接着触发规则 2。将洗衣粉放入袋 1 中，并将洗衣粉标记为已装袋。再看一遍规则，此时只有规则 4 中的前提为真。因此，该规则触发更改 Step 的值为 Bag_medium_items。通过使用变量 *Step*，可以将规则分离为不相交的子集，在任何特定时间，只有一个子集中的规则是活动的。以上是利用上下文限制来解决冲突的示例。

定义 2.11 上下文限制。将规则分离为不相交的子集。在任何特定时间，只有一个子集中的规则是活动的。上下文的变更需要由当前上下文中的规则决定。

现在触发中件物品的放置规则，直到中件物品全部放置完。请注意，此时存在规则，限定中件物品不能与大件物品出现在相同的包中，在中件物品全部装袋后，上下文将更改为包装小件物品的规则集。可以在任何可用的包中放置小件物品。在装好所有小件物品后，规则 11 停止执行。

还有其他的冲突解决策略，包括以下内容：

定义 2.12　近因排序。最近触发的规则具有最高优先级，或者最早触发的规则具有最高优先级，这取决于具体应用场景。

定义 2.13　优先排序。根据应触发的优先级进行排序的规则。

2.3.1.4　在诊断系统中使用正向和反向链推理

诊断是确定或分析问题的原因或性质的过程，诊断系统是执行诊断的系统。医学诊断是诊断的典型例子，用于确定引起某些表现的疾病。当然，还有许多其他类型的诊断。例如，汽车修理工诊断汽车故障。接下来通过汽车故障诊断实例来说明基于规则的诊断系统。

表 2.6 显示了汽车故障诊断中的规则子集。假设梅丽莎观察到汽车相关事实如下：

汽车没有起动。

发动机在转。

燃油箱中有汽油。

化油器中有汽油。

表 2.6　汽车故障诊断系统中的规则子集

1.	IF	汽车发动不起来
	AND	发动机不转
	AND	灯也不亮
	THEN	电池坏了
2.	IF	汽车发动不起来
	AND	发动机转动
	AND	发动机汽油充足
	THEN	火花塞坏了
3.	IF	汽车发动不起来
	AND	发动机不转
	AND	灯亮了
	THEN	问题在起动电动机上
4.	IF	燃油箱中有汽油
	AND	化油器里有汽油
	THEN	发动机里有足够的汽油

如果使用正向链推理，则规则 4 将首先触发，因为它的前提都是真的，将得出结论：

发动机正在给油。

现在规则 2 中的所有 3 个前提都为真，规则 2 被触发，得出结论：

火花塞有问题。

梅丽莎可能没有发现燃油箱中有汽油或者化油器中有汽油，她可能只注意到汽车没有起动但发动机确实转了。如果是这种情况，正向链推理将一无所获，反向链推理可以更好地应对这种场景。使用目标驱动的反向链推理，从能够给出结论的每个规则开始，看看是否可以在规则中得出结论。假设用户输入以下知识：

汽车没有起动。

发动机确实转了。

规则 1 不会触发，因为其中一个前提为否。接下来，尝试规则 2，它的前两个前提为真，并且有一条规则（规则 4）结束了其第三个前提，所以接下来回到规则 4 并检查其前提，它们都为假，没有对应的规则。所以此时提示用户输入他们的值。梅丽莎现在知道该做何种检查，因为系统提示了。假设她观察到以下情况：

燃油箱中有汽油。

化油器中有汽油。

规则 4 现在触发，得出结论：发动机正在给油。

现在回到规则 2 并得出结论：火花塞有问题。

实际的生产系统可以依次使用正向链推理和反向链推理。也就是说，可以首先使用正向链推理来根据用户的初始知识得出所有可能的结论。如果这还不足以进行诊断，那么它可以使用目标驱动的反向链推理。

在诸如医学诊断等许多复杂的诊断问题中，我们很难确定结论的正确性。例如，基于患者的表现，医生可以确定患者患有支气管炎的可能性很高，患者患肺癌的可能性较小，并且患者患有两种疾病的可能性很小。设计执行这种推理的诊断系统，需要的是概率论而不是逻辑。7.7 节给出了这样的系统实例。

2.3.2　wumpus world

wumpus world（恶魔世界）环境简单，其组件与许多真实环境中的组件类似。恶魔世界如图 2.3 所示。世界由一个 4×4 的网格组成。角色从左下角开始，可以向上、下、左或右移动。角色的目标是到达有黄金的方格，沿途有危险阻挠。角色能够获得其位置以及从方格移动到另一方格时的相关信息。环境设置如下：

1）任意方格上均有恶魔，如果角色进入该方格，会被杀。

2）恶魔方格四周会散发臭气。如果角色进入这个方格，角色会立刻感知。

3）某些方格有陷阱。如果角色进入这些方格，则落入陷阱死掉。

4）陷阱附近的方格都有微风。如果角色进入这些方格，角色会立刻感知。

5）某个方格上有黄金。如果角色进入这个方格，角色会得到黄金。

6）角色有一支箭，可以直线射击四个方向中的任一个。如果击中了恶魔，那么角色可以听到恶魔死去时发出的惨叫声。

7）角色的目标是用最少的步数到达黄金方格。如果角色途中死亡，那么任务结束。

wumpus world（恶魔世界）像一个计算机游戏，游戏中如果角色死亡那么最终得分是 $-n$，如果角色放弃而没有找到黄金得 0 分，如果角色最终找到黄金，那么得分是由 n 减去最终完成时的步数（n 是最大允许移动步数）。想象一下，在没有看到整体布局的情况下，如果要玩图 2.3 中的恶魔世界游戏。初始位置是在方格 [1,1]，此时位置已知，没有任何感知信息。接下来讨论该如何在逻辑上推理得到黄金。因为此时没有感知到任何其他信息，所以得出结论，方格 [1,2] 和 [2,1] 都安全（OK）。角色移动到方格 [1,2]（列索引优先），此时角色闻到臭气。所以得出结论，恶魔可能在方格 [1,3] 或 [2,2]。为了安全起见，角色拟回到方格 [1,1] 并移动到方格 [2,1]。此时没有闻到臭气，得出结论，恶魔不在方格 [2,2] 中，这意味着它肯定在方格 [1,3] 中。此时没有感知到任何其他信息，可以得出结论，方格

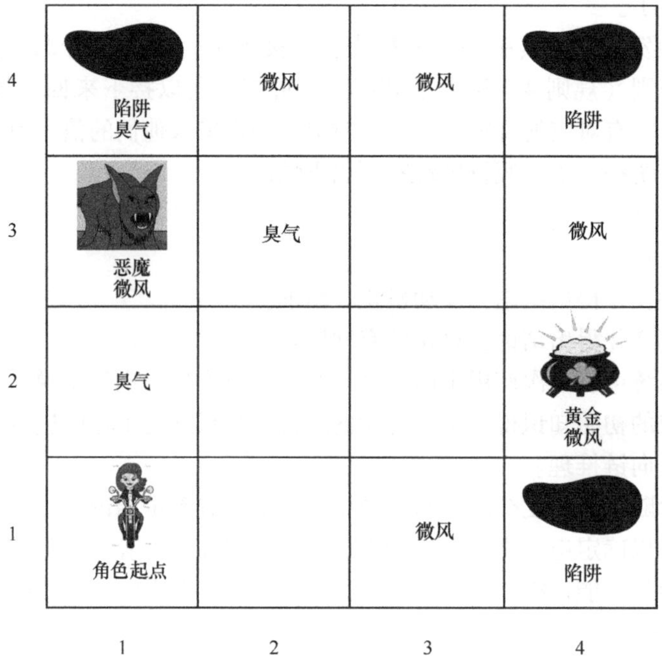

图 2.3 恶魔世界

[3,1]和[2,2]都安全。角色移动到方格[3,1]，感觉到微风，为了安全起见，回到方格[2,1]。因为此前已经去过方格[1,1]，所以角色移动到方格[2,2]。继续这样，直到角色找到黄金。

对于图 2.3 中的恶魔世界，有一条通往黄金的路径，因此角色只能走那些已知状态为 OK 的方格。每次游戏开始时会重新生成恶魔和陷阱的位置。有时生成的世界场景中，角色将必须进入那些 OK 状态未知的方格进而找到黄金。而在另一些情况下，则根本无法获得黄金完成游戏。

通常，目标描述的是一个理想的情况或结果，并且可以朝着这个目标努力。角色在恶魔世界的目标是找黄金。接下来，本书开发一系列软件代理程序来实现这个目标。

2.3.2.1 环境

首先假设需要开发一个运行在计算机上的恶魔世界游戏。那么需要生成恶魔和陷阱的位置，并将这些信息存储在称为环境的文件中。可以通过多种方式实现此环境。本书出于讨论目的，将其以类似于图 2.3 的网格形式显示。当玩家开始游戏时，游戏系统需要为进入方格的角色提供感知信息。例如，如果角色进入方格[4,2]，则系统提示 G_{42} 和 B_{42}，其中 G_{42} 表示方格[4,2]中有黄金，B_{42} 表示方格[4,2]中有微风。

2.3.2.2 软件代理

接下来需要开发一个角色代理，在上面创建的环境中搜索黄金。角色代理按时隙序列执行移动动作。接下来，将从最简单的类型开始讨论不同类型的代理。

反射代理：反射代理不维护世界的任何模型。它根据每个时隙中收到的感知信息来进行移动。代理需要以下两个文件：

1）知识库；

2）行动规则。

通常，知识库⊖包含代理可以通过感知和推理来学习的环境信息。在简单反射代理的情况下，每个时隙中的知识库只是当前时隙中的感知集合。操作规则包含了确定代理在每个时隙中执行操作的规则。这里使用上下文限制和优先排序来触发规则。例如，当角色在方格[2,2]的上下文中时，只能够按照列出的顺序触发该方格规则。角色的目标是找到黄金并结束游戏，那么希望规则的优先顺序以实现这一目标为根本。因此，如果角色与黄金在同一方格上，则第一条规则应该是结束游戏。在此之后，仅基于当前的感知信息，唯一比随机更好的动作则是向任意方向射箭。这是第二条规则。第三条规则是向随机方向移动。表 2.7 显示了反射代理的操作规则。当执行"向右移动"动作时，代理的下一个时隙的位置被设置为当前方格右侧的方格。因此，如果代理当前处于方格[2,2]，则代理将在下一个时隙中处于方格[3,2]。算法 2.5 展示了这种代理在系列时隙中简单循环的过程，并且在每个时隙中触发当前上下文中前提为真的第一条规则。下面是代理的算法。

表 2.7 反射代理的操作规则（显示了方格[2,2]的上下文中的规则）

$$\vdots$$

$$A_{22} \wedge W_{22} \Rightarrow 代理死亡$$

$$A_{22} \wedge P_{22} \Rightarrow 代理死亡$$

$$A_{22} \wedge G_{22} \Rightarrow 找到黄金，停止$$

$$A_{22} \Rightarrow 随机向左、向右、向上、向下射箭$$

$$A_{22} \Rightarrow 随机向左、向右、向上、向下移动$$

$$\vdots$$

算法 2.5 反射代理

Procedure *Reflex*；

A_{11} = True；

repeat

    Knowledge_Base = set of perceptions in this time slot；

    fire action rules *Rules*$_{ij}$ such that A_{ij} = True；

until stop is executed or agent is dead；

基于模型的代理：基于模型的代理在其知识库中维护世界模型。每个时隙中的感知将被添加到知识库中，而不是替换其中的内容。此外，代理维护一组演绎规则，它使用这些规则来推理新的事实，以便每次都添加到知识库中。表 2.8 给出了方格[2,2]的演绎规则。每个方格都会有一组这样的规则。当角色进入方格时，新的感知将被添加到知识库中，并将演绎规则应用到知识库，得出所有可能的结论，并将这些结论添加到知识库中。这可以使用 2.2 节中讨论的解决方案以自动方式完成，或者使用正向链推理向知识库添加新事实，然后用反向链推理推断哪些方格正常。这可以通过使用 2.2 节中讨论的归结定律自动完成，或者使用

⊖ 请注意，知识库这个词的用法与 2.3.1 节中提出的用法不同，2.3.1 节中的知识库包含一套用于推导新信息项目的规则，而这里，知识库由信息项目本身组成。

正向链推理向知识库添加新的事实，然后使用反向链推理来推断哪些方格是安全的。

表 2.8 方格[2,2]的演绎规则

$$\vdots$$

1. $S_{22} \Rightarrow W_{12} \vee W_{21} \vee W_{32} \vee W_{23}$
2. $\neg S_{22} \Rightarrow \neg W_{12} \wedge \neg W_{21} \wedge \neg W_{32} \wedge \neg W_{23}$
3. $B_{22} \Rightarrow P_{12} \vee P_{21} \vee P_{32} \vee P_{23}$
4. $\neg B_{22} \Rightarrow \neg P_{12} \wedge \neg P_{21} \wedge \neg P_{32} \wedge \neg P_{23}$
5. $\neg W_{22} \wedge \neg P_{22} \Rightarrow OK_{22}$

$$\vdots$$

但是，为了便于说明，本书展示了如何使用表 2.2 中的推理规则更新知识库，而不是使用自动化方法。假设代理已经访问了方格[1,2]，备份到方格[1,1]，并且即将访问方格[2,1]。假设代理已推断出所有可能的情况，图 2.4a 给出了此时知识库的状态。方格[1,3]和[2,2]中的 Wumpus（恶魔）的问号意味着知识库包含以下信息：$W_{13} \vee W_{22}$。

代理移动到方格[2,1]后，没有觉察到臭气或微风，推导如下：

1）使用 $\neg S_{21}$，规则 $\neg S_{21} \Rightarrow \neg W_{11} \wedge \neg W_{31} \wedge \neg W_{22}$ 和分离规则，得出结论

$$\neg W_{11} \wedge \neg W_{31} \wedge \neg W_{22}。$$

2）使用 $\neg W_{11} \wedge \neg W_{31} \wedge \neg W_{22}$ 和消除规则，得出结论

$$\neg W_{11}，\neg W_{31}，\neg W_{22}。$$

3）使用 $\neg B_{21}$，规则 $\neg B_{21} \Rightarrow \neg P_{11} \wedge \neg P_{31} \wedge \neg P_{22}$ 和分离规则，得出结论

$$\neg P_{11} \wedge \neg P_{31} \wedge \neg P_{22}。$$

4）使用 $\neg P_{11} \wedge \neg P_{31} \wedge \neg P_{22}$ 和消除规则，得出结论

$$\neg P_{11}，\neg P_{31}，\neg P_{22}。$$

5）使用 $\neg W_{31}，\neg P_{31}，\neg W_{22}，\neg P_{22}$ 和引入规则，得出结论

$$\neg W_{31} \wedge \neg P_{31}，\neg W_{22} \wedge \neg P_{22}。$$

6）使用 $\neg W_{31} \wedge \neg P_{31}，\neg W_{22} \wedge \neg P_{22}$，规则 $\neg W_{31} \wedge \neg P_{31} \Rightarrow OK_{31}$，$\neg W_{22} \wedge \neg P_{22} \Rightarrow OK_{22}$，以及分离规则，得出结论

$$OK_{31}，OK_{22}。$$

7）使用 $W_{13} \vee W_{22}$，$\neg W_{22}$ 和析取三段论，得出结论

$$W_{13}。$$

图 2.4b 给出了在将这些结论添加到知识库之后的知识库状态。

在基于模型的代理向知识库添加结论之后，必须决定其行为。接下来讨论两种方法。

基于规则的代理：基于规则/模型的代理根据一组规则（如反射代理）确定其下一个操作。因此，像反射代理一样，它需要知识库和动作规则。但是，此外还需要一组演绎规则，用于更新每个时隙中的知识库。演绎规则见表 2.8。因此代理需要以下文件：

1）知识库；

2）演绎规则；

3）动作规则。

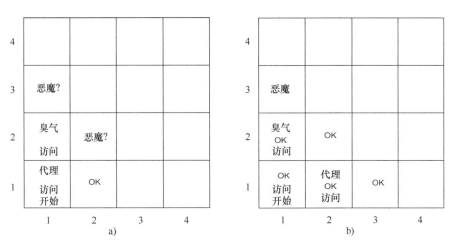

图 2.4 在图 a 中代理移动到方格[2,1]之前的知识状态，
在该移动和推理完成之后的状态出现在图 b 中

与反射代理的情况一样，我们使用上下文限制和优先级排序来触发动作规则。但是，现在代理拥有更大的知识库（所有的感知和所有可以推断出来的信息）。有了这些知识，一套合理的动作规则和优先级排序策略如下：

1）如果位于黄金方格中，游戏结束。

2）如果位于恶魔方格或陷阱方格，则角色死亡。

3）如果相邻的方格状态是 OK 并且没有访问过，则移动到该方格。

4）如果有相邻的方格状态是 OK 的并且在最后 6 个时隙之中没有被访问过，则移动到该方格。

5）如果恶魔位于左、右、上或下，则向该方向射箭。

6）如果恶魔可能位于左、右、上或下，则向该方向射箭。

7）如果不知道相邻方格状态是不是安全的，移动到该方格。

规则 4 要求移动到最近没有访问过的相邻方格，以避免往返于仍有可能成功探索的路径。同样，再次使用上下文限制来触发仅与当前方格相关的规则，并且使用前面描述的优先级排序。该算法如下：

算法 2.6　基于规则的代理

Procedure *Rule_Based*;

A_{11} = true;

repeat

　　Knowledge_Base = *Knowledge_Base* ∪ set of new perceptions;

　　using *Deduction_Rules* and *Knowledge_Base*,

　　　　add all possible deductions to *Knowledge_Base*;

　　fire action rules *Rules*$_{ij}$ such that A_{ij} = true;

until stop is executed or agent is dead;

计划代理：计划是一系列旨在实现目标的行动。基于规则的代理根据合理的标准在每个时隙内单独决定每个动作。它并不对一系列的动作进行规划。基于模型的计划代理则制定一系列动作的执行计划。接下来对其进行描述。

角色的目标是到达黄金方格，只有一个未被访问的方格可能包含黄金。因此，一个合理的子目标是到达一个未经访问的 OK 方格。此外，尽可能少移动并且仅通过 OK 方格（称为安全路线）。因此，角色的计划是找到这样一条安全的路线（如果存在的话）。这可以通过广度优先树搜索来完成，如图 2.5 所示。

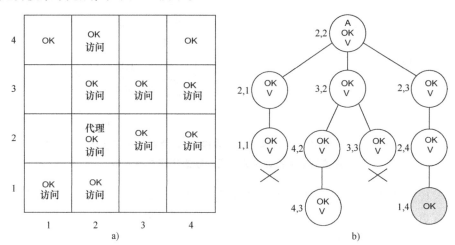

图 2.5　知识的可能状态在图 a 中，广度优先树根据知识
在图 b 中确定到未访问 OK 方格的最短路径

图 2.5a 给出了当前环境可能的知识状态，图 2.5b 给出了广度优先树搜索策略，它找到了到达未访问的 OK 方格的最短安全路径。树的根（级别 0）包含代理的位置。在树的第 1 级，访问与根相邻的 OK 方格。在树的第 2 级，访问与第 1 级方格相邻的 OK 方格，在第 3 级，访问与第 2 级方格相邻的 OK 方格，依此类推。只访问尚未在树上的 OK 方格。当树中没有合适的相邻方格时，修剪树中的一个节点。继续操作，直到没有要展开的节点（没有可能到达未访问的 OK 方格的安全路径），或者直到到达未访问的 OK 方格。第 2 级的方格 [1,1] 的节点被修剪，因为与它相邻的唯一 OK 方格是 [2,1]，当访问方格 [1,1] 时，它已经在树中。方格 [3,3] 的节点也被修剪，因为与它相邻的唯一 OK 方格已经在树中（当研究展开该节点时）。到一个未访问的 OK 方格的最短的安全路线指向方格 [1,4]。

如果没有安全路线通往还未访问的 OK 方格，那么代理的下一步动作可能是计划一条最短的安全路径到达那个具有较高概率杀死恶魔的方格。如果行不通，代理可以寻找一条最短的安全路线，到达未访问方格。最后，代理可以寻找一条到未知且未访问过的方格去。如果这也行不通，代理应该放弃游戏，因为无法到达黄金方格。

该算法如下。

算法 2.7　计划代理

Procedure *Planning*；

$A_{11} =$ true；

repeat

　　Knowledge_Base = *Knowledge_Base* ∪ set of new perceptions；

　　using *Deduction_Rules* and *Knowledge_Base*，

  add all possible deductions to *Knowledge_Base*;

if there is a current plan

  perform next action in that plan;

else

  develop a new plan if possible and execute first action in the plan;

if the current square contains the gold

  stop;

else if the current square contains the wumpus or a pit

  die;

until stop is executed or agent is dead or there is no plan;

2.3.2.3 更复杂的 wumpus world

书中给出了一个简单的 wumpus world 版本。代理所需的环境和任务都可以变得更加复杂。例如，在向某方向移动之前，可以要求角色转向并面向行进方向，或者要求代理拿起黄金并返回到方格[1,1]，从而完成。环境设置也可以包括几个黄金方格或恶魔方格，或者可以允许恶魔移动。

2.4 讨论和扩展阅读

  在系统设计的过程和方法中，完成所需任务的步骤在程序中是硬编码的。即直接对图 2.2 中的决策树进行编码。在陈述性方法中，知识与推理是分离的。这是使用正向链和反向链推理来推理规则以及开发基于知识库进行推理的 wumpus 算法时所采用的方法。Boden［1977］对这两种方法进行了早期讨论，而 Newell［1981］则讨论了表征和知识问题。这两种方法在［Brooks，1991］、［Nillson，1991］和［Shaparau et al.，2008］中做了进一步对比。

  XCON［McDermott，1982］是一个以与前文中的货物打包类似方式运作的系统。该系统配置了 DEC 公司的 VAX 计算机。从那时起，命题逻辑就被用来实际设计计算机硬件。例如，Norwick 等人［1993］讨论了高性能缓存控制器的设计。

  Yob［1975］开发了 wumpus world。Williams 等人［2003］开发了一种类似于 wumpus world 的代理程序，用于为 NASA 的飞机计划行动和诊断故障。除了运行程序外，该代理使用基于电路的方法，即在硬件电路中传输信号，而不是运行标准的计算机程序［Rosenschein，1985］。

练习

2.1 节

练习 2.1 下面哪个是命题：

1) ¬ P ∧ Q ∧ R;

2) ¬ P ∧ Q ∧ ∧ R;

3) ¬ ¬ P ∧ Q⇒R;

4) ¬ (¬ P ∧ Q)⇒R;

5) ¬（¬ P∧)Q⇒R。

练习 2.2　利用给出的原子命题，将以下陈述写为命题。

1) 如果乔在他的办公室，我们会告诉乔这个消息，否则我们会给他留言。

P：乔在他的办公室。

Q：我们会告诉乔这个消息。

R：我们将给乔留言。

2) 如果手术成功，且玛丽遵照医嘱，她会康复。

P：手术成功。

Q：玛丽遵照医嘱。

R：玛丽会康复。

3) 符合以下条件的员工可以享受 3 周假期：①在公司工作满一年的非工会会员，休假期间无薪；②在公司工作满 6 个月的工会会员。

P：员工有资格享受 3 周的假期。

Q：员工不是工会会员

R：员工没有领取假期工资。

S：员工已在公司工作满一年。

T：员工是工会会员。

U：员工已在公司工作满 6 个月。

练习 2.3　为以下命题制定真值表：

1) ¬ P∧Q∨R。

2) P∧Q∨R⇒S。

3) ¬ (¬ P∧Q)⇒R。

4) (P∨(¬ (Q∨R)∧¬ P)。

练习 2.4　你必须年满 21 岁才能买酒。针对该陈述做以下练习。

1) 将此陈述表达为逻辑命题，为命题制定真值表。

2) 这个命题的真值表是否传达了店主的意图？

3) 创建一个您认为能够传达店主意图的新陈述句。

4) 用命题表达新陈述，并制定真值表，检查真值表是传达了店主的意图。

练习 2.5　确定以下命题是否是重言式、矛盾式或两者都不是。

1) P∨Q∧¬ P。

2) (P∨Q)∧¬ P。

3) (P∧Q)∧¬ P。

练习 2.6　使用表 2.1 中的定律简化以下命题。

1) R⇒Q∧((P∧¬ Q)∨(P⇒Q))。

2) ¬ P∧R∧¬ (P∧¬ (P∨Q))。

练习 2.7　使用表 2.2 中的推理规则导出以下论证。

$$P∨Q,P⇒R,Q⇒R \ \vDash R$$

练习 2.8　请考虑以下论证。是乔还是阿米特偷了笔记本电脑。当它被盗时乔在城外。如果乔在城外，他就不可能在犯罪现场。如果乔不在犯罪现场，他就不能偷走笔记本电脑。

因此，一定是阿米特偷了笔记本电脑。使用表 2.2 中的推理规则推理论证。以下是原子命题：

P：乔偷了笔记本电脑。

Q：阿米特偷了笔记本电脑。

R：乔在城外。

S：乔不在犯罪现场。

2.2 节

练习 2.9　给出以下命题的合取范式：

$$P \lor Q \Rightarrow R \land (R \Rightarrow P)$$

练习 2.10　使用反驳和真值表推导分离规则。

练习 2.11　使用归结定律推导分离规则。

练习 2.12　在练习 2.8 的论证中使用支持策略集。

2.3 节

练习 2.13　完成表 2.5 的货物打包。

练习 2.14　为小型分类系统创建规则库。例如，系统可以根据描述确定动物或矿物的类型，或者它可以为酒吧根据顾客的特殊喜好来决定饮品口味。

练习 2.15　为小型配置系统创建规则库。该系统可以增强商店打包器功能。例如，可以考虑将易碎物品放在顶部，如薯片。

练习 2.16　为小型诊断系统创建规则库。例如，系统可以确定汽车或 DVD 播放器的故障。

练习 2.17　针对图 2.3 中的 wumpus world，为下面每一种类型的代理显示前 5 步和每一步之后的知识库状态（注意，答案可能不是唯一的）：

1）反射代理。

2）基于规则的代理。

3）计划代理。

练习 2.18　编写一个为 wumpus world 生成环境的程序，并向代理提供感知。编写游戏角色目标是到达黄金方格。您的角色可以有别于文本给出的角色。例如，它可能配置了计划代理，喜欢冒更大的风险，访问一个更近的未知方格，而不是一个更远的已知安全方格。

第3章 一阶逻辑

第2章从苏格拉底的经典例子的一个变体开始。这个经典例子如下：

所有人都是凡人。

苏格拉底是人。

因此苏格拉底是凡人。

这里的推理是，人类集合中的每一个实体都是凡人，苏格拉底也在其中，所以苏格拉底也是凡人。命题逻辑只关心真假命题，它不处理对象集的属性。一阶逻辑，也称为谓词演算，用一组对象来建模推理。

3.1节讨论了一阶逻辑的基本性质，而3.2节则介绍了一阶逻辑的人工智能应用。

3.1 一阶逻辑基础

与命题逻辑一样，一阶逻辑是由一种形式语言组成的，这种形式语言具有语法和语义，为形式化字符串赋予意义。首先讨论它的语法和语义。

3.1.1 语法

一阶逻辑词汇表包含下列符号：

1）个体常元：常元是像"苏格拉底""约翰""B"和"1"这样的符号。

2）谓词符号：符号"真""假"和其他符号，如"已婚""爱"和"兄弟"。

3）函数符号：符号如"母亲""重量"和"高度"。

4）个体变元：变元是小写字母字符，如 x、y 或 z。

5）运算符：¬，∨，∧，⇒，⇔。

6）量词：符号 ∀（全称量词）和 ∃（存在量词）。

7）界符：左括号、右括号和逗号。

常元、谓词和函数符号称为非逻辑符号。在理论上，哲学家/逻辑学家认为存在一个固定的、无限的非逻辑符号集。按照这种方法，一阶逻辑只有一种语言。在现代人工智能应用中，我们指定适用于应用程序的非逻辑符号，该指定集称为标识。

形式符号化的规则如下：

1）项（term）是下列其中之一：

① 常元符号；

② 变元符号；

③ 函数符号后面跟着一个或多个以逗号分隔并包括在括号内的项。

2）原子（atomic）公式是下列之一：

① 谓词符号；

② 谓词符号后面跟着一个或多个以逗号分隔并包括在括号内的项。

③ 用符号=分隔的两个项。

3）合式公式如下：

① 原子公式。

② 运算符¬ 后面跟着一个公式。

③ 通过∨、∧、⇒或⇔而结合的两个公式。

④ 一个量词，后面跟着一个变量之后再跟着一个公式。

4）语句是一个没有自由变元的公式。

规则4条需要理清楚，考虑以下公式：

$$\forall x\, love(x,y) \quad \forall x\, tall(x) \tag{3.1}$$

上述公式的含义稍后进行解释。目前，提出它们的目的是为了澄清语句的定义。如果公式中的变元没有被 ∀ 或 ∃ 符号量化，它就是自由出现的。否则它就是约束出现的。式（3.1）中左边的公式包含自由变元 y，因此不是语句，而右边的公式不包含任何自由变元，则是一个语句。

从数学上讲，这就是一阶逻辑的形式语言的全部内容。然而，就像命题逻辑一样，一阶逻辑的发展也是为了对现实世界做出陈述，并利用这些陈述进行推理。下面的示例演示了这些语句。

例 3.1　在一阶逻辑中，有论域。此域是一个集合，集合中的每个元素都称为实体。每个常元符号标识域中的一个实体。例如，如果考虑住在某个房屋中的所有人，常元符号可以是他们的名字。假如房子内有 5 个人，则常元符号可能是 Mary、Fred、Sam、Laura 和 Dave。

例 3.2　谓词表示一组实体或单个实体的属性之间的关系。例如，

$$married(Mary,Fred)$$

表示 Mary 和 Fred 结婚了，

$$young(Sam)$$

表示 Sam 很年轻。谓词中参数的数量称为其量的大小。谓语 married 有两个元素，而谓语'young'则有一个元素。

例 3.3　考虑例 3.1 中提到的 5 个人，此时只关心他们中是否有已婚的，是否有一个年轻的，那么标识将包括的常元符号 Mary、Fred、Sam、Laura、Dave 及谓词 married 和 young，这里谓语 married 有两个元素，而谓语 young 则有一个元素。

例 3.4　函数表示从某个实体子集到单个实体的映射。例如，如果下面的值是 Mary，

$$\text{mother}(\text{Laura})$$

这就意味着 Mary 是 Laura 的母亲。如果下面的值是 5，

$$\text{sum}(2,3)$$

则意味着 2 和 3 之和是 5。

例 3.5 运算符 ¬ 、∨ 、∧ 、⇒和⇔在逻辑上的意义是相同的。例如，

$$¬\text{ married}(\text{Mary},\text{Fred})$$

表示 Mary 和 Fred 没有结婚。公式

$$¬\text{ married}(\text{Mary},\text{Fred}) ∧ \text{young}(\text{Sam})$$

表示 Mary 和 Fred 没有结婚，Sam 还年轻。

例 3.6 相等运算符用于表示两项指的是同一个实体。例如，

$$\text{Mary} = \text{mother}(\text{Laura})$$

表示 Mary 和 mother（Laura）指的是同一个实体。也就是说，Mary 是 Laura 的母亲

例 3.7 量词 ∀ 表示某些公式对所有实体都是正确的。例如，假设论域由名为 Mary、Fred、Sam、Laura 和 Dave 5 个人组成。公式：

$$∀x \text{ young}(x)$$

表示 Mary、Fred、Sam、Laura 和 Dave 都很年轻。

例 3.8 量词 ∃ 表示某个公式对域中至少一个实体是符合条件的。再次假设我们的域由 5 个人组成，分别是 Mary、Fred、Sam、Laura 和 Dave。公式：

$$∃x \text{ young}(x)$$

表示 Mary、Fred、Sam、Laura 和 Dave 中至少有一个是年轻的。

3.1.2 语义

在一阶逻辑中，首先指定一个标识，它决定语言。给定一种语言，模型则包含以下组件：

1）一个非空的实体集 D，称为论域。

2）一种解释，其内容为

① D 中的实体被分配给每个常元符号。通常，每个实体都被分配给一个常元符号。

② 对于每个函数，将一个实体分配给该函数的每个可能的实体输入。

③ 谓词 True 总是赋值为 T，谓词 False 总是赋值为 F。

④ 对于每个其他谓词，将值 T 或 F 分配给谓词的每个可能的实体输入。

例 3.9 假设应用场景考虑示例 3.1 中提到的 5 个个体，只关心他们中是否已婚、年轻，标识如下：

1）常元符号 = {Mary, Fred, Sam, Laura, Dave}。

2）谓词符号 = {married, young}。谓词 married 有两个元素，谓词 young 有一个元素。

一种特定的模型有以下几个组成部分：

1）论域 D 是这 5 个特定个体的集合。

2）解释如下：

① 为不同个体分配不同的常元符号。

② 下表中给出了真值:

x	Mary	Fred	Sam	Laura	Dave
young(x)	F	F	T	T	T

x \ y	Mary	Fred	Sam	Laura	Dave
Mary	F	T	F	F	F
Fred	T	F	F	F	F
Sam	F	F	F	F	F
Laura	F	F	F	F	F
Dave	F	F	F	F	F

married(x,y)

例 3.10　假设 3 个人,分别是 Dave、Gloria 和 Ann,讨论每个人的母亲以及每个人是否爱另一个。标识如下:

1) 常元符号 = {Dave, Gloria, Ann}。

2) 谓词符号 = {love},谓词 love 有两个元素。

3) 函数符号 = {mother},函数 mother 有一个元素。

建立的模型有以下几个组件:

1) 论域 D 是这 3 个特定个体的集合。

2) 解释如下:

① 为不同个体分配不同的常元符号。

② 下表给出了真值赋值:

x \ y	Dave	Gloria	Ann
Dave	F	F	F
Gloria	T	T	T
Ann	T	T	F

love(x,y)

③ 下表给出了函数分配:

x	Dave	Gloria	Ann
mother(x)	Gloria	Ann	—

请注意,没有为 Ann 分配母亲。从技术上讲,每个实体都必须由一个函数赋值。如果 Ann 的母亲不是实体之一,可以简单地使用一个虚拟符号,比如一字线 (—)。在实践中,通常不会通过完全指定模型来推理一阶逻辑。所以不必关注这种细微差别。请注意,二进制谓词不必是对称的。Gloria 爱 Dave 但 Dave 不爱 Gloria。

一旦指定了模型，所有语句的真值将按照以下规则分配：

1）用符号¬、∧、∨、⇒和⇔组成语句的真值推理方法与在命题逻辑中相同。

2）如果符号=所连接的两个项都指向同一个实体，那么语句的真值为T，否则为F。

3）如果在论域 D 中，p(x)对 x 的每个赋值都为T，那么∀x p(x)的值为T，否则它的值为F。

4）如果在论域 D 中，p(x)至少有一个对 x 赋值为T，那么∃x p(x)的值为T，否则它的值为F。

5）运算符的优先顺序：¬，=，∧，∨，⇒，⇔。

6）量词优先于运算符。

7）括号可以更改优先级的顺序。

例 3.11 假设有 Socrates，Plato，Zeus，Fido 这 4 个人，我们讨论他们是否是人（human）、凡人（mortal）和有腿（legs）的人。做如下标识：

1）常元符号={Socrates，Plato，Zeus，Fido}。

2）谓词符号={human，mortal，legs}，所有谓词都有一个。

模型具有以下组件：

1）论域 D 是这 4 个人的集合。

2）解释如下：

① 为不同个体分配不同的常元符号。

② 下表给出了真值赋值：

x	Socrates	Plato	Zeus	Fido
human(x)	T	T	F	F
mortal(x)	T	T	F	T
legs(x)	T	T	T	T

有以下几点：

1. 语句

$$\text{human(Zeus)} \land \text{human(Fido)} \lor \text{human(Socrates)}$$

值为T，因为∧优先于∨。

2. 语句

$$\text{human(Zeus)} \land (\text{human(Fido)} \lor \text{human(Socrates)})$$

值为F，因为括号更改了优先顺序。

3. 语句

$$\forall x \, \text{human}(x)$$

值为F，因为 human(Zeus)=F，human(Fido)=F。

4. 语句

$$\forall x \, \text{mortal}(x)$$

值为F，因为 mortal(Zeus)=F。

5. 语句

$$\forall x \, \text{legs}(x)$$

值为 T，因为 legs(x) = T 中每个 x 的值为 T。

6. 语句

$$\exists x\ human(x)$$

值为 T，因为 human(Socrates) = T 和 human(Plato) = T。

7. 语句

$$\forall x(human(x) \Rightarrow mortal(x))$$

值为 T，如下表所示：

x	human(x)	mortal(x)	human(x) $\Rightarrow$ mortal(x)
Socrates	T	T	T
Plato	T	T	T
Zeus	F	F	T
Fido	F	T	T

例 3.12　假设对例 3.10，具有模型和解释。解释中的真值分配是由下列表格给出的：

x ＼ y	Dave	Gloria	Ann
Dave	F	F	F
Gloria	T	T	T
Ann	T	T	F

love(x, y)

有以下几点：

1. 语句

$$\exists x\ \forall y\ love(x, y)$$

值为 T，因为 love(Gloria, y) 对每个 y 的值都为 T。这个语句的含义是总有人爱每个人的。这为真，因为 Gloria 爱每个人。

2. 语句

$$\forall x\ \exists y\ love(x, y)$$

值为 F，因为 love(Dave, y) 对每个 y 的值都不为 T。这个语句的含义是每个人爱每个人。这为假，因为 Dave 谁都不爱。

3.1.3　有效性和逻辑蕴涵

命题逻辑中的重言式和谬论的概念延伸到一阶逻辑。有如下定义。

定义 3.1　如果语句 s 在解释 I 中具有值 T，则我们说 I 满足 s，并且我们写 $I \models s$。如果存在解释，使语句在这种解释下具有值 T，则该语句是满足式。

例 3.13　语句

$$human(Socrates)$$

当存在解释，可以为 human(Socrates) 赋值为 T 时，该语句是满足式。

例 3.14　语句

$$\forall x\ human(x)$$

在论域中存在解释，可以针对每个个体 x 为 human(x) 赋值为 T 时，语句是可满足的。

如果一个公式包含自由变元（不是一个语句），那么仅解释本身无法确定其真值。将可满足性的定义推广到这类公式。详情如下：

定义 3.2 在论域中如果存在解释使包含自由变元公式的值为 T，那么该公式是满足式，不管哪个个体被分配到它的自由变元。

例 3.15 公式

$$love(Socrates, y)$$

是满足式，如果在论域中存在解释为 loves(Socrates,y) 中每个个体 y 赋值 T。

定义 3.3 如果每个解释都使公式成为满足式，则该公式是有效的。

显然，每一个重言式都是一个有效式。下面是其他有效语句的示例：

例 3.16 语句

$$human(Socrates) \lor \neg\, human(Socrates)$$

是有效的。简单真值表可以证明。

例 3.17 语句

$$\forall x(human(x) \lor \neg\, human(x))$$

是有效的。

例 3.18 公式

$$love(Socrates, y) \lor \neg\, love(Socrates, y)$$

是有效的。无论在论域中为 y 分配哪个个体，这个公式在每一种解释中都为真。所以它是有效的。

定义 3.4 如果没有符合的解释，语句就是矛盾的。

例 3.19 语句

$$\exists x(human(x) \land \neg\, human(x))$$

在任何解释下都不能构成满足式，因此是矛盾式。

定义 3.5 给定两个公式 A 和 B，如果 $A \Rightarrow B$ 是有效的，那么 A 在逻辑上蕴涵 B，写作 $A \Rightarrow B$。

例 3.20 仅作为一个练习来说明

$$human(Socrates) \land (human(Socrates) \Rightarrow mortal(Socrates))$$
$$\Rightarrow mortal(Socrates)$$

定义 3.6 给定两个公式 A 和 B，如果 $A \Leftrightarrow B$ 有效，那么 A 在逻辑上等价于 B，写作 $A \equiv B$

例 3.21 仅作为一项练习来说明

$$human(Socrates) \Rightarrow mortal(Socrates)$$
$$\equiv \neg\, human(Socrates) \lor mortal(Socrates)$$

作为练习，证明以下关于量化表达式逻辑等价的定理。

定理 3.1 具有以下逻辑等价。（A 和 B 是表示任意谓词的变元。此外，除了 x 之外，它们还可以有其他论点。）：

1) $\neg\, \exists x\, A(x) \equiv \forall x \neg\, A(x)$；

2) $\neg\, \forall x\, A(x) \equiv \exists x \neg\, A(x)$；

3）$\exists x(A(x) \vee B(x)) \equiv \exists x A(x) \vee \exists x B(x)$；

4）$\forall x(A(x) \wedge B(x)) \equiv \forall x A(x) \wedge \forall x B(x)$；

5）$\forall x A(x) \equiv \forall y A(y)$；

6）$\exists x A(x) \equiv \exists y A(y)$。

等价式 1）和 2）是德摩根定律量词。直观上讲，等价式 1）成立是因为如果 $A(x)$ 对每一个 x 都是假的，那么它对任何 x 都不成立。

3.1.4　推导系统

类似于命题逻辑，在一阶逻辑中，论证由一组称为前提的公式和一个称为结论的公式组成。如果在所有前提为真的每个模型中，结论也为真，则说前提蕴涵结论。如果前提蕴涵结论，则说明论点是合理的，否则它就是谬论。一组推理规则的集合构成了演绎系统。只有导出合理论证的演绎系统，才是合理的演绎系统。如果一个演绎系统能够推导每一个合理论证，那么它就是完整的。哥德尔不完全性定理证明了一阶逻辑中一般不存在完整演绎系统。然而，对它的讨论超出了本书的范围。简而言之，哥德尔证明了包含自然数的语句无法证明的现象。

以下论证展示了前提和结论的列表：

1）A_1；

2）A_2；

　　⋮

n）$\dfrac{A_n}{B}$。

如果论证合理，记作

$$A_1, A_2, \cdots, A_n \vDash B$$

如果这是个谬论，记作

$$A_1, A_2, \cdots, A_n \nvDash B$$

接下来，介绍一阶逻辑的一些合理的推理规则。首先，为命题逻辑制定的所有规则（见表 2.2）都可以在一阶逻辑中应用于不包含变元的公式中。

例 3.22　考虑以下论证：

1）man(Socrates)；

2）$\dfrac{\text{man(Socrates)} \Rightarrow \text{human(Socrates)}}{\text{human(Socrates)}}$。

对于这个论证，有以下的推导：

	推导	规则
1	man(Socrates)	前提
2	man(Socrates)⇒human(Socrates)	前提
3	human(Socrates)	1,2,MP

前面的例子并不令人兴奋，因为只是使用了一阶逻辑的语法来表示可以用命题逻辑语法

来表示的语句。接下来探讨只涉及一阶逻辑的附加推理规则。

3.1.4.1　全称实例化

全称实例化（UI）规则如下：

$$\forall x\, A(x) \vDash A(t)$$

这里 t 是任意项。这个规则表明，如果在论域中 $A(x)$ 对所有实体的值都为 T，那么对于 t 项的值则必须为 T。

例 3.23　考虑以下论证：

$$1)\,\mathrm{man(Socrates)};$$

$$2)\,\frac{\forall x\,\mathrm{man}(x) \Rightarrow \mathrm{human}(x)}{\mathrm{human(Socrates)}}。$$

对于这个论证，有以下的推导：

推导		规则
1	man(Socrates)	前提
2	$\forall x(\mathrm{man}(x) \Rightarrow \mathrm{human}(x))$	前提
3	man(Socrates)⇒human(Socrates)	2,UI
4	human(Socrates)	1,3,MP

例 3.24　考虑以下论证：

$$1)\,\forall x(\mathrm{father(Sam},x) \Rightarrow \mathrm{son}(x,\mathrm{Sam}) \vee \mathrm{daughter}(x,\mathrm{Sam}))$$

$$2)\,\mathrm{father(Sam,Dave)}$$

$$3)\,\frac{\neg\,\mathrm{daughter(Dave,Sam)}}{\mathrm{son(Dave,Sam)}}。$$

对于这个论证，有以下的推导：

推导		规则
1	$\forall x(\mathrm{father(Sam},x) \Rightarrow \mathrm{son}(x\mathrm{Sam}) \vee \mathrm{daughter}(x,\mathrm{Sam}))$	前提
2	father(Sam,Dave)	前提
3	¬ daughter(Dave,Sam)	前提
4	father(Sam,Dave)⇒son(Dave,Sam)∨daughter(Dave,Sam)	1,UI
5	son(Dave,Sam)∨daughter(Dave,Sam)	2,4,MP
6	son(Dave,Sam)	3,5,DS

注意，t 可以是任意项，包括变元。但是，t 不能是一个约束变元。例如，假设有以下公式：

$$\forall x \exists y\, \mathrm{father}(y,x)$$

可以使用 UI 来得出 $\exists y\, \mathrm{father}(y,\mathrm{Dave})$，代表 Dave 有一个父亲。此外，还可以用 UI 得出 $\exists y\, \mathrm{father}(y,z)$，代表实体 z 有一个父亲。然而，并不能用 UI 来得出 $\exists y\, \mathrm{father}(y,y)$，因为这意味着某个实体是它自己的父亲。

3.1.4.2　全称概括

全称概括（UG）规则如下：

$$A(e) \text{对于论域中的每一个实体} e，称为 \vDash \forall x A(X)。$$

这个论证说明，如果 $A(e)$ 对每一个实体 e 都有值 T，那么 $\forall x\, A(X)$ 值为 T。这个规则一般用于证明 $A(e)$ 对任意实体 e 都有值 T。

例 3.25 考虑以下论证：

$$\frac{\forall x(\text{study}(x)\Rightarrow\text{pass}(x))}{\forall x(\neg\,\text{pass}(x)\Rightarrow\neg\,\text{study}(x))}。$$

这个论证说明，如果每个学习的人都通过了课程考试为真，那么就可以得出结论：每个考试不及格的人都没有学习。接下来使用全称概括（UG）规则和演绎定理（DT）来推导这一点：

推导		规则	注解
1	$\forall x(\text{study}(x)\Rightarrow\text{pass}(x))$	前提	
2	$\text{study}(e)\Rightarrow\text{pass}(e)$	UI	代入任意实体 e
3	$\neg\,\text{pass}(e)$	假设	假设 $\neg\,\text{pass}(e)$
4	$\neg\,\text{study}(e)$	2,3,MT	
5	$\neg\,\text{pass}(e)\Rightarrow\neg\,\text{study}(e)$	DT	得到 $\neg\,\text{pass}(e)$
6	$\forall x\,\neg\,\text{pass}(x)\Rightarrow\neg\,\text{study}(x)$	UG	

注意，在前面的例子中，证明了结论对于任意实体 e 均具有 T 值，接着应用了全称概括规则。如果只知道一个公式中有一个特定实体的值为 T，就不能使用全称概括规则了。例如，如果只知道 young(Dave) 或 young(e)，其中 e 代表一个特定的实体，那么就不能使用全称概括规则。存在概括（稍后讨论）引入的实体 e 是 e 表示特定实体的一个例子。

3.1.4.3 存在概括

存在概括（EG）规则如下：

$$A(e)\vDash\exists x\, A(x)$$

式中，e 是论域中的一个实体。规则表明，如果 $A(e)$ 对某个实体 e 有值 T，那么 $\exists x\, A(x)$ 有值 T。

例 3.26 考虑以下论证：

1) man(Socrates)；

2) $\dfrac{\forall x\,\text{man}(x)\Rightarrow\text{human}(x)}{\exists x\,\text{human}(x)}$。

对于这个论证，推导如下：

推导		规则
1	man(Socrates)	前提
2	$\forall x\,\text{man}(x)\Rightarrow\text{human}(x)$	前提
3	$\text{man}(\text{Socrates})\Rightarrow\text{human}(\text{Socrates})$	2,UI
4	human(Socrates)	1,3,MP
5	$\exists x\,\text{human}(x)$	4,EG

当应用存在概况规则时，变元 x 在公式 $A(e)$ 中可能不是自由变元。例如，假设已知 father(x,e) 对某个实体 e 有值 T 时，不能得出 $\exists x\,\text{father}(x,x)$ 的结论。因为这意味着有一个

实体是它自己的父亲。此时需要使用另一个变元，如 y，并得出结论，$\exists y \, \text{father}(x,y)$。

3.1.4.4 存在实例化

存在实例化（EI）规则如下：

$$\exists x \, A(x) \models A(e)$$

对于论域中的一些实体 e，如果 $\exists x \, A(x)$ 具有值 T，则对于 $A(e)$ 的某些实体 e 具有值 T。

例 3.27 考虑以下论证：

1) $\exists x \, \text{man}(x)$；

2) $\dfrac{\forall x \, \text{man}(x) \Rightarrow \text{human}(x)}{\exists x \, \text{human}(x)}$。

对于这个论证，推导如下：

	推导	规则
1	$\exists x \, \text{man}(x)$	前提
2	$\forall x \, \text{man}(x) \Rightarrow \text{human}(x)$	前提
3	$\text{man}(e)$	1,EI
4	$\text{man}(e) \Rightarrow \text{human}(e)$	2,UI
5	$\text{human}(e)$	3,4,MP
6	$\exists x \, \text{human}(x)$	5,EG

存在实例化规则中使用的变元不能作为自由变元出现在其他地方。例如，假设用实例化规则得出的结论是 $\text{man}(e)$。之后则不能用存在实体化规则来给 $\text{monkey}(e)$ 下结论，因为这意味着 e 既是人也是猴子。相反，必须使用不同的变元，如使用 f 来得到结论 $\text{monkey}(f)$。

3.1.5 一阶逻辑的分离规则

下一个例子说明，如果只开发了到目前为止的推理规则，那么推导将是多么困难。

例 3.28 考虑以下论证：

1) $\text{mother}(\text{Mary},\text{Scott})$；

2) $\text{sister}(\text{Mary},\text{Alice})$；

3) $\dfrac{\forall x \, \forall y \, \forall z \, \text{mother}(x,y) \wedge \text{sister}(x,z) \Rightarrow \text{aunt}(z,y)}{\text{aunt}(\text{Alice},\text{Scott})}$。

对于这个论证，有以下的推导：

	推导	规则
1	$\text{mother}(\text{Mary},\text{Scott})$	前提
2	$\text{sister}(\text{Mary},\text{Alice})$	前提
3	$\forall x \, \forall y \, \forall z \, \text{mother}(x,y) \wedge \text{sister}(x,z) \Rightarrow \text{aunt}(z,y)$	前提
4	$\text{mother}(\text{Mary},\text{Scott}) \wedge \text{sister}(\text{Mary},\text{Alice})$	1,2,CR
5	$\forall y \, \forall z \, \text{mother}(\text{Mary},y) \wedge \text{sister}(\text{Mary},z) \Rightarrow \text{aunt}(z,y)$	3,UI
6	$\forall z \, \text{mother}(\text{Mary},\text{Scott}) \wedge \text{sister}(\text{Mary},z) \Rightarrow \text{aunt}(z,\text{Scott})$	5,UI
7	$\text{mother}(\text{Mary},\text{Scott}) \wedge \text{sister}(\text{Mary},\text{Alice}) \Rightarrow \text{aunt}(\text{Alice},\text{Scott})$	6,UI
8	$\text{aunt}(\text{Alice},\text{Scott})$	4,6,MP

在上面的例子中，使用了 3 次全称实例化规则来得出想要的结论。似乎没有人愿意为了得出这个结论而大费周折。更简便的办法是用 Mary 代替 x，Scott 代替 y，Alice 代替 z，在论点的前提 3 中，得出结论 aunt(Alice,Scott)。接下来，本书开发了一种分离规则定制的一阶逻辑推理方法。

3.1.5.1　合一

首先对合一进行定义。

定义 3.7　假设有 A 和 B 两个语句，A 和 B 的合一是将 A 和 B 中构成语句的某些变元的值替换成 θ。该组替换集合 θ 称为合一集。

例 3.29　假设我们有两个语句 love(Dave,y) 和 love(x,Gloria)。

那么

$$\theta = \{x/\text{Dave}, y/\text{Gloria}\}$$

把这两个语句合一为 love(Dave,Gloria)。

例 3.30　假设有两个语句 parents(Dave,y,z) 和 parents(y,Mary,Sam)。因为这两个语句中的 y 变元是不同的变元，所以将第二个 y 变元重命名为 x 变元来获得语句的 parents(x,Mary,Sam)。

那么

$$\theta = \{x/\text{Dave}, y/\text{Mary}, z/\text{Sam}\}$$

把这两个语句合一为 parents(Dave,Mary,Sam)。

例 3.31　不能合一语句 parents(Dave,Nancy,z) 和 parents(y,Mary,Sam)，因为 Nancy 和 Mary 都是常元。

例 3.32　假设有两个语句 parents(x,father(x),mother(Dave)) 和 parents(Dave,father(Dave),y)。那么

$$\theta = \{x/\text{Dave}, y/\text{mother(Dave)}\}$$

将语句合一为 parents(Dave,father(Dave),mother(Dave))。

例 3.33　假设有两个语句 father(x,Sam) 和 father(y,z)。

那么

$$\theta_1 = \{x/\text{Dave}, y/\text{Dave}, z/\text{Sam}\}$$

把这两个语句合一为 father(Dave,Sam)，此外，

$$\theta_2 = \{x/y, z/\text{Sam}\}$$

把这两个语句合一为 father(y,Sam)。

在前面的例子中，第二个合一词比第一个更通用，因为 farther(Dave,Sam) 是 farther(y,Sam) 的一个实例。关于这种关系，有以下定义：

定义 3.8　如果每个 θ' 都是 θ 的一个实例，且 θ' 可以通过在 θ 中进行替换来推导，那么合一集 θ 是最普遍的合一集。

在例 3.33 中的合一词 θ_2 是最普遍的合一集。如果两个语句可以合一，下面的算法将返回两个语句的最普遍的合一集。

算法 3.1　合一

输入：两个句子 A 和 B；一个空的替换集 θ。

输出：一个最普遍的合一句子；否则失败。

Procedure *unify*(A,B,var θ)；

scan A and B from left fo right

    until A and B disagree on a symbol or A and B are exhausted；

if A and B are not exhausted

    let x and y be the symbols where A and B disagree；

    if x is a variable

        $\theta=\theta\cup(x/y)$；

        unify($subst(\theta,A)$,$subst(\theta,B)$,θ)；

    elae if y is a variable

        $\theta=\theta\cup\{y/x\}$；

        unify($subst(\theta,A)$,$subst(\theta,B)$,θ)；

    else

        $\theta=$Failure；

    endif

endif

算法前面调用过程 *subst*，它以一个替换集 θ 和一个语句 A 作为输入，并将 θ 中的替换应用于 A。

例3.34　假设 A 是语句 parents(Dave,y,z) 和 $\theta=\{x/\text{Dave},y/\text{Mary},z/\text{Sam}\}$。然后 *subst*($A$,$\theta$) 导致 A 成为语句 parents(Dave,Mary,Sam)。

合一时，变元不能被包含变量的项替换。例如，不能替换 $x/f(x)$。有必要为此在程序的递归调用合一之前添加一个检查（称为出现检查），如果发生这种情况，算法应该返回失败。

3.1.5.2　广义分离规则

接下来，给出了一阶逻辑的广义分离规则。在使用此规则时，不需要为蕴涵语句使用全称实例化表示法。相反，这是蕴涵的假设。例如，记

$$\text{mother}(x,y)\Rightarrow\text{parent}(x,y)$$

而不记

$$\forall x\,\forall y\,\text{mother}(x,y)\Rightarrow\text{parent}(x,y)$$

假设有语句 A、B 和 C，以及语句 $A\Rightarrow B$，语句中的所有变元进行隐式全称量化。广义分离（GMP）规则如下：

$$A\Rightarrow B,C,unify(A,C,\theta)\vDash subst(B,\theta)$$

例3.35　参考例 3.28 中的论证：

    1) mother(Mary,Scott)；

    2) sister(Mary,Alice)；

    3) $\dfrac{\forall x\,\forall y\,\forall z\,\text{mother}(x,y)\wedge\text{sister}(x,z)\Rightarrow\text{aunt}(z,y)}{\text{aunt}(\text{Alice},\text{Scott})}$。

对于此论证，有以下新推导（在步骤 3 中，假定使用全称量化）。

	推导	规则
1	mother(Mary, Scott)	前提
2	sister(Mary, Alice)	前提
3	mother(x,y) $\wedge$ sister(x,z) $\Rightarrow$ aunt(z,y)	前提
4	mother(Mary, Scott) $\wedge$ sister(Mary, Alice)	1,2,CR
5	$\theta = \{x/\text{Mary}, y/\text{Scott}, z/\text{Alice}\}$	对 3 和 4 的前提进行合一
6	aunt(Alice, Scott)	3,4,5,GMP

3.2　人工智能应用

接下来讨论一阶逻辑在人工智能中的一些应用。

3.2.1　重访 wumpus world

2.3.2 节中，展示了使用命题逻辑判断 wumpus world 的动作规则和演绎规则。可以用一阶逻辑更简洁地表达这些规则。注意，表 2.7 给出了方格[2,2]的动作规则。使用命题逻辑时，需要为每个方格设置一组这样的规则。但是，使用一阶逻辑时，则可以将之同时设置，如表 3.1 所示。A(i,j)是一个谓词，当且仅当代理在方格[i,j]中时为真。其他谓词也具有相似的含义。

表 3.1　使用一阶逻辑表示的 Wumpus World 中反射代理的动作规则：

$$\vdots$$
$$\forall i \forall j \text{ A}(i,j) \wedge \text{W}(i,j) \Rightarrow \text{agent dies}$$
$$\forall i \forall j \text{ A}(i,j) \wedge \text{P}(i,j) \Rightarrow \text{agent dies}$$
$$\forall i \forall j \text{ A}(i,j) \wedge \text{G}(i,j) \Rightarrow \text{gold found, stop}$$
$$\forall i \forall j \text{ A}(i,j) \Rightarrow \text{shoot arrow randomly left, right, up, or down}$$
$$\forall i \forall j \text{ A}(i,j) \Rightarrow \text{move randomly left, right, up, or down}$$
$$\vdots$$

由于边界条件的限制，将表 2.8 中的推理规则以同样的方式表述会比较烦琐。例如，在方格[1,2]的左侧没有方格。因此，在这个方格中感知到臭气意味着恶魔在另外的 3 个方格中的某一个，而不是 4 个方格中的某一个。表示规则的另一种方法是保持谓词 Adjacent(i,j,k,m)为真，这是当且仅当方格[i,j]与方格[k,m]相邻。然后，可以将表 2.8 中的规则 1 写成：

$$\forall i \forall j \text{ S}(i,j) \Rightarrow \exists k \exists m \text{ Adjacent}(i,j,k,m) \wedge \text{W}(i,j)$$

这里，已经给出了使用一阶逻辑与 wumpus world 交互的几种方法。不难发现，没有"绝对正确"的方法来实现目标。重点在于一阶逻辑简化了任务工作量。

3.2.2　计划

在 2.3.1.3 节中，使用带冲突解决方法的正向链推理来指导机器人打包。当时是以用对顾客最有利的方式包装为目标。例如，将瓶子放在底部，就可以避免压碎其他物品。然而，那时不需要为实现目标而制定计划。正向链推理只是按顺序有条不紊地执行动作，而不包括任何预先计划的活动。回顾 2.3.2.2 节，计划是一系列实现目标的活动。在那一节中为

wumpus world 开发了一个计划代理。接下来将进一步讨论计划。

3.2.2.1 积木世界

在积木世界（blocks world）中，桌子上有许多积木块，有些积木堆叠在一起。图 3.1 给出了一个可能的堆叠方式。机器人的任务是按顺序移动积木，以达到某种目的。例如，任务目标可能是"使积木 e 位于积木 b 上，积木 a 位于积木 e 上"。为了使机器人能够实现这一点，需要给它制定一个计划。如果从图 3.1 中的情况开始，计划如下所示：

1）拾取积木 d

2）把积木 d 放在桌上

3）拾取积木 a

4）把积木 a 放在桌上

5）拾取积木 e

6）把积木 e 放在积木 b 上

7）拾取积木 a

8）把积木 a 放在积木 e 上

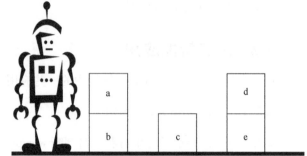

图 3.1 积木世界

如果需要开发出一种算法来生成这样的计划。首先，需要使用谓词演算来描述世界的状态。为此，有以下谓词：

谓词	含义
on(x,y)	积木 x 在积木 y 上方
clear(x)	积木 x 上方什么也没有
gripping(x)	机器人抓取积木 x 若机器人没有抓到任何积木则 gripping(nothing) 为真
ontable(x)	积木 x 在桌上

图 3.1 的世界状态如下：

ontable(b)

ontable(c)

ontable(e)

on(a,b)

on(d,e)

gripping(nothing)

接下来，需要相应动作规则来改变世界状态。表 3.2 使用一阶逻辑来表示这些动作规则。

表 3.2 积木世界的动作规则

1. $\forall x$ pickup$(x) \Rightarrow ($gripping$($nothing$) \wedge$ clear$(x) \Rightarrow$ gripping$(x))$	
2. $\forall x$ putdown$(x) \Rightarrow ($gripping$(x) \Rightarrow$ clear$(x) \wedge$ ontable$(x) \wedge$ gripping$($nothing$))$	
3. $\forall x \, \forall y$ stack$(x,y) \Rightarrow ($gripping$(x) \wedge$ clear$(y) \Rightarrow$ gripping$($nothing$) \wedge$ on$(x,y))$	
4. $\forall x \, \forall y$ unstack$(x,y) \Rightarrow ($on$(x,y) \wedge$ clear$(x) \wedge$ gripping$($nothing$) \Rightarrow$ gripping$(x) \wedge$ clear$(y))$	

　　这些动作规则代表如果将给定的动作（使其为真）作为规则的前提，则规则的结论将变为真。例如，在规则 1 中，如果采取动作 pickup(a)，那么此时机器人手中没有东西的话且 a 没有被其他积木覆盖，那么机器人最终会抓取 a。

　　既然现在已经可以对世界的状态进行描述和对其状态进行改变，那么就可以制定计划了。获得计划的最简便的方法是执行广度优先搜索可能的动作。当成果达到目标状态时，计划就是导致这个状态产生的一系列动作。图 3.2 给出了这种搜索的一部分，这种方法的问题在于其对大型问题实例的计算可行性不高。在 3.2.2.2 节讨论了一种解决这个问题的方法。

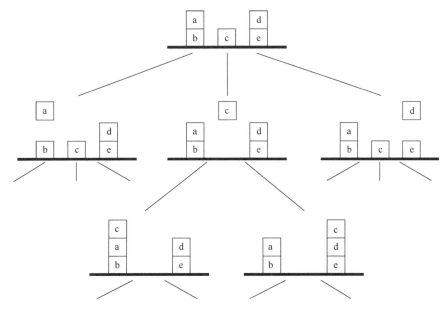

图 3.2　在积木世界中搜索计划时状态空间树的一部分

　　积木世界受到框架问题（frame problem）的影响，框架问题关注使用逻辑表达世界的某些元素，这些元素为下一个时隙更改世界的动作而保持不变。术语流畅（fluent）指的是随着时间的推移而变化的世界中的某些元素，术语 atemporal 指的是不发生变化的某些元素。例如，假设为图 3.1 中的世界执行了 unstack(a,b) 动作。然后，与此操作相关的逻辑语句意味着机器人正在抓取 a，并且 b 上没有其他物体。但是，并没有给出有关 c、d 和 e 的任何内容。它们可以在如图 3.1 所示的配置中（所期望的配置），但也可以在任何其他配置中。

　　解决这个问题的一种方法是包含框架规则，它可以提供不被操作变更元素的信息。例如，可以有以下框架规则：

$$\forall x \ \forall y \ \forall z \ unstack(y,z) \Rightarrow (ontable(x) \Rightarrow ontable(x))$$

这个规则说明，如果 x 在执行 unstack(y,z) 之前就在桌上，那么此后它仍然在桌上。

3.2.2.2　PDDL 和宏

　　本节使用规划领域定义语言（PDDL）的一个版本来解决框架问题。在采纳的版本中，每种状态都用流畅连词来表示。对于给定的动作，preconditions(Pre) 代表条件必须为 true 时，才能应用某个操作。add list(Add) 是在应用条件时添加的流畅词；delete list(Del) 是在应用操作时被删除的流畅词。例如，unstack(x,y) 操作表示如下：

$$\text{unstack}(x,y) \quad \begin{aligned} &\text{Pre:} &&\text{on}(x,y) \wedge \text{clear}(x) \wedge \text{gripping(nothing)} \\ &\text{Add:} &&\text{gripping}(x) \wedge \text{clear}(y) \\ &\text{Del:} &&\text{on}(x,y) \wedge \text{gripping(nothing)} \end{aligned}$$

至此，框架问题已被解决，但假设有一个框架公理，即所有在动作描述中没有提到的流畅词保持不变的情况。

可以通过设置宏运算符来改进广度优先搜索，宏运算符由可能经常执行的动作序列组成。例如，假设对两个积木块倒置的动作很多。以下宏实现了这一点：

$$\text{invert}(x,y) \quad \begin{aligned} &\text{Pre:} &&\text{on}(x,y) \wedge \text{clear}(x) \wedge \text{gripping(nothing)} \\ &\text{Add:} &&\text{on}(y,x) \wedge \text{clear}(y) \\ &\text{Del:} &&\text{on}(x,y) \wedge \text{clear}(x) \\ &\text{Actions:} &&\text{unstack}(x,y);\text{putdown}(x);\text{pickup}(y);\text{stack}(y,x) \end{aligned}$$

"Actions"行显示了组成宏的动作。搜索时，不仅搜索基本动作，还搜索宏。

PDDL 和宏都在斯坦福大学研究所规划系统（STRIPS）[Fikes and Nilsson,1971]中，该系统是由 SRI 国际公司开发的。20 世纪 70 年代，STRIPS 被用来规划 SHAKEY 机器人的动作。

3.2.2.3　反向搜索

图 3.2 所示的广度优先搜索策略是一个正向搜索，因为它从当前的世界状态开始，试图达到理想的世界状态。或者，可以通过执行反向搜索来简化搜索过程。类似于反向链，反向搜索一般以目标开始，即对世界期望的状态，然后向后进行。例如，假设如图 3.1 所示，目标是反转积木块 a 和 b，然后从条件 on(b,a)和 clear(b)开始，看看采取什么动作才能达到这种状态。应用的动作是 stack(b,a)。其先决条件是 gripping(b)和 clear(a)。接下来看看什么动作会导致这些条件的产生，并以这种方式继续下去。

反向搜索策略是在［Nillson，1994］开发的 teleo-reactive 规划策略中使用的。teleo-reactive 程序是一个代理控制程序，它能够在不断考虑到代理对动态环境的感知变化的同时，有力地将一个代理引导到一个目标。teleo-reactive 规划已应用于多个领域，包括机器人控制［Benson，1995］和加速器光束线调谐［Klein et al.，2000］。Katz［1997］用模糊逻辑扩展了机器人智能任务控制的 teleo-reactive 模式［Zadeh，1965］。

3.3　讨论和扩展阅读

John McCarthy 和 Patrick Hayes 在《人工智能的一些哲学问题》[McCarthy and Hayes，1969]中指出了画面问题。McCarthy 建议通过假设发生了最小数量的变化来解决这个问题。耶鲁射击问题［Hanks and McDermott，1987］证明了这个解决方案并不总是正确的。在 1991 年，Reiter 用继承状态公理解决了这个问题。

练习

3.1 节

练习 3.1　谓词 parents(x,y,z)的元素是什么？例如，可能有 parents(Dave,Gloria,Mary)。

练习 3.2　描述一阶逻辑中谓词和函数之间的差异。

练习 3.3　假设我们的常元符号是 {Mary，Dave，Amit，Juan}，有以下真值分配：

x	Mary	Dave	Amit	Juan
young(x)	F	F	T	T

x	Mary	Dave	Amit	Juan
happy(x)	T	T	T	T

下列哪一句为真?

1) $\forall x$ young(x);

2) $\exists x$ young(x);

3) $\forall x$ happy(x);

4) $\exists x$ happy(x)。

练习 3.4 假设我们的常元符号是｛Mary，Fred，Sam，Laura，Dave｝，并且我们有以下真值赋值:

x \ y	Mary	Fred	Sam	Laura	Dave
Mary	F	T	F	T	F
Fred	T	T	F	F	F
Sam	F	T	F	F	F
Laura	F	T	F	T	F
Dave	F	T	F	F	F

love(x,y)

下列哪一句为真?

1) $\exists x \forall y$ love(x,y);

2) $\forall x \exists y$ love(x,y);

3) $\exists y \forall x$ love(x,y);

4) $\forall y \exists x$ love(x,y)。

练习 3.5 证明定理 3.1。

练习 3.6 推导以下论证:

1) $\forall x$(father(Sam,x)$\wedge$father(x,Dave))$\Rightarrow$grandfather(Sam,Dave);

2) father(Sam,Ralph);

3) father(Ralph,Dave)/grandfather(Sam,Dave)。

练习 3.7 推导以下论证:

1) $\forall x$(father(Sam,x)$\wedge$father(x,Dave))$\Rightarrow$grandfather(Sam,Dave);

2) father(Sam,Ralph);

3) $\dfrac{\neg\ \text{grandfather(Sam,Dave)}}{\neg\ \text{father(Ralph,Dave)}}$。

练习 3.8 推导以下论证：

$$\frac{\forall x(\text{study}(x) \vee \neg\text{pass}(x))}{\forall x \neg(\text{pass}(x) \wedge \neg\text{study}(x))}$$

练习 3.9 推导以下论证：

1) $\forall x(\text{woman}(x) \vee \text{man}(x))$；

2) $\dfrac{\neg\text{man}(\text{Jennifer})}{\exists x\,\text{woman}(x)}$。

练习 3.10 推导以下论证：

1) $\exists x(\text{woman}(x) \vee \text{man}(x))$；

2) $\dfrac{\forall x \neg\text{man}(x)}{\exists x\,\text{woman}(x)}$。

练习 3.11 将 $\text{mother}(\text{Mary}, x)$ 和 $\text{mother}(z, \text{Sam})$ 合一。

练习 3.12 将 $\text{children}(\text{Virginia}, \text{Eileen}, x)$ 和 $\text{children}(x, y, \text{Ralph})$ 合一。

练习 3.13 使用 GMP 推导以下论证：

1) $\text{parent}(\text{Mary}, \text{Tom}, \text{Ralph})$；

2) $\neg\text{sister}(\text{Tom}, \text{Ralph})$；

3) $\dfrac{\forall x \forall y \forall z\,\text{parent}(x,y,z) \Rightarrow \text{brother}(y,z) \vee \text{sister}(y,z)}{\text{brother}(\text{Tom}, \text{Ralph})}$。

3.2 节

练习 3.14 使用谓词演算为表 2.8 编写规则。

练习 3.15 使用 PDDL 编写一个宏，该宏以两个块 x 和 y 作为输入。如果 x 在 y 上，x 之上没有其他块，则宏的结果是 x 和 y 都在桌上。

练习 3.16 使用 PDDL，开发一个以 x、y 和 z 作为输入的宏。如果 x 在 y 上，y 在 z 上，而 x 上没有其他块，则宏的作用是将所有 3 个块反转，从而使 y 在 x 上，z 在 y 上。

练习 3.17 使用 PDDL 编写一个宏，该宏以两个块 x 和 y 作为输入。只要两个块之上都没有其他块，宏的结果就是在桌上有 x 和 y。

第4章 特定知识表示

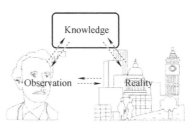

回想一下2.3.2节中介绍的恶魔（wumpus）。wumpus可以推导的知识包括关于简单的环境状态，例如特定方格是否有微风。同样，由2.3.1节讨论的系统推导出的知识由简单的事实组成，例如工厂的类型或装有特定物品袋子的位置。在这些简单的应用中，没有必要关注知识的抽象表示。但是，在更复杂的领域，情况并非如此。知识表示是以一种便于从知识中进行推理的方式表示知识的学科。在哲学中，本体论是对存在本质和真实存在的研究。它关注什么实体可以说是存在的，如何对它们进行分类以及类别之间的关系。在人工智能中，本体是一种将知识表示为一组概念和这些概念之间存在关系的表述。

接下来引入一个本体来表示特定的知识，称为语义网。然后讨论可用于表示语义网中知识的框架。最后，介绍非单调推理，这是一种推理方法，允许根据新的证据收回结论。

4.1 分类学知识

通常，被推理的实体可以按层次结构或分类法排列。可以使用一阶逻辑来表示此分类。例如，假设想要表示所有动物及其属性之间的关系。可以按如下方式进行。首先，表示子集（子类别）信息：

$$\forall x \; bird(x) \Rightarrow animal(x)$$
$$\forall x \; canary(x) \Rightarrow bird(x)$$
$$\forall x \; ostrich(x) \Rightarrow bird(x)$$
$$\vdots$$

然后表示实体的集合（类别）的成员资格：

$$bird(Tweety)$$
$$shark(Bruce)$$
$$\vdots$$

最后，表示集合（类别）和实体的属性：

$$\forall x \; animal(x) \Rightarrow has\_skin(x)$$
$$\forall x \; bird(x) \Rightarrow can\_fly(x)$$
$$\vdots$$

请注意，子集成员继承与其超集相关联的属性。例如，鸟类有皮肤，因为鸟类是动物的子集，而动物也有皮肤。

4.1.1 语义网

用一阶逻辑表示分类法比较烦琐，而且表示过程也不是很透明。语义网是用于表示相同分类的图结构。图 4.1 给出了表示所有生物分类语义网的子集。集合（类别）和实体都由网络中的节点表示。有 3 种类型的边：

1）从子集到超集的边。例如，从鸟到动物有一条边。

2）从一个实体到它所属的直接集合的边。例如，从翠迪（Tweety）到金丝雀（Canary）有一条边。

3）从实体或集到其属性之一的边。例如，有一条从鸟到有翅膀的边。

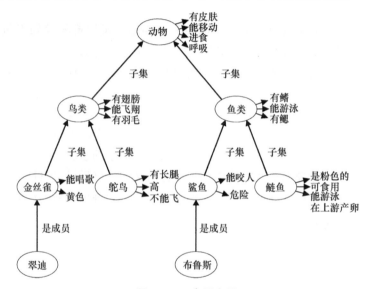

图 4.1　一个语义网

在语义网中有继承关系。也就是说，除非节点和属性之间有边，否则它将从具有该属性边的最近父节点处继承该属性。例如，节点金丝雀和飞翔相关属性之间没有边。所以它从节点鸟类处继承了这个属性，这意味着金丝雀可以飞翔。节点鸵鸟具有不能飞属性，因此它不会从节点鸟类那里继承该属性。

语义网中的继承属性存在一定难度。注意，节点可以从两个父节点继承相冲突的属性。图 4.2 的语义网中，因为尼克松（Nixon）是贵格会教徒（Quakers），他继承了和平主义

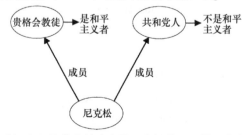

图 4.2　这种语义网络带来的冲突是尼克松是又不是一个和平主义者

者（Pacificists）的属性。又因为他是共和党人，他也继承了不是和平主义者的属性。为了避免这种冲突产生，一些面向对象的编程语言（如 Java）不允许多重继承。4.3 节讨论的非单调逻辑通过使用优先级执行冲突解决来解决这一难题。

4.1.2　人类知识的组织模型

有证据表明，人类在语义网中对分类知识进行组织。图 4.1 中的语义网取自［Collins and Quillan，1969］。该文献涉及人类的反应时间研究，研究人类需要多长时间才能回答诸如"金丝雀是黄色的吗？"之类的问题。他们的研究表明，这个问题可以比"金丝雀能飞吗？"更快得到回答。信息越接近网络中的实体，问题就能越快得到回答。这证明了一个假设，即人类实际上是在这个层次结构中构建知识的，因为如果需要遍历更少的心理链接来检索信息，那么应该更快地回答这个问题。异常处理支持这个假设。例如，比起测试者回答的"鸵鸟有羽毛吗？"，他们可以更快地回答"鸵鸟会飞吗？"这个问题。

4.2　框架

框架是可以表示语义网中的知识的数据结构。在表示数据结构之后，将举一个例子。

4.2.1　框架数据结构

框架的一般结构如下：
(frame-name
　　　slot-name1: filler1;
　　　slot-name2: filler2;
　　　　　　　⋮
)

例 4.1　图 4.1 中语义网框架的前两个表示如下：
(**animal**
　　　SupersetOf: **bird**;
　　　SupersetOf: **fish**;
　　　skin: has;
　　　mobile: yes;
　　　eats: yes;
　　　breathes: yes;
)
(**bird**
　　　SubsetOf: **animal**;
　　　SupersetOf: **canary**;
　　　SupersetOf: **ostrich**;
　　　wings: has;
　　　flies: yes;
　　　feathers: has;
)

注意，在前面的示例中，框架名称以粗体显示。

4.2.2 使用框架做旅行规划

假设一个旅行商正计划多个城市之间的往返旅行。旅行有各种各样的组成部分，例如旅行方式、到达的城市和住宿。接下来本书设计框架来代表这些组成部分，并展示如何用它们来表示旅行计划。

可以用以下通用框架来设计旅行计划：

```
(Trip
    FirstStep: TravelStep;
    Traveler: human;
    BeginDate: date;
    EndDate: date;
    TotalCost: price;
)


(TripPart
    SupersetOf: TravelStep;
    SupersetOf: LodgingStay;
    BeginDate: date;
    EndDate: date;
    Cost: price;
    PaymentMethod: method;
)


(TravelStep
    SubsetOf: TripPart;
    Origin: city;
    Destination: city;
    OriginLodgingStay: LodgingStay;
    DestinationLodgingStay: LodgingStay;
    FormofTransportation: travelmeans;
    NextStep: TravelStep;
    PreviousStep: TravelStep;
)


(LodgingStay
    SubsetOf: TripPart;
    Place: city;
    Lodging: hotel;
    ArrivingTravelStep: TravelStep;
    DepartingTravelStep: TravelStep;
)
```

注意，TravelStep 和 LodgingStay 都是 TripPart 的子集。因此，它们继承了 TripPart 中的属

性，即 BeginDate、EndDate、Cost 和 PaymentMethod。接下来，开始一个简单的旅行，从芝加哥出发，访问墨尔本，然后返回芝加哥。

```
(Trip1
    MemberOf: Trip;
    FirstStep: TravelStep1;
    Traveler: Amit Patel;
    BeginDate: 06/22/2011;
    EndDate: 06/28/2011;
    TotalCost: $6000;
)


(TravelStep1
    MemberOf: TravelStep;
    BeginDate: 6/22/2011;
    EndDate: 6/23/2011;
    Cost: $1500;
    PaymentMethod: visa;
    Origin: Chicago;
    Destination: Melbourne;
    OriginLodgingStay: Null;
    DestinationLodgingStay: LodgingStay1;
    FormofTransportation: plane;
    NextStep: TravelStep2;
    PreviousStep: Null;
)


(TravelStep2
    MemberOf: TravelStep;
    BeginDate: 6/27/2011;
    EndDate: 6/28/2011;
    Cost: $2000;
    PaymentMethod: master card;
    Origin: Melbourne;
    Destination: Chicago;
    OriginLodgingStay: LodgingStay1;
    DestinationLodgingStay: Null;
    FormofTransportation: plane;
    NextStep: Null;
    PreviousStep: TravelStep1;
)
```

```
(LodgingStay1
    MemberOf: LodgingStay;
    BeginDate: 6/23/2011;
    EndDate: 6/27/2011;
    Cost: $2500;
    PaymentMethod: american express;
    Place: Melbourne;
    Lodging: Best Western;
    ArrivingTravelStep: TravelStep1;
    DepartingTravelStep: TravelStep2;
)
```

图 4.3 展示了如何将框架链接到一个有组织的旅行计划中。前面关于旅行计划的例子是基于［Brachman and Levesque，2004］中出现的一个更复杂的例子。

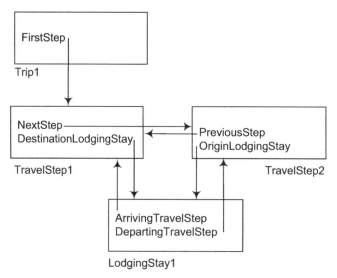

图 4.3　芝加哥和墨尔本之间框架的链路构成了旅行路线

4.3　非单调逻辑

命题逻辑和一阶逻辑都能得出一定的结论，不存在撤回或推翻结论的机制。这就是单调性。然而，人类所得出的结论往往只是基于部分信息的尝试性结论，并根据新的证据而被收回。例如，如果已知实体是一只鸟，那么结论是它能飞。当后来知道这个实体是一只鸵鸟时，会收回之前的结论，推断出这个实体不会飞。能够使这种推理系统化的逻辑称为非单调逻辑。接下来将讨论这种逻辑。另一种处理不确定性推理的方法是使用概率论，这是本书第 2 部分的重点。

4.3.1　界限

界限是麦卡锡（McCarthy）［1980］提出的，其目的是使一种假设正式化，即任何事情都是预期的，除非另有说明。他通过讨论食人族—传教士的问题引入了这一概念，内容如下。假设有 3 个传教士和 3 个食人族在河的一边，他们需要乘坐一艘能够搭载两名乘客的船过河。然而，河岸两边的食人族的数量不能超过传教士的数量。麦卡锡关心的不是找到问题的解决办法，而是下面的情况。也就是说，有很多细节没有说明。例如，这艘船是否有可能会导致沉没的漏洞，或者，更确切地说，是否有桥可以让一些人步行过河。可能存在许多可能的情况，但没有加以说明，这些情况可能影响到解决问题的方法。界限假设是，除非有明确的说明，否则不会发生变化或与预期不同的事情。在当前的例子中，假设过河的唯一方法是乘坐能够搭载两名乘客的船，而且它总是能够可靠地过河。

例 4.2　用于界限的逻辑语句的示例如下：

$\forall x\ \mathrm{brid}(x) \wedge \neg\ \mathrm{abnormal}(x) \Rightarrow \mathrm{flies}(x)$

推理者限定了异常谓词的范围，这意味着除非另有说明，否则假定该谓词为假。如果只知道 bird(Tweety)，就能推断出 Tweety 能飞。但是，假设包含以下语句：

$\forall x\ \mathrm{ostrich}(x) \Rightarrow \mathrm{abnormal}(x)$

如果既知道 ostrich(Ralph) 又知道 bird(Ralph)，就不能得出 Ralph 会飞的结论。

例 4.3　假设有以下语句：

$\forall x\ \mathrm{Quaker}(x) \wedge \neg\ \mathrm{abnormal}_1(x) \Rightarrow \mathrm{pacifist}(x)$

$\forall x\ \mathrm{Republican}(x) \neg\ \mathrm{abnormal}_2(x) \Rightarrow \neg\ \mathrm{pacifist}(x)$

$\mathrm{Republican}(\mathrm{Nixon}) \wedge \mathrm{Quaker}(\mathrm{Nixon})$

在不知道 abnormal$_1$(Nixon) 或 abnormal$_2$(Nixon) 是否为真的情况下，我们就会得出他既是又不是和平主义者的结论。在这种情况下，可以让推理者对和平主义不做任何结论，或者可以采用优先界限，优先考虑 Nixon 是贵格会教徒或共和党人其中之一。如果优先考虑后者，那么可以得出结论，Nixon 不是和平主义者。

关于界限的正式描述出现在 [Lifschitz, 1994] 中。

4.3.2　默认逻辑

默认逻辑采用"如果没有相反信息，假设……"的规则形式。Reiter [1980] 提出了一种默认逻辑的形式化方法，并认为默认推理对知识表示和推理至关重要。接下来提供非正式的介绍。

如果默认逻辑与知识库的当前状态一致，则得出结论。默认逻辑中的典型规则如下：

$$\frac{\mathrm{bird}(x) : \mathrm{flies}(x)}{\mathrm{flies}(x)}$$

这个规则表明，如果 bird(x) 对一个特定的实体 x 成立，那么只要知识库中没有与 flies(x) 相矛盾的内容，就可以对这个实体得出结论 flies(x)。例如，如果 bird(Tweety) 已知，那么只要知识库中没有说明 flies(Tweety) 是错误的，就可以得出结论 flies(Tweety)。然而，如果 ¬ flies(Tweety) 在知识库中，那么就不能得出这个结论。

以下是默认规则的一般形式：

$$\frac{A : B_1, B_2, \cdots, B_n}{C}$$

其中 A，B_i，C 为一阶逻辑公式。A 称为先决条件；B_1，B_2，…，B_n 为一致条件；C 是结论。如果有任何 B_i 可以被证明为假，那么不能从 A 中得出结论 C；否则可以。

默认理论是 (D, W) 对，其中 D 是默认规则集合，W 是一阶逻辑句子的集合。

例 4.4　以下是默认理论。设 D 如下：

$$\frac{\text{bird}(x):\text{flies}(x)}{\text{flies}(x)}$$

并且

$$W = \{\text{bird}(\text{Tweety})\}$$

默认理论的扩展是该理论的最大结论集。也就是说，扩展由 W 中的语句和一组结论组成，这些结论可以使用规则得出，从而不能得出其他结论。例 4.4 中理论的唯一扩展如下：

$$\{\text{bird}(\text{Tweety}), \text{flies}(\text{Tweety})\}$$

例 4.5 设 D 如下：

$$\frac{\text{Quaker}(x):\text{pacifist}(x)}{\text{pacifist}(x)}$$

$$\frac{\text{Republican}(x):\neg\, \text{pacifist}(x)}{\neg\, \text{pacifist}(x)}$$

以及

$$W = \{\text{Quaker}(\text{Nixon}), \text{Republican}(\text{Nixon})\}$$

那么有如下两个扩展：

$$\{\text{Quaker}(\text{Nixon}), \text{Republican}(\text{Nixon}), \text{pacifist}(\text{Nixon})\}$$

$$\{\text{Quaker}(\text{Nixon}), \text{Republican}(\text{Nixon}), \neg\, \text{pacifist}(\text{Nixon})\}$$

与界限规定的情况一样，对规则进行优先级排序可以使其中一个扩展优先于另一个扩展。

4.3.3 难点

非单调逻辑的一个难点是在知识发生变化时修改一组结论。例如，如果使用 A 句来推断 B，那么删除 A 意味着也必须删除 B（除非 B 可以从其他句子得出结论）。同时去掉基于 B 的每一个结论。真理维护系统（[Doyle, 1979]；[Goodwin, 1982]）是为了解决这个问题而研究的。

非单调逻辑的另一个问题是，很难根据这种形式化方法得出的结论做出决定。这些结论是暂时的，可以根据新的证据收回。例如，假设得出患者患有转移性癌症的结论。应该做出哪些决定来最大化患者的利益（效用）？我们并不知道患癌症的可能性。相反，这只是基于现有证据得出的默认结论。这个问题可在例 9.15 中使用概率和最大效用理论来解决。

4.4 讨论和扩展阅读

最初，人工智能研究人员对问题表示比对知识表示更感兴趣 [Amarel, 1968]。然而，在 20 世纪 70 年代，研究人员对开发基于知识的专家系统产生了兴趣。2.3.1 节介绍了专家系统，2.4 节中我们提到了 XCON [McDermott, 1982]，这是一个著名的早期专家系统。另一个成功的早期专家系统是 DENDRAL [Feigenbaum et al., 1971]，它分析从一种物质中获得的光谱数据，然后确定该物质的分子结构。它的表现和化学专家一样好。

超大规模的本体开发中，最著名的是 Cyc [Lenat, 1998]，这是由 Douglas Lenat 于 1984 年创立的人工智能项目。该项目的目标是组建一个具有全面常识的知识本体。

OpenCyc 是 *Cyc* 技术的开源版本，是世界上最大、最完整的通用知识库，并且是常识推理引擎。*OpenCyc* 包含全套（非专有）*Cyc* 术语以及数百万个断言。

—http://www.cyc.com/cyc/opencyc/

处理非单调推理的 3 种方法是界限（［McCarthy and Hayes，1969］；［McCarthy，1980］）、默认逻辑（［Reiter，1991］）和模态非单调逻辑（［McDermott and Doyle，1980］），文章［Delgrande and Schaub，2003］中进行了进一步讨论和比较。

练习

4.1 节

练习 4.1 开发一个语义集，代表一些封闭的分类域，例如所有汽车的集合，或所有专业运动队的集合。

练习 4.2 提供一个解释，为什么人类可以回答"金丝雀是黄色的吗？"的问题比"金丝雀能飞吗？"的问题更快。

4.2 节

练习 4.3 例 4.1 展示了代表图 4.1 中语义网的两个框架。创建剩余的框架。

练习 4.4 在 4.2.2 节中，使用框架制定了一个在芝加哥和梅尔伯恩之间旅行的计划。再次使用框架，制定一个以芝加哥始发的旅行计划，访问洛杉矶、墨尔本，然后返回芝加哥。

4.3 节

练习 4.5 一般而言，足球运动员都很高大。然而，开球员通常都很小。锋线队员总是很高大。Sam 既是开球员，又是锋线队员。用界限和默认逻辑表示这种情况。应该优先考虑 Sam 做开球员还是锋线队员？

练习 4.6 考虑以下虚构的医学知识。通常，流感病毒会导致体温升高。但是，如果有一个人年轻，则流感不会使他体温升高。Joe 很年轻，患有流感。尝试使用界限和默认逻辑来表示。

第 5 章　学习确定性模型

在前 3 章中，主要讨论了使用表示确定性关系的模型来解决问题，称之为确定性模型。例如，2.3.1 节介绍了决策树，并展示了如何使用决策树从植物的属性来确定植物所属的科。此外，还构建了基于人类知识的模型，这些知识可能来自于应用领域的专家。本章将讨论如何从数据中学习来得到确定性模型。

5.1　监督学习

人工智能相关研究人员把在本章中讨论的学习类型称为"监督学习"。监督学习方法主要从训练集学习一个函数。该函数将变量 x（也可能是向量）映射成变量 y。训练集是一组已知的数对 (x,y)。变量 x 称为预测变量，变量 y 称为目标。例如，美国运通公司可能对美国运通卡的消费与持卡人旅行的里程数之间的关系感兴趣。训练集由数对 (x,y) 组成，其中 x 是一个持卡人在一年内的里程数，y 是持卡人当年消费的金额。另一个例子中，我们希望学习一种从植物特征向量来确定植物科别的方法。此时，训练集由数对 (x,y) 组成，其中 x 是植物属性构成的向量，y 是植物的科别。通过学习得到的函数称为生成该数据的底层系统的模型。

在上面的第一个例子中，变量 y 是连续的，而在第二个例子中，y 是离散的。接下来，将讨论处理这些情况的技术。

5.2　回归

当变量通常是（但不总是）连续时，回归是用于监督学习的标准统计学方法。它不是从人工智能界发展起来的，但其起源可以追溯到 19 世纪的 Francis Galton ［Bulmer，2003］。

接下来将简单地回顾一下线性回归，这是一种最简单的回归类型。您可以查阅统计学相关文献来全面了解回归，例如 ［Freedman et，al. 2007］。

5.2.1　简单线性回归

在简单线性回归中，假设有一个随机自变量 X 和一个随机因变量 Y，如下所示。

$$y = \beta_0 + \beta_1 x + \varepsilon_x \tag{5.1}$$

式中，ε_x 是一个随机变量，它取决于 X 的值 x，具有以下属性：

1）对于 X 的每个值 x，ε_x 均是以 0 为均值的正态分布；

2）对于 X 的每个值 x，ε_x 均有相同的标准偏差 σ；

3）所有 x 的随机变量 ε_x 相互独立。

可以假设 X 中一个值 x 的期望值 Y 通过如下公式得到

$$E(Y \mid X = x) = \beta_0 + \beta_1 x$$

期望值 Y 是一个关于 x 的确定性线性函数。然而，由于随机误差项 ε_x 的存在，由 X 得到的 Y 的真实值 y 并不是确定的。

一旦对两个随机变量做出这些假设，就可使用简单线性回归从随机变量 X 和 Y 的例子中发现式（5.1）中的线性关系。为了估计 β_0 和 β_1 的值，使用最小化方均误差（MSE）求得 b_0 和 b_1，即

$$\frac{\sum_{i=1}^{n} \left[y_i - (b_0 + b_1 x_i) \right]^2}{n}$$

式中，n 是样本的个数；x_i 和 y_i 是 X 和 Y 的样本中第 i 项的值。下面是一个例子。

例5.1　美国运通公司怀疑美国运通卡的消费额度随持卡人的里程数增加而增加。为了调查此事，一家研究公司随机选择了 25 名持卡人并获得了表 5.1 所示的数据。图 5.1 展示了数据的散点图。可以看到消费金额(Y)和里程(X)之间存在线性关系。

表 5.1　25 个美国运通卡持有人的里程和消费金额

持卡人编号	里程(X)/mile[①]	消费金额(Y)/美元
1	1211	1802
2	1345	2405
3	1422	2005
4	1687	2511
5	1849	2332
6	2026	2305
7	2133	3016
8	2253	3385
9	2400	3090
10	2468	3694
11	2699	3371

（续）

持卡人编号	里程(X)/mile①	消费金额(Y)/美元
12	2806	3998
13	3082	3555
14	3209	4692
15	3466	4244
16	3643	5298
17	3852	4801
18	4033	5147
19	4267	5738
20	4498	6420
21	4533	6059
22	4804	6426
23	5090	6321
24	5233	7026
25	5439	6964

① 1mile（英里）= 1609.344m。

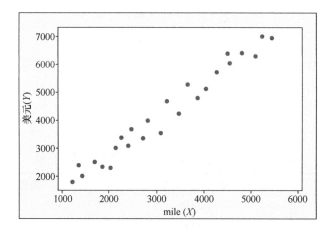

图 5.1　25 位美国运通卡持卡人里程数对应美元的散点图

最小化 MSE 得到的 b_0 和 b_1 是对 β_0 和 β_1 的估计。这里没有讨论如何找到最小值。MINITAB、SAS 或 SPSS 等统计学习工具包都有线性回归模块。如果使用一个工具包对表 5.1 中的数据进行线性回归分析，可以得到

$$b_0 = 274.8 \qquad b_1 = 1.26$$

所以线性关系估计为

$$y = b_0 + b_1 x$$
$$= 274.8 + 1.26x \tag{5.2}$$

当对例 5.1 使用线性回归分析时，统计学习工具包还会提供以下内容：

预测模型	系数	SE 系数	T	P
系数	$b_0 = 274.8$	170.3	1.61	0.12
x	$b_1 = 1.255$	0.0497	25.25	0

接下来简要讨论每个数量的含义。

1）SE 系数。该量被称为系数的标准误差，它能够用来计算参数与真实值 β_0、β_1 的接近程度（假设存在线性关系）。回想一下，对于标准密度函数，95% 的概率落在一个区间端点是平均值±1.96 倍标准差的区间中。因此，如果 σ_0 是 b_0 的 SE 系数，对于下面公式有 95% 的置信度。

$$\beta_0 \in (b_0 - 1.96\sigma_0, b_0 + 1.96\sigma_0)$$

在例 5.1 中，下列区间有 95% 的置信度。

$$\beta_0 \in (274.8 - 1.96 \times 170.3, 274.8 + 1.96 \times 170.3)$$
$$= (-58.988, 608.588)$$
$$\beta_1 \in (1.255 - 1.96 \times 0.497, 1.255 + 1.96 \times 0.0497)$$
$$= (1.158, 1.352)$$

请注意，当估计 β_1 时可以获得更高的置信度。

2）T。

$$T = \frac{系数}{SE\ 系数}$$

T 的值越大，估计值接近真实值的程度就越大。在例 5.1 中，b_0 的 T 非常大，但是 b_1 的 T 不是很大。

3）P。如果参数（b_0 或 b_1）的值为 0，那么这个值则代表获得数据和结果不相同的概率。在例 5.1 中，如果 $b_0 = 0$，那么获得数据和结果不相同的概率是 0.12；而如果 $b_1 = 0$，那么获得数据和结果不相同的概率是 0。所以和 $b_0 \neq 0$ 相比，$b_1 \neq 0$ 更加确信。这意味着数据隐含着 Y 与 X 线性相关，但并不可能是常数 0。

请注意，即使回归方法中使用了概率论和随机变量，这里仍然将其归类为确定性学习。因为学习得到的函数［例如，式（5.2）］对每一个 x 均能够得到唯一的 y，而不是得到一个关于 y 的概率分布。所以学习到的模型是确定性的。

5.2.2　多元线性回归

多元线性回归与简单的线性回归相比有超过一个的自变量。也就是说，有 m 个自变量 X_1，X_2，$\cdots$，X_m 和因变量 Y。

$$y = b_0 + b_1 x_1 + b_2 x_2 + \cdots + b_m x_m + \varepsilon_{x_1, x_2, \cdots, x_m}$$

式中，$\varepsilon_{x_1, x_2, \cdots, x_m}$ 如 5.2.1 节开头所述。

例 5.2　该例子取自［Anderson et al., 2007］。一家交通公司想要调查驾驶人的旅行时间对行驶里程和携带物品数量的依赖性。假设有表 5.2 中的数据。现在对这些数据进行回归分析，获得以下结果：

$$b_0 = -0.869$$
$$b_1 = 0.061$$
$$b_2 = 0.923$$

所以线性关系估计为

$$y = -0.8689 + 0.061x_1 + 0.923x_2 + \varepsilon_{x_1,x_2}$$

此外，可以得到以下内容：

预测器	系数	SE 系数	T	P
常数	$b_0 = -0.8687$	0.9515	-0.91	0.392
里程(X_1)	$b_1 = 0.061135$	0.009888	6.18	0
物品数(X_2)	$b_2 = 0.9234$	0.2211	4.18	0.004

表 5.2　旅行里程、携带物品和旅行时长的数据

驾驶人	里程数(X_1)	携带物品数量(X_2)	旅行时间(Y)
1	100	4	9.3
2	50	3	4.8
3	100	4	8.9
4	100	2	6.5
5	50	2	4.2
6	80	2	6.2
7	75	3	7.4
8	65	4	6.0
9	90	3	7.6
10	90	2	6.1

5.2.3　过拟合和交叉验证

我们的目标是通过学习底层系统产生的数据而得到一个模型。通常，基于不同的学习方法，有多个不同的模型，这里希望选择最适合底层系统的模型。当模型可以很好地描述数据，但结果却不能很好地描述数据间的潜在关系时，就会发生过拟合现象。例如，假设在图 5.2a 中有 9 个数据点。可以通过用直线连接数据点来精确拟合数据。这种学习方法称为连接关键点的模型，该模型如图 5.2b 所示。虽然模型的数据的 MSE 为 0，但是该模型可能在未知的数据上效果很差。图 5.2c 给出了基于相同数据的线性回归模型。图 5.2d 给出了使用二次回归学习到的模型。二次回归类似线性回归，但要学习以下形式的二次函数。

$$y = b_0 + b_1x + b_2x^2$$

在这个例子中，连接数据点的模型有 18 个参数，线性回归模型有两个参数，二次回归模型有 3 个参数。一般而言，复杂的模型可以更好地拟合数据，但通常较难拟合底层系统。为了避免过拟合，需要借助相应技术对所构造的模型与底层系统的匹配程度进行评估。下面章节将描述这些方法和技术。

5.2.3.1　测试集方法

测试集方法将数据划分为训练集和测试集。例如，可以随机选择 30% 的数据作为测试集，剩下的 70% 作为训练集。然后，从训练集中学习模型，并使用测试集来评估模型在未

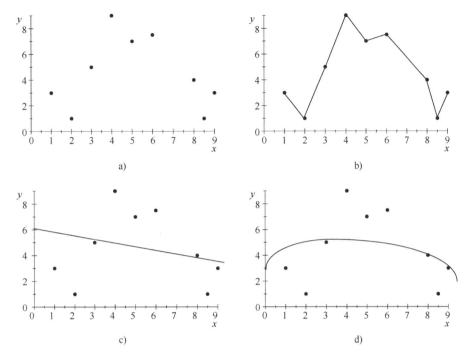

图 5.2　图 a 中显示了 9 个数据点，图 c~d 为基于这些数据点的模型

a）9 个数据点　b）连接各点　c）线性回归　d）二次回归

知数据上的性能。使用 30%-70% 方案来分割图 5.2a 中的数据，表 5.3 中的第一行显示了测试集中数据项的 MSE，相对于从训练集中学习的模型，分别使用连接点、线性回归和二次回归时 MSE 值的大小。请注意，此结果随机抽取，而不同的抽取方法可能会得到不同的结果。基于此结果，选择二次回归模型比较理想。

表 5.3　不同评估方法和模型学习技术的 MSE

方法	连接点	线性回归	二次回归
测试集	2.20	2.40	0.90
留一交叉验证	3.32	2.12	0.96
3 折交叉验证	2.93	2.05	1.11

5.2.3.2　LOOCV 方法

在留一交叉验证（LOOCV）中，去掉 n 个数据项中的一个并使用剩余的 $n-1$ 个数据进行训练。然后，计算去掉的那个数据在得到的学习模型上的误差。在对 n 个数据项重复该过程之后，计算得到 MSE。使用 LOOCV 方法和图 5.2a 中的数据，得到表 5.3 中的第二种方法的 MSE。基于此结果，选择二次回归模型比较理想。

5.2.3.3　k 折交叉验证

在 k 折交叉验证中，将数据划分为相同大小的 k 折。例如，如果 $k=3$ 并且有 9 个数据，则每部分中有 3 个数据。对于第 j 折，使用剩余 $k-1$ 折中的数据进行训练，并且计算第 j 折中的数据在得到的学习模型上的误差。在对所有 k 折重复此过程之后，计算得到所有数据的 MSE。使用 3 折交叉验证和图 5.2a 中的数据，得到表 5.3 中的第三种方法的 MSE。基于此结果，选择二次回归模型比较理想。请注意，在测试集方法中使用连接点，比使用线性回归效果更好，但使用其他两种方法时效果却比线性回归要差。因此，基于以上实验结果，将线性回归作为第二优的方法。

5.2.3.4　超参数学习

一些学习方法具有超参数，超参数是指在根据数据中学习模型之前就必须设置值的参数。从数据中学习线性回归模型没有超参数。具有超参数的方法的一个示例是贝叶斯分数，在 11.2.1.4 节中它被用来从数据中学习贝叶斯网络 DAG 模型。该方法中的超参数是狄里克雷分布中的一个参数，用于计算贝叶斯分数。另一个例子在 15.2.3 节中，从数据中学习神经网络。该学习方法需要指定隐层的数量和每个隐层包含的节点数量。当一个学习方法具有超参数时，首先要确定有最优结果的超参数值。下面描述的策略经常用来寻找最优超参数。数据被划分成 70% 的训练数据和 30% 的测试数据。使用不同的超参数值对训练数据进行 5 折交叉验证。然后，使用最佳超参数在整个训练数据中学习模型。最后，使用测试数据对学习得到的模型进行最终评估。请注意，选择 30%-70% 和 5 折交叉验证只是一种启发式方法。还可以选择其他方法，例如使用 20%-80% 拆分和/或 10 折交叉验证。

5.2.3.5　学习最终的模型

一旦选择了学习方法，就可以使用该方法从所有数据中学习以得到一个确定的模型。在刚才讨论的例子中，使用二次回归从所有的 9 个数据中学习了模型。

5.3　参数估计

在 5.2.1 节中提到，在简单线性回归中，为了估计 β_0 和 β_1 的值，要找到可以使 MSE 值最小化的 b_0 和 b_1 值。这是一般原则中的特例。也就是说，当构建一个从数据 x 到预测结果 $y=f(x)$ 的模型时，总是希望 y 的值尽可能接近真实值。为了实现这一目标，对于观测到的数据，即 (x_1, y_1)，(x_2, y_2)，$\cdots$，(x_n, y_n)，努力使 $f(x_i)$ 和 y_i 的值尽可能接近。为了达到这一点，可以使用损失函数 $Loss(y, \hat{y})$。它在某种意义上衡量了观测值 y 和从模型中获得的估计值 $\hat{y}$ 的差异。在线性回归的情况下，设

$$Loss(y, \hat{y}) = (y - \hat{y})^2 = [y - (b_0 + b_1 x)]^2$$

损失函数在所有观测数据上的总和称为代价函数，即

$$Cost[(y_1, \hat{y}_1), (y_2, \hat{y}_2), \cdots, (y_n, \hat{y}_n)] = \sum_{i=1}^{n} Loss(y_i, \hat{y}_i)$$

在简单线性回归的情况下，有

$$Cost[(y_1, \hat{y}_1), (y_2, \hat{y}_2), \cdots, (y_n, \hat{y}_n)] = \sum_{i=1}^{n} [y_i - (b_0 + b_1 x_i)]^2 \tag{5.3}$$

我们的目标是在最小化代价函数时找到模型的参数值。

5.3.1　简单线性回归的参数估计

接下来，需要寻找使简单线性回归的损失函数最小的参数值。

定理 5.1　式（5.3）中最小化代价函数的 b_0 和 b_1 的值如下：

$$b_1 = \frac{\sum_{i=1}^{n} (x_i - \bar{x})(y_i - \bar{y})}{\sum_{i=1}^{n} (x_i - \bar{x})^2}$$

$$b_0 = \bar{y} - b\bar{x}$$

证明：对式（5.3）中的代价函数分别求 b_0 和 b_1 的偏导数，可以得到

$$\frac{\partial \sum_{i=1}^{n} [y_i - (b_0 + b_1 x_i)]^2}{\partial b_0} = -2 \sum_{i=1}^{n} [y_i - (b_0 + b_1 x_i)] \qquad (5.4)$$

$$\frac{\partial \sum_{i=1}^{n} [y_i - (b_0 + b_1 x_i)]^2}{\partial b_1} = -2 \sum_{i=1}^{n} [y_i - (b_0 + b_1 x_i)] x_i \qquad (5.5)$$

将式（5.4）中的偏导数设为 0，可以得到以下结果：

$$\sum_{i=1}^{n} [y_i - (b_0 + b_1 x_i)] = 0$$

$$\sum_{i=1}^{n} y_i = \sum_{i=1}^{n} (b_0 + b_1 x_i)$$

$$n b_0 = \sum_{i=1}^{n} (y_i - b_1 x_i)$$

$$b_0 = \bar{y} - b_1 \bar{x}$$

将式（5.5）中的偏导数设为 0，可以得到以下结果：

$$\sum_{i=1}^{n} [y_i - (b_0 + b_1 x_i)] x_i = 0$$

$$\sum_{i=1}^{n} y_i x_i = \sum_{i=1}^{n} (b_0 + b_1 x_i) x_i$$

$$b_1 \sum_{i=1}^{n} x_i^2 = \sum_{i=1}^{n} y_i x_i - (\bar{y} - b_1 \bar{x}) \sum_{i=1}^{n} x_i$$

$$b_1 \left(\sum_{i=1}^{n} x_i^2 - \bar{x} \sum_{i=1}^{n} x_i \right) = \sum_{i=1}^{n} y_i x_i - \bar{y} \sum_{i=1}^{n} x_i$$

$$b_1 = \frac{\sum_{i=1}^{n} x_i (y_i - \bar{y})}{\sum_{i=1}^{n} x_i (x_i - \bar{x})}$$

$$= \frac{\sum_{i=1}^{n} x_i \left(y_i - \frac{1}{n} \sum_{i=1}^{n} y_i \right)}{\sum_{i=1}^{n} x_i \left(x_i - \frac{1}{n} \sum_{i=1}^{n} x_i \right)}$$

$$= \frac{\sum_{i=1}^{n} x_i y_i - \frac{1}{n} \sum_{i=1}^{n} x_i \sum_{i=1}^{n} y_i}{\sum_{i=1}^{n} x_i^2 - \frac{1}{n} \left(\sum_{i=1}^{n} x_i \right)^2}$$

$$= \frac{\sum_{i=1}^{n} (x_i - \bar{x})(y_i - \bar{y})}{\sum_{i=1}^{n} (x_i - \bar{x})^2}$$

最后结果的推导过程作为练习。

5.3.2 梯度下降

在简单线性回归的案例中，能够确切地得到最小化代价函数的参数（定理5.1）。然而对于很多模型，例如在第15章将要学习的深度学习，这是极难实现的。在这种情况下，可以使用优化算法获得这些值。梯度下降用于找到最小化函数 $f(z)$ 的值 z，其中 z 可以是标量或向量，这就是书中为何用黑体字显示的原因。首先用最简单的例子来说明梯度下降，即当 z 是标量的情况。假设 $f(z)$ 是可微的，且仅在一点上导数等于0，那么 $f(z)$ 在该点处的值最小。这种情况如图5.3a所示。梯度下降搜索算法从任意点 z_1 开始，并使用式（5.6）得到达到最小值的点序列：

$$z_{j+1} = z_j - \lambda f'(z_j) \tag{5.6}$$

式中，λ 是学习率；$f'(z_j)$ 是 $f(z)$ 在 z_j 处的一阶导数。图5.3b给出了 z_1 在最小值的右侧的情况。在这种情况下，$f'(z_1) > 0$，所以当将 z_1 减去 $\lambda f'(z_1)$ 后向左移动，这更接近最小值。如果 λ 足够大，将超过最小值，如图5.3c所示。在这种情况下，$f'(z_2) < 0$，因此当将 z_2 减去 $\lambda f'(z_2)$ 后向右移动，这也更接近最小值。继续使用式（5.6）进行迭代，直到满足某个收敛标准。经常使用的标准包括在一定步数之后停止，或者在 $|f'(z_j)| < \varepsilon$ 时停止，其中 ε 是一个非常小的值。

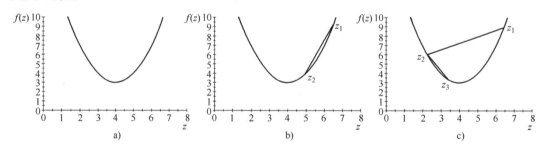

图5.3　梯度下降算法的图示

学习率 $\lambda > 0$ 是一个比较小的数，使算法进行较小的跳跃。通常对 λ 取值为 $0.0001 \sim 1$，最佳值取决于代价函数。当使用 MSE 作为代价函数时，一阶导数的值会随着增加数据集的大小而增加。因此，在这种情况下，为了使 z 的有效变化足够小，可以设置 $\lambda = 1/n$，其中 n 是数据的大小。另一种策略是在每次迭代中改变 λ 的值。当离最小值较远时，应该更快地向它移动，因此 λ 的值应该相对较大。类似地，当接近最小值时，λ 应该相对较小。由于无法直接得到与最小值的距离，因此无法直接得到接近程度。但是，可以通过在每次迭代结束时使用模型的当前参数来检查代价函数的值。如果自上次迭代后代价降低，可以将学习率提高10%。如果代价增加（这意味着跳过最小化值），可以将参数重置为前一次迭代中的值，并将学习率降低50%。这种方法称为强力加速法（bold driver）。

接下来，将展示一个 $f(z) = z^2$ 的梯度下降算法。当然 z^2 的最小值是 $z = 0$。这里的目的是尽可能简单地说明梯度下降。在这种情况下，$f'(z)=2z$。所以梯度下降算法如下：

算法 5.1　Gradient Descent z^2

输出：使 z^2 最小的 z 值.

Function $Minimizing\_Value$;
$z = arbitrary\_value$;
$\lambda = learning\_rate$;
repeat $number\_iterations$ times
　　$z = z - \lambda \times 2z$;
endrepeat
return z;

再考虑简单的线性回归。定理 5.1 获得了对 b_0 和 b_1 值的解析解，它使式（5.3）中的代价函数最小。接下来，展示一种确定这些最小值的梯度下降算法。回想一下，代价函数是

$$\sum_{i=1}^{n}(y_i - \hat{y}_i)^2 = \sum_{i=1}^{n}\left[y_i - (b_0 + b_1 x_i)\right]^2 \tag{5.7}$$

并且代价函数的偏导数是

$$\frac{\partial \sum_{i=1}^{n}\left[y_i - (b_0 + b_1 x_i)\right]^2}{\partial b_0} = -2\sum_{i=1}^{n}\left[y_i - (b_0 + b_1 x_i)\right]$$

$$\frac{\partial \sum_{i=1}^{n}\left[y_i - (b_0 + b_1 x_i)\right]^2}{\partial b_1} = -2\sum_{i=1}^{n}\left[y_i - (b_0 + b_1 x_i)\right]x_i$$

此时需要找到使代价函数最小的 b_0 和 b_1 的值。因此，$z=(b_0,b_1)$ 是一个向量，需要对 b_0 和 b_1 的偏导数使用式（5.6）。以下算法执行此操作：

算法 5.2　Gradient_Descent_Simple_Linear_Regression

输入：一组真实数据 $\{(x_1,y_1),(x_2,y_2),\cdots,(x_n,y_n)\}$.

输出：b_0 和 b_1 的值使式（5.7）中的代价函数最小化.

Function $Minimizing\_Values$;
$b0 = arbitrary\_value\_0$;
$b1 = arbitrary\_value\_1$;
$\lambda = learning\_rate$;
repeat $number\_iterations$ times
　　$b_0\_gradient = -2\sum_{i=1}^{n}(y_i - (b_0 + b_1 x_i))$;
　　$b_1\_gradient = -2\sum_{i=1}^{n}(y_i - (b_0 + b_1 x_i))x_i$;
　　$b_0 = b_0 - \lambda \times b_0\_gradient$;
　　$b_1 = b_1 - \lambda \times b_1\_gradient$;
endrepeat
return b_0, b_1;

请注意，在此算法中，b_0 和 b_1 的新值都是根据前两个值计算出来的，不会按顺序更新它们。

通常，当有多于一个变量的函数 $f(z_1,z_2,\cdots,z_m)$ 时，可以将变量表示为向量形式 $z=(z_1,$

$z_2, \cdots, z_m$)。可以将梯度 $\nabla f(z)$ 定义为如下的向量形式：

$$\nabla f(z) = \frac{\partial f(z)}{\partial z_1}, \frac{\partial f(z)}{\partial z_2}, \cdots, \frac{\partial f(z)}{\partial z_m}$$

然后将式（5.6）改写成如下：

$$z_{j+1} = z_j - \lambda \nabla f(z_j)$$

梯度下降的高级算法如下：

选取变量 $z_1, z_2, \cdots, z_m$ 的初始值

repeat *number_iterations* times
    $\mathbf{z} = \mathbf{z} - \lambda \nabla f(\mathbf{z})$;
endrepeat
return z;

5.3.3 逻辑回归和梯度下降

逻辑回归和线性回归类似，它可以将预测变量的线性组合映射到二元结果的概率。例如，可以将年龄、身高、体重指数和血糖水平映射到一个人患有糖尿病的概率。为简单起见，这里只讨论存在一个预测值的情况，称为简单逻辑回归。定义 sigmoid 函数如下：

$$f(z) = \frac{\exp(z)}{1 + \exp(z)}$$

sigmoid 函数的值域是区间 $(0, 1)$，它在逻辑回归中用于提供二值输出的概率如下：

$$P(Y = 1 \mid x) = \frac{\exp(b_0 + b_1 x)}{1 + \exp(b_0 + b_1 x)}$$

$$P(Y = -1 \mid x) = \frac{1}{1 + \exp(b_0 + b_1 x)}$$

可以通过以下方式改进简单逻辑回归的损失和代价函数。对于所有的输出 $y = 1$ 和 $y = -1$，可以得到以下公式：

$$P(Y = y \mid x) = \frac{\exp[y(b_0 + b_1 x)]}{1 + \exp[y(b_0 + b_1 x)]}$$

如果想要找到 b_0 和 b_1 使 y 的观测值最接近（最大似然估计），即最大化 $P(Y = y \mid x)$ 的值，那么需要最小化 $1/P(Y = y \mid x)$，定义损失函数如下：

$$Loss(y, b_0 + b_1 x) = \ln\left(\frac{1}{P(Y = y \mid x)}\right) = \ln\left(\frac{1 + \exp(y(b_0 + b_1 x))}{\exp(y(b_0 + b_1 x))}\right)$$

如果有数据 $(x_1, y_1), (x_2, y_2), \cdots, (x_n, y_n)$，那么代价函数可以定义为

$$\sum_{i=1}^{n} \ln\left(\frac{1 + \exp(y_i(b_0 + b_1 x_i))}{\exp(y_i(b_0 + b_1 x_i))}\right) \tag{5.8}$$

最小化该代价函数并没有解析解。使用梯度下降算法找到最小值的过程留作练习。

5.3.4 随机梯度下降

梯度下降算法假定给定函数只有一个最小值。但是，还有类似于图 5.4 中的函数。在这种情况下，如果将 z_1 设置为较小的值，则梯度下降算法将找到在左侧的局部最小值，而真

正的最小值则在右侧。在使用梯度下降来最小化代价函数时，随机梯度下降在某种程度上改善了这个问题。

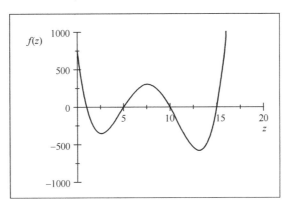

图 5.4　具有多个局部最小值的函数

当目标函数是可微函数之和时，随机梯度下降是梯度下降的随机近似。在此处讨论的应用场景中，代价函数是所有数据损失函数的总和。在随机梯度下降中，需要基于每个数据按顺序更新，而不是一次基于所有数据进行更新。根据损失函数编写的随机梯度下降的高级算法如下所示：

选取模型参数 $z_1, z_2, \cdots, z_m$ 的初始值

repeat *number_iterations* times
　　randomly shuffle data items;
　　for $i = 1$ to n　　　　　　　　　　　　　// n 是数据的个数
　　　　$\mathbf{z} = \mathbf{z} - \lambda \nabla Loss(y_i, \hat{y}_i)$;
　　endfor
endrepeat
return z;

回想一下，y_i 是结果 y 中第 i 个数据的实际值，$\hat{y}_i$ 是模型在参数值 z 时的预测值。在每次迭代中随机打乱数据以避免陷入循环。普通梯度下降法倾向于收敛到被初始化参数的最低谷的参数值。由于在随机梯度下降中按顺序基于每个数据项进行更新，因此算法可以避开局部最小值并跳转到另一个低谷中。与标准梯度下降相比，随机梯度下降速度更快，并且不容易得到糟糕的局部最小值 ［Bottou，1991］。

5.4　决策树的学习

当所有变量都是离散值时，决策树提供从预测变量到目标的函数。图 2.2 中的决策树根据植物的属性预测植物的科别。2.3.1 节讨论了如何根据专家确定的规则构建决策树。获得决策树的另一种方法是从数据中学习得到。接下来介绍 ID3 算法 ［Quinlan，1986］。

假设每个星期六下午我们要么待在家里，要么散步，要么打网球。有几个变量可能会影响我们的决策，包括天气预报、温度、湿度和风力。再假设我们对过去 14 个星期六的决策非常满意。但是，在达成这些决策时遇到了很多麻烦，因此更希望从有关星期六的数据中学习到决策树。具体的数据见表 5.4。

表 5.4 关于如何度过周六下午的决定的数据

日期	天气	温度	湿度	风力	活动
1	雨天	热	高	强	居家
2	阴天	凉	高	强	居家
3	阴天	凉	正常	强	散步
4	雨天	凉	正常	强	居家
5	晴天	凉	正常	强	打网球
6	晴天	凉	正常	弱	打网球
7	雨天	热	正常	强	居家
8	晴天	热	正常	弱	散步
9	晴天	温和	正常	强	打网球
10	晴天	温和	高	弱	打网球
11	雨天	温和	高	强	居家
12	阴天	温和	高	强	散步
13	晴天	温和	高	强	打网球
14	阴天	热	高	强	居家

我们的目标是从这些数据中学习得到决策树，可以对这 14 个实例进行正确的分类。图 5.5 和图 5.6 展示了两个这样的决策树。图 5.6 中的决策树小于图 5.5 中的决策树，甚至不包含属性风力（Wind），这个结果表明 Wind 变量与这些实例的正确分类无关。通常，不希望无关的属性出现在决策树中，应使决策树尽可能地简洁。这是奥卡姆剃刀原理的一个实例，应该总是寻找最简单的模型来拟合数据。稍后描述的 ID3 算法就是寻找最简单决策树的方法。

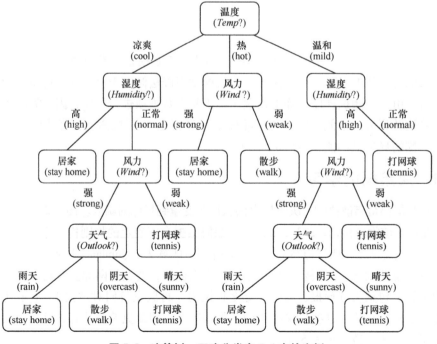

图 5.5 决策树，正确分类表 5.4 中的实例

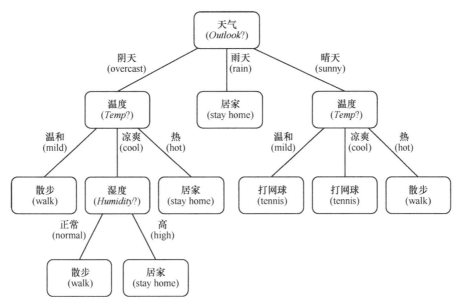

图 5.6　一种简约的决策树，可以正确地对表 5.4 中的实例进行分类

5.4.1　信息论

在介绍算法之前，需要先回顾一下信息论，然后是信息增益。

假设有一个硬币。定义 H 表示硬币正面朝上的情况，则 $P(H) = 1/2$。再假设 Joe 投掷硬币并查看结果，Mary 不能看到结果。此时 Joe 知道投掷的结果，而 Mary 不知道。如果 Joe 将投掷结果告诉 Mary，她能提供多少信息呢？如果使 0 代表 H，1 代表 T，那么如果结果是 H 的话，Joe 可以告诉 Mary 结果是 0，如果是 T 则可以告诉 Mary 结果是 1。无论如何，Joe 可以将结果编码为 1 位（bit）。所以说 Joe 正在向 Mary 提供 1 位（bit）信息。接下来假设硬币被加权使得 $P(H) = 1$。那么即使 Mary 没有看到结果，她也知道它是 H。因此，如果此时 Joe 告诉她结果，Joe 则提供了 0 位的信息。最后假设 $P(H) = 3/4$。这个概率介于 1/2 和 1 之间，因此看起来提供投掷的结果信息应该介于 1/2 和 1 之间。但是，Joe 仍然需要向 Mary 提供 1 位信息，以便让她知道确切的投掷结果。因此，每进行一次实验，Joe 就必须提供 1 位信息，除非概率为 1 或 0。如图 5.7 所示的二叉树表示二进制码，分别被定义为概率为 1/2 和 3/4 的情况。

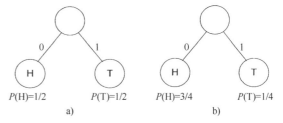

图 5.7　二叉树表示二进制码

假设接下来将硬币投掷了两次，并且 Joe 告诉了 Mary 投掷的结果。如果 00 表示 HH，01 表示 HT，10 表示 TH，11 表示 TT，那么图 5.8a 中的二叉树表示这个二进制码。显然，Joe 现在总是向 Mary 提供 2 位信息。如果将 $P(H) = 3/4$ 的硬币投掷两次，可以使用图 5.8a 中的二进制码。但是，使用图 5.8b 所示的编码方式将有更好的平均效果。使用此编码，提供两次投掷结果所需的位数的期望值等于

$$1 \times \frac{9}{16} + 2 \times \frac{3}{16} + 3 \times \frac{3}{16} + 3 \times \frac{1}{16} = 1.6875 \tag{5.9}$$

如果使用图 5.8a 中的编码方式，则总是需要两位，这意味着提供两次投掷结果所需的位数的期望值等于 2。

图 5.8 中的二进制码是前缀码。在前缀码中，没有一个字符的码字是另外字符的码字的开头。例如，如果 10 是 HT 的码字，则 101 不能是 TH 的码字。基于概率分布的最佳二进制前缀码是一个二进制前缀码，它产生报告实验结果所需要信息位数的最小期望值。如果 $P(H) = 1/2$，则图 5.8a 中的二进制码是最优二进制前缀码；如果 $P(H) = 3/4$，则图 5.8b 中的二进制码是最优码。霍夫曼算法出现在许多标准文本算法中，例如文献［Neapolitan，2015］，它提供了最优的二进制前缀码。

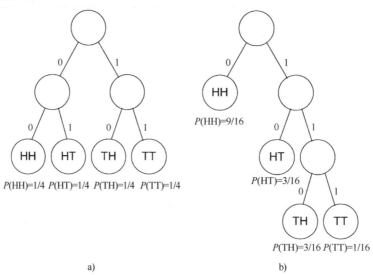

a)   b)

图 5.8　相当于两个前缀码的二叉树

现在假设重复投掷硬币的实验 n 次。Shannon ［1948］研究发现，当使用最佳二进制码来报告 n 次投掷的结果时，限制 $n \rightarrow \infty$，报告每次投掷的结果所需的位数的期望值等于

$$-(p_1 \log_2 p_1 + p_2 \log_2 p_2)$$

这里的 $p_1 = P(H)$、$p_2 = P(T)$。给定随机变量的值的相关熵被叫作 H。

如果 $p_1 = p_2 = 1/2$，那么

$$H = -\left(\frac{1}{2} \log_2 \frac{1}{2} + \frac{1}{2} \log_2 \frac{1}{2} \right) = 1$$

这个结果是预料之中的，因为无论投掷多少次，报告每次投掷结果总是需要一位数。

如果 $p_1 = 3/4$、$p_2 = 1/4$，那么

$$H = -\left(\frac{3}{4} \log_2 \frac{3}{4} + \frac{1}{4} \log_2 \frac{1}{4} \right) = 0.81128$$

式（5.9）表明，如果 $n = 2$，那么报告每次结果所需的预期位数是 1.6875，这意味着报告每次结果所需的位数的期望值是 $1.6875/2 = 0.84375$. 这个值比 1（当 $n = 1$ 时所需的位数）更接近 H。当 $n = 3$ 时，期望值将更接近 H，并且被限制到等于 H。

如果实验有 m 个结果，而 p_i 是第 i 个结果的概率，则给定随机变量的相关熵是

$$-\sum_{i=1}^{m} p_i \log_2 p_i$$

当所有 p_i 等于 $1/m$ 时，熵最大。在这种情况下，当报告实验结果时，所提供的信息最多。对于某些 i，当 $p_i=1$ 时，熵被最小化（等于 0）。在这种情况下，不提供任何信息。

5.4.2　信息增益和ID3算法

考虑表 5.4 中天气（*Outlook*）的概率分布。回想一下，我们的目标是确定活动（*Activity*）的值。有 6 天的 *Activity* 值是留在家里、3 天是散步、5 天是打网球。因此，*Activity* 概率分布的相关熵（由数据确定）如下所示：

$$H(Activity) = -\left(\frac{6}{14}\log_2\frac{6}{14} + \frac{3}{14}\log_2\frac{3}{14} + \frac{5}{14}\log_2\frac{5}{14}\right)$$
$$= 1.531$$

我们的目标是尽可能将这个熵降为 0，从而获得这个 *Activity* 的值。请注意，如果 *Outlook* 的值是 rain，那么 *Activity* 的值是 stayhome，因为在下雨的 4 天里我们都待在家里，就实现了目标。另一方面，如果 *Outlook* 的值是 sunny，那么 *Activity* 的值是 tennis 的概率为5/6，因为在 6 个晴天中有 5 天打了网球，这样的熵很接近 0。所以总体而言可以通过学习 *Outlook* 的值来获得大量信息。为了形式化这个概念，可以计算 *Activity* 受天气限制的熵的期望值，我们将其表示为 $EH_{Outlook}(Activity)$。要获得这个价值，首先计算

$$H_{\text{rain}}(Activity) = -\left(\frac{4}{4}\log_2\frac{4}{4} + \frac{0}{4}\log_2\frac{0}{4} + \frac{0}{4}\log_2\frac{0}{4}\right) = 0$$

$$H_{\text{sunny}}(Activity) = -\left(\frac{5}{6}\log_2\frac{5}{6} + \frac{1}{6}\log_2\frac{1}{6} + \frac{0}{6}\log_2\frac{0}{6}\right) = 0.650$$

$$H_{\text{overcast}}(Activity) = -\left(\frac{2}{4}\log_2\frac{2}{4} + \frac{2}{4}\log_2\frac{2}{4} + \frac{0}{4}\log_2\frac{0}{4}\right) = 1$$

通过下雨时 *Activity* 的熵 $H_{\text{rain}}(Activity)$。可以得到

$$EH_{Outlook}(Activity) = H_{\text{rain}}(Activity)P(\text{rain}) + H_{\text{sunny}}(Activity)P(\text{sunny}) +$$
$$H_{\text{overcast}}(Activity)P(\text{overcast})$$
$$= H_{\text{rain}}(Activity)\frac{4}{14} + H_{\text{sunny}}(Activity)\frac{6}{14} + H_{\text{overcast}}(Activity)\frac{4}{14}$$
$$= 0\times\frac{4}{14} + 0.650\times\frac{6}{14} + 1\times\frac{4}{14}$$
$$= 0.564$$

因此，如果已知 *Outlook* 的值，就可以将 *Activity* 的熵的期望值从 1.531 减少到 0.564。可以将此差异定义为与 *Outlook* 相关的信息增益。即

$$Gain_{Outlook}(Activity) = H(Activity) - EH_{Outlook}(Activity)$$
$$= 1.531 - 0.564 = 0.967$$

计算其他 3 个变量的增益留作为练习。从计算结果可以看出，*Outlook* 具有最大的信息增益。因此，ID3 算法将 *Outlook* 作为决策树的顶点。对于 *Outlook* 的每个值，可以计算与其

他 3 个变量相关的增益。得到

$$EH_{\text{overcast},Temp}(Activity) = H_{\text{overcast},\text{cool}}(Activity)P(\text{cool} \mid \text{overcast}) +$$
$$H_{\text{overcast},\text{mild}}(Activity)P(\text{mild} \mid \text{overcast}) +$$
$$H_{\text{overcast},\text{hot}}(Activity)P(\text{hot} \mid \text{overcast})$$
$$= 1 \times \frac{1}{2} + 0 \times \frac{1}{4} + 0 \times \frac{1}{4} = \frac{1}{2}$$

还可以得到

$$Gain_{\text{overcast},Temp}(Activity) = H_{\text{overcast}}(Activity) - EH_{\text{overcast},Temp}(Activity)$$
$$= 1 - \frac{1}{2} = \frac{1}{2}$$

计算与其他两个变量相关的增益留下作为练习。计算结果表明 *Temp* 具有最大的信息增益。因此，ID3 算法使用被标记为 overcast 的边将节点 *Temp* 与节点 *Outlook* 连接。当 *Outlook* 的值为 rain 时，*Activity* 的值总是 stay home。因此，将标记为 rain 的边把节点 stay home 与节点 *Outlook* 连接；这个节点是叶子节点。确定树中的剩余节点留作练习。

ID3 算法范例如下：

算法 5.3 ID3

输入：记录预测器和目标变量的某个值的数据文件.

输出：一个决策树.

Function *Addnode*(*datafile*, *set_of_predictors*);
if every record in *datafile* has the same value *V* of *target*
    then **return** a node labeled with *V*;
elseif *set_of_predictors* is empty
    then **return** a node labeled with disjunction of values of *target* in *datafile*;
else
    choose *predictor* in *set_of_predictors* with largest gain;
    create a node *node* labeled with *predictor*;
    set_of_predictors = *set_of_predictors* − {*predictor*};
    for each value *V* of *predictor*
        datafile = data file consisting only of records where *predictor* has value *V*;
        newnode = *Addnode*(*datafile*, *set_of_predictors*);
        create an edge from *node* to *newnode* labeled with *V*;
    endfor
    return *node*;
endelse

函数 *Addnode* 的定义如下：

root_of_tree = *Addnode*(*datafile*, *set_of_predictors*);

其中，*datafile* 包含所有记录；*set_of_predictors* 包含所有预测变量。

虽然 ID3 算法产生一个最小决策树，但树在分类新实例时是否表现良好是一个问题。文献 Quinlan［1983］评估了 ID3 在国际象棋残局游戏中学习分类棋局问题的表现。残局中白色与黑色棋子对弈，黑方有王和马，白方有王和车。任务目标是学会识别 3 步之内黑棋失败的棋局。预测变量由棋局上的 23 个属性组成，例如"无法安全地移动王。"这样就会有 140 万个可能的棋局，其中有 47.4 万个情况黑棋会在 3 步内输。评估结果如表 5.5 所示。

表 5.5　在国际象棋中使用 ID3 算法的表现

训练集规模	所占比例	1 万次训练的错误数量
200	0.0001	199
1000	0.0007	33
5000	0.0036	8
25000	0.0179	6
125000	0.0893	2

5.4.3　过拟合

如 5.2.3 节所述，当从数据中学习模型时，可能会发生过拟合。在决策树学习中，可以通过在学习得到决策树之后的剪枝操作解决过拟合问题。Quinlan［1987］介绍了几种决策树剪枝方法，包括误差降低剪枝，将在下面讨论。

当从决策树中修剪节点时，需要把该节点替换成该节点上的最常见的目标值。例如，假设正在修剪标记为 sunny 的分支上的节点，该分支是图 5.6 中树中 *Outlook* 的子分支。再假设使用表 5.4 中的数据文件进行剪枝。在 *Outlook* 为 sunny 的 6 条记录中，有 5 条 *Activity* 为 tennis。因此，如果将标记为 sunny 的边连接的节点 *Temp* 剪掉，将用标记为 tennis 的节点替换掉节点 *Temp*。

在误差降低剪枝中，数据集被划分为训练集和测试集。将使用类似 ID3 的算法从训练集中学习到决策树，然后使用测试集来剪枝。这是通过确定测试集在决策树上的预测准确性来完成的。接下来，独立地修剪树中的每个节点，并确定删掉该节点后预测的准确性。修剪掉最能提高预测精度的节点。按照此过程进行剪枝，直到没有能够提高准确性的节点。该算法如下：

算法 5.4　误差降低剪枝
输入：一棵决策树和测试数据集
输出：剪枝的决策树

Procedure *Prune*(**var** *decision_tree*, *test_data*);
repeat
　　for each node in *decision_tree*
　　　　determine how much pruning the node improves predictive
　　　　accuracy on *test_data*;
　　　　if pruning some node improves predictive accuracy
　　　　　　prune the node that increases predictive accuracy the most;
　　endfor
until pruning no node improves predictive accuracy;

练习

5.2 节

练习 5.1　假设有 10 名大学生，关于他们的平均学分绩点（GPA）和研究生入学考试成绩（GRE）的数据如下：

学生编号	GPA	GRE
1	2.2	1400
2	2.4	1300
3	2.8	1550
4	3.1	1600
5	3.3	1400
6	3.3	1700
7	3.4	1650
8	3.7	1800
9	3.9	1700
10	4.0	1800

使用统计软件包（如 MINITAB），根据 GPA 对 GRE 进行线性回归。求 b_0 和 b_1 的值以及每个值的 SE 系数及 T 和 P 的值。这些结果是否能够表明 GRE 和 GPA 之间存在线性关系？常数项是否明显？

练习 5.2　假设拥有与练习 5.1 中相同的数据，并加入了家庭收入数据：

学生编号	GPA	GRE	收入/千美元
1	2.2	1400	44
2	2.4	1300	40
3	2.8	1550	46
4	3.1	1600	50
5	3.3	1400	40
6	3.3	1700	54
7	3.4	1650	52
8	3.7	1800	56
9	3.9	1700	50
10	4.0	1800	56

使用统计软件包（如 MINITAB），根据 GPA 和收入对 GRE 进行线性回归。求 b_0、b_1 和 b_2 的值，以及每个值的 SE 系数、T 和 P 的值。收入水平能否提高 GRE 的预测准确性？

练习 5.3　假设拥有与练习 5.1 中相同的数据，并加入了学生的美国大学考试（ACT）分数，数据如下：

学生编号	GPA	GRE	ACT
1	2.2	1400	22
2	2.4	1300	23
3	2.8	1550	25
4	3.1	1600	26
5	3.3	1400	27
6	3.3	1700	27
7	3.4	1650	28
8	3.7	1800	29
9	3.9	1700	30
10	4.0	1800	31

使用统计软件包（如 MINITAB），根据 GPA 和 ACT 对 GRE 进行线性回归。求 b_0、b_1 和 b_2 的值以及每个值的 SE 系数、T 和 P 的值。加入 ACT 得分是否提高了 GRE 的预测准确性？如果没有，您对此有何见解？

练习 5.4　使用练习 5.3 中的数据和统计软件包（如 MINITAB），根据 ACT 对 GPA 进行线性回归。求 b_0 和 b_1 的值，以及每个值的 SE 系数、T 和 P 的值，并求解 R^2。并讨论此结果与练习 5.3 中获得结果的关联性。

练习 5.5　考虑使用练习 5.1 中的数据。使用连接点、线性回归和二次回归来学习模型。使用测试集方法、LOOCV 和 3 折交叉验证评估每个模型。哪种模型最好地拟合了底层系统？

练习 5.6　假设有表 5.1 中的数据。使用连接点、线性回归和二次回归来学习模型。使用测试集方法、LOOCV 和 3 折交叉验证评估每个模型。哪种模型最好地拟合了底层系统？

5.3 节

练习 5.7　解答定理 5.1 中留下的最后一个等式。

练习 5.8　使用任意一种语言实现算法 5.1 来优化学习率 λ。

练习 5.9　使用任意一种语言实现算法 5.2 来优化学习率 λ。

练习 5.10　使用式（5.8）中的代价函数编写一个算法来确定逻辑回归的参数。

练习 5.11　任选一种语言实现在练习 5.10 中编写的尝试优化学习率 λ 的算法。

练习 5.12　编写一个使用随机梯度下降的算法来确定简单线性回归参数，该算法使用式（5.7）中的代价函数。

练习 5.13　任选一种语言实现在练习 5.12 中编写的尝试优化学习率 λ 的算法。

5.4 节

练习 5.14　假设一个变量有两个状态 x_1 和 x_2，而 $P(x_1) = 0.3$。计算与随机变量的相关熵。

练习 5.15　假设一个变量有 3 个状态 x_1、x_2 和 x_3，而 $P(x_1) = 0.3$，$P(x_2) = 0.5$。计算与随机变量的相关熵。

练习 5.16　解答在 5.4.2 节中留下的练习：根据表 5.4 中的数据计算变量 *Temp*、*Humidity* 和 *Wind* 的信息增益。

练习 5.17　解答在 5.4.2 节中留下的练习：根据表 5.4 计算与给定 *Outlook* 值为 overcast 时，变量 *Humidity* 和 *Wind* 的信息增益。

练习 5.18　假设表 5.4 中的数据为测试数据。使用算法 5.4 和测试数据对图 5.5 和图 5.6 中的决策树进行剪枝。

第2部分 概率智能

第6章 概率论

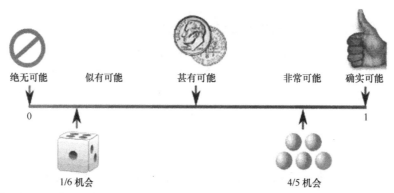

如第2章所述，利用逻辑对大规模已确定的人类推理机制进行建模是合理的。根据这类模型结合推理机的正向和反向链推理，可以开发基于规则的系统。例如，可以假设植物学家 Mary 的个人知识库中存储着以下规则或知识项：

IF   茎为木质

THEN   种类是树

此外，如果 Mary 正在判断某个植物隶属于哪一科，她可以根据图2.2中的决策树的方式进行推理，这相当于反向链推理。也就是说，她首先可以问决定类型的问题，然后是决定类的问题，最后是决定科别的问题。

研究人员试图通过研究非单调逻辑来处理论文中参考文献不确定性的问题。如4.3.3节所述，这种方法有一定难度。研究人员探索的另一种方法是对不确定性推理进行建模时使用基于规则或逻辑的框架，并且使用数字确定性因子［Buchanan and Shortliffe，1984］或似然比［Duda et al.，1976］来增强规则。例如，用于诊断细菌感染的 MYCIN 系统［Buchanan and Shortliffe，1984］，可以同时在不确定性条件下进行推理。MYCIN 系统中的一个典型规则是：

IF   该有机体成簇生长

AND   该有机体以链条形式生长

AND   该有机体成对生长

THEN   则该生物是链球菌的可能性为 0.7

确定性因子（0.7）是介于−1 和1 之间的一个数字。大于0 的确定性因素会提高结论的置信度，小于0 的确定性因素会降低置信度。因此，如果发现生物体以簇、链和对的形式生长，就可以确定有 0.7 的可能性是链球菌。假设现在有第二条规则能 60% 确定这个有机体是链球菌。由于这两条规则，我们需要找到确定性的总和。利用以下公式将两个确定性因素结合起来：

$$C_{12} = \begin{cases} C_1 + C_2(1 - |C_1|) & C_1 \text{ 和 } C_2 \text{ 都为正或都为负} \\ \dfrac{C_1 + C_2}{1 - \min(|C_1|, |C_2|)} & C_1 \text{ 和 } C_2 \text{ 中的一个为正，另一个为负} \end{cases}$$

当 $C_1 = 0.7$ 和 $C_2 = 0.6$ 时，得到

$$C_{12} = C_1 + C_2(1 - |C_1|) = 0.7 + 0.6(1 - |0.7|) = 0.88$$

如果第二个规则与 $C_2 = -0.6$ 不一致。那么有

$$C_{12} = \frac{C_1 + C_2}{1 - \min(C_1, C_2)} = \frac{0.7 + (-0.6)}{1 - \min(|0.7|, |-0.6|)} = 0.25$$

当每个规则本身都描述了前置条件和结论之间的关系时，那么方案就可以正常进行。然而，考虑一下在 [Pearl, 1986] 中到经典的例子。假设在过去的几年里，福尔摩斯先生发现地震经常使他的防盗报警器报警。防盗报警器感应端连在家里，但报警端在办公室，办公室离他家有一段距离。最近，他坐在办公室里，防盗报警器响了，他急忙回家，并怀疑家中被盗了。在回家的路上，收音机里播放地震的新闻。然后他推断地震很可能触发了警报，因此家里被盗的可能性大大降低。心理学家称这种现象为推理折扣。

使用规则对这种情况建模。

A：福尔摩斯先生的防盗报警器响了

B：福尔摩斯先生的住宅被盗了

E：地震了

使用基于规则的方法，可以分配以下确定性因素：

IF   A

THEN   B 的确定性为 0.8

IF   E

THEN   B 的确定性为 -0.4

当福尔摩斯先生听到警铃响，他就确信他家被盗窃了，而后来得知地震时，他把确定性因素 0.8 与确定性因素 -0.4 结合，如下所示：

$$\frac{0.8 + (-0.4)}{1 - \min(|0.8|, |-0.4|)} = 0.67$$

所以他家被盗窃的可能性降低到 0.67。

这个模型的难点在于，当已知 A 时，E 只会降低 B 的确定性。也就是说，如果警报没有响，福尔摩斯先生就不会得出这样的结论：在他听说发生了地震之后，他家今天不太可能被盗（即比其他任何一天都更不可能。）所以不能得出上面关于地震的规则。相反，需要在前置条件中包含多个前提的规则，如下所示：

IF   A∧E

THEN   B 的确定性为 0.67

IF   A∧¬E

THEN   B 的确定性为 0.85

请注意，当 A 和 ¬ E 已知时，确定性要比只知道 A 时高，因为我们确信不存在其他原因。如果想表示其他原因，比如有人在房子周围潜伏徘徊，则需要考虑在前置条件中加入更多的断言组合。

这种基于规则的方法的另一个问题，是它只允许在一个方向上进行推理。也就是说，假设已知家中被盗，如果想要模仿福尔摩斯先生的推理，则需要以下额外的规则：

IF　　　　B

THEN　　　A 的确定性为 0.7.

这个规则中的确定性因素与在另一个方向进行推理的规则之间没有明显的联系。

除了烦琐和复杂之外，这种基于规则的对不确定性知识和推理的表示似乎并不能很好地模拟人类的推理方式。也就是说，假定人脑有数百万条不合理规则，每条规则都代表一种可能复杂而不确定的关系。Neapolitan［1989］更详细地讨论了这个问题。Pearl［1986］提出了更合理的猜想，即人类识别个体命题之间的局部概率因果关系，并且一个命题确定性的变化会改变另一个相关命题的确定性，而另一个相关命题的确定性又会反过来改变对与该命题相关的命题的确定性。如果福尔摩斯先生的知识是由命题之间的因果边构成的，那么就可以用一个因果网络来表示他的知识，可以通过遍历这个网络中的链路来对他的推理建模。无论这个模型在多大程度上代表了人类的推理，它都有助于贝叶斯网络的形成。可以说，贝叶斯网络是人工智能中最重要的不确定性推理架构。本书将在下一章讨论福尔摩斯推理的因果网络表示，并介绍贝叶斯网络。这一章复习概率论，而贝叶斯网络基于概率论。

6.1　概率基本知识

在定义了概率空间之后，本章将讨论条件概率、独立性和条件独立性，以及贝叶斯定理。

6.1.1　概率空间

概率的经典案例有：从一副扑克牌中抽出顶牌、抛硬币或从瓮中取球。一般把抽顶牌或抛硬币的过程称为试验。概率论旨在于进行试验从而取得一系列不同的结果。所有结果的集合称为样本空间或总体。数学家常用样本空间，而社会科学家常用总体。本章采用样本空间来叙述。简单回顾，假设样本空间是有限的，其任何子集都称为事件，那么恰好包含一个元素的子集称为基本事件。

例 6.1　假设进行试验，从一副普通的扑克牌中抽出顶牌。那么集合

E = {jack of hearts, jack of clubs, jack of spades, jack of diamonds}

是一个事件，集合

F = {jack of hearts}

则是一个基本事件。

事件的含义是子集中的一个元素是试验的结果。在前面的例子中，事件 E 代表所抽取的牌是 4 个 J 中的一个，而基本事件 F 的含义是这张牌是红桃 J。

显然，一个事件包含试验结果，其实数介于 0 和 1 之间，这个数字叫作事件的概率。当样本空间是有限的，概率为 0 时意味着我们确定事件不包含结果，而概率为 1 意味着我们确定它包含结果。介于两者之间的值代表不同程度的置信度。下面对有限样本空间的概率进行

了正式定义。

定义 6.1 假设有一个样本空间 Ω 包含 n 个不同元素，即

$$\Omega = \{e_1, e_2, \cdots, e_n\}$$

为每个事件 $E \subseteq \Omega$ 分配一个实数 $P(E)$ 的函数称为概率函数，如果满足以下条件，则称为 Ω 子集上的概率函数：

1) $0 \le P(e_i) \le 1$，当 $1 \le i \le n$ 时；

2) $P(e_1) + P(e_2) + \cdots + P(e_n) = 1$；

3) 对于每个非基本事件，$P(E)$ 是结果在 E 中的基本事件的概率之和

$$E = \{e_3, e_6, e_8\}$$

那么

$$P(E) = P(e_3) + P(e_6) + P(e_8)$$

数对 (Ω, P) 称为概率空间。

概率是一种函数，它的定义域是一组集合，所以在表示一个基本事件的概率时，应该写作 $P(\{e_i\})$ 而不是 $P(e_i)$。为了简单起见本书用 $P(e_3, e_6, e_8)$ 代替 $P(\{e_3, e_6, e_8\})$。

分配概率最直接的方法是使用无差异原则，即如果没有理由期望某一种结果高于另一种，那么结果就被认为是等概率的。根据这个原理，当有 n 个基本事件时，每个事件的概率都等于 $1/n$。

例 6.2 以抛硬币试验为例，其样本空间是

$$\Omega = \{\text{heads}, \text{tails}\}$$

根据无差异原则进行赋值，得到

$$P(\text{heads}) = P(\text{tails}) = 0.5$$

其实在概率空间的定义中，并非绝对必须将正面（heads）和反面（tails）的出现概率分配为 0.5。也可以赋值 $P(\text{heads}) = 0.7$，$P(\text{tails}) = 0.3$。然而，当没有特定原因要求两种结果有偏差时，相同的概率比较合适。

例 6.3 从包含 52 张牌的牌堆中抽出顶牌。Ω 包含了 52 张牌的正面，根据无差异原则，赋值 $P(e) = 1/52$，其中 $e \in \Omega$。例如，

$$P(\text{jack of hearts}) = \frac{1}{52}$$

事件

$$E = \{\text{jack of hearts}, \text{jack of clubs}, \text{jack of spades}, \text{jack of diamonds}\}$$

表示抽取的卡是 jack，它的概率是

$$P(E) = P(\text{jack of hearts}) + P(\text{jack of clubs}) +$$
$$P(\text{jack of spades}) + P(\text{jack of diamonds})$$
$$= \frac{1}{52} + \frac{1}{52} + \frac{1}{52} + \frac{1}{52} = \frac{1}{13}$$

有关于概率空间的定理 6.1，其证明留作练习。

定理 6.1 令 (Ω, P) 是一个概率空间。然后

1) $P(\Omega = 1)$；

2) $0 \le P(E) \le 1$，其中 $E \subseteq \Omega$；

3）每两个子集 E 和 F，使得 E∩F=∅，

$$P(E \cup F) = P(E) + P(F)$$

式中，∅ 是空集。

例 6.4　从一个牌堆中抽出顶牌。用 Queen 表示包含 4 个皇后的集合，用 King 表示包含 4 个国王的集合。然后

$$P(\text{Queen} \cup \text{King}) = P(\text{Queen}) + P(\text{King}) = \frac{1}{13} + \frac{1}{13} = \frac{2}{13}$$

因为 Queen∩King=∅。接下来，用 Spade 表示包含 13 个 Spade 的集合。皇后和黑桃的集合并不是不相交的，因此它们的概率不是可加的。但是，一般来说，不难证明

$$P(E \cup F) = P(E) + P(F) - P(E \cap F)$$

因此，

$$P(\text{Queen} \cup \text{Spade}) = P(\text{Queen}) + P(\text{Spade}) - P(\text{Queen} \cap \text{Spade})$$

$$= \frac{1}{13} + \frac{1}{4} - \frac{1}{52} = \frac{4}{13}$$

6.1.2　条件概率与独立性

从定义开始。

定义 6.2　设 E 和 F 为 $P(F) \neq 0$ 的事件。已知 E 在给定 F 下的条件概率 $P(E|F)$

$$P(E|F) = \frac{P(E \cap F)}{P(F)}$$

可以使用无差异原则分配的概率来获得这个定义。$P(E|F)$ 是 E∩F 中项目的数量与 F 中项目的数量比。令 n 是样本空间的项数，n_F 是 F 的项数，n_{EF} 是 E∩F 的项数。则

$$\frac{P(E \cap F)}{P(F)} = \frac{n_{EF}/n}{n_F/n} = \frac{n_{EF}}{n_F}$$

是 E∩F 中的项数与 F 中的项数的比。当已知事件 F 包含结果时（即 F 发生），$P(E|F)$ 是用于描述事件 E 包含结果的概率（即 E 发生）。

例 6.5　从一个牌堆中抽出顶牌。设 Jack 为 4 张 jack 的集合，RedRoyalCard 为 6 张 red royal 牌的集合⊖，Club 为 13 张 club 的集合。然后

$$P(\text{Jack}) = \frac{4}{52} = \frac{1}{13}$$

$$P(\text{Jack}|\text{RedRoyalCard}) = \frac{P(\text{Jack} \cap \text{RedRoyalCard})}{P(\text{RedRoyalCard})} = \frac{2/52}{6/52} = \frac{1}{3}$$

$$P(\text{Jack}|\text{Club}) = \frac{P(\text{Jack} \cap \text{Club})}{P(\text{Club})} = \frac{1/52}{13/52} = \frac{1}{13}$$

注意，在前面的示例中，$P(\text{Jack}|\text{Club}) = P(\text{Jack})$ 的含义是获知此牌为 Club 并不会影响它是 Jack 的可能性。本例中的这两个事件是独立的，在下面的定义中形式化。

定义 6.3　如果下列情况之一成立，则两个事件 E 和 F 是独立的：

⊖　王牌为 Jack、Queen 或 King。

1) $P(E\mid F)=P(E)$, $P(E)\neq0$, $P(F)\neq0$;

2) $P(E)=0$ 或 $P(F)=0$。

注意，即使是 E 在给定 F 下的条件概率，定义也表明了这两个事件是独立的，因为独立对称。也就是说，如果 $P(E)\neq0$, $P(F)\neq0$, 那么 $P(E\mid F)=P(E)$ 当且仅当 $P(F\mid E)=P(F)$ 时成立。当且仅当 $P(E\cap F)=P(E)P(F)$ 时，很容易证明 E 和 F 是独立的。

如果以前学过概率，读者应该已经了解了独立性的概念。然而，在许多书籍中都没有包括独立泛化的相关内容，即条件独立。这个概念对于本书所讨论的应用场景非常重要。接下来将对其进行讨论。

定义 6.4 给定 G，如果 $P(G)\neq0$，则两个事件 E 和 F 是条件独立的，且下列条件之一成立：

1) $P(E\mid F\cap G)=P(E\mid G)$, $P(E\mid G)\neq0$, $P(F\mid G)\neq0$;

2) $P(E\mid G)=0$ 或 $P(F\mid G)=0$。

注意，此定义与独立性定义相同，只是其他项都以 G 为基本条件。一旦获悉结果在 G 中，那么定义就说明 E 和 F 是独立的。下一个例子中说明了这一点。

例 6.6 使 Ω 为图 6.1 中所有对象的集合。利用无差异原则，给每个对象分配概率 1/13。设 Black 为所有黑色对象的集合，White 为所有白色对象的集合，Square 为所有方格对象的集合，A 为包含 A 的所有对象的集合。那么有

$$P(A)=\frac{5}{13}$$

$$P(A\mid Square)=\frac{3}{8}$$

所以 A 和 Square 不是独立的。然而

$$P(A\mid Black)=\frac{3}{9}=\frac{1}{3}$$

$$P(A\mid Square\cap Black)=\frac{2}{6}=\frac{1}{3}$$

可以看到 A 和 Square 在给定 Black 时条件独立。此外

$$P(A\mid White)=\frac{2}{4}=\frac{1}{2}$$

$$P(A\mid Square\cap White)=\frac{1}{2}$$

所以 A 和 Square 也在给定 White 时条件独立。

图 6.1 利用无差异原则，为每个对象分配 1/13 的概率

接下来，讨论条件概率的一个重要规则。假设有 n 个事件 E_1，E_2，$\cdots$，E_n，在有

$$E_i \cap E_j = \varnothing \quad 当 i \neq j 时$$

并且

$$E_1 \cup E_2 \cup \cdots \cup E_n = \Omega$$

这些事件是互斥互补的。那么根据全概率定律，对于任何其他事件 F，

$$P(F) = P(F \cap E_1) + P(F \cap E_2) + \cdots + P(F \cap E_n) \tag{6.1}$$

请在练习中证明这条规则。如果 $P(E_i) \neq 0$，则

$$P(F \cap E_i) = P(F \mid E_i) P(E_i)$$

因此，如果对所有 i 都有 $P(E_i) \neq 0$，则根据定律通常采用以下形式：

$$P(F) = P(F \mid E_1) P(E_1) + P(F \mid E_2) P(E_2) + \cdots + P(F \mid E_n) P(E_n) \tag{6.2}$$

例 6.7 假设有例 6.6 中讨论的对象。然后，根据全概率定律，

$$P(A) = P(A \mid Black) P(Black) + P(A \mid White) P(White)$$

$$= \left(\frac{1}{3}\right)\left(\frac{9}{13}\right) + \left(\frac{1}{2}\right)\left(\frac{4}{13}\right) = \frac{5}{13}$$

6.1.3 贝叶斯定理

可以用下面的定理从已知的概率计算得出感兴趣事件的条件概率。

定理 6.2 （贝叶斯）给定两个事件 E 和 F 使得 $P(E) \neq 0$ 和 $P(F) \neq 0$，有

$$P(E \mid F) = \frac{P(F \mid E) P(E)}{P(F)}. \tag{6.3}$$

此外，给定 n 个互斥互补事件 E_1，E_2，$\cdots$，E_n，对于所有 i，$P(E_i) \neq 0$，对于 $1 \leqslant i \leqslant n$

$$P(E_i \mid F) = \frac{P(F \mid E_i) P(E_i)}{P(F \mid E_1) P(E_1) + P(F \mid E_2) P(E_2) + \cdots + P(F \mid E_n) P(E_n)} \tag{6.4}$$

证明 为了得到式 (6.3)，首先使用以下条件概率定义：

$$P(E \mid F) = \frac{P(E \cap F)}{P(F)}, P(F \mid E) = \frac{P(F \cap E)}{P(E)}$$

接下来为等式两端分别乘以右边的分母

$$P(E \mid F) P(F) = P(F \mid E) P(E)$$

因为它们都等于 $P(E \cap F)$，最后，将最后一个等式除以 $P(F)$ 进而得到结果。

为了得到式 (6.4) 把全概率公式 [见式 (6.2)] 得到的 F 的表达式代入式 (6.3) 的分母中。

前一个定理中的两个公式都称为贝叶斯定理，它最早由托马斯·贝叶斯于 1763 年发表。通过第一个公式，在已知 $P(F \mid E)$、$P(E)$ 和 $P(F)$ 的情况下，能够计算 $P(E \mid F)$；通过第二个公式，在已知 $P(F \mid E_j)$ 和 $P(E_j)$ 对于 $1 \leqslant j \leqslant n$ 的情况下，能够计算 $P(E_i \mid F)$。下一个例子给出了贝叶斯定理的使用方法。

例 6.8 令 Ω 为图 6.1 中所有对象的集合，为每个对象分配概率 1/13。设 A 为包含 A 的所有对象的集合，B 为包含 B 的所有对象的集合，Black 为所有黑色对象的集合。根据贝叶斯定理，

$$P(Black \mid A) = \frac{P(A \mid Black) P(Black)}{P(A \mid Black) P(Black) + P(A \mid White) P(White)}$$

$$= \frac{\left(\frac{1}{3}\right)\left(\frac{9}{13}\right)}{\left(\frac{1}{3}\right)\left(\frac{9}{13}\right) + \left(\frac{1}{2}\right)\left(\frac{4}{13}\right)} = \frac{3}{5}$$

这和直接计算 $P(\text{Black} \mid A)$ 得到的值是一样的。

在上面的例子中，可以直接计算 $P(\text{Black} \mid A)$。在 6.4 节中本书还会介绍贝叶斯定理非常有用的应用。

6.2 随机变量

在本节中，将介绍随机变量的形式化定义和数学属性。其在实践中的应用情况会在 6.4 节中给出。

6.2.1 随机变量的概率分布

定义 6.5 给定概率空间 (Ω, P)，随机变量 X 是定义域为 Ω 的函数。X 的值域称为 X 的空间。

例 6.9 Ω 包含一对六面骰子投掷的所有结果，P 为每个结果分配概率 1/36。那么 Ω 是以下有序对的集合：

$\Omega = \{(1,1),(1,2),(1,3),(1,4),(1,5),(1,6),(2,1),(2,2),\cdots,(6,5),(6,6)\}$

随机变量 X 的值为每个有序对的总和。Y 的值根据数对有以下两种情况。其一，如果数对中均为奇数，那么 Y 的值为 odd，如果数对中有一个偶数，那么 Y 的值为 even。下表显示了部分 X 和 Y 的值。

e	$X(e)$	$Y(e)$
$(1,1)$	2	odd
$(1,2)$	3	even
$\vdots$	$\vdots$	$\vdots$
$(2,1)$	3	even
$\vdots$	$\vdots$	$\vdots$
$(6,6)$	12	even

X 的集合是 $\{2,3,4,5,6,7,8,9,10,11,12\}$，$Y$ 的集合是 $\{\text{odd}, \text{even}\}$。

对于随机变量 X，使用 $X = x$ 来表示包含 X 映射到 x 的值的所有元素 $e \in \Omega$ 的子集。即

$$X = x \text{ 表示事件} \{e, \text{使得 } X(e) = x\}$$

注意 X 和 x 之间的差异：x 表示 X 空间中的任何元素，而 X 是函数。

例 6.10 使 Ω、P 和 X 与例 6.9 中表示相同。然后

$$X = 3 \text{ 表示} \{(1,2),(2,1)\}，而且$$

$$P(X = 3) = \frac{1}{18}$$

请注意

$$\sum_{x \in space(X)} P(X = x) = 1$$

例 6.11 使 Ω、P 和 Y 与例 6.9 中表示相同。然后

$$\sum_{y \in space(Y)} P(Y=y) = P(Y=\text{odd}) + P(Y=\text{even})$$

$$= \frac{9}{36} + \frac{27}{36} = 1$$

把 $P(X=x)$ 的值称为所有 X 中 x 的值，即随机变量 X 的概率分布。当使用 X 的概率分布时，写作 $P(X)$。

目前经常使用 x 来表示事件 $X=x$，因此当表达 X 具有值 x 的概率时，写 $P(x)$ 而不是 $P(X=x)$。

例 6.12 使 Ω、P 和 X 与例 6.9 中表示相同。若 $x=3$，

$$P(x) = P(X=x) = \frac{1}{18}$$

如果想要引用例如随机变量 X 的所有值，可采用 $P(X)$ 而不是 $P(X=x)$ 或 $P(x)$ 的形式。

例 6.13 使 Ω、P 和 X 与例 6.9 中表示相同。X 的所有值

$$P(X) > 1$$

给定在相同样本空间 Ω 上定义的两个随机变量 X 和 Y，使用 $X=x$，$Y=y$ 来表示包含由 X 到 x 和 Y 到 y 映射的所有元素 $e \in \Omega$ 的子集。即 $X=x$，$Y=y$ 表示事件 $\{e$ 使得 $X(e)=x\} \cap \{e$ 使得 $Y(e)=y\}$。

例 6.14 使 Ω、P、X 和 Y 与例 6.9 中表示相同。

$$X=4,\ Y=\text{odd} \ 表示 \ \{(1,3),(3,1)\}$$

因此

$$P(X=4,Y=\text{odd}) = 1/18$$

把 $P(X=x,Y=y)$ 称为 X 和 Y 的联合概率分布。如果 $A=\{X,Y\}$，那么也称之为 A 的联合概率分布。此外，一般惯用表达是联合分布或概率分布其一。

为简洁起见，经常使用 x、y 来表示事件 $X=x$ 和 $Y=y$，因此，写 $P(x,y)$ 而不是 $P(X=x, Y=y)$。可以将该概念扩展到 3 个或更多个随机变量。例如，$P(X=x,Y=y,Z=z)$ 是随机变量 X、Y 和 Z 的联合概率分布函数，表示为 $P(x,y,z)$。

例 6.15 使 Ω、P、X 和 Y 与例 6.9 中表示相同。如果 $x=4$ 且 $y=\text{odd}$，

$$P(x,y) = P(X=x,Y=y) = 1/18$$

类似于单个随机变量的情况，如果想要引用所有的值，例如随机变量 X 和 Y，则有时会表示为 $P(X,Y)$ 而不是 $P(X=x,Y=y)$ 或 $P(x,y)$。

例 6.16 使 Ω、P、X 和 Y 与例 6.9 中表示相同。留作练习来证明对于所有 x 和 y 的值，都有

$$P(X=x,Y=y) < 1/2$$

例如，如例 6.14 所示，

$$P(X=4,Y=\text{odd}) = 1/18 < 1/2$$

可以这样重述：对于 X 和 Y 的所有值，都有

$$P(X,Y) < 1/2$$

例如，令 $A=\{X,Y\}$ 和 $a=\{x,y\}$，使用

$$A = a \text{ 表示 } X = x, \ Y = y$$

那么写 $P(\mathrm{a})$ 而不是 $P(\mathrm{A}=\mathrm{a})$。

例 6.17 使 Ω、P、X 和 Y 与例 6.9 中表示相同。如果 $\mathrm{A} = \{X, Y\}$，$\mathrm{a} = \{x, y\}$，$x = 4$，$y = $ odd，则

$$P(\mathrm{A}=\mathrm{a}) = P(X=x, Y=y) = 1/18$$

回顾全概率公式［见式（6.1）和式（6.2）］。对于两个随机变量 X 和 Y，等式如下：

$$P(X=x) = \sum_y P(X=x, Y=y) \tag{6.5}$$

$$P(X=x) = \sum_y P(X=x \mid Y=y) P(Y=y) \tag{6.6}$$

留下来作为练习来证明。

例 6.18 使 Ω、P、X 和 Y 与例 6.9 中表示的相同。根据式（6.5）

$$P(X=4) = \sum_y P(X=4, Y=y)$$

$$= P(X=4, Y=\mathrm{odd}) + P(X=4, Y=\mathrm{even}) = \frac{1}{18} + \frac{1}{36} = \frac{1}{12}$$

例 6.19 再次使 Ω、P、X 和 Y 与例 6.9 中表示相同。然后，根据式（6.6）

$$P(X=4) = \sum_y P(X=x \mid Y=y) P(Y=y)$$

$$= P(X=4 \mid Y=\mathrm{odd}) P(Y=\mathrm{odd}) +$$

$$P(X=4 \mid Y=\mathrm{even}) P(Y=\mathrm{even})$$

$$= \frac{2}{9} \times \frac{9}{36} + \frac{1}{27} \times \frac{27}{36} = \frac{1}{12}$$

在式（6.5）中，概率分布 $P(X=x)$ 被称为 X 相对于联合分布 $P(X=x, Y=y)$ 的边缘分布，这是通过在类似数字表的行或列中添加元素的方法获得的。可以将这个概念直接扩展到 3 个或更多随机变量上。例如，如果有 X、Y 和 Z 的联合分布 $P(X=x, Y=y, Z=z)$，则通过在 Z 的所有值上求和获得 X 和 Y 的边缘分布 $P(X=x, Y=y)$。如果 $\mathrm{A} = \{X, Y\}$，就称之为 A 的边缘概率分布。

下面这个例子用于复习随机变量的相关概念。

例 6.20 使 Ω 表示一组 12 个人，P 表示为每个人分配的概率为 1/12。假设每个人的性别、身高和年收入如下：

案例	性别	身高/in⊖	收入/美元
1	女	64	30000
2	女	64	30000
3	女	64	40000
4	女	64	40000
5	女	68	30000
6	女	68	40000

⊖ 1in(英寸) = 0.0254m。

（续）

案例	性别	身高/in	收入/美元
7	男	64	40000
8	男	64	50000
9	男	68	40000
10	男	68	50000
11	男	70	40000
12	男	70	50000

随机变量 G、H 和 W 分别表示每个个体的性别、身高和年收入分配。那么，3 个随机变量的概率分布如下〔注意，$P(g)$ 表示 $P(G=g)$〕。

g	$P(g)$
女	1/2
男	1/2

h	$P(h)$
64	1/2
68	1/3
70	1/6

w	$P(w)$
30000	1/4
40000	1/2
50000	1/4

G 和 H 的联合分布如下：

g	h	$P(g,h)$
女	64	1/3
女	68	1/6
女	70	0
男	64	1/6
男	68	1/6
男	70	1/6

下表展示了 G 和 H 的联合分布，并说明通过对其他变量的所有值的联合分布求和可以得到个体的分布。

g \ h	64	68	70	G 分布
女	1/3	1/6	0	1/2
男	1/6	1/6	1/6	1/2
H 分布	1/2	1/3	1/6	

下表展示了 G、H 和 W 联合分布中的前几个值。总共有 18 个值，其中很多都是 0。

g	h	w	$P(g,h,w)$
女	64	30000	1/6
女	64	40000	1/6
女	64	50000	0
女	68	30000	1/12
⋮	⋮	⋮	⋮

用随机变量的链式法则来结束，表示给定 n 个随机变量 X_1，X_2，$\cdots$，X_n，这些变量在相同的样本空间 Ω 上定义。

$$P(x_1,x_2,\cdots,x_n)=P(x_n \mid x_{n-1},x_{n-2},\cdots,x_1) \times \cdots \times P(x_2 \mid x_1) \times P(x_1)$$

只要 $P(x_1,x_2,\cdots,x_n) \neq 0$. 使用条件概率的规则来证明这个规则非常便捷。

例 6.21 假设在例 6.20 中有随机变量。根据 G、H 和 W 的所有值 g、h 和 w 的链式法则，

$$P(g,h,w)=P(w \mid h,g)P(h \mid g)P(g)$$

3 个随机变量的值有 8 种组合。下表显示了两个组合的等式。

g	h	w	$P(g,h,w)$	$P(w \mid h,g)P(h \mid g)P(g)$
女	64	30000	$\dfrac{1}{6}$	$\left(\dfrac{1}{2}\right)\left(\dfrac{2}{3}\right)\left(\dfrac{1}{2}\right)=\dfrac{1}{6}$
女	64	40000	$\dfrac{1}{12}$	$\left(\dfrac{1}{2}\right)\left(\dfrac{1}{3}\right)\left(\dfrac{1}{2}\right)=\dfrac{1}{12}$

留下来作为练习来证明其他 6 种组合的平等性。

6.2.2 随机变量的独立性

独立性的概念可以自然地扩展到随机变量中。

定义 6.6 假设在 Ω 上定义了概率空间 (Ω,P) 和两个随机变量 X 和 Y。如果对于所有 X 中的 x 和 Y 中的 y，事件 $X=x$ 和 $Y=x$ 都是独立的，则 X 和 Y 是独立的。在这种情况下，写作

$$I_P(X,Y)$$

式中，I_P 是 P 中的独立元素。

例 6.22 使 Ω 表示普通牌组中所有牌的集合，P 表示为每张牌的分配概率 1/52。定义如下随机变量：

变量	数值	结果到数值映射
R	r_1	同花大顺
	r_2	无同花
S	s_1	全黑桃
	s_2	无黑桃

随机变量 R 和 S 是独立的。

$$I_P(R,S)$$

为了证明这一点，需要证明所有 r 和 s 的值

$$P(r \mid s)=P(r)$$

下表表示了这种情况。

s	r	$P(r)$	$P(r \mid s)$
s_1	r_1	$\dfrac{12}{52}=\dfrac{3}{13}$	$\dfrac{3}{13}$

（续）

s	r	$P(r)$	$P(r\mid s)$
s_1	r_2	$\dfrac{40}{52}=\dfrac{10}{13}$	$\dfrac{10}{13}$
s_2	r_1	$\dfrac{12}{52}=\dfrac{3}{13}$	$\dfrac{9}{39}=\dfrac{3}{13}$
s_2	r_2	$\dfrac{40}{52}=\dfrac{10}{13}$	$\dfrac{30}{39}=\dfrac{10}{13}$

条件独立的概念也自然地延伸到随机变量中。

定义 6.7 假设有一个概率空间 (Ω,P) 和在 Ω 上定义的 3 个随机变量 X、Y 和 Z。如果对于所有 X 中的 x 和 Y 中的 y 以及 Z 中的 z，每当 $P(z)\neq 0$ 时，事件 $X=x$ 和 $Y=y$ 在条件上独立于事件 $Z=z$，则 X 和 Y 是条件独立的。在这种情况下，表示为

$$I_P(X,Y\mid Z)$$

例 6.23 使 Ω 表示为图 6.1 中所有对象的集合，P 表示每个对象的分配概率 1/13。定义随机变量 S（表示形状）、L（表示字母）和 C（表示颜色），如下表所示。

变量	数值	结果到数值映射
L	l_1	包含 A 的所有对象
	l_2	包含 B 的所有对象
S	s_1	所有方形对象
	s_2	所有圆形对象
C	c_1	所有黑色对象
	c_2	所有白色对象

那么当给定 C 的情况下 L 和 S 在条件上是独立的。即

$$I_P(L,S\mid C)$$

为了证明这一点，需要证明所有 l、s 和 c 的值

$$P(l\mid s,c)=P(l\mid c)$$

这 3 个变量共有 8 种组合。下表给出了两个组合的等式。

c	s	l	$P(l\mid s,c)$	$P(l\mid c)$
c_1	s_1	l_1	$\dfrac{2}{6}=\dfrac{1}{3}$	$\dfrac{3}{9}=\dfrac{1}{3}$
c_1	s_1	l_2	$\dfrac{4}{6}=\dfrac{2}{3}$	$\dfrac{6}{9}=\dfrac{2}{3}$

留下来作为练习来证明它适用于其他组合。

对于随机变量，也可以定义独立性和条件独立性。

定义 6.8 假设有概率空间 (Ω,P) 和两个在 Ω 上定义的随机变量集合 A 和 B。设 a 和 b 分别是 A 和 B 中随机变量的值的集合。如果对于集合 a 和 b 中的所有变量的值，事件 A=a 和 B=b 都是独立的，则集合 A 和 B 被认为是独立的。在这种情况下，写作

$$I_P(\mathrm{A},\mathrm{B})$$

式中，I_P 是 P 中的独立元素。

例 6.24 使 Ω 为普通牌组中所有牌的集合，P 表示每张牌分配概率为 1/52。定义随机变量如下：

变量	数值	结果到数值映射
R	r_1	所有王牌
	r_2	所有非王牌
T	t_1	所有 10 和 J
	t_2	所有不是 10 和 J 的牌
S	s_1	所有黑桃
	s_2	所有非黑桃

集合 $\{R,T\}$ 和 $\{S\}$ 是独立的。

$$I_P(\{R,T\},\{S\}) \tag{6.7}$$

为了证明这一点，需要证明 r、t 和 s 的所有值

$$P(r,t\,|\,s)=P(r,t)$$

3 个随机变量的值有 8 种组合。下表显示了两个组合的等式。

s	r	t	$P(r,t\,|\,s)$	$P(r,t)$
s_1	r_1	t_1	$\dfrac{1}{13}$	$\dfrac{4}{52}=\dfrac{1}{13}$
s_2	r_2	t_2	$\dfrac{2}{13}$	$\dfrac{8}{52}=\dfrac{2}{13}$

留下来作为练习来证明它适用于其他组合。

当一个集合包含单个变量时，通常省略大括号。例如，将定义 6.7 写为

$$I_P(\{R,T\},S)$$

定义 6.9 假设有一个概率空间 (Ω,P) 和 3 个在 Ω 上定义的随机变量的集合 A、B 和 C。设 a、b 和 c 分别是 A、B 和 C 中随机变量的值集。然后，对于集合 C，如果对于集合 a、b 和 c 中的变量的所有值，每当 $P(c)\neq 0$ 时，事件 A=a 和 B=b 在给定事件 C=c 的情况下都是条件独立的，那么集合 A 和 B 被认为是条件独立的。在这种情况下，表示为

$$I_P(\mathrm{A},\mathrm{B}\,|\,\mathrm{C})$$

例 6.25 假设这里使用无差异原则将概率分配给图 6.2 中的对象，定义随机变量如下：

变量	数值	结果到数值的映射
V	v_1	所有包含 a1 的对象
	v_2	所有包含 a2 的对象
L	l_1	所有的对象都被线条覆盖
	l_2	所有的对象都未被线条覆盖

（续）

变量	数值	结果到数值的映射
C	c_1	所有灰色对象
	c_2	所有白色对象
S	s_1	所有方形对象
	s_2	所有圆形对象
F	f_1	所有包含大字体数字的对象
	f_2	所有包含小字体数字的对象

留作练习来证明 v、l、c、s 和 f 的所有值

$$P(v,l \mid s,f,c) = P(u,l \mid c)$$

所以有

$$I_P(\{V,L\},\{S,F\} \mid C)$$

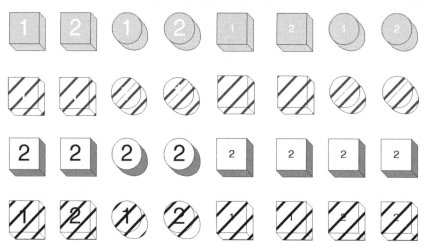

图 6.2　具有 5 个属性的对象

6.3　概率的含义

当一个人没有机会深入研究概率论时，他通常会认为：所有的概率都是用比率来计算的。接下来将更深入地讨论概率的含义，并说明上述观点并不是确定概率的正确方式。

6.3.1　概率的相对频率法

经典教科书中常用抛硬币作为例子引入概率思想。由于硬币是对称的，下面使用无差异原则进行分配。

$$P(\text{heads}) = P(\text{tails}) = 0.5$$

假设现在扔一个图钉。图钉也有两种着地方式。也就是说，它可以钉帽着地平躺，称之为 heads，它还可以以钉尖钉帽撑起立住，称之为 tails。由于图钉是不对称的，此时不能应用无差异原则将两种结果的概率都赋值为 0.5。那么此时应该如何分配概率呢？在硬币的例子中，当分配 $P(\text{heads}) = 0.5$ 时，暗指如果抛硬币很多次，得到正面的概率是一半。也就是

说，如果抛 1000 次硬币，预计它会得到 500 次正面。重复执行试验的思想反映了一种计算（或至少估计）概率的方法。也就是说，如果重复一个试验很多次，就可以确定一个结果的概率大约等于这个结果发生的比例。例如，一个学生将图钉扔了 1 万次，结果得到正面 3761 次。所以

$$P(\text{heads}) \approx \frac{3761}{10000} = 0.3761$$

事实上，在 1919 年，理查德·冯·米塞斯（Richard von Mises）用这个分数的极限作为概率的定义。也就是说，如果 n 是抛掷的次数，S_n 是图钉 heads 落地的次数，那么

$$P(\text{heads}) = \lim_{n \to \infty} \frac{S_n}{n}$$

这个定义假定极限实际上是接近的。也就是说，它假定了比率不会波动。例如，没有理由先验地假设这个比率在 100 次抛掷后不是 0.5，在 1000 次抛掷后不是 0.1，在 1 万次抛掷后不是 0.5，在 10 万次抛掷后不是 0.1，以此类推。只有在现实世界中的试验才能证明极限是接近的。1946 年，J·E·克里希（J. E. Kerrich）进行了许多类似的试验，使用了能够应用无差异原则的博弈游戏（例如，从一副牌中抽出一张牌）。结果表明，相对频率确实接近一个极限，这个极限是用无差异原则得到的值。

这种概率方法称为相对频率概率法，用这种方法得到的概率称为相对频率。频率主义者认为这是获得概率的唯一途径。注意，通过这种方法是永远无法确定一个概率的。例如，如果抛一枚硬币 1 万次，它正面朝上 4991 次，估计

$$P(\text{heads}) \approx \frac{4991}{10000} = 0.4991$$

另一方面，如果使用无差异原则，可以设 $P(\text{heads}) = 0.5$。在硬币试验的例子中，概率绝对不会精确到 0.5 的。因为硬币不是完全对称的。例如，Kerrich［1946］发现在掷骰子的过程中，6 点出现的次数最多，而 1 点最少。这是有道理的，因为在那个时候，骰子上的斑点是镂空的，所以骰子最轻的一面是 6。另一方面，在瓮中取球的试验中，可以利用无差异原则确定得到的概率。

例 6.26 假设抛出一个不对称的六面骰子，在 1000 次投掷中，观察到每一面出现的次数如下：

边	次数
1	250
2	150
3	200
4	70
5	280
6	50

所以可以估计 $P(1) \approx 0.25$，$P(2) \approx 0.15$，$P(3) \approx 0.2$，$P(4) \approx 0.07$，$P(5) \approx 0.28$，及 $P(6) \approx 0.05$。

重复执行一个试验的过程（以便估计相对频率）称为抽样，而结果集称为随机抽

样（或简称为抽样）。被抽样的集合称为总体。

例 6.27 假设总体为美国所有 31～85 岁的男性，关注点是这些男性患高血压的概率。然后，对这 1 万名男性进行抽样，这组男性就是样本。此外，如果 3210 人有高血压，估计

$$P(\text{Hight Blood Pressure}) \approx \frac{3210}{10000} = 0.321$$

从技术上讲，不应该把这个年龄段的所有男性都称为总体。相反，该理论认为，这个群体中的男性有患高血压的倾向，这种倾向就是一种是概率。这一倾向可能并不等于目前这一群体中高血压男性的比例。理论上，我们必须有无数的男性才能准确地确定概率。目前这个年龄段的男性被称为有限群体。他们中有高血压的人所占的比例是当从这个年龄组的所有男性中抽取样本时得到的一个患有高血压的男性的概率。后一种概率仅仅是男性高血压的比例。

在进行统计推理时，有时需要从样本中估计有限总体中的比率，有时需要从有限观察序列中估计倾向。例如，电视评分员需要从电视观众的样本中估计国内观看某电视节目的实际人数。另一方面，医学科学家想要从有限的男性序列中估计出男性患高血压的倾向。通过在对下一项进行抽样之前将抽样项返回给总体，可以从有限总体创建无限序列，这叫作替换抽样。在实践中，很难做到，通常有限的总体数量非常庞大，统计学家一般假设已经进行了替换抽样。即，不进行任何替换，但仍然假定下一个抽样项的比率不变。

在抽样中，观察到的相对频率被称为概率的最大似然估计（MLE）（相对频率的极限），因为它是当假设试验时重复的观察序列的概率估计（重复实验）是概率独立的。

冯·米塞斯的相对频率方法的另一个方面是随机过程产生结果的序列。根据冯·米塞斯的理论，随机过程是可重复的试验，将结果的无穷序列假设为一个随机序列。直观地说，随机序列是没有任何规律性或模式的序列。例如，有限二进制序列 1011101100 看起来是随机的，而序列 1010101010 则不是，因为模式 10 重复了 5 次。有证据表明，抛硬币和抛骰子等试验确实是随机过程。1971 年，Iversen 等人用骰子做了许多实验，结果的序列均是随机的。人们认为无偏采样也产生随机序列，因此是一个随机过程。有关随机序列的正式描述，请参见 ［van Lambalgen，1987］。

6.3.2 主观概率

如果抛一个图钉 1 万次，得到正面 6000 次（钉尖朝上），可以估计 $P(\text{heads})$ 为 0.6。那么这个数字近似于什么含义呢？是否存在某种概率，使得图钉正面着地可以精确到任意的数字？然而事实并非如此。当抛图钉的时候，它在空中的姿态会发生变化，进而影响到落地的状态。看另外一个例子，一个特定年龄段的男性真的有患高血压的确切倾向吗？答案是否定的。因此，在纸牌中抽牌和瓮中取球游戏这种机会博弈之外，概率的相对频率概念只是一种理想化的设想。无论如何，从这个概念中我们都获得了一定有用的见解。例如，当图钉在 1 万次抛掷中有 6000 次正面落地后，可以相信下一次抛掷中正面落地的概率大约是 0.6，可以为此赌上一把。也就是说，如果图钉是正面落地，那么赢 0.40 美元理所当然是公平的。如果图钉是反面落地，那么输掉（1-0.40）美元=0.60 美元也是公平的。因为赌局是公平的，相反，如果图钉正面落地，输 0.40 美元，如果反面落地，赢 0.60 美元，也是公平的。因此，赌哪一面落地都有一定的合理性。概率作为决定公平筹码值的概念被称为主观概率方

法，在这个框架内分配的概率被称为主观概率或信念度。主观主义者认为可以在这个框架内分配概率。更具体地说，在这种方法中一个不确定事件的主观概率的分数 p 是以事件未发生时我们接受给予（输）的额度为代价，换取事件发生时接收（赢）到 $1-p$ 的报酬。

例 6.28　在抛硬币游戏中，假设估计 $P(\text{heads}) = 0.6$。这就代表，在没有掷出正面的情况下输掉 0.60 美元，而掷出正面赢取 0.40 美元是一场公平的游戏。请注意，如果重复试验 100 次，正面出现的概率是 60%（期望值），将会赢得 $60 \times (0.40$ 美元$) = 24$ 美元，而输掉 $40 \times (0.60$ 美元$) = 24$ 美元。也就形成了收支相抵的现象。

与概率的相对频率方法不同，主观概率允许计算不可重复事件的概率。例如赛马场下注这样一个典型的例子。要决定如何下注，必须先确定每匹马获胜的可能性有多大。这是一场以前从未举办过的比赛，也是唯一一次比赛，所以无法获得历史比赛信息，以提高信念度。然而，可以通过仔细分析马匹以前的整体表现、赛道状况、骑手等相关信息，来得出一定的结论。显然，每个人的分析结果，会得到不同的概率。这就是为什么这种概率被称为主观概率。它对个人来说都是特殊的。一般来说，它们没有公共认可的客观价值。当然，如果试验是掷图钉 1 万次，结果是正面朝上 6000 次，那么大多数人都会认可正面朝上的概率是 0.6。事实上，德·菲内蒂（de Finetti）［1937］表明，如果结论的假设有一定的合理性，那么它就是确定的概率。

在进一步讨论这个问题之前，先讨论一个与概率有关的概念，即发生比（odds）$O(E)$。在数学里，如果 $P(E)$ 是事件 E 的概率，那么发生比 $O(E)$ 为

$$O(E) = \frac{P(E)}{1 - P(E)}$$

在这个赌局中，$O(E)$ 是以事件 E 未发生时我们接受输掉的额度为代价，换取事件 E 发生时赢得 1 美元的报酬。

例 6.29　使 E 为马 Oldnag 赢得 Kentucky Derby 比赛的事件。如果 $P(E) = 0.2$，那么

$$O(E) = \frac{P(E)}{1 - P(E)} = \frac{0.2}{1 - 0.2} = 0.25$$

这意味着我们认为如果 Oldnag 赢得比赛，得到 1 美元奖励，而输掉比赛，丢掉 0.25 美元是公平的。

如果用概率来表示公平赌局（如前所述），我们会认为，如果马没有赢则损失 0.20 美元，而如果它赢了则获得 0.80 美元是公平的。请注意，在这两种方法中，赢钱和输钱的比例都是 4，所以它们在决定赌博行为的方式上是一致的。

在上述赌马的例子中，投注赔率代表的是对事件的赔率。也就是说，它们是事件不发生的概率。如果 $P(E) = 0.2$ 和 $\neg E$ 表示事件 E 没有发生，则

$$O(\neg E) = \frac{P(\neg E)}{1 - P(\neg E)} = \frac{0.8}{1 - 0.8} = 4$$

表示赛道上事件 E 的赔率是 4∶1。如果你赌 E 发生，而 E 没有发生，将输掉 1 美元，如果 E 发生，将赢得 4 美元。注意，这是基于所有参与者都下注的情况下的赔率。如果相信 $P(E) = 0.5$，对参与者来说 E 的发生比是 1∶1（平均赌局），他们应该抓住 4∶1 的机会。

被迫下注来评估主观概率往往使人感到不安。当然，还可以通过其他方法来确定这些概率。接下来介绍 Lindley 在 1985 年提出的方法，该方法非常受欢迎。这种方法强调，应该把

不确定结果的机会博弈比作一场游戏。这场游戏有一个装有白球和黑球的瓮。需要决定白球的比例在不确定的事件 E 发生后（或者结果为真）得到奖励与从瓮中取出一个白球得到奖励之间的差异。这个分数是个体得到结果的概率。这种概率可以用二元分割来构造。比如，当分数是 0.8 时，$P(E) = 0.8$。当分数是 0.6 时，则说明另一个人给出 $P(E) = 0.6$。那么此时，没有一个人绝对是对或者是错的。

如果认为主观概率只在赌博的情况下才重要，那就错了。实际上，它们在本书讨论的所有应用程序中都很重要。在下一节中，将给出主观概率的有趣用法。

更多关于前面提到的概率的两种方法，请参见 ［Neapolitan, 1989］。

6.4　应用中的随机变量

理想情况下，从数学的角度出发，先指定样本空间，然后在这个空间上定义随机变量。但实践中，对于具有某些特性的单个实体或实体集，想获得这些特性的状态却又不能确定时，一般通过确定特征处于特定状态的可能性大小来获得。例如正在考虑引进一种可能致癌的但有经济效益的化学物质，此时需要确定这种化学物质的相对风险和收益。另一个例子是，实体集由患有相似症状疾病的病人组成。此时需要据症状诊断疾病。如 6.3.1 节所述，这一组实体称为总体，从技术上讲，它并非当前所有此类实体的集合，而是理论上的无限个实体的集合。

在这些应用中，由随机变量代表建模实体的某些特征，这些特征值一般是不确定的。在单个实体的情况下，实体的特征值是不确定的，而在实体集中，某些成员的特征值也是不确定的。为了解决这种不确定性问题，需要研究变量与变量之间的概率关系。当存在实体集时，假设该集合中的实体对于模型中使用的变量都具有相同的概率关系。如果不这样假设，我们就无法进一步分析。在化学品引进的案例中，其特征可能由人体接触的计量和潜在的致癌性组成。如果这些是应该受关注的特征，那么就确定了 *HumanExposure* 和 *CarcinogenicPotential* 两种随机变量（为了简单起见，示例只包含了几个变量。实际的应用通常包含为数众多的随机变量。）对于患者的案例中，受关注的特征可能是：目前是否患有肺癌等疾病、是否在胸透结果上有疾病症状以及是否患有因吸烟引起的疾病。考虑到这些特征，将分别确立随机变量 *ChestXray*、*LungCancer* 和 *SmokingHistory*。

在确立了随机变量之后，将为每个随机变量区分一组互斥互补的值。随机变量的可能值是特征所能支持的不同状态。例如，*LungCancer* 的状态可能是 *present* 或 *absent*，*ChestXray* 可以是 *positive* 或 *negative*，*SmokingHistory* 的状态可以是 *yes* 或 *no*，*yes* 或许意味着病人在过去的十年中每天吸一包或几包烟。

当确立随机变量的可能取值之后（即，取值空间），接下来需要判断随机变量获得值的概率。然而，一般情况下，不直接确定随机变量的联合概率分布值。相反，需要确定随机变量之间关系的概率。然后，可以利用贝叶斯定理对这些变量进行推理，以获得受关注事件的概率。下面例子说明了这个思想。

例 6.30　假设 Sam 打算结婚。而他所居住的州政策说明，想要完成婚姻注册必须进行血液检测酶联免疫吸附试验（ELISA），该试验检测人体免疫缺陷病毒（HIV）抗体。Sam 做了测试，结果 HIV 呈阳性。那么 Sam 感染艾滋病毒的可能性有多大呢？如果不确定测试的准确性，Sam 真的无法确定他感染艾滋病毒的可能性有多大。

通常在这类测试中获得的数据是具有真阳性率（敏感性）和真阴性率（特异性）的。阳性率是同时受感染和检测呈阳性的人数除以受感染的总人数。例如，为获得 ELISA 法的阳性率，1 万名已知感染艾滋病毒的人参与了数据收集。试验采用 Western Blot 法完成，该方法是艾滋病毒的黄金标准测试。然后对这些人进行了 ELISA 检测，9990 人的检测结果呈阳性。因此，真阳性率是 0.999。真阴性率是通过计算即未感染艾滋病及检测结果又呈阴性的人数除以未感染的总人数获得。为了获得 ELISA 的阴性率，对 1 万名否认感染艾滋病毒的修女进行了测试。其中，9980 例使用 ELISA 法检测为阴性。之后，20 名检测结果为阳性的修女使用 Western Blot 检测结果为阴性。所以真阴性率是 0.998，也就是说假阳性率是 0.002。因此，制定了以下随机变量和主观概率：

$$P(ELISA=positiue \mid HIV=present) = 0.999 \tag{6.8}$$

$$P(ELISA=positiue \mid HIV=absent) = 0.002 \tag{6.9}$$

读者也许好奇，从数据中得到这些主观概率，为什么称之为主观概率。回想一下，频率主义者的方法强调永远无法确定实际的相对频率（客观概率），只能通过数据来估计。然而，在主观方法中，可以使信念度（主观概率）等于从数据中得到的分数。

可以肯定 Sam 感染了艾滋病毒，因为测试非常准确。但是，请注意，式（6.8）和式（6.9）中的概率都不是 Sam 感染艾滋病毒的概率。因为，Sam 在 ELISA 测试中呈阳性，这个概率是

$$P(HIV=present \mid ELISA=positiue)$$

如果已知 $P(HIV=present)$，那么可以用贝叶斯定理来计算这个概率。回想一下，Sam 做血液测试是因为政府要求，他不接受这个结果，因为他无论如何想不出感染艾滋病毒的原因。所以，能够掌握 Sam 的唯一其他信息是他所在州的男性数据。如果 Sam 所在的州每 10 万名男性中就有 1 人感染艾滋病毒，将主观概率赋值为

$$P(HIV=present) = 0.00001$$

现在用贝叶斯定理来计算

$$
\begin{aligned}
&P(present \mid positive) \\
&= \frac{P(positive \mid present)P(present)}{P(positive \mid present)P(present)+P(positive \mid absent)P(absent)} \\
&= \frac{0.999 \times 0.00001}{0.999 \times 0.00001 + 0.002 \times 0.99999} \\
&= 0.00497
\end{aligned}
$$

令人惊讶的是，可以确信 Sam 没有感染艾滋病毒。

像 $P(HIV=present)$ 这样的概率称为先验概率，因为在特定的模型中，它是在模型的框架内使用新信息更新某个事件的概率之前的某个事件的概率。请勿将其理解为它表示任何信息之前的概率。像 $P(HIV=present \mid ELISA=positive)$ 这样的概率称为后验概率，因为它是在某个模型的框架内，基于新信息更新了事件的先验概率之后的概率。在前面的例子中，即使测试相当准确，后验概率仍然很小的原因是先验概率极低。下例展示了不同的先验概率如何明显改变事物。

例 6.31 假设 Mary 和她丈夫一直想要个孩子，她怀疑自己怀孕了。在验孕后发现，真阳性率为 0.99，假阳性率为 0.02。进一步假设，所有参加这次怀孕测试的女性中有 20%确

实怀孕了。利用贝叶斯定理

$$P(present \mid positive)$$

$$= \frac{P(positive \mid present)P(present)}{P(positive \mid present)P(present) + P(positive \mid absent)P(absent)}$$

$$= \frac{0.99 \times 0.2}{0.99 \times 0.2 + 0.02 \times 0.8}$$

$$= 0.92523$$

尽管 Mary 的检测不如 Sam 的准确，但她很可能怀孕了，而 Sam 很可能没有感染艾滋病毒。这是由于先验信息中，先验概率（0.2）表明 Mary 怀孕了，因为只有那些怀疑自己怀孕的妇女才会去验孕。然而，Sam 参加测试是因为他想结婚，没有任何先验信息表明他可能感染了艾滋病毒。

在上面的例子中，是通过直接从数据中观察到的分数从而得到信念度（主观概率）的。虽然这是常用方法，但绝非必要。一般来说，从历史信息中获得信念度是综合所有经验的凝练，而不仅仅是观察到的相对频率。下面是一个例子。

例 6.32 假设你觉得今天纳斯达克指数至少上涨 1% 的概率是 0.4。这是基于你所掌握的行情如：昨天收盘后，几家科技行业板块的大企业公布了出色的业绩，美国原油供应意外增加。此外，如果纳斯达克指数今天至少上涨 1%，那么你则认为最关注的股票 NTPA 今天至少上涨 10% 的概率为 0.1。如果纳斯达克指数今天不上涨至少 1%，你就会觉得 NTPA 今天至少上涨 10% 的概率只有 0.02。拥有这些信念度的原因是你从历史行情知道，NTPA 的表现与科技行业的整体表现有关。你在交易结束后查看了 NTPA，发现它上涨了 10% 以上。那么请问纳斯达克指数上涨至少 1% 的概率是多少？利用贝叶斯定理

$$P(NASDAQ = up\ 1\% \mid NTPA = up\ 10\%)$$

$$= \frac{P(up\ 10\% \mid up\ 1\%)P(up\ 1\%)}{P(up\ 10\% \mid up\ 1\%)P(up\ 1\%) + P(up\ 10\% \mid not\ up\ 1\%)P(not\ up\ 1\%)}$$

$$= \frac{0.1 \times 0.4}{0.1 \times 0.4 + 0.02 \times 0.6} = 0.769$$

在前面的 3 个例子中，使用贝叶斯定理从已知的主观概率计算后验主观概率。从严格意义上说，只能在主观框架内做这件事。严格的频率主义者说概率是永远无法确定的，因而他们不能使用贝叶斯定理，只能根据数据进行分析，比如计算未知概率值的置信区间。这些技术在经典的统计文献中都有讨论，如［Hogg and Craig, 1972］。因为使用贝叶斯定理的是主观主义者，所以他们通常被称为贝叶斯主义者。

6.5　wumpus world 的概率

在 2.3.2 节中描述的 wumpus world 包含了不确定性，因为恶魔、黄金或陷阱的位置都是未知的。由于没有对这种不确定性进行数值量化，因此在 wumpus world 范围内也无法运用概率论来进行推理。现在假设能够量化这些不确定性，给位于每个方格中有陷阱事件分配 0.1 的概率。这个概率可以从游戏生成的方式中获得（即，每个方格内有陷阱的概率为 0.1），也可以根据从玩游戏的经验中获得的主观判断而设定。无论如何，都可以用概率论来指导我们的决定。接下来将展示如何做到这一点。

假设游戏角色已经走过方格的[1,2]和[2,1]，在这两个地方都感知到了微风，此时拥有如图 6.3 所示的知识。角色可以选择放弃游戏或访问方格[1,3]或[2,2]。纯粹逻辑的角色会在两者之间做出随机选择，因为两者风险相同。让我们看看基于概率的角色是否能够量化这种风险，以帮助在两者之间做出选择。

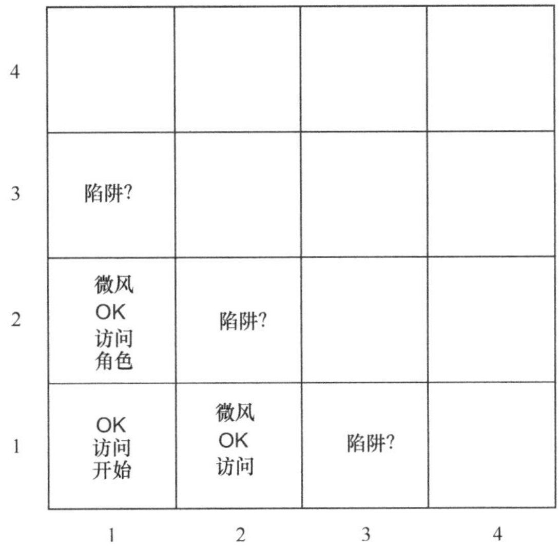

图 6.3 当角色访问方格 [2,1] 和 [1,2] 并发现两者中的微风之后，
对 wumpus world 的当前状态知识

假设 P_{11} 是一个随机变量，如果在方格[1,1]中有一个陷阱，则其值为 p_{13}，否则其值为 $\neg p_{13}$。微风和其他方格的随机变量定义类似。此外，让 Brz 表示已知微风，Pit 表示已知陷阱。也就是说，

$$Brz = \{\neg b_{11}, b_{12}, b_{21}\}$$
$$Pit = \{\neg p_{11}, \neg p_{12}, \neg p_{21}\}$$

角色的全部知识由 Brz 和 Pit 组成。角色根据这样的知识确定 p_{13} 和 p_{22} 的概率。根据贝叶斯定理

$$P(p_{13} \mid Brz, Pit) = \frac{P(Brz \mid p_{13}, Pit)P(p_{13}, Pit)}{P(Brz \mid p_{13}, Pit)P(p_{13}, Pit) + P(Brz \mid \neg p_{13}, Pit)P(\neg p_{13}, Pit)}$$
$$= \frac{P(Brz \mid p_{13}, Pit)P(p_{13})}{P(Brz \mid p_{13}, Pit)P(p_{13}) + P(Brz \mid \neg p_{13}, Pit)P(\neg p_{13})}$$

下面需要计算 $P(Brz \mid p_{13}, Pit)$ 和 $P(Brz \mid \neg p_{13}, Pit)$。根据全概率定律，得到

$$P(Brz \mid p_{13}, Pit) = \sum_{P_{22}, P_{33}} P(Brz \mid p_{13}, Pit, P_{22}, P_{31})P(P_{22}, P_{31} \mid p_{13}, Pit)$$
$$= \sum_{P_{22}, P_{33}} P(Brz \mid p_{13}, Pit, P_{22}, P_{31})P(P_{22})P(P_{31})$$
$$= P(Brz \mid p_{13}, Pit, p_{22}, p_{31})P(p_{22})P(p_{31}) +$$
$$P(Brz \mid p_{13}, Pit, p_{22}, \neg p_{31})P(p_{22})P(\neg p_{31}) +$$
$$P(Brz \mid p_{13}, Pit, \neg p_{22}, p_{31})P(\neg p_{22})P(p_{31}) +$$
$$P(Brz \mid p_{13}, Pit, \neg p_{22}, \neg p_{31})P(\neg p_{22})P(\neg p_{31})$$

$$= 1 \times 0.1 \times 0.1 + 1 \times 0.9 \times 0.1 + 1 \times 0.9 \times 0.1 + 0 \times 0.9 \times 0.9$$

$$= 0.19$$

注意，Brz 的条件概率是 1 或 0，这取决于条件是陷阱同时相邻着方格[1,2]和方格[2,1]，还是没有陷阱挨着两个方格。作为练习，以同样的方式证明

$$P(Brz \mid \neg p_{13}, Pit) = 0.1$$

把这些概率代入贝叶斯定理，得到

$$P(p_{13} \mid Brz, Pit) = \frac{P(Brz \mid p_{13}, Pit) P(p_{13})}{P(Brz \mid p_{13}, Pit) P(p_{13}) + P(Brz \mid \neg p_{13}, Pit) P(\neg p_{13})}$$

$$= \frac{0.19 \times 0.1}{0.19 \times 0.1 + 0.1 \times 0.9}$$

$$= 0.174$$

练习证明 $P(p_{22} \mid Brz, Pit) = 0.917$。因此访问方格[1,3]的风险要小得多，这也是角色接下来的动作。直观上，有两项证据表明方格[2,2]上有陷阱（方格[1,2]和方格[2,1]都有微风），而只有一项证据表明方格[1,3]上有陷阱。

练习

6.1 节

练习 6.1　试验从 52 张牌中抽出一张顶牌。使 Heart 为抽到红桃的事件，RoyalCard 为抽到花牌的事件。

1) 计算 P（Heart）。

2) 计算 P（RoyalCard）。

3) 计算 P（Heart $\cup$ RoyalCard）。

练习 6.2　证明定理 6.1。

练习 6.3　例 6.5 表明，在从一副牌中抽出顶牌时，事件 Jack 独立于事件 Club。也就是 $P(\text{Jack} \mid \text{Club}) = P(\text{Jack})$。

1) 直接证明事件 Club 独立于事件 Jack。即，证明 $P(\text{Club} \mid \text{Jack}) = P(\text{Club})$。再证明 $P(\text{Jack} \cap \text{Club}) = P(\text{Jack}) P(\text{Club})$。

2) 证明，如果 $P(\text{E}) \neq 0$，$P(\text{F}) \neq 0$，那么当且仅当 $P(\text{F} \mid \text{E}) = P(\text{F})$，$P(\text{E} \mid \text{F}) = P(\text{E})$，在当且仅当 $P(\text{E} \cap \text{F}) = P(\text{E}) P(\text{F})$ 时这些表达式都成立。

练习 6.4　集合 E 的补集由 Ω 中所有非 E 中的元素组成，用 $\bar{\text{E}}$ 表示。

1) 证明当且仅当 $\bar{\text{E}}$ 独立于 F 时 E 独立于 F，当且仅当 $\bar{\text{E}}$ 独立于 $\bar{\text{F}}$ 时其值为真。

2) 例 6.6 表明，对于图 6.1 中的对象，当给定 Black 和 White 时，A 和 Square 是有条件独立的。设 B 为包含 B 的所有对象的集合，Circle 为所有圆形对象的集合。利用刚刚得到的结果，得出结论，A 和 Circle，B 和 Square，B 和 Circle 都是条件独立的。

练习 6.5　证明，在从一副牌中抽出一张顶牌时，事件 E = $\{kh, ks, qh\}$ 和事件 F = $\{kh, kc, qh\}$ 在给定事件 G = $\{kh, ks, kc, kd\}$ 的条件下是独立的。确定 E 和 F 在给定 G 条件下是否独立。

练习 6.6　证明全概率定律中，如果有 n 个互斥互补事件 E_1，E_2，…，E_n，那么对于任

意其他事件 F, 有

$$P(\mathrm{F}) = P(\mathrm{F} \cap \mathrm{E}_1) + P(\mathrm{F} \cap \mathrm{E}_2) + \cdots + P(\mathrm{F} \cap \mathrm{E}_n)$$

练习 6.7　设 Ω 为图 6.1 中所有对象的集合, 为每个对象分配概率 1/13。设 A 为包含 A 的所有对象的集合, Square 为所有方格对象的集合。利用贝叶斯定理直接计算 $P(\mathrm{A} \mid \mathrm{Square})$。

6.2 节

练习 6.8　考虑例 6.20 中给出的概率空间和随机变量。

1) 确定 S 和 W 的联合分布, W 和 H 的联合分布, 以及 S、H 和 W 的联合分布中剩余的值。

2) 证明 S 和 H 的联合分布可由 S、H 和 W 的联合分布对 W 的所有值求和得到。

练习 6.9　给定联合概率分布。利用全概率定律, 证明在一般情况下, 任意一个随机变量的概率分布都是通过对其他变量的所有值求和得到的。

练习 6.10　链式法则中, 将 n 个随机变量 X_1, X_2, $\cdots$, X_n, 定义在相同的样本空间 Ω, 每当 $P(x_1, x_2, \cdots, x_n) \neq 0$, $P(x_1, x_2, \cdots, x_n) = P(x_n \mid x_{n-1}, x_{n-2}, \cdots x_1) \times \cdots \times P(x_2 \mid x_1) \times P(x_1)$。证明此规则。

练习 6.11　利用练习 6.4 第 1 条中的结果可以得出结论, 只有在例 6.22 中才有必要证明对所有的 r 和 t 的值 $P(r, t) = P(r, t \mid s_1)$。

练习 6.12　假设有两个随机变量 X 和 Y, 它们的值域空间是 $\{x_1, x_2\}$ 和 $\{y_1, y_2\}$。

1) 使用练习 6.4 第 1 条中的结果来得出结论, 只需证明 $P(y_1 \mid x_1) = P(y_1)$ 来得出结论 $I_P(X, Y)$。

2) 设计一个例子来说明, 如果 X 和 Y 都有包含两个以上值的空间, 那么我们需要检查 $P(Y \mid X) = P(Y)$ 对所有 X 和 Y 的值是否等于 $I_P(X, Y)$。

练习 6.13　考虑例 6.20 中给出的概率空间和随机变量。

1) H 和 W 是独立的吗?

2) H 和 W 条件独立于 G 吗?

3) 如果这个小样本代表了某些群体中变量之间的概率关系, 那么可以通过什么样的因果关系来解释这种依赖性和条件独立性呢?

练习 6.14　在例 6.25 中, 留做练习来证明对于下列所有的值: V 中的 v, L 中的 l, C 中的 c, S 中的 s, 和 F 中的 f,

$$P(v, l \mid s, f, c) = P(v, l \mid c)$$

成立。

6.3 节

练习 6.15　Kerrich［1946］进行了多次抛硬币试验, 他发现相对频率确实接近极限。比如, 他发现抛 100 次硬币后, 相对频率可能是 0.51, 抛 1000 次之后可能是 0.508, 抛 1 万次之后, 可能是 0.5003, 抛 10 万次之后可能是 0.50006。存在一定规律, 小数点右边的第一个 5 在抛前 100 次硬币后保持一定的相对频率, 第二位的 0 在前 1000 次投掷后仍然保持一定的相对频率, 等等。扔一个图钉至少 1000 次, 看看是否可得到类似的结果。

练习 6.16　选择一些即将发生的事件。可以是体育赛事也可以是这门课成绩得 A。使用

Lindley［1985］的方法，将不确定性事件与从瓮中取球进行比较，确定事件发生的概率。(参见例6.29的讨论)。

6.4 节

练习6.17　健忘的护士应该每天给 Nguyen 先生吃一片药。护士在某一天忘记给药的概率是0.3。如果 Nguyen 先生吃药，他死亡的概率是0.1；如果不给他吃药，他死亡的概率是0.8。Nguyen 先生今天去世了。用贝叶斯定理计算护士忘记给他吃药的概率。

练习6.18　在得克萨斯州那不勒斯坦教授的农场上可能要钻一口油井。根据周边类似农场发生的情况，我们判断出有油藏的概率是0.5，只有气藏的概率是0.2；两者都不存在的概率是0.3。如果有油藏，地质测试将给出阳性结果0.9；只有气藏，将给出阳性结果0.3；如果两者都不存在，测试结果将给出阳性结果0.1。假设测试结果呈阳性，用贝叶斯定理来计算有油藏的概率。

6.5 节

练习6.19　在第6.5节末尾，留有练习来证明 $P(Brz \mid \neg p_{13}, Pit) = 0.1$。

练习6.20　在第6.5节末尾，留有练习来证明 $P(p_{22} \mid Brz, Pit) = 0.917$。

练习6.21　在6.5节中，假设一个陷阱分配给每一个方格的概率为0.1，并且发现陷阱位于方格[1,3]的概率小于其位于方格[2,2]的概率。不管这个概率的值是多少，调查陷阱位于方格[1,3]的可能性是否更小。如果是这样，请说明是否真的有必要对这个概率做出主观判断来指导我们的决策？

第7章 不确定性知识的表示

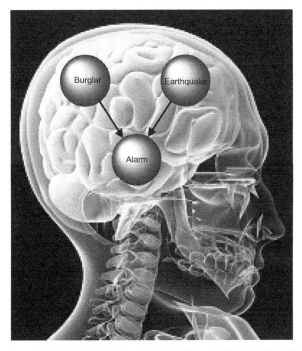

在第6章的引言中，讨论了以下案例。福尔摩斯先生家中安装了报警器，当家中发生入室盗窃时，报警器会触发他办公室内设置的警铃响起。假设在过去的几年里，福尔摩斯先生发现地震经常使他的防盗报警器误报。最近，他正坐在办公室里，报警器响了。他认为被盗的可能性很大，所以急忙赶回家。在回家的路上，他从收音机里听到，发生了地震，于是他认为地震很可能触发了警报，因此被盗的可能性要小得多。接下来为故事添加更多的内容；假设邻居华生医生打电话说看到形迹可疑的人在福尔摩斯先生的房子周围徘徊。此时，福尔摩斯先生会把这看作是他家被盗窃的确凿额外证据，并认为家中现在更有可能是被盗了。

Pearl［1986］推测不确定性知识是由命题之间的因果边构成的，可以用一个因果网络来表示这个知识，以及通过遍历这个网络中的连接来建立不确定性推理模型。该模型并非用来反映在任何特定的时间内整个网络都能够达到一定的认知水平。相反，它反映的是，人在命题对之间推敲的个体因果联系，并根据需要利用这些联系回忆和推理。例如，在当前形势下，有以下命题：

A：福尔摩斯先生的防盗报警器响了。

B：福尔摩斯先生的住宅被盗了。

E：发生了地震。

L：有人在福尔摩斯先生的房子周围徘徊。

C：邻居打电话报告徘徊者。

因果网络模型表明，福尔摩斯先生对报警事件有以下认知：盗窃（B）通常会触发报警（A）、地震（E）经常触发报警、邻居看到有人在房子周围徘徊（L）、邻居打电话（C）报告徘徊者。我们称这些关系为"因果边"，以上案例知识的因果网络模型如图 7.1 所示。当福尔摩斯先生听到警铃响时，他沿着 B 和 A 之间的边向 A 的方向推理，得出结论：他家可能被盗窃了。当掌握了地震发生的新闻之后，他沿着 E 和 A 之间的边向 A 推理，得出地震引发了报警的可能，然后他沿着 B 和 A 之间的边向 B 的方向推理，得出结论：被盗窃的可能性要小得

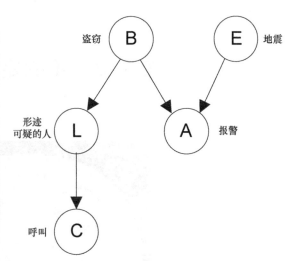

图 7.1　一个代表福尔摩斯先生知识的因果网络

多。当他的邻居打来电话（C）报告有徘徊者后，他沿着 L 和 C 之间的边向 L 的方向推理，得到的结论是徘徊者引发报警，然后他沿着 L 和 B 之间的边向 B 的方向来推断，得出结论：更有可能被盗。

福尔摩斯先生可以使用这些因果关系来向另一个方向推理。例如，如果福尔摩斯先生（在他的办公室里）得知他家已经被盗，他就会沿着 B 和 A 之间的边向 A 方向推断报警器可能响。

正如第 6 章所述，无论这个模型如何代表人类的推理，它都有助于形成贝叶斯网络的研究领域。本章主要介绍贝叶斯网络。在 7.1 和 7.2 节中，定义贝叶斯网络并讨论它们的特性。7.3 节介绍如何由因果图产生贝叶斯网络。7.4 节讨论使用贝叶斯网络进行概率推理。7.5 节介绍包含连续变量的贝叶斯网络。7.6 节展示了用于确定贝叶斯网络中所需的概率分布的方法和技术。最后，7.7 节举例说明贝叶斯网络的大规模应用。

7.1　贝叶斯网络的直观介绍

回想一下，在例 6.30 中，已知 Joe 检测出艾滋病毒呈阳性，接下来计算了他感染艾滋病毒的概率。具体来说，已知

$$P(ELISA = positive \mid HIV = present) = 0.999$$
$$P(ELISA = positive \mid HIV = absent) = 0.002$$
$$P(HIV = present) = 0.00001$$

然后利用贝叶斯定理进行计算

$$P(present \mid positive)$$

$$= \frac{P(positive \mid present)P(present)}{P(positive \mid present)P(present) + P(positive \mid absent)P(absent)}$$

$$= \frac{0.999 \times 0.00001}{0.999 \times 0.00001 + 0.002 \times 0.99999}$$

$$= 0.00497$$

　　图 7.2 是一个双节点/变量贝叶斯网络，包含了计算中所使用的信息。请注意，它以有向无环图（DAG）中的节点表示随机变量 *HIV* 和 *ELISA*，并以 *HIV* 到 *ELISA* 的边来表示这些变量之间的因果关系。即，*HIV* 的存在与检测结果是否为阳性有因果关系，所以在 *HIV* 和 *ELISA* 之间有一条边。除了显示代表因果关系的 DAG 外，图 7.2 还给出了 *HIV* 的先验概率分布以及给定其父节点 *HIV* 各值的 *ELISA* 的条件概率分布。贝叶斯网络的组成：DAG，DAG 的边表示随机变量之间的关系，一般是（并不总是）因果关系；DAG 中每一个根变量的先验概率分布；给定其父项的每组值的每个非根变量的条件概率分布。在讨论贝叶斯网络时，节点和变量可以互换使用。

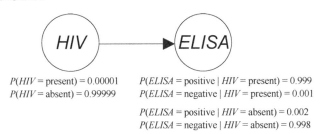

图 7.2　一个有两个节点的贝叶斯网络

　　接下来，通过检测信用卡诈骗的问题来说明更复杂的贝叶斯网络（取自［Heckerman，1996］）。假设为问题域定义下列变量：

变量	变量的含义
Fraud（*F*）	当前购物是否有欺诈
Gas（*G*）	是否在过去 24 小时内买过汽油
Jewelry（*J*）	是否在过去 24 小时内买过珠宝
Age（*A*）	持卡人的年龄
Sex（*S*）	持卡人的性别

　　这些变量都是因果相关的。也就是说，偷信用卡的人很可能会买汽油和珠宝，中年女性最有可能购买珠宝，而青年男性最不可能买珠宝。图 7.3 给出了代表这些因果关系的 DAG。请注意，它还显示了给定父变量每组值的每个非根变量的条件概率分布。珠宝变量有 3 个父节点，这些节点的每个值组合都有一个条件概率分布。DAG 和条件分布一起构成了贝叶斯网络。

　　读者可能会对贝叶斯网络有一些疑问。首先，很可能会疑惑"它有什么价值？"也就是说，可以从网络中获得什么有用的信息？回想一下使用贝叶斯定理从图 7.2 所示的贝叶斯网络中的信息计算 $P(HIV = \text{present} \mid ELISA = \text{positive})$。同样，可以根据贝叶斯网络中其他变量的值来计算信用卡诈骗的概率。例如，可以计算 $P(F = \text{yes} \mid G = \text{yes}, J = \text{yes}, A = <30, S = \text{female})$，如果这个概率足够高，可以拒绝当前消费或要求提供额外的身份证明。其计算过程并不像图 7.2 中的双节点贝叶斯网络那样简单，而要使用更复杂的推理算法。

　　第二点疑问是如何从网络中得到概率。其一是从该领域专家的主观判断中获得，其二是从数据中学习得来（在第 10 章中，将讨论从数据中学习的方法和技术。）

　　最后，您可能会问，为什么要在网络中包含年龄和性别变量，而持卡人的年龄和性别与

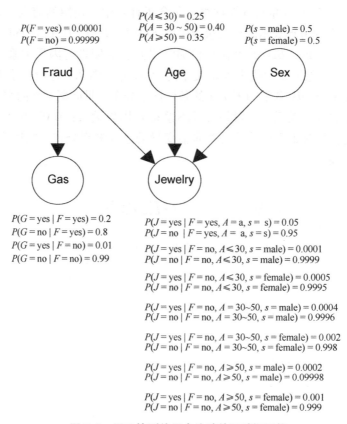

P(F = yes) = 0.00001
P(F = no) = 0.99999

P(A ≤ 30) = 0.25
P(A = 30 ~ 50) = 0.40
P(A ≥ 50) = 0.35

P(s = male) = 0.5
P(s = female) = 0.5

P(G = yes | F = yes) = 0.2
P(G = no | F = yes) = 0.8
P(G = yes | F = no) = 0.01
P(G = no | F = no) = 0.99

P(J = yes | F = yes, A = a, s = s) = 0.05
P(J = no | F = yes, A = a, s = s) = 0.95

P(J = yes | F = no, A ≤ 30, s = male) = 0.0001
P(J = no | F = no, A ≤ 30, s = male) = 0.9999

P(J = yes | F = no, A ≤ 30, s = female) = 0.0005
P(J = no | F = no, A ≤ 30, s = female) = 0.9995

P(J = yes | F = no, A = 30~50, s = male) = 0.0004
P(J = no | F = no, A = 30~50, s = male) = 0.9996

P(J = yes | F = no, A = 30~50, s = female) = 0.002
P(J = no | F = no, A = 30~50, s = female) = 0.998

P(J = yes | F = no, A ≥ 50, s = male) = 0.0002
P(J = no | F = no, A ≥ 50, s = male) = 0.09998

P(J = yes | F = no, A ≥ 50, s = female) = 0.001
P(J = no | F = no, A ≥ 50, s = female) = 0.999

图 7.3　用于检测信用卡诈骗的贝叶斯网络

卡是否被盗（欺诈）无关。也就是说，欺诈与持卡人的年龄或性别没有因果关系，反之亦然。采纳这些变量的原因是，欺诈、年龄和性别都有一个共同效果，即购买珠宝。因此，当已知被盗卡被用于购买珠宝时，由于折扣原则，这 3 个变量呈现出概率依赖性。这就像窃贼、报警器和地震的情况一样。例如，如果珠宝是在信用卡被盗后 24 小时内购买的，这个事件增加了欺诈的可能性。然而，如果持卡人是中年妇女，欺诈的可能性就会降低（折扣原则），因为此类女性更倾向于购买珠宝。也就是说，持卡人是一位中年妇女，这个事实解释了购买珠宝的原因。另一方面，如果持卡人是年轻人，欺诈的可能性就会增加，因为此类人群不太可能购买珠宝。

以上非正式地介绍了贝叶斯网络，以及它们的性质和用途。接下来，将正式揭示它们的数学性质。

7.2　贝叶斯网络的性质

本节在定义贝叶斯网络之后，将介绍它的一般形式。

7.2.1　贝叶斯网络的定义

首先，回顾一下图论。有向图由一对（V, E）表示，其中 V 是有限的非空集，其元素称为节点（或顶点），E 是一组有序的 V 对象元素对。如果（X, Y）∈ E，那么 X 到 Y 有一条边

存在，称 E 为有向边。图 7.4a 中的图是有向图。该图中的节点集是

$$V = \{X, Y, Z, W\}$$

并且边集为

$$E = \{(X,Y), (X,Z), (Y,W), (W,Z), (Z,Y)\}$$

有向图中的路径是节点序列 $[X_1, X_2, \cdots, X_k]$，使得 $(X_{i-1}, X_i) \in E (2 \leqslant i \leqslant k)$。例如，$[X,Y,W,Z]$ 是图 7.4a 中有向图中的路径。有向图中的链是由节点序列 $[X_1, X_2, \cdots, X_k]$ 构成，使得 $(X_{i-1}, X_i) \in E$ 或 (X_i, X_{i-1}) 其中 $2 \leqslant i \leqslant k$。再例如，$[Y,W,Z,X]$ 是图 7.4b 中有向图中的链，但它不是路径。有向图中的回路是节点到其自身的路径，在图 7.4a 中，$[Y,W,Z,Y]$ 是从 Y 到 Y 的回路。但是，在图 7.4b 中，$[Y,W,Z,Y]$ 不是循环，因为它不是路径。如果有向图 G 不包含循环，则它

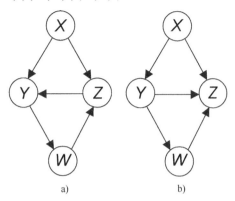

图 7.4　两个有向图，但只有图 b 是有向无环图

被称为有向无环图（DAG），图 7.4b 中的图是 DAG，而图 7.4a 中的有向图则不是 DAG。

给定 DAG $\mathbb{G} = (V, E)$ 和 V 中的节点 X 和 Y，如果有一条从 Y 到 X 的边，则 Y 称为 X 的父节点。如果从 X 到 Y 有一条路径，则 Y 称为 X 的后代，X 称为 Y 的祖先。如果 Y 不是 X 的后代且 Y 不等于 X，则称 Y 为 X 的非后代。

现在可以做下述定义。

定义 7.1　假设在某些集合 V 中具有随机变量的联合概率分布 P，并且 DAG $\mathbb{G} = (V, E)$。如果对于每个变量 $X \in V$，X 在条件上独立于给定其所有父节点的集合的所有非后代的集合，那么 $(\mathbb{G}, P)$ 满足马尔可夫条件。使用第 6 章 6.2.2 节中的标记方法，如果分别用 PA_X 和 ND_X 表示 X 的父级和非后代的集合，那么

$$I_P(X, \mathrm{ND}_X | \mathrm{PA}_X)$$

如果 $(\mathbb{G}, P)$ 满足马尔可夫条件，则 $(\mathbb{G}, P)$ 称为贝叶斯网络。

例 7.1　回忆第 6 章的图 6.1，在图 7.5 中再次出现。在第 6 章的例 6.23 中，让 P 为图中的每个对象分配概率为 1/13，并在包含对象的集合中定义这些随机变量。

变量	值	映射这个值的结果
L	l_1	所有包含一个 A 的对象
	l_2	所有包含一个 B 的对象
S	s_1	所有方形对象
	s_2	所有圆形对象
C	c_1	所有黑色对象
	c_2	所有白色对象

然后证明了 L 和 S 在给定 C 时是条件独立的，因为使用了第 2 章及 6.2.2 节中建立的标记方法，有

$$I_P(L, S | C)$$

图7.5 随机变量 L 和 S 不是独立的，但它们在给定 C 时是条件独立的

考虑图7.6中的DAG $\mathbb{G}$，对于该DAG，有以下内容。

节点	父节点	非后代
L	C	S
S	C	L
C	$\emptyset$	$\emptyset$

对于（$\mathbb{G},P$）满足马尔可夫条件，需要

$$I_P(L,S\,|\,C)$$
$$I_P(S,L\,|\,C)$$

请注意，因为 C 没有非后代，所以 C 不具备条件独立性。因为独立性是对称的，所以 $I_P(L,S\,|\,C)$ 蕴涵 $I_P(L,S\,|\,C)$。因此，满足马尔可夫条件所需的所有条件独立性，且（$\mathbb{G},P$）是贝叶斯网络。

接下来，进一步说明具有更复杂DAG的马尔可夫条件。

例7.2 考虑图7.7中的DAG $\mathbb{G}$。如果（$\mathbb{G},P$）满足具有 X、Y、Z、W 和 V 的概率分布 P 的马尔可夫条件，则将具有以下条件独立性。

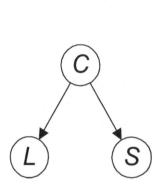

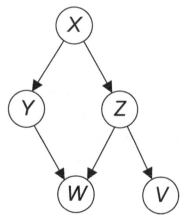

图7.6 L、S、C 的联合概率分布与该 DAG 构成一个贝叶斯网络 　　　图7.7 一个 DAG

节点	父节点	非后代	条件独立性
X	$\emptyset$	$\emptyset$	None
Y	X	Z,V	$I_P(Y,\{Z,V\}\,|\,X)$
Z	X	Y	$I_P(Z,Y\,|\,X)$
W	Y,Z	X,V	$I_P(W,\{X,V\}\,|\,\{Y,Z\})$
V	Z	X,Y,W	$I_P(V,\{X,Y,W\}\,|\,Z)$

7.2.2 贝叶斯网络的表示

根据定义,贝叶斯网络$(\mathbb{G},P)$是满足马尔可夫条件的 DAG $\mathbb{G}$ 和联合概率分布 P。那么为什么在图 7.2 和图 7.3 中将贝叶斯网络显示为 DAG 和一组条件概率分布?原因是当且仅当 P 等于其在 $\mathbb{G}$ 中的条件分布的乘积时,$(\mathbb{G},P)$ 满足马尔可夫条件。具体地,有以下定理。

定理 7.1 当存在这些条件分布时,当且仅当 P 等于其在 $\mathbb{G}$ 中所有节点的条件分布的乘积且其父节点已知时,$(\mathbb{G},P)$ 满足马尔可夫条件(因此是贝叶斯网络)。

证明 证明过程可在［Neapolitan,2004］中找到。

例 7.3 在图 7.5 中的对象集上定义的随机变量 L、S 和 C 的联合概率分布 P 构成了图 7.6 中具有 DAG $\mathbb{G}$ 的贝叶斯网络。接下来,通过证明 P 等于其在 $\mathbb{G}$ 中的条件分布的乘积来证明前面的定理是正确的。图 7.8 显示了那些条件分布。可以直接从图 7.5 中计算得到。例如,因为有 9 个黑色物体 (c_1),其中 6 个是正方形 (s_1),计算

$$P(s_1 \mid c_1) = \frac{6}{9} = \frac{2}{3}$$

其他条件分布以相同的方式计算。为了证明联合分布是条件分布的乘积,需要证明对于所有 i、j 和 k 的值

$$P(s_i, l_j, c_k) = P(s_i \mid c_k) P(l_j \mid c_k) P(c_k)$$

总共有 8 种组合。本书仅证明其中一个等式成立。其他证明留作练习。直接从图 7.5 中得到

$$P(s_1, l_1, c_1) = \frac{2}{13}$$

从图 7.8 中可得

$$P(s_1 \mid c_1) P(l_1 \mid c_1) P(c_1) = \frac{2}{3} \times \frac{1}{3} \times \frac{9}{13} = \frac{2}{13}$$

由于定理 7.1,可以使用 DAG $\mathbb{G}$ 和条件分布来表示贝叶斯网络 $(\mathbb{G},P)$。不需要给出联合分布中的每个值,这些值都可以从条件分布中计算得来,所以总是用贝叶斯网络表示 DAG 条件分布,如图 7.2、图 7.3 和图 7.8 所示。这就是贝叶斯网络的代表性作用。如果存在大量变量,那么联合分布中就有许多值。然而,如果 DAG 是稀疏的,那么条件分布中的值相对较少。例如,假设所有变量都是二进制的,并且联合分布满足图 7.9 中 DAG 的马尔可夫条件。在联合分布中有 $2^{10} = 1024$ 个值,但在条件分布中只有 $2+2+8 \times 8 = 68$ 个值。请注意,此时未包括冗余参数。例如,在图 7.8 所示的贝叶斯网络中,没有必要证明 $P(c_2) = 4/13$,因为 $P(c_2) = 1 - P(c_1)$,所以只需证明 $P(c_1) = 9/13$ 即可。如果消去冗余参数,图 7.9 中 DAG 的条件分布中只有 34 个值,但联合分布中仍然是 1023 个值。接下来将看到贝叶斯网络可以更简洁地表示联合概率分布。

现在不能取任意 DAG 并期望联合分布等于它在 DAG 中的条件分布的乘积。这只有在满足马尔可夫条件时才成立。练习 7.2 说明了这种两难的状态。也就是说,目标是使用 DAG 和 DAG(贝叶斯网络)的条件分布简化表达联合概率分布,而不是枚举联合分布中的每个值。但是,在检查是否满足马尔可夫条件之前,是不知道要选用哪个 DAG 的,并且通常需要使用联合分布来检查。解决这一难题的一种常用方法是构造一个因果 DAG,在这个 DAG 中,如果 X 导致 Y,则存在从 X 到 Y 的一条边。盗窃、报警等例子的 DAG 以及在图 7.2 和

图 7.3 中的 DAG 是因果关系，而本章到目前为止列举的其他 DAG 不是因果关系。

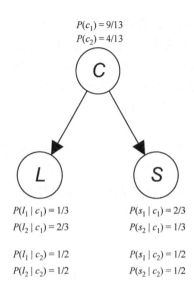

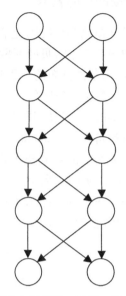

**图 7.8　图 7.5 中表示随机变量 *L*、*S*
和 *C* 的概率分布 *P* 的贝叶斯网络**

**图 7.9　如果所有变量都是二元的，并且联合分布满足
这个 DAG 的马尔可夫条件，那么联合分布中有 1024 个值，
而条件分布中只有 68 个值**

接下来，讨论为什么因果 DAG 中变量的概率分布满足马尔科夫条件。获得 DAG 的第二种方法是从数据中学习它。第二种方法将在第 10 章中讨论。

7.3　贝叶斯网络的因果网络

首先将因果关系的概念形式化。

7.3.1　因果关系

词典对原因的一个定义是"一个人、一个事件或一个条件，对一个行为或结果负责"。虽然这个定义很有用，但它肯定不是因果关系概念的最后定义，这个概念已经研究了几个世纪（参见，例如［Hume，1748］；［Piaget，1966］；［Eells，1991］；［Salmon，1997］；［Spirtes et al.，1993；2000］；［Pearl，2000］）。然而，这个定义确实阐明了确定因果关系的操作方法。也就是说，如果让变量 *X* 取某个值的操作有时会改变变量 *Y* 取的值，那么假设 *X* 有时会改变 *Y* 的值，我们得出结论，*X* 是 *Y* 的起因。更正式地说，当设定 *X* 为特定值时，可以说操控 *X*。如果某些对 *X* 的操控导致 *Y* 的概率分布发生变化，可以说 *X* 导致 *Y*。还可以假设，如果操控 *X* 导致 *Y* 的概率分布发生变化，那么 *X* 通过任何方法得到的值都会导致 *Y* 的概率分布发生变化。

操控包括一项随机对照实验（RCE），在特定的背景下（例如，他们目前没有接受胸痛药物治疗，并且他们生活在特定的地理区域）使用特定群体的实体（例如胸痛患者）。由此发现的因果关系与这个群体和这个背景有关。

接下来讨论如何进行操控。首先要确定实体的总体。随机变量是这些实体的特征。接下来确定想要调查的因果关系。假设要确定变量 X 是否是变量 Y 的起因。然后从总体中抽取一些实体作为样本。对于所选择的每个实体，都对 X 的值进行操控，以便将其每个可能的值都给定相同数量的实体（如果 X 是连续的，则根据均匀分布选择 X 的值）。在为给定实体设置 X 的值之后，测量该实体的 Y 值。结果数据显示 X 和 Y 之间的依赖关系越多，X 导致 Y 的数据支持越多。X 的操控可以用变量 M 表示，该变量位于被研究系统的外部。每一个 X 的 x_i 对应一个 M 的 m_i 值。所有 M 值的概率都是相同的。当 $M=m_i$ 时，$X=x_i$。也就是说，M 和 X 之间的关系是确定的。数据支持 X 使得数据表示对于 $j \neq k$，$P(y_i \mid m_j) \neq P(y_i \mid m_k)$。操控实际上是一种特殊的因果关系，我们假设这种因果关系是原始存在的，并且在控制范围内，因此可以定义和发现其他因果关系。图 7.10 呈现了代表刚才讨论操控的因果 DAG。⊖

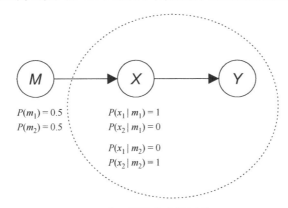

图 7.10　表示操控实验的因果 DAG

7.3.2　因果关系和马尔可夫条件

本节更严格地定义了因果 DAG。在此之后，对因果马尔可夫假设进行陈述，并讨论满足它的起因。

7.3.2.1　因果 DAG

如果对 X 的操控导致 Y 的概率分布发生变化，那么 X 就是 Y 的起因。因果图是一个有向图，包含一组因果相关的随机变量 V，当且仅当 X 是 Y 的起因时，X 到 Y 之间有一条边，如果已知 W_{XY} 中变量的值，并且 V 中没有变量 W_{XY} 的子集，对 X 的操控将不再改变 Y 的概率分布。如果从 X 到 Y 有一条边，则称 X 为 Y 的直接因果。请注意，X 是否是 Y 的直接因果取决于 V 中包含的变量。如果因果图是非循环的（即，没有因果反馈循环），则因果图是因果 DAG。

例 7.4　睾酮（T）可转化为双氢睾酮（D）。双氢睾酮被认为是勃起功能所必需的激素（E）。［Lugg et al.，1995］的一项研究在老鼠中测试了这些变量之间的因果关系。他们将睾酮控制在低水平，发现二氢睾酮和勃起功能都下降了。然后，他们将二氢睾酮固定在低水平，发现无论睾酮的操控值如何，勃起功能都很低。最后，他们将二氢睾酮固定在高水平，发现无论睾酮的操控值如何，勃起功能都很高。因此他们了解到，在一个只包含变量

⊖　因果关系的概念不涉及象征因果关系，它涉及个别因果事件，而不是变量之间的概率关系。——原书注

T、D 和 E 的因果图中，T 是 D 的直接因果，而 D 是 E 的直接因果；虽然 T 是 E 的起因，但它不是直接因果。因此，因果图（DAG）如图 7.11 所示。

请注意，如果变量 D 不在图 7.11 中的 DAG 中，则 T 将被称为 E 的直接因果，并且会有一条从 T 直接到 E 的边，而不是通过 D 的有向路径。一般来说，边始终只表示已识别变量之间的关系。这似乎通常可以沿着每一条边设想中间的、未识别的变量。鉴于以下示例 [Spirtes et al., 1993; 2000]：

图 7.11 因果 DAG

如果 C 是一个划火柴事件，A 是一个火柴着火的事件，在不考虑其他事件时，则 C 是 A 的直接因果。然而，如果加入 B，火柴头上的硫达到足够的热量且与氧气结合，那么就不能说 C 是 A 的直接因果，而是 C 直接引起 B 和 B 直接引起 A。因此，认为 B 是 C 和 A 之间的因果中介，如果 C 导致 B，B 将导致 A。

注意，在这个直观的解释中，变量名也用来代表变量的值。例如，A 是一个值为"着火"或"未着火"的变量，A 还可用于表示火柴着火。显然，可以添加更多的因果中介。例如，可以添加变量 D，表示火柴尖端是否被粗糙表面摩擦。C 会导致 D，D 会导致 B，以此类推，还可以更进一步描述硫和氧结合时发生的化学反应。

事实上，可以对过程的任何因果描述设想连续性的事件。现在可以看到，可观测变量的集合依赖于观测者。显然，一个个体，在无数的感官输入下，选择性地记录可辨别的事件，并发展它们之间的因果关系。因此，与其假设存在一组因果关系变量，不如仅假设在给定的上下文或应用中，我们识别某些变量并在它们之间建立一组因果关系。

7.3.2.2 因果马尔可夫假设

如果假设一组随机变量 V 的观测概率分布 P 满足马尔可夫条件，且包含这些变量的因果 DAG $\mathbb{G}$，则称之为因果马尔可夫假设，我们称 $(\mathbb{G}, P)$ 为因果网络。为什么要做因果马尔可夫假设？为了回答这个问题，下面给出了几个例子。

例 7.5 再次考虑睾酮（T）、双氢睾酮（D）和勃起功能（E）的情况，回想一下 [Lugg et al., 1995] 中，在例 7.4 中讨论过的操作研究。这项研究表明，如果实例化 D、E 的值与 T 的值无关。实验证明，三变量因果链满足马尔可夫条件。

例 7.6 吸烟史（H）已知可导致支气管炎（B）和肺癌（L）。肺癌和支气管炎均可导致疲劳（F），但只有肺癌可导致胸透（X）呈阳性。变量之间没有其他因果关系。图 7.12 显示了包含这些变量的因果 DAG。因果马尔可夫假设 DAG 包

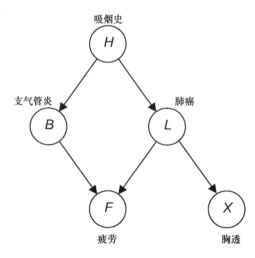

图 7.12 因果 DAG

含以下条件独立性。

节点	父节点	非后代	条件独立性
H	$\emptyset$	$\emptyset$	无
B	H	L, X	$I_P(B, \{L,X\} \mid H)$
L	H	B	$I_P(L, B \mid H)$
F	B, L	H, X	$I_P(F, \{H,X\} \mid \{B,L\})$
X	L	H, B, F	$I_P(X, \{H,B,F\} \mid L)$

鉴于图 7.12 中的因果关系，不希望支气管炎和肺癌是独立的，因为如果有人患有肺癌，那么这个人就很有可能吸烟（因为吸烟会导致肺癌），这会使吸烟的另一种影响也可能出现，即支气管炎。但是，如果知道有人吸烟，那么这个人很有可能已经患有支气管炎。得知患有肺癌的个体不能再增加吸烟的可能性（现在是 1），这意味着它不能改变患支气管炎的可能性。也就是说，变量 H 保护 B 不受 L 的影响，这就是因果马尔可夫条件。同样，胸透 X 检查呈阳性会增加患肺癌的可能性，而肺癌又会增加吸烟的可能性，从而增加支气管炎的可能性。因此，胸透 X 检查和支气管炎并不独立。然而，如果已知此人患有肺癌，那么胸透 X 就不能改变患肺癌的概率，并由此改变患支气管炎的概率。因此 B 独立于 L 上的 X 条件，这是因果马尔可夫条件的解释。

在 3 种情况下，因果图不应满足马尔可夫条件。第一种情况是因果反馈循环。例如，学习会带来好成绩，好成绩使学生更努力学习。当存在因果反馈循环时，这样的图甚至不是 DAG。

第二种情况是存在一个隐藏的共同原因。下面的例子说明了隐藏的常见原因。

例 7.7　假设想要创建一个包含变量感冒（C）、打喷嚏（S）和流鼻涕（R）的因果 DAG。因为感冒会导致打喷嚏和流鼻涕，而任意其他两者中其一则不能导致出现剩余症状，在图 7.13a 中创建 DAG。该 DAG 的因果马尔可夫条件包括 $I_P(S, R \mid C)$。然而，如果有图 7.13b 中描述的 S 和 R 的隐藏的共同原因，这种条件独立性将不成立，因为即使 C 的值已知，S 也会改变 H 的概率，而 H 的概率反过来又会改变 R 的概率。事实上，至少还有一个原因导致打喷嚏和流鼻涕，即花粉热（过敏性鼻炎）。因此，在做出因果马尔可夫假设时，必须确定已经确定了所有的共同原因。

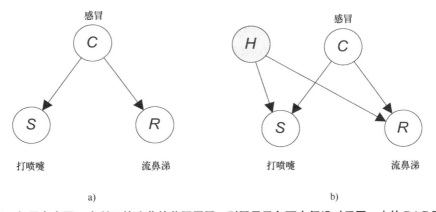

a)　　　　　　　　　　　　　　　　　b)

图 7.13　如果存在图 b 中所示的隐藏的共同原因，则因果马尔可夫假设对于图 a 中的 DAG 不成立

最后的情况更加微妙。它考虑了选择偏差的存在。以下示例说明了这种情况。

例7.8 制药公司默克公司一直在销售其药物非那雄胺作为治疗良性前列腺增生症（BPH）的药物。根据轶事证据，药物的使用似乎与头发再生之间存在相关性。假设默克公司从关注的人群中随机抽取样本，并根据该样本确定非那雄胺的使用与头发再生之间存在相关性。进一步假设非那雄胺的使用和头发再生不可能有隐藏的共同原因。默克公司是否应该断定非那雄胺会导致头发再生，从而将其作为治疗脱发的药物推向市场？不一定。对于这种相关性还有另一种可能的因果解释。假设样本（甚至是我们的整个种群）由个体组成，这些个体同时具有非那雄胺和头发再生的一些（可能隐藏的）效应。例如，假设非那雄胺（F）和对头发再生不足的担忧（G）都会导致高血压[⊖]，我们的样本由高血压（T）患者组成。当我们知道一个节点对于当前被建模的实体的值时，它就被实例化了。所以变量 t 被实例化为样本中每个实体的相同值。这种情况如图7.14所示，其中交叉 T 表示变量已实例化。通常，一个共同效果的实例化会在其原因之间创建一个依

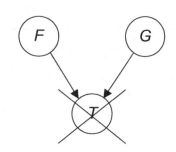

图7.14　实例化的 T

赖关系，因为每个原因都解释了效果的发生，从而降低了另一个原因的可能性。如前所述，心理学家称之为折扣。因此，如果是这样的话，折扣可以解释 F 和 G 之间的相关性[⊖]，这种依赖性被称为选择偏差。[⊜]

综上所述，如果满足以下条件，通常可以假设因果马尔可夫假设对于因果图是合理的：

1）没有隐藏的共同原因。也就是说，所有常见的原因都在图中表示出来了。

2）没有因果反馈循环。也就是说，图是DAG。

3）不存在选择偏差。

注意，要使马尔可夫条件成立，必须有一条从 X 到 Y 的边，只要有一条从 X 到 Y 的因果路径，除了图中包含变量的那条。然而，本书没有在上面规定这个要求，因为它是由因果图的定义所引起的。回想一下，在因果图中，如果 X 是 Y 的直接原因，那么从 X 到 Y 有一条边。

7.3.3　没有因果关系的马尔可夫条件

本书认为因果DAG通常满足马尔可夫条件，并且具有DAG中随机变量的联合概率分布的特点。但这并不代表贝叶斯网络中DAG的边必须是因果关系。也就是说，DAG能满足马尔可夫条件，且DAG中各变量的概率分布不存在因果关系。例如，这里证明了图7.5中对

⊖　没有证据表明非那雄胺或对头发再生不足的担忧导致高血压。该示例仅用于说明目的。——原书注

⊖　默克公司最终进行了一次RCE，涉及1879名18~41岁的男性，他们有轻度到中度的头顶和头发前部中部脱发。一半的男性服用1mg非那雄胺，另一半服用1mg安慰剂。结果表明，非那雄胺确实能引起头发再生。默克公司现在出售非那雄胺，用于头发再生，标签是"Propecia"。——原书注

⊜　如果这里的样本是一个方便的样本，这是一个参与者在研究者方便的情况下选择的样本。研究人员没有试图确保样本是较大种群的准确表示。在目前的例子中，如果研究人员方便观察因高血压住院的男性患者，可能会出现这种情况。——原书注

象集上定义的随机变量 L、S 和 C 的联合概率分布 P 满足图 7.6 中 DAG $\mathbb{G}$ 的马尔可夫条件。然而，并不认为物体的颜色与它们的形状或上面的字母有关。另一个例子是，如果在图 7.11 中反转 DAG 中的边以获得 DAG $E{\to}DHT{\to}T$，则新 DAG 也将满足具有变量概率分布的马尔可夫条件，但边不是因果关系。

7.4 贝叶斯网络的推理

如前所述，贝叶斯定理的标准应用是在两节点贝叶斯网络中进行推理。较大的贝叶斯网络可以解决大量变量联合概率分布的问题。例如，图 7.3 表示与信用卡诈骗相关变量的联合概率分布。该网络中的推理是在其他变量被实例化为固定值的前提下，计算某个变量（或一组变量）的条件概率。例如，假设已经购买了天然气，购买了珠宝，并且持卡人是男性，此时想计算信用卡诈骗的概率，则需要复杂的算法来完成这个推论。首先，用几个简单的例子说明其中的算法是如何使用马尔可夫条件和贝叶斯定理进行推理的。然后描述参考文献中提出的一些算法。最后给出应用这些算法进行推理的实例。

7.4.1 推理示例

接下来，将举例说明如何利用马尔可夫条件所带来的条件独立性来完成贝叶斯网络的推理。

例 7.9　考虑图 7.15a 中的贝叶斯网络。所有变量的先验概率可用全概率定律计算：

$P(y_1)=P(y_1\,|\,x_1)P(x_1)+P(y_1\,|\,x_2)P(x_2)=0.9{\times}0.4+0.8{\times}0.6=0.84$

$P(z_1)=P(z_1\,|\,y_1)P(y_1)+P(z_1\,|\,y_2)P(y_2)=0.7{\times}0.84+0.4{\times}0.16=0.652$

$P(w_1)=P(w_1\,|\,z_1)P(z_1)+P(w_1\,|\,z_2)P(z_2)=0.5{\times}0.652+0.6{\times}0.348=0.5348$

网络中变量的先验概率如图 7.15b 所示。注意，每个变量的计算都需要为其父变量确定

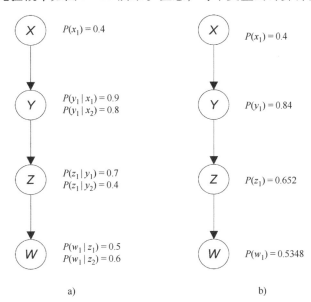

图 7.15　图 a 中出现了贝叶斯网络，该网络中变量的先验概率如图 b 所示，每个变量只有两个值，所以只有一个的概率在图 a 中显示

的信息。因此，可以将此方法视为一种消息传递算法，其中每个节点向其子节点传递计算子节点概率所需的消息。显然，该算法适用于任意长的链表和树。

例 7.10　假设图 7.15 中的贝叶斯网络中 X 实例化为 x_1。由于马尔可夫条件要求每个变量条件独立于给定父变量的 X，所以可以再次使用全概率定律计算剩余变量的条件概率（不过，现在有了 $X=x_1$ 的背景信息），并传递消息如下：

$$P(y_1 \mid x_1) = 0.9$$

$$
\begin{aligned}
P(z_1 \mid x_1) &= P(z_1 \mid y_1, x_1)P(y_1 \mid x_1) + P(z_1 \mid y_2, x_1)P(y_2 \mid x_1) \\
&= P(z_1 \mid y_1)P(y_1 \mid x_1) + P(z_1 \mid y_2)P(y_2 \mid x_1) \quad //马尔可夫条件 \\
&= 0.7 \times 0.9 + 0.4 \times 0.1 = 0.67
\end{aligned}
$$

$$
\begin{aligned}
P(w_1 \mid x_1) &= P(w_1 \mid z_1, x_1)P(z_1 \mid x_1) + P(w_1 \mid z_2, x_1)P(z_2 \mid x_1) \\
&= P(w_1 \mid z_1)P(z_1 \mid x_1) + P(w_1 \mid z_2)P(z_2 \mid x_1) \\
&= 0.5 \times 0.67 + 0.6 \times 1 - 0.67 = 0.533
\end{aligned}
$$

显然，该算法也适用于任意长的链表和树。

前面的示例说明了如何使用消息的向下传播来计算实例化变量下方变量的条件概率。接下来说明计算实例化变量上方变量的条件概率的方法。

例 7.11　假设在图 7.15 中的贝叶斯网络中的 W 实例化为 w_1（并且没有实例化其他变量）。可以使用消息的向上传播来计算剩余变量的条件概率。首先，使用贝叶斯定理来计算 $P(z_1 \mid w_1)$：

$$P(z_1 \mid w_1) = \frac{P(w_1 \mid z_1)P(z_1)}{P(w_1)} = \frac{0.5 \times 0.652}{0.5348} = 0.6096$$

然后，为了计算 $P(y_1 \mid w_1)$，再次应用贝叶斯定理：

$$P(y_1 \mid w_1) = \frac{P(w_1 \mid y_1)P(y_1)}{P(w_1)}$$

此时，还不能完成这个计算，因为 $P(w_1 \mid y_1)$ 未知。可以使用向下传播得到这个值，如下所示：

$$P(w_1 \mid y_1) = P(w_1 \mid z_1)P(z_1 \mid y_1) + P(w_1 \mid z_2)P(z_2 \mid y_1)$$

在进行计算之后，还要计算 $P(w_1 \mid y_2)$（X 所需），然后确定 $P(y_1 \mid w_1)$，将 $P(w_1 \mid y_1)$ 和 $P(w_1 \mid y_2)$ 传递给 X。然后按顺序计算 $P(w_1 \mid x_1)$ 和 $P(x_1 \mid w_1)$：

$$P(w_1 \mid x_1) = P(w_1 \mid y_1)P(y_1 \mid x_1) + P(w_1 \mid y_2)P(y_2 \mid x_1)$$

$$P(x_1 \mid w_1) = \frac{P(w_1 \mid x_1)P(x_1)}{P(w_1)}$$

计算过程留作练习。显然，这种向上传播方案适用于任意长的链表。

下一个示例演示如何在树中转向。

例 7.12　针对图 7.16 中的贝叶斯网络。假设 W 实例化为 w_1。使用刚才描述的向上传播算法计算 $P(y_1 \mid w_1)$，然后计算 $P(x_1 \mid w_1)$。接着，继续使用向下传播算法计算 $P(z_1 \mid w_1)$，然后计算 $P(t_1 \mid w_1)$。计算过程留作练习。

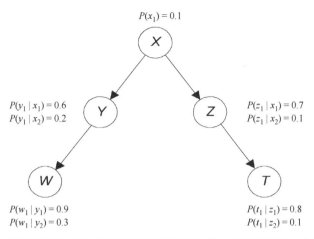

图 7.16　贝叶斯网络（每个变量只有两个可能的值，因此只显示一个的概率）

7.4.2　推理算法和包

　　Pearl［1986, 1988］利用上一节中的局部独立性，开发了一种用于贝叶斯网络推理的消息传递算法。Jensen 等人［1990］基于 Lauritzen 和 Spiegelhalter［1988］提出的一种方法，开发了一种推理算法，该算法从贝叶斯网络中的 DAG 中提取无向三角图，并创建树，树的顶点是这个三角图的团。将这种树命名为联合树。然后通过在联合树中传递消息来计算条件概率。Li 和 D'Ambrosio［1994］采用了不同的方法，开发了一种算法，可以近似地从联合概率分布中找到计算边际利益分布的最优方法，称为符号概率推理（SPI）。

　　所有这些算法都有最差情况下的非多项式时间（NP）问题。这并不奇怪，因为贝叶斯网络中的推理问题是 NP-hard［Cooper, 1990］的。根据这一结果，许多研究者提出了贝叶斯网络中推理的近似算法。例如，似然加权算法，是由［Fung and Chang, 1990］和［Shachter and Peot, 1990］研究得出的。［Dagum and Luby, 1993］中证明了贝叶斯网络中的近似推理问题也是 NP-hard 的。然而，也可以证明贝叶斯网络是符合多项式时间解的（见［Dagum and Chavez, 1993］）。事实上，在［Pradhan and Dagum, 1996］中出现了一种似然加权算法的变体符合多项式时间解，即网络不包含极端条件概率的最差情况多项式时间。

　　实践者不需要关心如何实现这些算法，因为研究者已经开发了许多在贝叶斯网络中进行推理的包（如 Netica）。

　　本书中，常用 Netica 来说明推论。图 7.17 给出了使用 Netica 实现的图 7.3 中的诈骗检测网络。

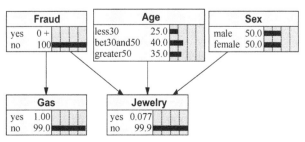

图 7.17　使用 Netica 实现的图 7.3 中的诈骗检测贝叶斯网络

7.4.3 使用 Netica 推断

接下来用 Netica 举例说明贝叶斯网络中的推理。注意，在图 7.17 中的 Netica 计算过程中显示的是变量的先验概率，而不是条件概率分布。概率以百分比表示。例如，Jewelry 节点中"yes"旁边的 0.077 代表着

$$P(\text{Jewelry}=\text{yes})=0.00077$$

这是过去 24 小时内使用特定信用卡购买珠宝的先验概率。

在实例化变量之后，Netica 显示给定这些实例化的其他变量的条件概率。在图 7.18a 中，我们将 *Age* 实例化为 less30，将 *Sex* 设置为 male。所以 *Jewelry* 节点中"yes"旁边的 0.010 表示

$$P(\textit{Jewelry}=\text{yes}\mid \textit{Age}=\text{less30},\textit{Sex}=\text{male})=0.00010$$

注意 *Fraud* 的可能性没有改变，这就是所期望的。首先，马尔可夫条件认为 *Fraud* 应该独立于 *Age* 和 *Sex*。其次，它们应该是独立的。即，持卡人是年轻人不应影响该卡被冒用的可能性。图 7.18b 与图 7.18a 具有相同的实例化，除了将 *Jewelry* 实例化为 yes。注意此时 *Fraud* 的概率已经改变了。首先，购买珠宝使 *Fraud* 行为更有可能是 yes。其次，持卡人是年轻人，说明持卡人按照常理不太可能购买珠宝，从而导致 *Fraud* 更可能是 yes。

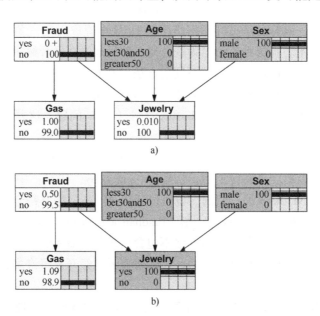

图 7.18 在图 a 中 *Age* 已被实例化为 less30，*Sex* 已被实例化为 male；在图 b 中 *Age* 已被实例化为 less30，*Sex* 别已被实例化为 male，*Jewelry* 已被实例化为 yes

在图 7.19 中，*Gas* 和 *Jewelry* 都被实例化为 yes。不同之处在于，图 7.19a 中，持卡人是一名年轻人，而在图 7.19b 中是一位年长的女性。这恰恰说明了购买珠宝事件的折扣效应。当持卡人是年轻人时，*Fraud* 为 yes 的可能性很高（0.0909）。然而，当它是一个年长的女性时，可能性就很低了（0.0099），因为年长的女性选择购买珠宝的可能性非常大。

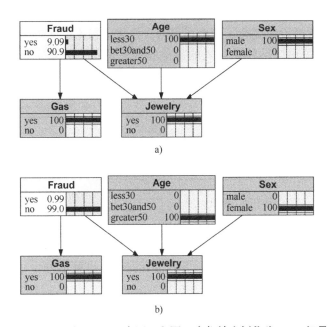

图 7.19 *Sex* 和 *Jewelry* 在图 a 和图 b 中都被实例化为 yes；但是，在图 a 中，持卡人是年轻人，而在图 b 中则是年长的女性

7.5 具有连续变量的网络

到目前为止，在本书提及的所有贝叶斯网络中，变量都是离散的。接下来将讨论包含连续变量的贝叶斯网络。

7.5.1 高斯贝叶斯网络

正态分布定义如下：

定义 7.2 正态密度函数参数 μ 和 σ，当 $-\infty < \mu < \infty$ 和 $\sigma > 0$ 时，

$$\rho(x) = \frac{1}{\sqrt{2\pi}\sigma} e^{-\frac{(x-\mu)^2}{2\sigma^2}} \qquad -\infty < x < \infty \qquad (7.1)$$

记作 $\text{NormalDen}(x; \mu, \sigma^2)$。

具有正态密度函数的随机变量 X 是正态分布的。

如果随机变量 X 具有正态密度函数，则

$$E(X) = \mu \quad \text{和} \quad V(X) = \sigma^2$$

式中，E 为期望值；V 为方差。密度函数 $\text{NormalDen}(x; 0, 1^2)$ 称为标准正态密度函数。图 7.20 显示了密度函数曲线。

高斯贝叶斯网络包含正态分布的变量。下例给出了这种网络的用法。

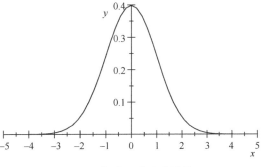

图 7.20 标准正态密度函数

例 7.13 假设你正在考虑一份每小时 10 美元的工作，且每周工作 40 小时。然而，不能

保证每周 40 个小时固定工作量，所以可估计的周实际工作量是正态分布的，平均值为 40，标准差为 5。此时，你还没有完全了解公司福利，如奖金和免税抵扣（例如，退休金代缴）。你可以估计这些影响每周应纳税总收入的其他收入，呈正态分布，均值为 0（即，大约抵消）和标准差为 30。此外，假设这些其他的影响与工作时间无关。

定义以下随机变量：

变量	变量的含义
X	本周工作时长
Y	本周工资收入

根据前面的讨论，X 的分布如下：

$$\rho(x) = \text{NormalDen}(x; 40, 5^2)$$

工资的一部分 Y 是 X 的确定性函数，也就是说，如果工作 x 小时，将得到 $10x$ 美元。但是，根据刚刚讨论的其他影响，工资总额可能会有波动。也就是说，

$$y = 10x + \varepsilon_Y$$

当

$$\rho(\varepsilon_Y) = \text{NormalDen}(\varepsilon_Y; 0, 30^2)$$

因为其他影响的期望值是 0，

$$E(Y \mid x) = 10x$$

因为其他影响的方差是 30^2，

$$V(Y \mid x) = 30^2$$

所以 Y 的条件分布如下：

$$\rho(y \mid x) = \text{NormalDen}(y; 10x, 30^2)$$

因此，X 和 Y 之间的关系用图 7.21 中的贝叶斯网络表示。

刚刚展示的贝叶斯网络就是一个高斯贝叶斯网络的例子。一般来说，在高斯贝叶斯网络中，根是正态分布的，每个非根 Y 是一个线性函数的父变量加上一个误差项 ε_Y，ε_Y 服从正态分布，均值为 0，方差为 σ_Y^2。因此，如果 $X_1 X_2 \cdots X_k$ 是 Y 的父节点，那么

$$Y = b_1 x_1 + b_2 x_2 + \cdots + b_k x_k + \varepsilon_Y \tag{7.2}$$

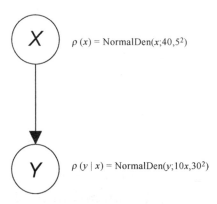

$\rho(x) = \text{NormalDen}(x; 40, 5^2)$

$\rho(y \mid x) = \text{NormalDen}(y; 10x, 30^2)$

图 7.21　高斯贝叶斯网络

当

$$\rho(\varepsilon_Y) = \text{NormalDen}(\varepsilon_Y; 0, \sigma_Y^2)$$

Y 的条件分布如下：

$$\rho(y \mid x) = \text{NormalDen}(y; b_1 x_1 + b_2 x_2 + \cdots b_k x_k, \sigma_Y^2)$$

式（7.2）中的线性关系已被用于心理学文献［Bentler，1980］中结构等式的因果模型，社会学和遗传学［Kenny，1979］、［Wright，1921］中的路径分析，以及经济学研究［Joereskog，1982］。

Pearl［1988］研究了高斯贝叶斯网络的精确推理算法。［Neapolitan，2004］对其进行了描述。大多数贝叶斯网络推理算法都能够处理高斯贝叶斯网络相关问题。有些研究使用精

确的算法，另一些则对连续分布进行离散化，然后使用离散变量进行推理。

例 7.14　Netica 要求对连续变量进行离散化。然而，HUGIN［Olesen et al.，1992］在高斯贝叶斯网络中进行了精确的推理。图 7.22 根据图 7.21 使用 HUGIN 构造了网络。先验均值和方差显示在 DAG 下。假设刚拿到只有 300 美元的工资，你的配偶怀疑你没有按时工作，所以在网络中他/她将 Y 实例化为 300。更新后的 X 的均值和方差在先验下如图 7.22 所示。那么对你工作时长的期望值只有 32.64。

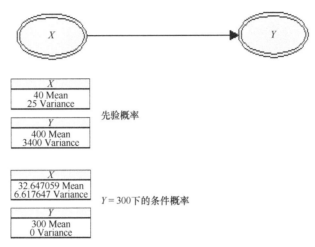

图 7.22　图 7.21 中的贝叶斯网络（在 HUGIN 中实现）

7.5.2　混合网络

混合贝叶斯网络包含了离散变量和连续变量。图 7.23 显示了一个混合网络，稍后将对其细节进行讨论。许多研究者研究了混合贝叶斯网络的精确推理方法。例如，Shenoy［2006］提出了一种用混合高斯贝叶斯网络逼近一般混合贝叶斯网络的方法。然而，一般的工具包通常通过离散连续分布来处理混合网络。HUGIN 允许高斯变量有离散的父变量，同时仍然做精确的推理。因此，它可以在下面的示例中处理贝叶斯网络问题。

例 7.15　回顾图 7.3 中的贝叶斯网络，它对信用卡诈骗建模。假设如果购买了珠宝，且支付手段是刷信用卡，那么珠宝的成本可能会更高。可以使用图 7.23 中的混合贝叶斯网络对这种情况进行建模。变量 *Cost* 是正态分布的，给定其离散父节点的每一组值。注意，如果 J＝no，则分布为正态分布(s;0,0)，那么类似的

$$P(C=0 \mid F=\text{yes}, J=\text{no})=0$$

然而，此时证明了条件概率分布作为一个正态分布与 C 的其他分布是一致的。

例 7.16　一个基因产生的蛋白转录因子可能对另一个基因的 mRNA 水平（称为基因表达水平）产生因果效应。研究人员努力从数据中了解这些因果效应。基因表达水平通常为被测表达量与控制水平的比值。因此，大于 1 的值表示相对较高的表达水平，而小于 1 的值表示相对较低的表达水平。由于基因表达水平是连续的，可以尝试学习高斯贝叶斯网络。在［Segal et al.，2005］中采用的不同方法是学习一个网络，网络的每个变量都是其父变量给定值的正态分布。然而，每个父变量只有两个值，即 high 和 low，它们决定了子节点的条件分布。值 high 表示所有大于 1 的表达水平，值 low 表示所有小于或等于 1 的表达水

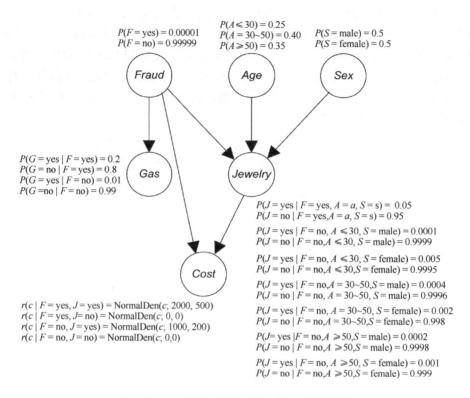

图 7.23 通过混合贝叶斯网络对诈骗购买可能
导致购买珠宝价格更高的情况的建模

平。图 7.24 给出了这样网络的范例。网络中的节点代表基因。因为每个变量都是连续的，所以这个网络并不是完全混合的。然而，条件分布是基于离散值的。

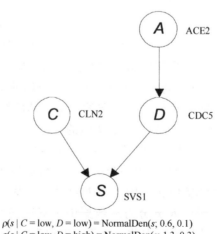

图 7.24 贝叶斯网络显示了基因表达水平之间可能存在的因果关系
（只显示了叶节点的条件概率分布）

7.6　取得概率

到目前为止，本书已经简单地展示了贝叶斯网络中的条件概率分布。但尚未提及如何获得这些概率。例如，在信用卡诈骗的例子中，简单地声明 $P(Age=less30)=0.25$。然而，是如何得到这个以及其他概率的呢？如本章开头所述，可以从该领域专家的主观判断中获得，也可以从数据中学习获得。在第 10 章中，将讨论从数据中学习的技术。这里介绍一种在节点具有多个父节点时简化过程的技术。当讨论完具有多个父节点的节点如何获取条件概率的问题后，提出解决该问题的模型。

7.6.1　多继承的固有问题

假设肺癌、支气管炎和肺结核都导致疲劳，此时需要为医疗诊断系统建立这种关系的模型。图 7.25 显示了这 4 个变量的 DAG。需要评估节点 F 的 8 个条件概率，即该节点的父节点的 8 种组合的每一种。进而需要评估以下几点：

$$P(F=yes \mid B=no, T=no, L=no)$$
$$P(F=yes \mid B=no, T=no, L=yes)$$
$$\vdots$$
$$P(F=yes \mid B=yes, T=yes, L=yes)$$

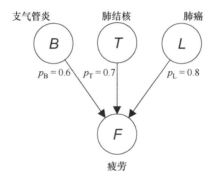

图 7.25　需要评估节点 F 的 8 个条件概率

无论是从数据还是从专家医生那里都很难获得这些值。例如，要直接从数据中获得 P 值$(F=yes \mid B=yes, T=yes, L=no)$，就需要足够多的已知同时患有支气管炎和肺结核，但没有肺癌的个体。要直接从专家那里得到这个值，专家必须熟悉当出现两种疾病而第三种疾病没有出现时疲劳的可能性。接下来，将演示通过一种间接方法来获取这些条件概率。

7.6.2　基本 noisy OR- gate 模型

noisy OR- gate 模型关注的是变量之间的关系通常表示因果影响，且每个变量只有两个值的情况。图 7.25 给出了一个典型的例子，此时不是评估所有 8 种可能性，而是评估每种原因的因果强度。因果强度是当原因存在时，导致结果的原因的可能性。在图 7.25 中，已知支气管炎引起疲劳的因果强度 p_B 为 0.6。假设支气管炎总是会导致疲劳，除非遭到某种未知的机制抑制，而这种抑制在 40% 的情况都会发生。所以 60% 的情况下，支气管炎会导致疲劳。目前，假设造成这种影响的所有原因都在 DAG 中进行了阐述，除非至少有一个起因存在，否则这种影响不会发生。在这种情况下，数学上有

$$p_B = P(F=\text{yes} \mid B=\text{yes}, T=\text{no}, L=\text{no})$$

肺结核和肺癌对疲劳的因果强度也显示在图 7.25 中。这 3 种因果强度不应该像所有 8 种条件概率那样难以确定。例如，要从数据中获得 p_B，只需要一个患有支气管炎且没有其他疾病的人群。而要从专家那里获得 p_B，他只需确定支气管炎引起疲劳的频率。

如果做一个额外的假设，可以从 3 个因果强度中得到所需的 8 个条件概率。需要假设，抑制病因的机制是相互独立的。例如，抑制支气管炎导致疲劳的机制独立于抑制肺结核导致疲劳的机制。数学上，这一假设如下：

$$P(F=\text{no} \mid B=\text{yes}, T=\text{yes}, L=\text{no}) = (1-p_B)(1-p_T)$$
$$= (1-0.6)(1-0.7) = 0.12$$

请注意，在前面的等式中，均以既患有支气管炎和肺结核又没有肺癌为条件。在这种情况下，除非同时抑制支气管炎和肺结核的因果效应，否则患者都应疲劳。因为这里假设这些抑制作用是独立的，所以这两种效应被抑制的概率为每种效应被抑制的概率的乘积，即 $(1-p_B)(1-p_T)$。

同样，如果这 3 个原因都存在，就有

$$P(F=\text{no} \mid B=\text{yes}, T=\text{yes}, L=\text{yes}) = (1-p_B)(1-p_T)(1-p_L)$$
$$= (1-0.6)(1-0.7)(1-0.8) = 0.024$$

注意，当出现更多的原因时，就不太可能没有疲劳，这也是所期望的。留作练习，计算图 7.25 中节点 F 所需的其余 6 个条件概率。此时只需要计算 8 个条件概率的原因是因为变量是二进制的，因此只需要计算 $F=\text{no}$ 的概率。$F=\text{yes}$ 的概率仅由这些确定。例如，

$$P(F=\text{yes} \mid B=\text{yes}, T=\text{yes}, L=\text{yes}) = 1-0.024 = 0.976$$

虽然这里说明了 3 个原因的模型，但它显然可以扩展到任意规模的原因上去。在介绍模型时，用斜体显示了模型中的假设。接下来，对它们进行总结并给出一般公式。

noisy OR-gate 模型做了以下 3 个假设：

1）因果抑制：这一假设意味着，存在某种机制可以抑制某一原因产生的效果，且只有当且仅当该机制被禁用（关闭）时，原因的存在才会产生效果。

2）例外独立性：这个假设的前提是，抑制一个原因的机制独立于抑制其他原因的机制。

3）责任假设：这一假设的前提是，只有当至少有一个原因存在且不受抑制时，才会产生效果。

noisy OR-gate 模型的一般公式如下：假设 Y 有 n 个原因 X_1, X_2, $\cdots$, X_n，所有变量都是二进制的。设 p_i 为 X_i 对 Y 的因果强度。即

$$p_i = P(Y=\text{yes} \mid X_1=\text{no}, X_2=\text{no}, \cdots X_i=\text{yes}, \cdots X_n=\text{no})$$

如果 X 是一组节点，它们被实例化为 yes，

$$P(Y=\text{no} \mid X) = \prod_{X_i \in X} (1 - p_i)$$

7.6.3 leaky noisy OR-gate 模型

在 noisy OR-gate 模型的 3 个假设中，责任假设似乎最不合理。例如，在疲劳的情况下，

肯定有其他原因导致疲劳，比如听那不勒坦教授讲座。因此，图 7.25 中的模型并没有包含疲劳的所有原因，并且责任假设是不合理的。在大多数情况下，也不能确定已经详细阐述了所有已知的影响原因。接下来，将介绍模型的一个版本，该版本不使用责任假设。这个模型的推导公式不像基本的 noisy OR- gate 模型那样简单直观。这里只是给出了模型，而没有进行推导。详细推导过程请参考 ［Neapolitan and Jiang，2007］。

7.6.3.1　leaky noisy OR- gate 公式

leaky noisy OR- gate 模型假设所有未被明确的原因可以归为另一个原因 H，并且明确的原因与 H 一起满足 noisy OR- gate 模型中的 3 个假设。图 7.26a 中的疲劳例子说明了这一点，图中的概率是 noisy OR- gate 模型中的因果强度。例如，

$$p'_B = P(F = \text{yes} \mid B = \text{yes}, T = \text{no}, L = \text{no}, H = \text{no})$$

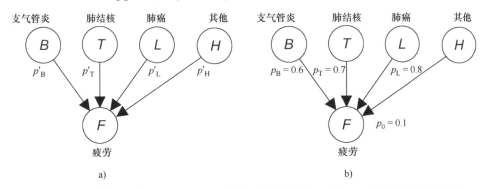

图 7.26　图 a 中的概率为 noisy OR- gate 模型中的因果强度，图 b 中的概率是作者确定的

由于 H 是否存在未知，无法确定这些值。图 7.26b 中的概率是可以确定的。对于这 3 个明确的原因，所示的概率是在其余两个原因不明确的情况下，出现效果的概率。例如，

$$p_B = P(F = \text{yes} \mid B = \text{yes}, T = \text{no}, L = \text{no})$$

注意概率 p'_B 和 p_B 的不同。后者不以 H 为条件，而前者以 H 为条件。p_0 的概率与其他概率不同。这是一种即使在没有任何明确的原因存在的情况下也会带来影响的概率。也就是说，

$$p_0 = P(F = \text{yes} \mid B = \text{no}, T = \text{no}, L = \text{no})$$

再次注意，这里不以 H 的值为条件。

这里的目标是根据图 7.26b 中确定的概率，建立包含节点 B、T、L 和 F 的贝叶斯网络的条件概率分布。

leaky noisy OR- gate 模型的一般公式如下（下一节将给出推导）：假设 Y 有 n 个原因 X_1，X_2，$\cdots$，X_n，所有变量都是二进制的，假设 Leaky noisy OR- gate 模型。让

$$p_i = P(Y = \text{yes} \mid X_1 = \text{no}, X_2 = \text{no}, \cdots X_i = \text{yes}, \cdots, X_n = \text{no}) \tag{7.3}$$

$$p_0 = P(Y = \text{yes} \mid X_1 = \text{no}, X_2 = \text{no}, \cdots, X_n = \text{no}) \tag{7.4}$$

如果 X 是一组节点，这些节点被实例化为 yes，

$$P(Y = \text{no} \mid X) = (1 - p_0) \prod_{X_i \in X} \frac{1 - p_i}{1 - p_0}$$

例 7.17　从图 7.26b 中确定的概率计算包含节点 B、T、L 和 F 的贝叶斯网络的条件概率

$$P(F=\text{no}\mid B=\text{no}, T=\text{no}, L=\text{no}) = 1-p_0$$
$$= 1-0.1 = 0.9$$

$$P(F=\text{no}\mid B=\text{no}, T=\text{no}, L=\text{yes}) = (1-p_0)\frac{1-p_L}{1-p_0}$$
$$= 1-0.8 = 0.2$$

$$P(F=\text{no}\mid B=\text{no}, T=\text{yes}, L=\text{no}) = (1-p_0)\frac{1-p_T}{1-p_0}$$
$$= 1-0.7 = 0.3$$

$$P(F=\text{no}\mid B=\text{no}, T=\text{yes}, L=\text{yes}) = (1-p_0)\frac{1-p_T}{1-p_0}\frac{1-p_L}{1-p_0}$$
$$= \frac{(1-0.7)(1-0.8)}{1-0.1} = 0.067$$

剩下的 4 个条件概率留作练习来计算。

7.6.4 附加模型

在［Srinivas，1993］中，将 noisy OR-gate 模型推广到两个以上值的情况。Diez 和 Druzdzel［2002］提出了一个 canoni-cal 模型的一般框架，将它们分为 3 类：确定性模型、噪声模型和泄漏模型（deterministic、noisy 和 leaky）。然后，分析了最常见的通用模型，即 noisy OR/MAX、noisyAND/MIN 和 noisy XOR。其他简洁表示条件分布的模型使用 sigmoid 函数［Neal，1992］和 logit 函数［McLachlan and Krishnan，2008］。另一种减少参数估计数量的方法是使用嵌入式贝叶斯网络，它出现在［Heckerman and Meek，1997］中。

7.7 大规模应用：Promedas

贝叶斯网络已成功地应用于许多领域，9.8 节讨论了其中的许多应用案例，这里展示的可能是最大的已部署的贝叶斯网络，即 Promedas。

Promedas（PRObabilistic MEdical Diagnostic Advisory System，概率医学诊断咨询系统）是一种用于医疗保健的诊断决策支持系统。该计算机程序是由 SNN 自适应智能研究小组、奈梅亨大学和乌得勒支大学医学中心开发的。Promedas 使用一组患者的诊断数据，数据包括如病史、物理发现和实验室数据。研究结果可由个人用户或电子病历提供。对于每一项诊断，Promedas 都建议进行额外的检测，使鉴别诊断更加精确。

Promedas 中的一小部分贝叶斯网络如图 7.27 所示。该图显示了诊断的子集和影响其先验概率的一些条件。此外，还进行了一些化验，其概率受这些诊断结果的影响。除了诊断和其他化验之间的联系，所示测试与其他诊断之间的联系均被抑制了。图 7.28 给出了这个小型子网络对特定患者的应用案例。这位病人是一位寿司厨师，最近访问了尼日利亚。这两个事实都会影响他患肺吸虫病的概率。他的白细胞数和直肠温度都高于正常值。此外，他还咳嗽，有时还会由不明原因引发疼痛。基于这些发现，Promedas 计算了每个诊断的条件概率。

Promedas 已经被荷兰乌得勒支学术医院的约 100 名医生，作为决策辅助支持工具使用过。

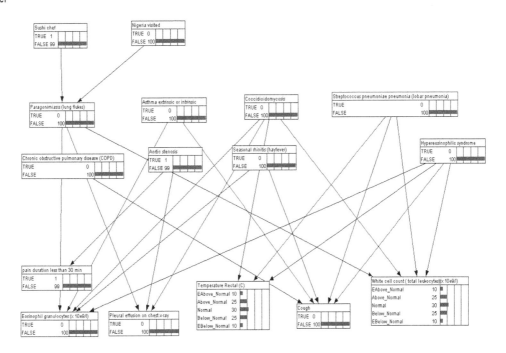

图 7.27　Promedas 中贝叶斯网络的一小部分

（由 Bert Kappen 提供，来自 Promedas 项目）

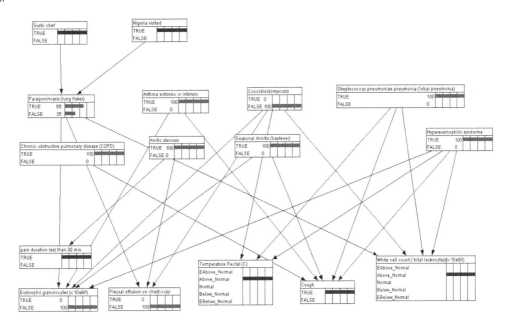

图 7.28　图 7.27 中实例化了一些节点的贝叶斯网络

（由 Bert Kappen 提供，来自 Promedas 项目）

练习

7.2 节

练习 7.1　在例 7.3 中，练习证明所有 s、l 和 c 的值，都满足：

$$P(s,l,c) = P(s \mid c)P(l \mid c)P(c)$$

练习 7.2　要认识到，不能只取任何 DAG 并期望联合分布等于它在 DAG 中的条件分布的乘积。这只有在满足马尔可夫条件时才成立。在本练习中说明这种情况。考虑例 7.1 中的联合概率分布 P。

1）证明概率分布 P 满足图 7.29a 中的 DAG 的马尔可夫条件，P 等于其条件分布在该 DAG 中的乘积。

2）证明概率分布 P 满足图 7.29b 中的 DAG 的马尔可夫条件，P 等于其条件分布在该 DAG 中的乘积。

证明概率分布 P 不满足图 7.29c 中的 DAG 的马尔可夫条件，且 P 不等于其条件分布在该 DAG 中的乘积。

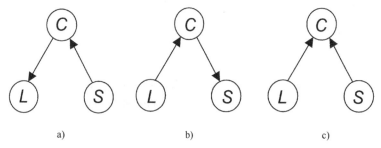

a)　　　　　　　　b)　　　　　　　　c)

图 7.29　例 7.1 中讨论的概率分布满足马尔可夫条件，
DAG 在图 a 和图 b 中满足，但 DAG 在图 c 中不满足

7.3 节

练习 7.3　Morris 教授用以下方法调查了招聘中的性别偏见。他给招聘人员相同数量的男性简历和女性简历，然后观察他们的评估结果是否与性别有关。当他向一份心理学杂志提交研究结果的论文时，审稿人拒绝了这篇论文，因为他们说这是一个暗箱操作的例子。研究暗箱操作的概念，并解释为什么期刊审稿人可能会这样认为。

练习 7.4　考虑以下医学知识：肺结核和肺癌都可能导致呼吸短促（呼吸困难）和胸透阳性结果。支气管炎是呼吸困难的另一个原因。最近访问亚洲可能增加肺结核的患病率。吸烟可引起肺癌和支气管炎。构造一个表示这些变量之间因果关系的 DAG。通过确定 DAG 中条件概率分布的值来完成贝叶斯网络的构建，概率值可以根据您自己的主观判断，或者根据数据确定。

练习 7.5　解释为什么将图 7.11 中 DAG 的边倒转得到 DAG $E \rightarrow D \rightarrow T$，新的 DAG 也满足变量概率分布的马尔可夫条件。

7.4 节

练习 7.6　使用图 7.15 中的贝叶斯网络计算 $P(x_1 \mid w_1)$。

练习 7.7　使用图 7.16 中的贝叶斯网络计算 $P(t_1 \mid w_1)$。

练习7.8　使用图7.16中的贝叶斯网络计算 $P(x_1 \mid t_2, w_1)$。

练习7.9　使用 Netica 构建图7.3中的贝叶斯网络，并使用网络确定下列条件概率。

1）$P(F=\text{yes} \mid Sex=\text{male})$。这个条件概率和 $P(F=\text{yes})$ 不同吗？请解释为什么是或不是。

2）$P(F=\text{yes} \mid J=\text{yes})$ 这个条件概率和 $P(F=\text{yes})$ 不同吗？请解释为什么是或不是。

3）$P(F=\text{yes} \mid Sex=\text{male}, J=\text{yes})$。这个条件概率和 $P(F=\text{yes} \mid J=\text{yes})$ 不同吗？请解释为什么是或不是。

4）$P(G=\text{yes} \mid F=\text{yes})$ 这个条件概率和 $P(G=\text{yes})$ 不同吗？请解释为什么是或不是。

5）$P(G=\text{yes} \mid J=\text{yes})$ 这个条件概率和 $P(G=\text{yes})$ 不同吗？请解释为什么是或不是。

6）$P(G=\text{yes} \mid J=\text{yes}, F=\text{yes})$ 这个条件概率和 $P(G=\text{yes} \mid F=\text{yes})$ 不同吗？请解释为什么是或不是。

7）$P(G=\text{yes} \mid A=\text{<30})$ 这个条件概率和 $P(G=\text{yes})$ 不同吗？请解释为什么是或不是。

8）$P(G=\text{yes} \mid A=\text{<30}, J=\text{yes})$ 这个条件概率和 $P(G=\text{yes} \mid J=\text{yes})$ 不同吗？请解释为什么是或不是。

7.5 节

练习7.10　使用 Netica、HUGIN 或其他贝叶斯网络软件包实现图7.23中的贝叶斯网络。利用这个网络，计算练习7.9中的条件概率。将答案与练习7.9中的答案进行比较。

7.6 节

练习7.11　使用 noisy OR-gate 模型计算图7.25中节点 F 所需的其余6个条件概率。

练习7.12　针对 noisy OR-gate 模型，因果强度如图7.30所示。计算父变量值的所有组合 $T=\text{yes}$ 的概率。

练习7.13　在例7.17中，针对 leaky noisy OR-gate 模型，计算剩下的4个条件概率。

练习7.14　针对 leaky noisy OR-gate 模型，其概率如图7.31所示。计算父变量值的所有组合 $T=\text{yes}$ 的概率。将结果与练习7.12中的结果进行比较。

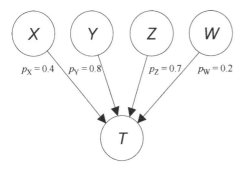

图 7.30　假设 noisy OR-gate 模型

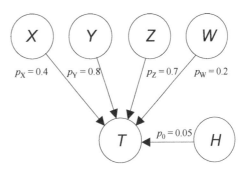

图 7.31　假设 leaky noisy OR-gate 模型

第8章 贝叶斯网络的高级特性

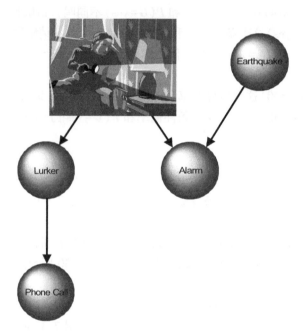

如果福尔摩斯先生的邻居华生医生打电话来报告说他看到了有鬼鬼祟祟的人在福尔摩斯家附近徘徊，福尔摩斯先生就会推断可能有窃贼，他的家可能会被盗，办公室的报警器可能会响。然而，如果福尔摩斯先生已知有窃贼，那么这个电话就不能提高盗窃事件的发生概率，也不能提高报警器报警的可能性。然而，这种条件独立性并不遵循马尔可夫条件。也就是说，马尔可夫条件仅仅能说明当已知 Burglar 时 Lurker 和 Alarm 是独立的，并未说明当已知 Burglar 时 Phone Call 和 Alarm 是独立的。事实证明，某些条件独立性是由马尔可夫条件决定的，也就是说，满足马尔可夫条件时它们是成立的。这些条件独立性将在 8.1 节中讨论。

在第 7 章中提到，如果福尔摩斯先生已知报警器报警，得知地震的消息将降低被盗发生的可能性。这种条件依赖性不受马尔可夫条件的限制，只依赖独立性。此外，它还依赖另一种条件，称为忠实性，这将在 8.2.1 节中进行介绍。最后，在 8.4 节中，对马尔可夫毯和马尔可夫边界进行了讨论，它们是一组变量，可以使给定的变量有条件地独立于所有其他变量。

8.1 附带条件独立性

如果（$\mathbb{G},P$）满足马尔可夫条件，那么 $\mathbb{G}$ 中的每个节点都有条件地独立于给定其父节点的所有非子节点集。这些条件独立是否还附带其他条件独立呢？也就是说，如果（$\mathbb{G}$, P）满足马尔可夫条件，除了基于父节点的独立性，P 还必须满足其他条件独立性吗？答案是肯定的。这种条件独立的特性被称为附带条件独立性。具体而言，如果满足马尔可夫条件的每一个概率分布都必须具有条件独立性，那么 DAG 就有附带条件独立性。在明确给出附带条件独立性定义之前，先通过例子说明其优点。

8.1.1　附带条件独立性实例

假设分布 P 满足图 8.1a 中马尔可夫条件的 DAG，因为 B 是 C 的父节点及 F 和 G 是 C 的非后代节点，那么 $I_P(C\{F,G\}\mid B)$。此外，因为 F 是 B 的父节及 G 是 B 的非后代节点，那么 $I_P(B,G\mid F)$。根据马尔可夫条件的定义，上述两点是唯一的条件独立。然而，还能推导出其他条件独立吗？例如，能得出结论 $I_P(C,G\mid F)$ 吗？下面先为变量定义和 DAG 给定因果解释来看看是否能够获得条件独立。

假设正在调查教授获得文献引用的方式，变量定义如下：

G：研究生项目质量
F：首份工作质量
B：发表论文数量
C：被引频次

假设图 8.1a 中的 DAG 表示这些变量之间的因果关系，并且没有隐藏的共同原因。那么，就可以合理地做出因果马尔可夫假设[⊖]，认为变量的概率分布满足马尔可夫条件与 DAG。假设已知 La Budde 教授参加了一个高质量的研究生项目（G）。现在对于他的期望是有较高的首份工作质量（F），从而他应该发表大量论文（B），反过来他应该有大的被引频次（C）。因此，对 $I_P(C,G)$ 的期望度很低。

假设接下来掌握的情况是 Pellegrini 教授的工作（F）质量高。此时，可以将 F 实例化为"高质量"。图 8.1b 中节点 F 的叉号表示它已实例化。接下来，期望的是他发表论文（B）以及被引频次（C）数量都会很大。如果此刻 Pellegrini 教授告诉我们他参加的是一个高质量的研究生项目（G），我们会期望被文献引用的次数比此前想象的还要多吗？答案是否定的。高质量研究生项目可能代表文献引用数量很大，因为工作质量可能很高。一旦已知工作质量高，有关研究生项目的信息应该与关于

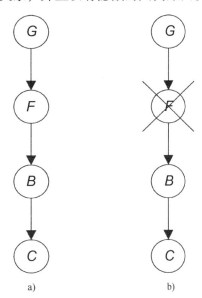

图 8.1　因果 DAG 如图 a 所示，变量 F 实例化于图 b

引用次数的信念度无关。因此，我们期望 C 不仅在给定父节点 B 的条件下独立于 G，而且在给定父节点 F 的条件下也独立于 G。上述任意一种情况都阻断了 G 和 C 之间的通过链 $[G,F,B,C]$ 反映的依赖关系。那么，此时不期望 $I_P(C,G\mid F)$。

⊖　我们没有断言该模型可以准确地表示变量之间的因果关系，参见［Spirtes et al.，1993；2000］对此问题进行的详细讨论。

很明显，对于图 8.1 中的 DAG $\mathbb{G}$，马尔可夫条件确实附带了 $I_P(C, G \mid F)$。接下来证明如果 $(\mathbb{G}, P)$ 满足马尔可夫条件，则

$$
\begin{aligned}
P(c \mid g, f) &= \sum_b P(c \mid b, g, f) P(b \mid g, f) \\
&= \sum_b P(c \mid b, f) P(b \mid f) \\
&= P(c \mid f)
\end{aligned}
$$

第一个等式是源于全概率定律（在已知 g 和 f 值的背景空间中），第二个等式是源于马尔可夫条件，最后一个等式也是源于全概率定律。

假设有任意长的有向链表变量和 P 满足链表的马尔可夫条件，就能以上述同样方式证明列表中的任何变量，上面一组变量与下面一组变量是条件独立的。也就是说，变量阻断了通过链传输的依赖关系。

假设 P 不满足图 8.1a 中 DAG 的马尔可夫条件，由于 G 和 B 有一个共同的起因 A，为了说明这一点，假设 A 在当前的例子中表示如下：

A：能力

此外，假设没有其他隐藏的常见原因，现在期望 P 满足图 8.2a 中 DAG 的马尔可夫条件，还能够期望 $I_P(C, G \mid F)$ 吗？答案是否定的。例如，和之前相似，假设最初掌握到 Pellegrini 教授的首份工作质量（F）高。实例化过程如图 8.2b 所示。接下来了解到他的研究生项目质量（G）高。从目前的模型来看，高质量 G 说明他科研能力（A）高，直接影响他发表论文的数量（B），从而影响他的被引频次（C）。所以，会使人觉得他的被引频次（C）可能比只知道他首份工作质量（F）高的时候想象得还要高。这意味着像之前的模型一样，很难感受到 $I_P(C, G \mid F)$。假设接下来知道 Pellegrini 教授的首份工作质量（F）高，并且他科研能力（A）很强，其实例化过程如图 8.2c 所示。在这种情况下，他参加高质量研究生项目（G）不能代表他的能力（A）强，因此不能通过链 $[G, A, B, C]$ 影响对他的被引频次（C）的信念度。也就是说，这个链在 A 处被阻断，所以此时期望 $I_P(C, G \mid \{A, F\})$。事实上，可以证明马尔可夫条件确实附带 $I_P(C, G \mid \{A, F\})$。

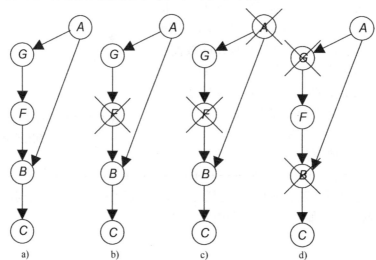

图 8.2 因果 DAG 如图 a 所示，变量 F 在图 b 中实例化，变量 A 和 F 在图 c 中实例化，变量 B 和 G 在图 d 中实例化

最后，考虑条件独立性 $I_P(F,A \mid G)$，这种独立性是通过将马尔可夫条件直接应用于图 8.2a 中的 DAG 而获得的。因此，不会对此做出直观的解释。相反，需要讨论的是如果在 B 状态已知的情况下，是否可以期望条件独立性仍产存在。假设已知 Georgakis 教授发表论文数量（B）多，他还参加了高质量研究生项目（G），实例化过程如图 8.2d 所示。之后还得知她科研能力（A）强。在这种情况下，科研能力（A）强可以解释她发表的论文数量（B）多，从而不太可能她的首份工作质量（F）高。正如 7.1 节所提到的，心理学家称之为折扣。所以，链 $[A,B,F]$ 是通过实例化 B 打开的，此时不期望 $I_P(F,A \mid \{B,G\})$。事实上，马尔可夫条件不附带 $I_P(F,A \mid \{B,G\})$。注意，C 的实例化也应该打开链 $[A,B,F]$。即，如果已知被引频次（C）高，那么很可能发表论文数量（B）多，B 的每一个原因都可以解释这种高概率。事实上，马尔可夫条件也不附带 $I_P(F,A \mid \{C,G\})$。

8.1.2　d- 分离

图 8.3 显示了在贝叶斯网络中，可以在变量 X 和 Y 之间进行依赖关系传输的链。为了直观地讨论这些依赖关系，这里给出了图中因果边解释如下：

1）链 $[X,B,C,D,Y]$ 是一条从 X 到 Y 的因果路径。通常，这个链上的 X 和 Y 之间存在依赖关系，实例化链上任何中间原因都会阻断依赖关系。

2）链 $[X,F,H,I,Y]$ 中 H 是 X 和 Y 的共同起因。一般来说，这条链上的任何 X 和 Y 之间的路径都存在依赖关系，实例化共同起因 H 或中间起因 F 和 I 中的任何一个都会阻断这种依赖关系。

3）链 $[X,J,K,L,Y]$ 中 X 和 Y 都是 K 的起因。如果实例化 K 或 M，将会创建依赖关系。那么，还需要实例化 J 或 L 来使 X 和 Y 独立。

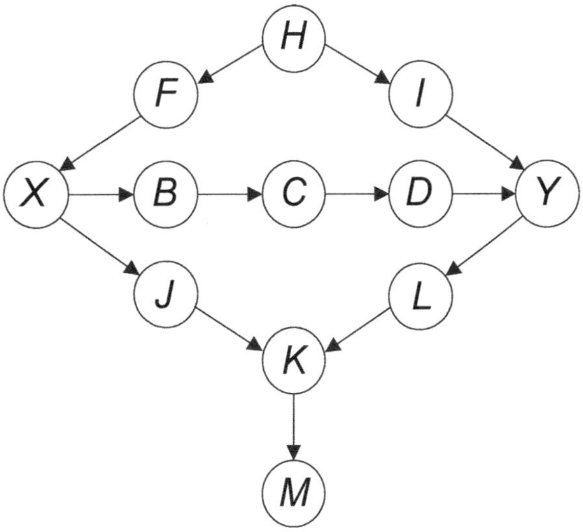

为了使 X 和 Y 有条件独立，需要

图 8.3　这个 DAG 给出了可以在 X 和 Y 之间传输依赖关系的链

在传输 X 和 Y 之间依赖关系的所有链上实例化至少一个变量。所以，至少需要实例化一个变量在链 $[X,B,C,D,Y]$ 及 $[X,F,H,I,Y]$ 上，如果实例化了 K 或 M，那么至少需要在链 $[X,J,K,L,Y]$ 上实例化一个其他变量。

既然已经直观地讨论了在 DAG 中依赖关系的传输和阻断方式，那么接下来将精确地证明马尔可夫条件所附带的条件独立性。为达到这个目的，需要引入 d- 分离的概念，这将稍后进行定义。首先，介绍一些预备概念，即网络的结构形式。head- to- head（汇合连接，也称汇连）指的是在 DAG $\mathbb{G}$ 链上与 X 相关边的所有箭头都指向 X 的情况。例如，链 $Y \leftarrow W \rightarrow X \leftarrow V$ 中的 X 是 head- to- head 的。head- to- tail（顺连）指的是在 DAG $\mathbb{G}$ 链上如果恰好与 X 相接的一条边的箭头指向 X 的情况。例如，链 $Y \leftarrow W \leftarrow X \leftarrow V$ 中的 X 是 head- to- tail 的。tail- to-tail（分连）指的是在 DAG $\mathbb{G}$ 链上与 X 相关边的所有箭头都未指向 X 的情况。例如，链 $Y \leftarrow W \leftarrow X \rightarrow V$ 中的 X 是 tail-to-tail 的。现在有以下定义：

定义 8.1　假设有一个 DAG $\mathbb{G}=(V,E)$，DAG 中的链 ρ 连接节点 X 和 Y，以及节点子集 $W \subseteq V$，此时，下述状态中至少有一个成立时，可以认为链 ρ 被 W 阻断：

1）有节点 $Z \in W$ 在 ρ 链中存在 head-to-tail。

2）有节点 $Z \in W$ 在 ρ 链中存在 tail-to-tail。

3）有节点 Z，Z 和 Z 的后代都不属于 W，节点 Z 在 ρ 链中存在 head-to-head。

例 8.1　对于图 8.3 中的 DAG，下面是一些被阻断和未阻断的链的例子。

1）链 $[X,B,C,D,Y]$ 被 $W=\{C\}$ 阻断，因为在 C 节点存在 head-to-tail。

2）链 $[X,B,C,D,Y]$ 被 $W=\{C,H\}$ 阻断，因为在 C 节点存在 head-to-tail。

3）链 $[X,F,H,I,Y]$ 被 $W=\{C,H\}$ 阻断，因为在 H 节点存在 tail-to-tail。

4）链 $[X,J,K,L,Y]$ 被 $W=\{C,H\}$ 阻断，因为在 K 节点存在 head-to-head，而 K 和 M 都不在 W 中。

5）链 $[X,J,K,L,Y]$ 未被 $W=\{C,H,K\}$ 阻断，因为在 K 节点存在 head-to-head，而 K 不在 W 中。

6）链 $[X,J,K,L,Y]$ 被 $W=\{C,H,K,L\}$ 阻断，因为在 L 节点存在 head-to-tail。

接下来可以定义 d-分离。

定义 8.2　假设有一个 DAG $\mathbb{G}=(V,E)$ 和节点子集 $W \subseteq V$。那么在 $\mathbb{G}$ 中 X 和 Y 是被 W d-分离的，如果 X 和 Y 之间的所有链都被 W 阻断。写作

$$I_{\mathbb{G}}(X,Y \mid W)$$

定义 8.3　假设有一个 DAG $\mathbb{G}=(V,E)$ 和 3 个节点子集 X，$Y \subseteq V$，和 W。那么在 $\mathbb{G}$ 中 X 和 Y 是被 W d-分离的，如果每个 $X \in X$ 和 $Y \in Y$，X 和 Y 被 W d-分离。写作

$$I_{\mathbb{G}}(X,Y \mid W)$$

正如所怀疑的那样，d-分离可以识别马尔可夫条件附带的所有条件独立性。具体来说，有以下定理。

定理 8.1　假设有一个 DAG $\mathbb{G}=(V,E)$ 和 3 个节点子集 X，Y 和 $W \subseteq V$。然后当且仅当 $I_{\mathbb{G}}(X,Y \mid W)$ $\mathbb{G}$ 附带条件独立性 $I_P(X,Y \mid W)$。

证明　证明参考 [Neapolitan, 1989]。

以上陈述了关于变量集的定理，但很明显它也适用于单变量。即，如果 X 包含一个变量 X，Y 包含一个变量 Y，那么 $I_P(X,Y \mid W)$ 等于 $I_P(X,Y \mid W)$。接下来，将提供简单示例，并在练习中研究更复杂的集合。

例 8.2　根据定理 8.1，以下是图 8.3 中 DAG 的马尔可夫条件附带的条件独立性。

条件独立性	产生条件独立性的原因
$I_P(X,Y \mid \{H,C\})$	$[X,F,H,I,Y]$ 在 H 节点被阻断 $[X,B,C,D,Y]$ 在 C 节点被阻断 $[X,J,K,L,Y]$ 在 K 节点被阻断

（续）

条件独立性	产生条件独立性的原因
$I_P(X,Y \mid \{F,D\})$	$[X,F,H,I,Y]$在 F 节点被阻断 $[X,B,C,D,Y]$在 D 节点被阻断 $[X,J,K,L,Y]$在 K 节点被阻断
$I_P(X,Y \mid \{H,C,K,L\})$	$[X,F,H,I,Y]$在 H 节点被阻断 $[X,B,C,D,Y]$在 C 节点被阻断 $[X,J,K,L,Y]$在 L 节点被阻断
$I_P(X,Y \mid \{H,C,M,L\})$	$[X,F,H,I,Y]$在 H 节点被阻断 $[X,B,C,D,Y]$在 C 节点被阻断 $[X,J,K,L,Y]$在 L 节点被阻断

在第三行中，需要包含 L 来获得独立性，因为在链$[X,J,K,L,Y]$和 $K \in \{H,C,K,L\}$上的 K 节点有 head-to-head。同样，在第 4 行中，为了获得独立性，有必要包含 L，因为在链$[X,J,K,L,Y]$上的 K 有 head-to-head，M 是 K 的一个后代，并且 $M \in \{H,C,M,L\}$。

例 8.3　根据定理 8.1，下面是图 8.3 中的 DAG 中未由马尔可夫条件附带的条件独立性。

条件独立性	产生条件独立性的原因
$I_P(X,Y \mid H)$	$[X,B,C,D,Y]$未被阻断
$I_P(X,Y \mid D)$	$[X,F,H,I,Y]$未被阻断
$I_P(X,Y \mid \{H,C,K\})$	$[X,J,K,L,Y]$未被阻断
$I_P(X,Y \mid \{H,C,M\})$	$[X,J,K,L,Y]$未被阻断

例 8.4　根据定理 8.1，马尔可夫条件使得图 8.4 中的 DAG 具有以下独立性。

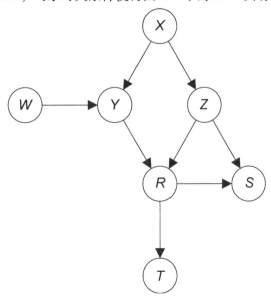

图 8.4　该 DAG 中马尔可夫条件附带 $I_P(W,X)$

条件独立性	产生条件独立性的原因
$I_P(W,X)$	$[W,Y,X]Y$ 节点被阻断
	$[W,Y,R,Z,X]R$ 节点被阻断
	$[W,Y,R,S,Z,X]S$ 节点被阻断

注意，$I_P(W,X)$ 与 $I_P(W,X\mid\emptyset)$ 相同，其中 $\emptyset$ 为空集，Y、R、S、T 均不在 $\emptyset$ 中。

8.2　忠实性

回想一下，如果每个满足马尔可夫条件的 DAG 概率分布都必须具有条件独立性，那么 DAG 就必须具有条件独立性。定理 8.1 指出，所有且仅有 d-分离都满足条件独立。不要误解这个结论，它并未阐明如果某个特定的概率分布 P 满足 DAG $\mathbb{G}$ 的马尔可夫条件，那么 P 就不能有 $\mathbb{G}$ 未附带的条件独立性。相反，它只表明了 P 必须具有所有附带的条件独立性。接下来将说明这种差异。

8.2.1　非忠实概率分布

接下来，给出两个通过 DAG 满足马尔可夫条件的概率分布的例子，并且包含了 DAG 未附带的条件独立性。

例 8.5　有向完全图（complete DAG）是每对节点之间都有一条边的 DAG。图 8.5 显示了包含 C、L 和 S 3 个节点的有向完全图 G。因此，每个概率分布 $P(C,L,S)$ 都满足马尔可夫条件，如图 8.5 所示。

换一种思路理解，就是链式法则中对于每个概率分布 $P(C,L,S)$ 及其所有值 c、l、s，

$$P(c,l,s)=P(s\mid l,c)P(l\mid c)P(c)$$

所以 P 等于图 8.5 中 DAG 的条件分布的乘积。那么，根据定理 7.1，P 满足 DAG 的马尔可夫条件。

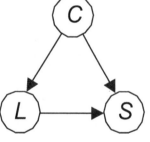

图 8.5　有向完全图

然而，任何具有条件独立性的概率分布都具有有向完全图 $\mathbb{G}$ 未附带的条件独立性。例如，考虑例 7.1 中讨论的联合概率分布 $P(C,L,S)$。证明了，

$$I_P(L,S\mid C)$$

因此，这种分布具有 $\mathbb{G}$ 未附带的条件独立性。

例 8.6　考虑图 8.6 中的贝叶斯网络。图中 DAG $\mathbb{G}$ 的马尔可夫条件所附带的唯一条件独立性是 $I_P(E,F\mid D)$。因此，定理 8.1 中，所有满足 $\mathbb{G}$ 的马尔可夫条件的概率分布必须有 $I_P(E,F\mid D)$，这意味着图 8.6 中贝叶斯网络中的概率分布 P 必须有 $I_P(E,F\mid D)$。然而，定理并没有指明 P 不能有其他独立性。留作练习来证明 $I_P(E,F)$ 表示贝叶斯网络中 P 的分布。

在图中有目的地为图 8.6 网络中的条件分布进行了赋值，实现 $I_P(E,F)$。如果赋值是随机的，那么肯定会得到一个不具有这种独立性的概率分布。也就是说，Meek［1995］证明了贝叶斯网络中所有对条件分布赋值的结果都是一个概率分布，它只具有由马尔可夫条件附带的条件独立性。

自然界中的实际现象是否会导致如图 8.6 所示的分布呢？虽然在网络中编造了这个数

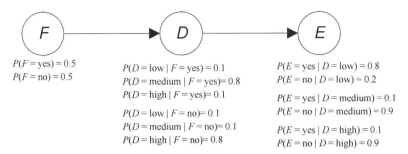

$P(F = \text{yes}) = 0.5$
$P(F = \text{no}) = 0.5$

$P(D = \text{low} \mid F = \text{yes}) = 0.1$
$P(D = \text{medium} \mid F = \text{yes}) = 0.8$
$P(D = \text{high} \mid F = \text{yes}) = 0.1$

$P(D = \text{low} \mid F = \text{no}) = 0.1$
$P(D = \text{medium} \mid F = \text{no}) = 0.1$
$P(D = \text{high} \mid F = \text{no}) = 0.8$

$P(E = \text{yes} \mid D = \text{low}) = 0.8$
$P(E = \text{no} \mid D = \text{low}) = 0.2$

$P(E = \text{yes} \mid D = \text{medium}) = 0.1$
$P(E = \text{no} \mid D = \text{medium}) = 0.9$

$P(E = \text{yes} \mid D = \text{high}) = 0.1$
$P(E = \text{no} \mid D = \text{high}) = 0.9$

图 8.6　贝叶斯网络中的 P 分布有 $I_P(E, F)$，但是马尔可夫条件并不包含这种条件独立性

字，但是还是需要按照自然界中实际发生的事物规律来进行描述。图中的变量表示如下：

变量	变量的含义
F	受试者是否服用非那雄胺
D	受试者二氢睾酮的水平
E	受试者是否有勃起功能障碍

如例 7.4 所示，双氢睾酮是男性勃起所必需的激素。回想一下例 7.8，默克公司进行的一项研究表明非那雄胺对头发生长有积极的因果关系。非那雄胺通过抑制睾酮转化为二氢睾酮来达到这一目的，而二氢睾酮是导致脱发的激素。鉴于此，默克公司担心二氢睾酮会导致勃起功能障碍。也就是说，通常如果 X 对 Y 有因果影响，Y 对 Z 有因果影响，那么 X 对 Z 通过 Y 有因果影响。然而，在一项研究中，默克公司发现 F 对 E 没有因果影响。也就是说，他们掌握了 $I_P(E, F)$。其含义是，非那雄胺不会降低某些阈值水平以下的二氢睾酮水平，而阈值水平是勃起功能所必需的。图 8.6 中我们在贝叶斯网络中分配的数字反映了这些因果关系。F 的值不受 D 是否为 low 影响，D 必须为 low 才能提高 E 为 yes 的概率。

8.2.2　忠实条件

图 8.6 中的贝叶斯网络中的概率分布不忠实于图中的 DAG，因为它包含了一个不受马尔可夫条件约束的条件独立性。有以下定义：

定义 8.4　假设在集合 V 中有随机变量的联合概率分布 P，及 DAG $\mathbb{G} = (\text{V}, \text{E})$。那么可以说当只有 $\mathbb{G}$ 附带了 P 的所有条件独立性时，$(\mathbb{G}, P)$ 才满足忠实条件。此外，P 和 $\mathbb{G}$ 互相忠实。

值得注意的是，忠实条件包含马尔可夫条件，因为只有 $\mathbb{G}$ 才能附带 P 中的条件独立性。也就是说，它要求 $\mathbb{G}$ 附带 P 中的所有条件独立性。如前所述，几乎所有对条件分布的赋值都会产生一个忠实分布。例如，留作练习来证明图 8.7 中贝叶斯网络中的概率分布 P 是忠实于图中 DAG 的。为图中的条件分布任意赋值，由于在 [Meek, 1995] 中，所有对条件分布的赋值都会导致忠实分布，所以我们愿意把赌注压在这个赋值上。

图 8.6 中的贝叶斯网络中是否存在忠实于概率分布的 DAG？答案是否定的，这超出了本书的范围。有关这一事实的证据，请参见 [Neapolitan, 2004]。显然，图 8.6 中的 DAG 表示变量之间的因果关系，不可能找到更好表示概率分布的 DAG 了。

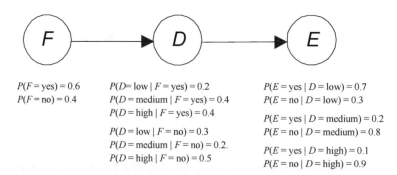

$$P(F = \text{yes}) = 0.6 \qquad P(D = \text{low} \mid F = \text{yes}) = 0.2 \qquad P(E = \text{yes} \mid D = \text{low}) = 0.7$$

$P(F = \text{yes}) = 0.6$
$P(F = \text{no}) = 0.4$

$P(D = \text{low} \mid F = \text{yes}) = 0.2$
$P(D = \text{medium} \mid F = \text{yes}) = 0.4$
$P(D = \text{high} \mid F = \text{yes}) = 0.4$
$P(D = \text{low} \mid F = \text{no}) = 0.3$
$P(D = \text{medium} \mid F = \text{no}) = 0.2.$
$P(D = \text{high} \mid F = \text{no}) = 0.5$

$P(E = \text{yes} \mid D = \text{low}) = 0.7$
$P(E = \text{no} \mid D = \text{low}) = 0.3$
$P(E = \text{yes} \mid D = \text{medium}) = 0.2$
$P(E = \text{no} \mid D = \text{medium}) = 0.8$
$P(E = \text{yes} \mid D = \text{high}) = 0.1$
$P(E = \text{no} \mid D = \text{high}) = 0.9$

图 8.7 该贝叶斯网络的概率分布忠实于网络中的 DAG

8.3 马尔可夫等价

具有相同 d-分离的 DAG 是等价的，因此它们附带相同的条件独立性。例如，图 8.8 中的每个 DAG 包含 d-分离 $I_G(Y,Z \mid X)$ 和 $I_G(X,W \mid \{Y,Z\})$ 且是唯一的 d-分离。在给出了这种等价的形式化定义之后，又给出了一个该定理说明它与概率分布的关系。最后，接下来可以建立一个识别这种等价的准则。

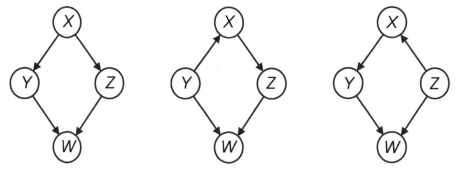

图 8.8 这些 DAG 是马尔可夫等价的，没有其他的 DAG 与之等价

定义 8.5 设 $\mathbb{G}_1 = (V, E_1)$ 和 $\mathbb{G}_2 = (V, E_2)$ 是包含同一组变量 V 的两个 DAG。如果每 3 个相互不相交的子集 A，B，C⊆V，在 $\mathbb{G}_1$ 中 A 和 B 被 C d-分离，当且仅当在 $\mathbb{G}_2$ 中 A 和 B 被 C d-分离时，$\mathbb{G}_1$ 和 $\mathbb{G}_2$ 称为马尔可夫等价。即

$$I_{\mathbb{G}_1}(A, B \mid C) \Leftrightarrow I_{\mathbb{G}_2}(A, B \mid C)$$

虽然之前的定义仅与图形属性有关，由于以下定理，其概率应用如下：

定理 8.2 当且仅当具有相同的条件独立性时，两个 DAG 是马尔可夫等价的。

证明 证明过程来自定理 8.1。

推论 8.1 设 $\mathbb{G}_1 = (V, E_1)$ 和 $\mathbb{G}_2 = (V, E_2)$ 是两个包含相同变量 V 的 DAG。当且仅当 V 的每个概率分布 P，及 $(\mathbb{G}_1, P)$ 满足马尔可夫条件且 $(\mathbb{G}_2, P)$ 满足马尔可夫条件时，$\mathbb{G}_1$ 和 $\mathbb{G}_2$ 都是马尔可夫等价的。

证明 证明留作练习。

下面的定理使我们能够对马尔可夫等价进行定义。该定理首次出现在文献 [Pearl et al., 1989] 中。如果针对 $Y \to X \leftarrow Z$ 的 X 有 head-to-head 结构，且 Y 和 Z 之间没有边，那么可以

说在 DAG $\mathbb{G}$ 的链上有 X 具有非耦合的 head-to-head。

定理 8.3 当且仅当具有相同的链接（边不考虑方向）和同一组非耦合 head-to-head 结构时，两个 DAG $\mathbb{G}_1$ 和 $\mathbb{G}_2$ 是马尔可夫等价的。

证明 证明过程参考［Neapolitan，2004］。

例 8.7 图 8.9a 和 8.9b 中的 DAG 是马尔可夫等价的，因为它们具有相同的链接，两者中唯一的非耦合 head-to-head 结构是 $X{\rightarrow}Z{\leftarrow}Y$。图 8.9c 中的 DAG 不与前两个马尔可夫等价，因为它具有链接 $W\text{-}Y$。图 8.9d 中的 DAG 不与前两个马尔可夫等价，虽然它具有相同的链接，但它没有非耦合的 head-to-head $X{\rightarrow}Z{\leftarrow}Y$。显然，图 8.9c 和 8.9d 中的 DAG 不是马尔可夫等价。

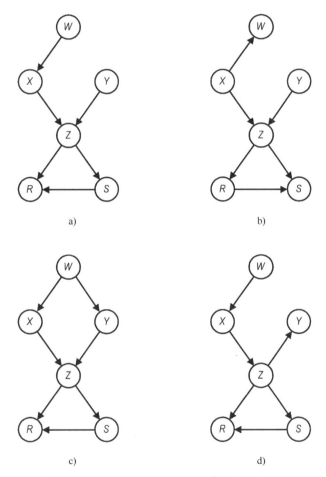

图 8.9 图 a 和图 b 中的 DAG 马尔可夫等价，图 c 和图 d 中的 DAG 与前两个 DAG 或彼此不等价

根据定理 8.3 更容易刻画多项式时间算法，用于确定两个 DAG 是否马尔可夫等价。算法仅需检查两个 DAG 是否具有相同的链接，及是否具有同一组非耦合 head-to-head 结构。留作练习编写此算法。

此外，定理 8.3 提供了一种用单图表示马尔可夫等价类的简单方法。即，可以用一个图来表示马尔可夫等价类，这个图具有与类中的 DAG 相同的链接和相同的非耦合 head-to-head

结构。对图中无向边的任何方向赋值都不会创建新的非耦合 head-to-head 结构或使有向循环产生等价的成员类。

通常，除了非耦合 head-to-head 结构之外，还有其他边必须在马尔可夫等价 DAG 中具有相同的方向。例如，如果给定马尔可夫类中的所有 DAG 等价类具有边 $X{\rightarrow}Y$，并且非耦合的链接 $X{\rightarrow}Y\text{-}Z$ 不是 head-to-head 结构，那么等价类中的所有 DAG 必须将 $Y\text{-}Z$ 链接定向为 $Y{\rightarrow}Z$。因此，以具有与等价类中 DAG 相同的链接，并且在所有 DAG 中只指向等价类共有边的图为基础，为马尔可夫等价类定义 DAG 模式。DAG 模式中的有向链接称为强制边。图 8.10 中的 DAG 模式表示图 8.8 中的马尔可夫等价类。

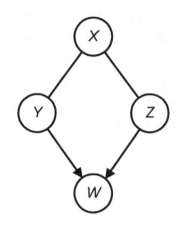

图 8.10 此 DAG 模式表示图 8.8 中的马尔可夫等价类

图 8.11b 中的 DAG 模式表示图 8.11a 中的马尔可夫等价类。请注意，图 8.11a 中的 3 个 DAG 都没有马尔可夫等价，链接 $W\text{-}U$ 无法定向为 $W{\leftarrow}U$，因为这会导致非耦合 head-to-head 结构产生。

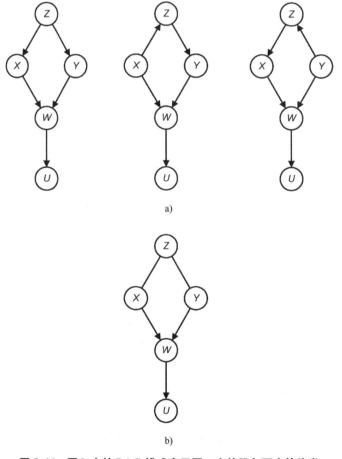

图 8.11 图 b 中的 DAG 模式表示图 a 中的马尔可夫等价类

8.4　马尔可夫毯和边界

贝叶斯网络可以包含大量节点，并且通过实例化远端节点可以影响给定节点的条件概率。然而，事实证明，一组近邻节点的实例化可以屏蔽节点免受所有其他节点的影响。接下来的定义和定理表明了这一点。

定义 8.6　设 V 是一组随机变量，P 是它们的联合概率分布，$X \in V$。那么 X 的马尔可夫毯 M 是任意一组变量使得 X 在条件下独立于给定 M 的所有其他变量。

有条件地独立于给定 M 的所有其他变量，也就是说，

$$I_P(X, V-(M \cup \{X\}) \mid M)$$

定理 8.4　假设 $(\mathbb{G}, P)$ 满足马尔可夫条件。然后对于每个变量 X，X 的所有父节点集合，X 的子节点集合，以及 X 的子节点的父节点的集合是 X 的马尔可夫毯。

证明　显然，X 的所有父节点的集合、X 的子节点的集合以及 X 的子节点的父节点的集合将 X 从 V 中所有其他节点的集合中分离出来。因此，证明遵循定理 8.1。

例 8.8　假设 $(\mathbb{G}, P)$ 满足马尔可夫条件，其中 $\mathbb{G}$ 是图 8.12 中的 DAG。则，由于定理 8.4，$\{T, Y, Z\}$ 是 X 的马尔可夫毯。所以，有

$$I_P(X, \{S, W\} \mid \{T, Y, Z\})$$

例 8.9　假设 $(\mathbb{G}, P)$ 满足马尔可夫条件，其中 $\mathbb{G}$ 是图 8.12 中的 DAG，P 具有以下条件独立性：

$$I_P(X, \{S, T, W\} \mid \{Y, Z\})$$

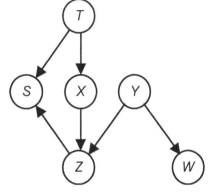

图 8.12　如果 P 满足该 DAG 的马尔可夫条件，则 $\{T, Y, Z\}$ 是 X 的马尔可夫毯

那么马尔可夫毯 $\{T, Y, Z\}$ 不是最小的，因其子集 $\{Y, Z\}$ 也是 X 的马尔可夫毯。最后一个例子引出了下面的定义。

定义 8.7　设 V 是一组随机变量，P 是它们的联合概率分布，并且 $X \in V$。那么，X 的马尔可夫边界是任意马尔可夫毯，使其所有子集都不是 X 的马尔可夫毯。

有以下定理。

定理 8.5　假设 $(\mathbb{G}, P)$ 满足忠实条件。那么，对于 X 的每个变量、X 的所有父节点的集合、X 的子节点的集合以及 X 的子节点的父节点的集合是 X 的唯一马尔可夫边界。

证明　证明过程参考 [Neapolitan, 2004]。

例 8.10　假设 $(\mathbb{G}, P)$ 满足忠实条件，其中 $\mathbb{G}$ 是图 8.12 中的 DAG，由于定理 8.5，$\{T, Y, Z\}$ 是 X 的唯一马尔可夫边界。

练习

8.1 节

练习 8.1　针对图 8.2a 中的 DAG，证明马尔可夫条件包含 $\mathbb{G}$ 的 $I_P(C, G \mid \{A, F\})$。

练习 8.2　假设给图 8.2a 的 DAG $\mathbb{G}$ 中添加另一个变量 R，一条从 F 到 R 的边，一条从 R 到 C 的边。变量 R 可能代表教授的初始声誉。说明以下哪种条件独立性是由 $\mathbb{G}$ 的马尔可

夫条件引起的。请对所选项进行证明。

1) $I_P(R,A)$；

2) $I_P(R,A \mid F)$；

3) $I_P(R,A \mid \{F,C\})$。

练习 8.3　证明马尔可夫条件附带图 8.4 中 DAG 的以下条件独立性。

1) $I_P(X,R \mid \{Y,Z\})$；

2) $I_P(X,T \mid \{Y,Z\})$；

3) $I_P(W,T \mid R)$；

4) $I_P(Y,Z \mid X)$；

5) $I_P(W,S \mid \{R,Z\})$；

6) $I_P(W,S \mid \{Y,Z\})$；

7) $I_P(W,S \mid \{Y,X\})$。

练习 8.4　证明马尔可夫条件未附带图 8.4 中 DAG 的以下条件独立性。

1) $I_P(W,X \mid Y)$；

2) $I_P(W,T \mid Y)$。

练习 8.5　说明图 8.4 中 DAG 的马尔可夫条件需要以下哪些条件独立性。

1) $I_P(W,S \mid \{R,X\})$；

2) $I_P(\{W,X\},\{S,T\} \mid \{R,Z\})$；

3) $I_P(\{Y,Z\},T \mid \{R,S\})$；

4) $I_P(\{X,S\},\{W,T\} \mid \{R,Z\})$；

5) $I_P(\{X,S,Z\},\{W,T\} \mid R)$；

6) $I_P(\{X,Z\},W)$；

7) $I_P(\{X,S\},W)$。

练习 8.6　对于图 8.4 中的 DAG 中 U 的任意变量子集，马尔可夫条件是否附带 $I_P(\{X, S\},W \mid U)$？

8.2 节

练习 8.7　给出在图 8.6 中贝叶斯网络中分布 $I_P(F,E)$ 的 P 分布。

练习 8.8　针对图 8.13 中的贝叶斯网络。证明对于产生概率分布 P 的 a，b，c，d，e 和 f 的所有赋值，有 $I_P(X,Z)$。这种概率分布不忠实于该图中的 DAG，因为 X 和 Z 不是被空集 d-分离的。请注意，图 8.6 中的概率分布是该分布族的成员。

练习 8.9　将任意值分配给图 8.13 中 DAG 的条件分布，并查看结果分布是否忠实于

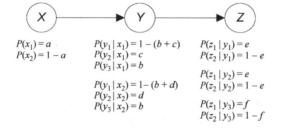

图 8.13　由于 $I_P(X,Z)$，这个网络中参数赋值得到的任何概率分布 P 都不忠实于网络中的 DAG

DAG。除了图中所示的族之外，尝试找到其他的非忠实分布。

练习 8.10　针对图 8.14 中的贝叶斯网络。证明对于产生概率分布 P 的 a、b、c、d、e 和 f 的所有赋值，有 $I_P(X,W)$。这种概率分布不忠实于该图中的 DAG，因为 X 和 W 不是由空集 d-分离的。

如果图 8.14 中 DAG 的边代表因果影响，如果 X 对 W 到 Y 的因果效应否定了 X 对 W 到 Z 的因果影响，则 X 和 W 是独立的。如果 X 代表个体的年龄，W 代表个人的打字能力，Y 代表个人的经验，Z 代表个人手的灵活度，你觉得 X 和 W 可能因此而独立吗？

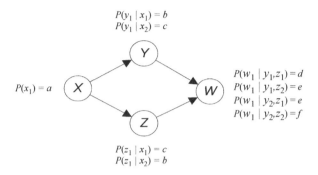

图 8.14　通过为此网络中的参数赋值而获得的任何概率分布 P 都不忠实于网络中的 DAG，因为有 $I_P(X,W)$

练习 8.11　针对图 8.15 中的贝叶斯网络，证明对于产生概率分布 P 的 a、b、c、d、e、f 和 g 的所有赋值，有 $I_P(X,Y\,|\,Z)$。这种概率分布不忠实于该图中的 DAG，因为 X 和 Y 不是被 Z d-分离的。

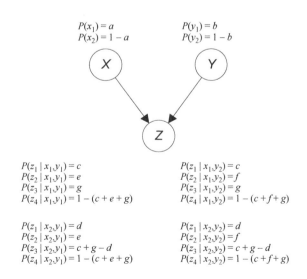

图 8.15　通过为此网络中的参数赋值而获得的任何概率分布 P 都不忠实于网络中的 DAG，因为有 $I_P(X,Y\,|\,Z)$

如果图 8.15 中 DAG 中的边表示因果影响，如果没有折扣，则给定 Z 的条件下 X 和 Y 是独立的，试着找出类似的因果影响。

8.3 节

练习 8.12　证明推论 8.1。

练习 8.13　编写一个算法，用于判断两个 DAG 是否等价。

8.4 节

练习 8.14　应用定理 8.4 为图 8.12 中 DAG 的节点 Z 找到马尔可夫毯。

练习 8.15　应用定理 8.4，找到图 8.4 中节点 Y 的马尔可夫毯。

第9章 决策分析

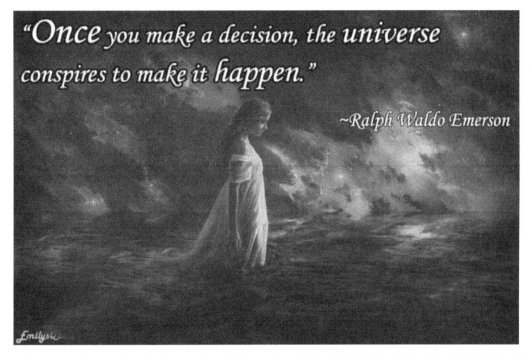

"Once you make a decision, the universe conspires to make it happen."

~Ralph Waldo Emerson

如果上述说法是真的就好了。在现实中，要面对不确定性做出决策，但事先无法知道结果。我们所能做的就是仔细分析决策，从某种意义上说，做出我们认为最好的决策。为了达到这个目的，可以采用决策分析，这是一门确定决策选择的学科，期望它能产生对决策者最有利的结果。

通常，即使贝叶斯网络本身不被推荐用于决策，但在贝叶斯网络中通过推理获得的信息也可被用于决策。在本章中，扩展了贝叶斯网络的结构，以便依据该网络做出决策。这种网络称为影响图，是用于执行复杂决策分析的架构。9.1节介绍了决策树，在数学上等同于影响图，但很难表示大型实例，因为决策树的大小随着变量数量的增多呈指数增长。在9.2节中，将讨论影响图的大小仅随变量数量的增多而线性增长的情况。当使用决策树和影响图来模拟货币决策时，推荐的决策是将货币结果的期望值最大化的决策。如果所涉及货币金额与其财富总额相比是巨大的，大多数人就不会仅仅通过最大化预期价值做出货币决策。也就是说，大多数人都不愿承担风险。因此，通常情况下，当使用决策分析推荐一个决策时，需要模拟个人对风险的态度。9.3节展示了如何使用个人效用函数来实现风险模拟。而对于决策者来说，可能更倾向于直接分析风险，而不是采用效用函数。在9.4节中，将简要地讨论风险的概念，帮助决策者充分考虑风险。9.5节描述从好的结果中区分出好的决策。影响图和决策树都要求评估好的决策出现的概率和结果。有时候，准确地得到这些评估值可能是一项困难而又费力的任务，并且即使不断完善这些评估值也并不能影响做出的决策。9.6 节将给出如何衡量决策对概率值的敏感性。在做决策之前，经常可以获得一些信息，但要付出一定的代价。例如，在决定购买股票之前，可能购买投资分析师的建议。在 9.7 节中，将介绍如何计算这些信息的价值，使我们能够确定这些信息是否值得去购买。

9.1　决策树

在介绍决策树的一些简单示例后，本节将讨论有关其使用的几个问题，然后将介绍复杂决策树的例子。

9.1.1　简单的例子

从以下示例开始：

例 9.1　假设您最喜欢的股票 NASDIP 被一位声誉良好的分析师降级，从每股 40 美元跌至 10 美元。您觉得这是一个很好的购买时机，但涉及很多不确定性。此时 NASDIP 的季度收益被公布，并且您认为这个好的信息会对其市场价值产生积极影响。但是，您也认为整个市场很有可能会崩溃，这将对 NASDIP 的市场价值产生负面影响。为了量化不确定性，您决定将市场会崩溃的概率设定为 0.25，在这种情况下您认为 NASDIP 将在月底前降到 5 美元。如果市场没有崩溃，您会认为到月底 NASDIP 要么是 10 美元要么是 20 美元，这取决于收益报告。您还会认为 20 美元的价格可能性是 10 美元的两倍。因此，您为 NASDIP 指定了在月底时 0.5 的概率为 20 美元，而 0.25 的概率为 10 美元。您现在的决策是以 1000 美元的价格购买 100 股 NASDIP，还是将 1000 美元仍然放在银行以在下个月获得 0.005 的利息。

做出决策的一种方法是：如果您购买 NASDIP 股票，且由于投资获得预期价值，并将该值与您将钱存入银行时的获得利息比较后进行决定。设 X 是一个随机变量，是表示 1000 美元投资到 NASDIP 后获得的价值。如果 NASDIP 达到 5 美元，您投资的价值是 500 美元；如果它保持在 10 美元，您的投资价值还是 1000 美元；如果它达到 20 美元，它的价值将是 2000 美元。所以，您的预期值可有概率因子计算得出，即

$$E(X) = 0.25 \times 500 \text{ 美元} + 0.25 \times 1000 \text{ 美元} + 0.5 \times 2000 \text{ 美元}$$
$$= 1375 \text{ 美元}$$

式中，E 为期望值。如果您将钱存在银行，您的投资获利是

$$1.005 \times 1000 \text{ 美元} = 1005 \text{ 美元}$$

如果您想要将所谓的期望值最大化，那么决策是购买 NASDIP 股票，因为该决策具有更大的预期价值。

上述示例中的问题可用决策树来表示，如图 9.1 所示。决策树包含两种节点：表示随机变量的机会（或不确定性）节点和表示做出决策的决策节点。下面将这些节点描述如下：

　——机会节点

　——决策节点

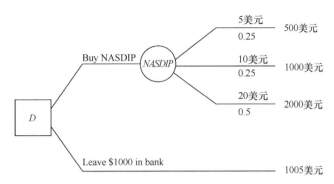

图 9.1 表示例 9.1 中的问题实例的决策树

决策代表决策者可以采取的一系列相互排斥和详尽的行动。每个行动都被称为决策中的备选方案。决策中的每个备选方案都有一个决策节点发出的边。在图 9.1 中，决策节点 D 有两个选择："购买 NASDIP 股票（Buy NASDIP）" 和 "将 1000 美元存银行（Leave $1000 in bank）。" 随机变量的每个可能结果（值）从机会节点发出一个边。这里给出了边结果的可能性以及结果的效用。结果的效用是对决策者来说获得结果的价值。当一笔钱相对于一个人的全部财富而言很小时，通常可以将结果的效用看作是在这个结果下所实现价值。现在，做个这样的假设。不做出这种假设的情况将在 9.3 节讨论。比如，如果您购买 100 股 NASDIP 的股票，且 NASDIP 股票涨到 20 美元，假设您对此结果的效用为 2000 美元。在图 9.1 中，机会节点 NASDIP 有 3 种可能的结果效用值，即 500 美元、1000 美元和 2000 美元。机会节点的预期效用（EU）被定义为与其结果相关效用的预期值。决策备选方案的预期效用被定义为在做出决策时出现的机会节点的预期效用。如果确定何时采用替代方案，则预期效用就是该特定结果的值。所以

$$EU(\text{Buy NASDIP}) = EU(NASDIP) = 0.25 \times 500 \text{ 美元} + 0.25 \times 1000 \text{ 美元} + 0.5 \times 2000 \text{ 美元}$$
$$= 1375 \text{ 美元}$$
$$EU(\text{Leave } \$1000 \text{ in bank}) = 1005 \text{ 美元}$$

最后，决策节点的预期效用被定义为其所有备选方案中预期效用最大的那一个，故有

$$EU(D) = \max(1375 \text{ 美元}, 1005 \text{ 美元}) = 1375 \text{ 美元}$$

选择的替代方案是具有最大预期效用的方案。确定这些预期效用的过程称为求解决策树。求解决策树后，会在节点上方显示预期的效用，并用箭头指向已选的备选方案。已求解的决策树如图 9.2 所示，即图 9.1 给出的决策树。确定问题的组成部分、将问题结构化为决策树（或影响图）、求解决策树（或影响图）、进行敏感性分析（在 9.6 节讨论）以及可能重复这些步骤的整个过程被称为决策分析。

例 9.2 假设您的情况与例 9.1 的相同，除了考虑将钱存在银行之外，您的另一个选择是购买 NASDIP 期权（option）。该期权的价格为 1000 美元，并且它允许您在一个月内以每股 11 美元的价格购买 500 股 NASDIP。因此，如果 NASDIP 在一个月后每股价格为 5 美元或 0 美元，那么您将不会购买期权，因为会损失 1000 美元。但如果 NASDIP 在一个月后每股价格为 20 美元，那么您将购买期权，投资 1000 美元将是赚钱的。

$$500 \times (20 \text{ 美元} - 11 \text{ 美元}) = 4500 \text{ 美元}$$

图 9.3 为此问题实例的决策树。从决策树中，我们可得出

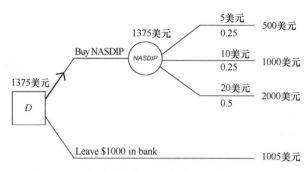

图 9.2 已求解的决策树（在图 9.1 中给出决策树）

$$EU(购买期权) = EU(NASDIP_2) = 0.25 \times 0 + 0.25 \times 0 + 0.5 \times 4500 \text{ 美元}$$
$$= 2250 \text{ 美元}$$

回想一下前面的示例中 EU（购买期权）仅为 1375 美元。因此，决策将是购买期权，并用来显示已解决策树的练习。

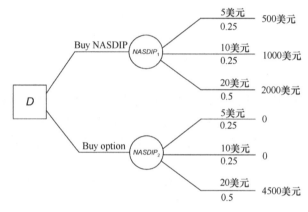

**图 9.3 当另一种选择是在 NASDIP 购买期权时，
决策树模拟有关 NASDIP 的投资决策**

需要注意的地方是：在图 9.3 中的决策树是对称的，而图 9.2 中的决策树则不是。原因是这里遇到同样的不确定事件，无论做出哪个决定，只有结果的效用是不同的。

在继续之前，先解决你可能关心的问题。也就是说，您可能想知道在例 9.1 中如何得出 0.25、0.5 和 0.25 的概率。这些概率通常不是按规律出现的，相反，它们是主观性的概率，代表个人的合理数字信念。个人能通过对形势的仔细分析来了解这种数字信念。在 6.3.2 节简要讨论了评估主观概率的方法，更详细的描述可参见文献 [Neapolitan，1996]。即便如此，你也可能认为，个人肯定会相信 NASDIP 股票在未来可能有更多的价值。个人怎么能声称 NASDIP 股票具有唯一可能的价值是 5 美元、10 美元和 20 美元呢？你的疑问是对的。但是，如果进一步完善一个人的信念不会影响到决策，那么也就没有必要去完善信念。因此，如果决策者认为包含更多值的模型不会导致不同的决策，那么使用仅包含 5 美元、10 美元和 20 美元的模型就足够了。

9.1.2　求解更复杂的决策树

求解决策树的一般算法是非常简单的。在一个决策树中有从左到右的时间排序。也就是说，另一个节点右侧的任何节点都会在该节点之后发生。该决策树的求解方法如下：

从右侧开始，

　　继续向左，

　　　　将预期的效用传递给机会节点；

　　　　将最大值传递给决策节点；

　　直到决策树的根部。

现在提供更复杂的决策树建模示例。

例 9.3　假设 Nancy 是一名投资高手，她正在考虑以每股 10 美元的价格购买 10000 股 ICK。她买的股票数量如此大以至于由于她的购买可能会影响市场活动并提高 ICK 的股价。她还认为，Dow Jones（道琼斯）工业平均指数的整体价值将影响 ICK 的股价。她认为在一个月内 Dow Jones 指数将达到 10000 或 11000 点，ICK 将达到每股 5 美元或 20 美元。她的另一个选择是以 10 万美元购买 ICK 的期权。该期权将允许她在一个月内以每股 15 美元的价格购买 50000 股 ICK。为了分析该实例，她构造出了以下概率值：

$P(ICK = 5$ 美元 $/\text{Decision} = \text{Buy ICK}, Dow = 11000)$	=	0.2
$P(ICK = 5$ 美元 $/\text{Decision} = \text{Buy ICK}, Dow = 10000)$	=	0.5
$P(ICK = 5$ 美元 $/\text{Decision} = \text{Buy option}, Dow = 11000)$	=	0.3
$P(ICK = 5$ 美元 $/\text{Decision} = \text{Buy option}, Dow = 10000)$	=	0.6

此外，她还设置

$$P(Dow = 11000) = 0.6$$

上述给出的问题实例参见图 9.4 中的决策树。接下来来求解决策树：

$$EU(ICK_1) = 0.2 \times 50000 \text{ 美元} + 0.8 \times 200000 \text{ 美元} = 170000 \text{ 美元}$$

$$EU(ICK_2) = 0.5 \times 50000 \text{ 美元} + 0.5 \times 200000 \text{ 美元} = 125000 \text{ 美元}$$

$$EU(\text{Buy ICK}) = EU(DOW_1) = 0.6 \times 170000 \text{ 美元} + 0.4 \times 125000 \text{ 美元} = 152000 \text{ 美元}$$

$$EU(ICK_3) = 0.3 \times 0 \text{ 美元} + 0.7 \times 250000 \text{ 美元} = 175000 \text{ 美元}$$

$$EU(ICK_4) = 0.6 \times 0 \text{ 美元} + 0.4 \times 250000 \text{ 美元} = 100000 \text{ 美元}$$

$$EU(\text{Buy option}) = EU(DOW_2) = 0.6 \times 175000 \text{ 美元} + 0.4 \times 100000 \text{ 美元} = 145000 \text{ 美元}$$

$$EU(D) = \max(152000 \text{ 美元}, 145000 \text{ 美元}) = 152000 \text{ 美元}$$

求解后的决策树如图 9.5 所示。决策树求解的结果是决定购买 ICK 股票。

前面的例子说明了用决策树解决问题的实例。也就是说，决策树对问题实例的表示随着实例的大小呈指数增长。请注意，在例 9.3 中的实例仅比例 9.2 中的实例多了一个元素，即在例 9.3 中包含了一个道琼斯指数的不确定性。然而，道琼斯指数的代表性却是两倍大。因此用决策树来表示大的实例是相当困难的。接下来将在下一节中看到影响图是没有这个问题的。在此之前，再了解更多的例子。

例 9.4　Sam 有机会以 10000 美元的价格购买一辆 1996 年的 Spiffycar 汽车，他有一个潜在

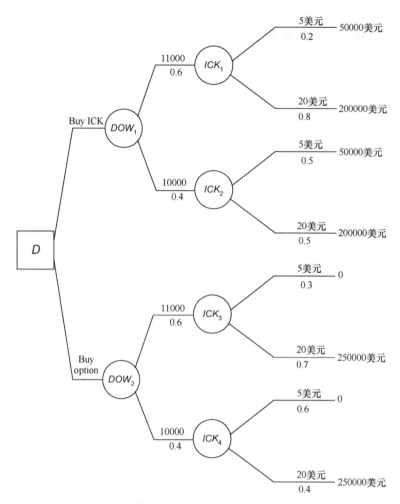

图 9.4 Nancy 的决策是购买 ICK 股票还是 ICK 的期权的决策树

客户,如果这辆车的机械外形很好,他愿意花 11000 美元购买它。Sam 确定除变速器外的所有机械部件都处于良好的状态。如果变速器坏了,修理它将需花费 3000 美元,并且他必须在潜在客户购买之前修理好它。所以,如果他买了这辆变速器坏了的汽车,他最终只会得到 8000 美元。他自己无法确定汽车变速器的好坏,但是有一个可以对变速器进行检测的朋友。这个测试不是绝对准确的。相应的,会有 30% 的概率把一个好的变速器检测为坏的,10% 的概率会把坏的变速器检测为好的。为了表示变速器和测试结果之间的这种关系,定义了下面随机变量:

变量	值	变量取值
Test	positive	检测变速器是坏的
	negative	检测变速器是好的
Tran	good(好)	变速器是好的
	bad(坏)	变速器是坏的

前面的讨论表明存在下面的这些条件概率:

$$P(Test = \text{positive} \mid Tran = \text{good}) = 0.3$$

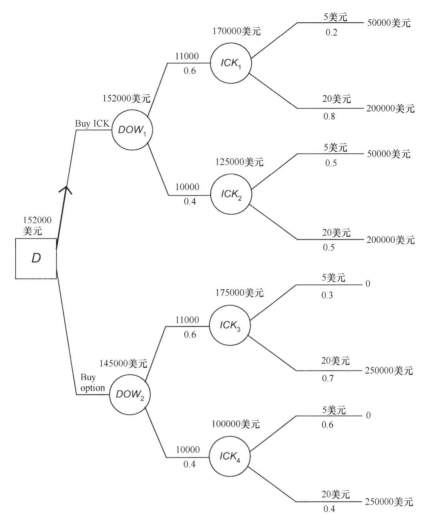

图9.5 图9.4中的决策树的求解决策树

$$P(Test = \text{positive} \mid Tran = \text{bad}) = 0.9$$

此外，Sam 清楚 1996 年的 Spiffycar 汽车中有 20%变速器是坏的。也即

$$P(Tran = \text{good}) = 0.8$$

Sam 将让他的朋友免费检测这辆车，然后他再决定是否购买这辆车。

此问题实例表示在图9.6中的决策树中。首先需要注意的是，如果他不买这辆车，车的价值就是 10000 美元。这与未来的期望值如此接近，以至于可将利益忽略不计。进一步注意，该树中的概率不是示例中所描述的概率。它们必须根据规定的概率来计算。接下来需要做的就是从 Test 节点发出的上边的概率是检测为"好"的前一个概率。计算方法如下（注意，使用缩写表示）：

$$P(\text{positive}) = P(\text{positive} \mid \text{good})P(\text{good}) + P(\text{positive} \mid \text{bad})P(\text{bad})$$
$$= 0.3 \times 0.8 + 0.9 \times 0.2 = 0.42$$

从 $Tran_1$ 节点发出的上边的概率是在检测为"好"的情况下变速器良好的概率。使用贝叶斯定理计算它如下：

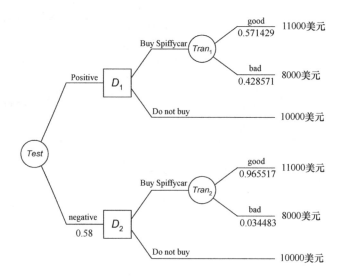

图 9.6 示例 9.4 中的问题实例的决策树

$$P(\text{good} \mid \text{positive}) = \frac{P(\text{positive} \mid \text{good})P(\text{good})}{P(\text{positive})} = \frac{0.3 \times 0.8}{0.42} = 0.571429$$

留作练习来确定树中的剩余概率。之后，就可以求解该决策树：

$$EU(Tran_1) = 0.571429 \times 11000 \text{ 美元} + 0.428571 \times 8000 \text{ 美元} = 9714 \text{ 美元}$$

$$EU(D_1) = \max(9714 \text{ 美元}, 10000 \text{ 美元}) = 10000 \text{ 美元}$$

$$EU(Tran_2) = 0.965517 \times 11000 \text{ 美元} + 0.034483 \times 8000 \text{ 美元} = 10897 \text{ 美元}$$

$$EU(D_2) = \max(10897 \text{ 美元}, 10000 \text{ 美元}) = 10897 \text{ 美元}$$

不需要计算检测节点的预期值，因为它左边没有任何决策。已解决的决策树如图 9.7 所示。如果检测是"好（good）"的话，则决定不购买车辆；如果检测是"坏（bad）"的话，则购买它。

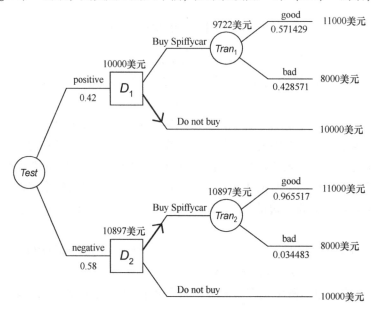

图 9.7 给出图 9.6 中的决策树的求解决策树

前面的示例说明了决策树的另一个问题。也就是说，决策树中所需的概率并不总是对我们有用的概率，所以必须使用总概率定律和贝叶斯定理进行计算。下面将看到影响图就没有这个问题。更多例子如下。

例 9.5 假设 Sam 与例 9.4 中的情况相同，只是检测不是免费的。检测车辆需花费 200 美元。因此，Sam 必须决定是否去检测这辆车，在没有进行检测的情况下购买汽车，或者是留着他的 10000 美元不动。表示此问题实例的决策树如图 9.8 所示。注意到检测的结果是比示例 9.4 中的各自结果都低 200 美元。这是因为检测需要花费 200 美元。更需要注意的是：如果在没有检测的情况下购买车辆，则变速器是良好的概率仅仅是其先前概率的 0.8，这是因为没有进行任何检测。所以关于变速器的唯一信息是我们的先前信息。接下来，要求解决策树。作为练习由读者完成结果如下：

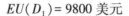

$$EU(D_1) = 9800 \text{ 美元}$$

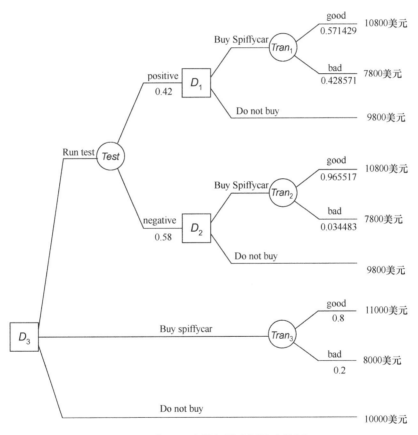

图 9.8 例 9.5 中的问题实例的决策树

$$EU(D_2) = 10697 \text{ 美元}.$$

所以，$EU(Test) = 0.42 \times 9800$ 美元 $+0.58 \times 10697$ 美元 $= 10320$ 美元

此外，$EU(Tran_3) = 0.8 \times 11000$ 美元 $+0.2 \times 8000$ 美元 $= 10400$ 美元

最后，$EU(D_3) = \max(10320$ 美元,10400 美元,10000 美元$) = 10400$ 美元

因此，Sam 的决策是在不进行检测的情况下购买车辆。留下的作为练习来表示已求解的决策树。

接下来的两个例子说明了结果不是数字的情况。

例9.6 假设莱昂纳多（Leonardo）刚买了一套新衣服，他即将准备去上班，这时天看起来好像会下雨。莱昂纳多从火车站到他的办公室有很长的步行路程。因此，他知道如果下雨他没有雨伞的话，他的衣服将被毁坏。他的伞肯定会保护他的衣服免受雨淋。然而，他讨厌整天带着雨伞给自己带来的不便。假如设定他认为下雨的可能性为0.4，他应该带雨伞吗？此问题实例的决策树如图9.9所示。

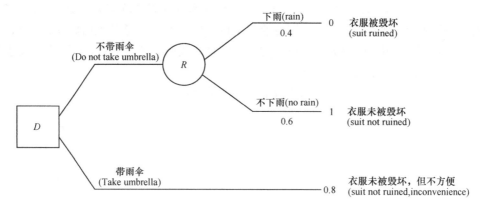

图9.9 示例9.6中的问题实例的决策树

请注意：结果具有解决问题所需的数值。现在按如下方式分配值。显然，从最差到最好的结果顺序如下：

    1）衣服被毁坏；

    2. 衣服没有被毁坏，但不方便；

    3. 衣服没有被毁坏。

这里将效用0指定为最差结果，将效用1指定为最佳结果。所以

$$U(\text{suit ruined}) = 0$$
$$U(\text{suit not ruined}) = 1$$

然后考虑彩票乐透（机会节点）L_p，在该L_p中，莱昂纳多得到的是概率p为"衣服未被毁坏"的结果，和概率是$1-p$"衣服已被毁坏"。"衣服没有被毁坏，但不方便"的效用被定义为L_p的预期效用，莱昂纳多在L_p和确保"衣服没有被毁坏，但不方便"之间是无动于衷的。那么，就有

$$U(\text{suit not ruined}, \text{inconvenience})$$
$$\equiv EU(L_p)$$
$$= pU(\text{suit not ruined}) + (1-p)U(\text{suit ruined})$$
$$= p(1) + (1-p)0 = p$$

如果说莱昂纳多决策概率是$p = 0.8$，那么

$$U(\text{suit not ruined}, \text{inconvenience}) = 0.8$$

现在求解图9.9中的决策：

$$EU(R) = 0.4 \times 0 + 0.6 \times 1 = 0.6$$
$$EU(D) = \max(0.6, 0.8) = 0.8$$

所以最后的决策是带伞。

在前一个示例中用于获取数值的方法很容易扩展到有 3 个以上结果的情况。例如，假设在"衣服没有被毁坏，但不方便"和"衣服没有被毁坏"之间存在第四个结果"衣服变得更干净（suit goes to cleaners）"。则认为莱昂纳多得到的结果是"衣服没有被毁坏"的概率为 q 和结果"衣服没有被毁坏，但不方便"的概率为 $1-q$ 的 L_q。"衣服变得更干净"的效用被定义为 L_q 的预期效用，莱昂纳多在 L_q 和确保"衣服变得更干净"之间无动于衷。那么有

$U($ suit goes to cleaners $)$

　　$\equiv EU(L_q)$

　　$= qU($ suit not ruined $) + (1-q)U($ suit not ruined, inconvenience $)$

　　$= q(1) + (1-q)(0.8) = 0.8 + 0.2q$

如果说莱昂纳多决策概率为 $q = 0.6$，那么

$$U(\text{suit goes to cleaners}) = 0.8 + 0.2 \times 0.6 = 0.92$$

接下来，再举一个医学领域的例子。

例 9.7　Amit，一名 15 岁的高中生，已被确诊为链球菌感染，他正在考虑进行一项治疗（Treat），将喉咙痛（sore thoat）的天数从 4 天减少到 3 天。然而，他得知，该治疗因过敏反应导致死亡的概率为 0.000003。他是否应该接受治疗呢？

你可能会争辩说，如果可能因治疗而死，他当然不应该这样做。然而，死亡的可能性非常低，并且，我们每天都会经受很小的死亡风险以便获得对我们有价值的东西。例如，许多人在上班过程中死于车祸的风险很小。所以，应该明白，不能仅仅基于这种风险来拒绝治疗。那么 Amit 应该怎么做？接下来，应用决策分析来向他推荐决策。图 9.10 显示了代表 Amit 决策的决策树。

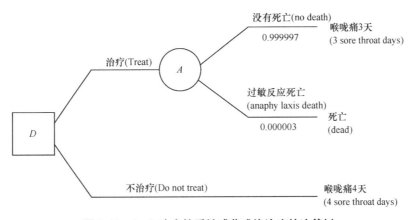

图 9.10　Amit 决定接受链球菌感染治疗的决策树

要解决这个问题，需要量化该决策树中的结果，可以通过质量调整的预期寿命（QALE）来做到这一点。这里要求 Amit 确定，相对于一年中没有喉咙痛的生活来说，一年患有喉咙痛的生活的价值是多少，将这些年称为"好年"。假如他确定的"好年"是 0.9，也就是说，对于 Amit 来说

喉咙痛 1 年相当于 0.9 年。

那么，假设一个恒定的比例权衡。也就是说，假设与喉咙痛相关的时间权衡与喉咙痛度过的

时间无关。这种假设和替代模型的有效性在［Nease and Owens，1997］中讨论过。给定这种假设，对于 Amit 来说：

喉咙痛的年数 t 相当于 0.9t 年好年

这个 0.9 被称为喉咙痛的质量调整的时间权衡。另一种方法可看作 Amit 会放弃 0.1 年的生命以避免在 0.9 年的生命中感到喉咙痛。现在，如果知道 Amit 因感染而感到喉咙痛的时间 t，并且 l 是 Amit 剩余的预期寿命，那么将他的 QALE 定义如下：

$$QALE(l,t) = (l-t) + 0.9t$$

从预期寿命图表中，可以确定 Amit 的剩余寿命为 60 岁。将天数转换为年份，有以下内容：

3 天 = 0.008219 年
4 天 = 0.010959 年

因此，Amit 的 QALE 如下：

$$QALE(60\ years, 3\ sore\ throat\ days) = 60 - 0.008219 + 0.9 \times 0.008219$$
$$= 59.999178$$
$$QALE(60\ years, 4\ sore\ throat\ days) = 60 - 0.010959 + 0.9 \times 0.010959$$
$$= 59.998904$$

图 9.11 给出了通过 QALE 增加了实际结果的图 9.10 中的决策树，接下来，将求解决策树。

$$EU(Treat) = EU(A) = 0.999993 \times 59.999178 + 0.000003 \times 0$$
$$= 59.998758$$
$$EU(Do\ not\ treat) = 59.998904$$
$$EU(D) = \max(59.998758, 59.998904) = 59.998904$$

根据决策分析的结果得出的决策结论是不治疗，但决定不治疗只是勉强而已。

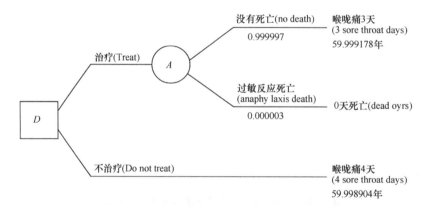

图 9.11　通过 QALE 增加了实际结果的图 9.10 中的决策树

例 9.8　这个例子是对前一个的详细说明。实际上，链球菌感染可导致风湿性心脏病（RHD），如果对患者进行治疗，则可能性较小。具体来说，如果治疗链球菌感染患者，那么患者患风湿性心脏病的概率是 0.000013，而如果不治疗，则患者患风湿性心脏病的概率是 0.000063，且风湿性心脏病将终生存在。所以 Amit 需要考虑所有这些因素。首先，他必须确定时间权衡质量调整，既可以单独治疗风湿性心脏病，也可以选择与喉咙痛一起治疗。假设他决策如下：

患有风湿性心脏病的 1 年相当于 0.15 好年

同时患有喉咙痛和风湿性心脏病的 1 年相当于 0.1 好年。

那么，得到如下结果：

$$QALE(60 \text{ years}, RHD, 3 \text{ sore throat days}) = 0.15 \times \left(60 - \frac{3}{365}\right) + 0.1 \times \frac{3}{365}$$
$$= 8.999589$$

$$QALE(60 \text{ years}, RHD, 4 \text{ sore throat days}) = 0.15 \times \left(60 - \frac{4}{365}\right) + 0.1 \times \frac{4}{365}$$
$$= 8.999452$$

已经在前一个例子中计算了仅喉咙痛 3 天或 4 天的 QALE。图 9.12 显示了结果决策树。接下来求解这个决策树。

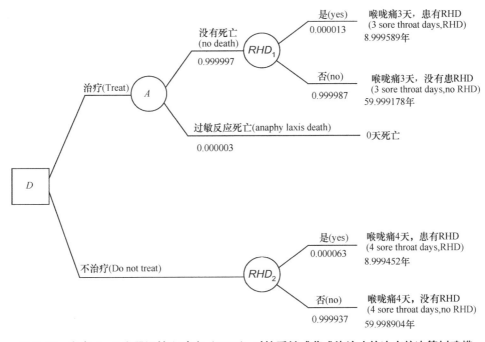

图 9.12　考虑 Amit 患风湿性心脏病（RHD）时接受链球菌感染治疗的决定的决策树建模

$$EU(RHD_1) = 0.000013 \times 8.999569 + 0.999987 \times 59.999178$$
$$= 59.998515$$

$$EU(\text{Treat}) = EU(A) = 0.999997 \times 59.998515 + 0.000003 \times 0$$
$$= 59.998335$$

$$EU(\text{Do not treat}) = EU(RHD_2)$$
$$= 0.000063 \times 8.999452 + 0.999937 \times 59.998904$$
$$= 59.995691$$

$$EU(D) = \max(59.998335, 59.995691) = 59.998335$$

所以最终的决策是接受治疗，但仅仅是勉强而已。

您可能会说，在前两个示例中，预期效用的差异可以忽略不计，因为表达它所需的有效位数远远超过 Amit 评估中的有效位数。这个说法是合理的。然而，决策的效用非常接近，因为过敏性死亡和患风湿性心脏病的概率都很小。一般来说，情况并非总是如此，您可以试着将前面例子中的患风湿性心脏病的概率由 0.000063 改为 0.13 后再练习求解。

医疗决策中的另一个考虑因素是治疗的花费成本。在这种情况下，求解的结果就是 QALE 和与结果相关的花费成本的函数。

9.2 影响图

在 9.1 节中注意到决策树存在的两个难点：一是，决策树对问题实例的表示随着实例规模的增大呈指数增长；二是，决策树中所需的概率并不总是真正有用的概率。接下来，将提出一种决策问题的可替代表示方法，即影响图。影响图没有上面决策树存在的缺点。首先，仅讨论用影响图表示问题的方法，然后在 9.2.2 节中将讨论求解影响图的步骤。

9.2.1 用影响图表示决策问题

影响图包含 3 种节点：表示随机变量的机会（或不确定）节点，表示已做出决策的决策节点和实用节点，实用节点是一个随机变量，其可能的值是结果的效用。下面将这些节点描述如下：

机会节点

决策节点

实用节点

影响图中的边具有以下含义：

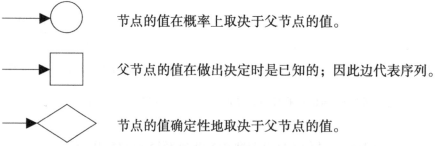

节点的值在概率上取决于父节点的值。

父节点的值在做出决定时是已知的；因此边代表序列。

节点的值确定性地取决于父节点的值。

影响图中的机会节点满足具有概率分布的马尔可夫条件。也就是说，每个机会节点 X 在条件上独立于给定其所有父节点的集合的所有非后代的集合。

因此，影响图实际上是随着决策节点和应用节点增强的贝叶斯网络。在影响图中，必须根据决策的先后顺序对决策节点进行排序，利用决策节点之间的边进行指定顺序。例如，如果有如下的顺序：

$$D_1, D_2, D_3$$

那么，就可确定从 D_1 到 D_2 和 D_3 的边以及从 D_2 到 D_3 的边。

为了说明影响图，接下来给出通过影响图表示问题实例中决策树部分的例子。

例 9.9　这里回忆下例 9.1，在这个例子中你记得在月末 NASDIP 股价将为 5 美元的概率是 0.25，为 20 美元的概率是 0.5，为 10 美元的概率是 0.25。

您的决策是以 1000 美元的价格购买 100 股 NASDIP，还是将 1000 美元存入银行以获得 0.005 的利息。图 9.13 显示了此问题实例的影响图。请注意在该图中的一些事项，从 D 到 *NASDIP* 没有边，因为您的决策是否购买 NASDIP 股票对其性能没有影响。（假设您的 100 股股票不足以影响市场活动。）从 *NASDIP* 到 D 没有边，因为在您做出决定时，您还不知道在一个月内 NASDIP 的股价。从 *NASDIP* 和 D 到 U 都有边，因为您的应用取决于 NASDIP 股份是否上涨与你是否购买是两个问题。请注意，如果您不购买它，无论 NASDIP 股票发生什么，该应用价值都是相同的。这就是写 $U(d_2,n)=1005$ 美元的原因。变量 n 表示 NASDIP 的任何可能值。

例 9.10　回想例 9.2，它涉及的情况与例 9.1 相同，除非您选择购买 NASDIP 股票或购买 NASDIP 期权。进一步想到，如果 NASDIP 在一个月后每股为 5 美元或 0 美元，那么你就不会购买期权而你将失去 1000 美元；如果在一个月内 NASDIP 每股涨到 20 美元，那么您将购买期权，您投资 1000 美元会赚到 4500 美元。图 9.14 显示了此问题实例的影响图。回想一下，当用决策树表示这个实例时（见图 9.3），该树是对称的，因为我们无论做出哪个决策都会遇到相同的不确定事件，这种对称性在影响图中表现为，无论决策节点 D 的值如何，实用节点 U 的值都取决于机会节点 *NASDIP* 的值。

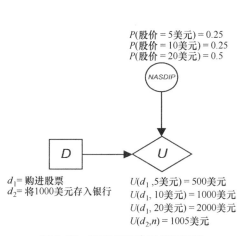

图 9.13　决定是否购买 NASDIP 股票的影响图建模

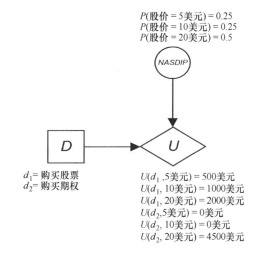

图 9.14　当另一种选择是购买期权时，影响图模拟了您是否购买 NASDIP 股票的决定

例 9.11　回想一下例 9.3，Nancy 正考虑以每股 10 美元的价格购买 10000 股 ICK；或以 10 万美元的价格购买 ICK 的一个期权，这样她就可以在一个月内以每股 15 美元的价格购买 5 万股 ICK。进一步回想一下，她相信在一个月内，道琼斯指数将达到 10000 或 11000 点，而 ICK 将是 5 美元或每股 20 美元。最后，她配置了以下概率：

$$P(ICK=5\text{ 美元}\mid Dow=11000,\text{决策}=\text{购买 ICK 股票})=0.2$$

$$P(ICK = 5\ 美元 \mid Dow = 11000, 决策 = 购买期权) = 0.3$$

$$P(ICK = 5\ 美元 \mid Dow = 10000, 决策 = 购买\ ICK\ 股票) = 0.5$$

$$P(ICK = 5\ 美元 \mid Dow = 10000, 决策 = 购买期权) = 0.6$$

$$P(Dow = 11000\ 美元) = 0.6$$

图 9.15 给出了此问题实例的影响图。请注意,ICK 的股价不仅取决于道琼斯指数,还取决于决策 D。这是因为 Nancy 的收购会影响市场活动。另请注意,此实例比例 9.10 中的实例多一个组件,并且只需要添加一个节点以使用影响图表示它。因此,这种表示方法随着实例规模的增大呈线性增长。相比之下,当用决策树表示实例时,随着实例规模的增大会呈指数级增长。

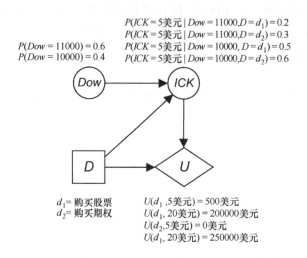

图 9.15　Nancy 关于购买 ICK 股票或 ICK 期权的决策的影响图

例 9.12　回想一下例 9.4,Sam 有机会以 10000 美元的价格购买 1996 年的 Spiffycar 汽车,而且如果该汽车具有出色的机械形状,他乐意为这款汽车支付 11000 美元。再回想一下,如果汽车变速器不好,Sam 必须花费 3000 美元修理它才能卖掉车辆。所以如果他买了这辆变速器有问题的车,他最终只能得到 8000 美元。最后,回想一下这里知道,他有一位可以对变速器进行检测的朋友,可以按照以下的概率处理:

$$P(Test = \text{positive} \mid Tran = \text{good}) = 0.3$$

$$P(Test = \text{positive} \mid Tran = \text{bad}) = 0.9$$

$$P(Tran = \text{good}) = 0.8$$

图 9.16 显示了此问题实例的影响图。请注意, 从 $Tran$ 到 $Test$ 有一个箭头,因为检测的值在概率上取决于变速器的状态,并且从 $Test$ 到 D 有一个箭头,因为检测的结果做出决策

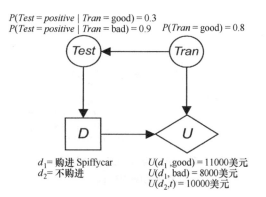

图 9.16　Sam 关于购买 Spiffycar 的决策的影响图

时就已经知道了。也就是说, D 依次跟随 $Test$。进一步注意到, 影响图中的概率是现在所知道的概率。不需要使用总概率定律和贝叶斯定理进行计算它们,就像用决策树表示实例时那样。

例 9.13 回想一下例 9.5 中 Sam 的情况与例 9.4 中的情况相同，只是检测不是免费的。相反，它需要花费 200 美元进行检测。因此，Sam 必须决定是否进行检测，在没有进行检测的情况下购买汽车，或保留他的 10000 美元。图 9.17 显示了此问题实例的影响图。请注意，R 到 D 之间存在边，因为在决策 D 之前做出决策 R。还要注意，从 D 到 Test 存在边，因为只有在做出决策 r_1 时才进行测试。

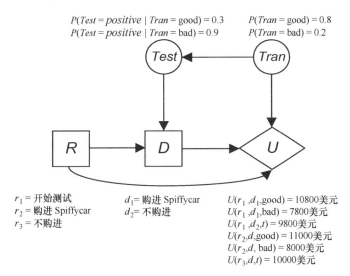

图 9.17 一个影响图模拟了 Sam 在必须支付检测费用时购买 Spiffycar 的决定

接下来，展示了一个更复杂的实例，其中没有用决策树表示。

例 9.14 假设 Sam 情况与例 9.13 中的情况相同，但具有以下修改。首先，Sam 知道 20% 的 Spiffycar 是在一个生产柠檬车系的工厂中生产的，而 80% 的 Spiffycar 是在生产桃子车系的工厂中生产的。此外，他知道 40% 的柠檬车系具有良好的变速性，90% 的桃子车系也具有良好的传输变速性。同时，5% 的柠檬车系有好的交流发电机，80% 的桃子都有好的交流发电机。如果交流发电机出现故障（不是很好），那么在卖掉车辆之前需要花费 600 美元修理它。图 9.18 显示了表示此问题实例的影响图。请注意，影响图中的机会节点集构成贝叶斯网络。例如，Tran 和 Alt 不是独立的，但对于给定的 Car，它们是有条件的独立。

下面以医疗领域的问题实例来说明一下。

例 9.15 这个例子来自 [Nease and Owens，1997]。假设患者患有非小细胞肺癌。原发肿瘤的直径为 1cm，胸部 X 射线检查表明肿瘤不与胸壁或纵隔相邻，另外的检查显示癌细胞无转移的证据。在这种情况下优选的治疗是开胸手术，替代治疗是放射治疗。在决定进行开胸手术时，至关重要的是纵隔转移的可能性。如果存在纵隔转移，则开胸手术是禁忌的，因为它将使患者面临死亡风险而对健康没有益处。如果没有纵隔转移，只要原发肿瘤没有转移到远处器官，开胸手术就可以提供很大的生存优势。

这里有两个测试方法用于评估纵隔的影响：计算机断层扫描（CT 扫描）和纵隔镜检查。此问题实例涉及 3 个决策。首先，患者是否应进行 CT 扫描？第二，鉴于此决定和 CT 扫描结果，患者是否应进行纵隔镜检查？第三，根据这些决定和任何检查结果，患者是否应进行开胸手术？

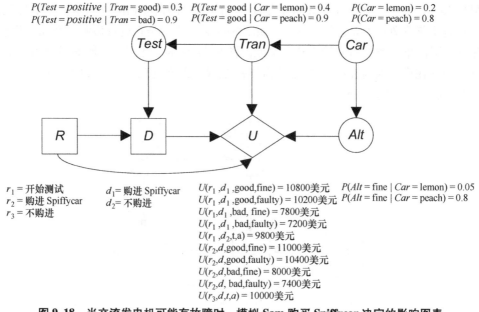

图 9.18　当交流发电机可能有故障时，模拟 Sam 购买 Spiffycar 决定的影响图表

CT 扫描可以检测出纵隔转移。测试结果也不是绝对准确的。相反，如果设定 *MedMet* 变量，其值取决于纵隔转移是否存在；设定 *CTest* 变量，其值是 cpos 和 cneg，取决于 CT 扫描是否为阳性。由此得出：

$$P(CTest = \text{cpos} \mid MedMet = \text{present}) = 0.82$$
$$P(CTest = \text{cpos} \mid MedMet = \text{absent}) = 0.19$$

纵隔镜检查是纵隔淋巴结的侵入性检查，用于确定肿瘤是否已扩散至这些淋巴结。如果设定 *MTest* 变量，其值为 mpos 和 mneg，取决于纵隔镜检查是否为阳性。由此得出

$$P(MTest = \text{mpos} \mid MedMet = \text{present}) = 0.82$$
$$P(MTest = \text{mpos} \mid MedMet = \text{absent}) = 0.005$$

纵隔镜检查可导致死亡。如果设定 *E* 为关于是否进行纵隔镜检查的决策，e_1 是进行检查的选项，e_2 是不进行检查的选项，并且设定 *MedDeath* 变量，其值为 mdie 和 mlive，具体取决于患者是否死于纵隔镜检查。由此得出

$$P(MedDeath = \text{mdie} \mid E = e_1) = 0.005$$
$$P(MedDeath = \text{mdie} \mid E = e_2) = 0$$

与替代的放射治疗相比，开胸手术造成死亡的可能性更大。如果设定 *T* 为关于哪种治疗的决定，t_1 是进行开胸手术的选择，t_2 是接受放射治疗的选择，*Thordeath* 是一个变量，其值是 tdie 和 tlive 取决于患者是否死于治疗。由此得出

$$P(ThorDeath = \text{tdie} \mid T = t_1) = 0.037$$
$$P(ThorDeath = \text{tdie} \mid T = t_2) = 0.002$$

最后，需要有纵隔转移的先验概率，给定的结果是

$$P(MedMet = \text{present}) = 0.46$$

图 9.19 显示了此问题实例的影响图。请注意，在此示例中，认为质量调整的预期寿命（QALE）和花费成本不重要。值节点仅体现在预期寿命方面。

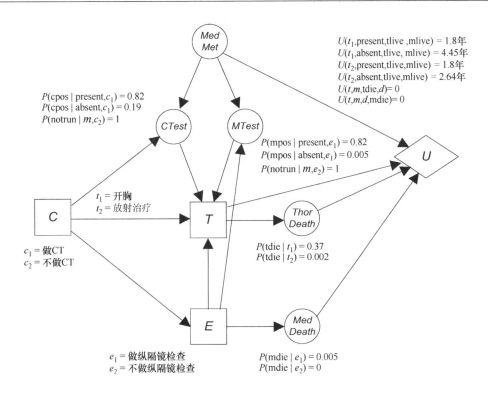

$U(t_1,\text{present,tlive ,mlive}) = 1.8$年
$U(t_1,\text{absent,tlive, mlive}) = 4.45$年
$U(t_2,\text{present,tlive,mlive}) = 1.8$年
$U(t_2,\text{absent,tlive,mlive}) = 2.64$年
$U(t,m,\text{tdie},d) = 0$
$U(t,m,d,\text{mdie}) = 0$

$P(\text{cpos} \mid \text{present},c_1) = 0.82$
$P(\text{cpos} \mid \text{absent},c_1) = 0.19$
$P(\text{notrun} \mid m,c_2) = 1$

$P(\text{mpos} \mid \text{present},e_1) = 0.82$
$P(\text{mpos} \mid \text{absent},e_1) = 0.005$
$P(\text{notrun} \mid m,e_2) = 1$

$t_1 = $ 开胸
$t_2 = $ 放射治疗

$c_1 = $ 做CT
$c_2 = $ 不做CT

$P(\text{tdie} \mid t_1) = 0.37$
$P(\text{tdie} \mid t_2) = 0.002$

$e_1 = $ 做纵隔镜检查
$e_2 = $ 不做纵隔镜检查

$P(\text{mdie} \mid e_1) = 0.005$
$P(\text{mdie} \mid e_2) = 0$

图 9.19　用于模拟是否接受开胸手术治疗的影响图

9.2.2　求解影响图

下面首先通过一些例子来说明如何求解影响图，然后用 Netica 软件包给出求解影响图的方法。

9.2.3　求解影响图的技术

接下来，将介绍如何求解影响图。

例 9.16　考虑图 9.13 中的影响图，该图是针对例 9.9 做出的影响图。要求解影响图，需要确定哪个决策选择具有最大的预期效用。决策选择的预期效用是在给出选择的情况下 U 的期望值 E。有

$$EU(d_1) = E(U \mid d_1)$$
$$= P(5\text{ 美元} \mid d_1)U(d_1,5\text{ 美元}) + P(10\text{ 美元} \mid d_1)U(d_1,10\text{ 美元}) +$$
$$P(20\text{ 美元} \mid d_1)U(d_1,20\text{ 美元})$$
$$= 0.25 \times 500\text{ 美元} + 0.25 \times 1000\text{ 美元} + 0.5 \times 2000\text{ 美元}$$
$$= 1375\text{ 美元}$$

$$EU(d_2) = E(U \mid d_2)$$
$$= P(5\text{ 美元} \mid d_2)U(d_2,5\text{ 美元}) + P(10\text{ 美元} \mid d_2)U(d_2,10\text{ 美元}) +$$
$$P(20\text{ 美元} \mid d_2)U(d_2,20\text{ 美元})$$
$$= 0.25 \times 1005\text{ 美元} + 0.25 \times 1005\text{ 美元} + 0.5 \times 1005\text{ 美元}$$
$$= 1005\text{ 美元}$$

因此，决定的效用

$$EU(D) = \max(EU(d_1), EU(d_2))$$
$$= \max(1375 \text{ 美元}, 1005 \text{ 美元}) = 1375 \text{ 美元}$$

最终的决策选择是 d_1。

请注意，在前面的示例中，概率不依赖于决策选择。这是因为从 D 到 $NASDIP$ 没有边。一般情况下，并非总是如此，如下一个例子所示。

例 9.17 考虑图 9.15 中的影响图，它是针对例 9.11 给出的影响图。得出

$$EU(d_1) = E(U \mid d_1)$$
$$= P(5 \text{ 美元} \mid d_1) U(d_1, 5 \text{ 美元}) + P(20 \text{ 美元} \mid d_1) U(d_1, 20 \text{ 美元})$$
$$= 0.32 \times 50000 \text{ 美元} + 0.68 \times 200000 \text{ 美元}$$
$$= 152000 \text{ 美元}$$

$$EU(d_2) = E(U \mid d_2)$$
$$= P(5 \text{ 美元} \mid d_2) U(d_2, 5 \text{ 美元}) + P(20 \text{ 美元} \mid d_2) U(d_2, 20 \text{ 美元})$$
$$= 0.42 \times 0 \text{ 美元} + 0.58 \times 250000 \text{ 美元}$$
$$= 145000 \text{ 美元}$$

$$EU(D) = \max(EU(d_1), EU(d_2))$$
$$= \max(152000 \text{ 美元}, 145000 \text{ 美元})$$
$$= 152000 \text{ 美元}$$

最终的决策选择是 d_1。您可能想知道在哪里获得 $P(5 \text{ 美元} \mid d_1)$ 和 $P(5 \text{ 美元} \mid d_2)$ 的值。一旦实例化决策节点，机会节点就包括贝叶斯网络。然后，调用贝叶斯网络推理算法来计算所需的条件概率。例如，该算法将执行以下计算：

$$P(5 \text{ 美元} \mid d_1) = P(5 \text{ 美元} \mid 11000, d_1) P(11000) +$$
$$P(5 \text{ 美元} \mid 10000, d_1) P(10000)$$
$$= 0.2 \times 0.6 + 0.5 \times 0.4$$
$$= 0.32$$

因此，在后续的章节中，通常不会显示贝叶斯网络推理算法所做的计算，只会显示结果。

例 9.18 考虑图 9.16 中的影响图，该图是针对例 9.12 给出的。因为从 $Test$ 到 D 有一个箭头，所以在做出决策时将知道 $Test$ 的值。因此，需要确定给定每个 $Test$ 值的 U 的期望值。由此可得

$$EU(d_1 \mid \text{positive}) = E(U \mid d_1, \text{positive})$$
$$= P(\text{good} \mid d_1, \text{positive}) U(d_1, \text{good}) +$$
$$P(\text{bad} \mid d_1, \text{positive}) U(d_1, \text{bad})$$
$$= 0.571429 \times 11000 \text{ 美元} + 0.428571 \times 8000 \text{ 美元}$$
$$= 9714 \text{ 美元}$$

$$EU(d_2 \mid \text{positive}) = E(U \mid d_2, \text{positive})$$
$$= P(\text{good} \mid d_2, \text{positive}) U(d_2, \text{good}) +$$
$$P(\text{bad} \mid d_2; \text{positive}) U(d_2, \text{bad})$$
$$= 0.571429 \times 10000 \text{ 美元} + 0.428571 \times 10000 \text{ 美元}$$
$$= 10000 \text{ 美元}$$

$$EU(D \mid \text{positive}) = \max(EU(d_1 \mid \text{positive}), EU(d_2 \mid \text{positive}))$$
$$= \max(9714 \text{ 美元}, 10000 \text{ 美元}) = 10000 \text{ 美元}$$

最终的决策是选择 d_2。与前面的示例一样，所需的条件概率是从贝叶斯网络推理算法中获得的。

请读者自己完成计算 $EU(D \mid \text{negative})$。

例 9.19 考虑图 9.17 中的影响图，该图是针对例 9.13 给出的。现在有两个决策：R 和 D。因为从 R 到 D 有一个边，所以首先做出决策 R，这个决策的 EU 是需要计算的，即有

$$EU(r_1) = E(U \mid r_1)$$
$$= P(d_1, \text{good} \mid r_1) U(r_1, d_1, \text{good}) + P(d_1, \text{bad} \mid r_1) U(r_1, d_1, \text{bad}) +$$
$$P(d_2, \text{good} \mid r_1) U(r_1, d_2, \text{good}) + P(d_2, \text{bad} \mid r_1) U(r_1, d_2, \text{bad})$$

现在需要计算此表达式中的条件概率。因为 D 和 $Tran$ 不依赖于 R（从某种意义上说，决策 R 仅决定决策 D 的值，而决策 D 不能替代 R 的某些值），不再在条件栏的右侧显示 r_1。由此得出

$$P(d_1, \text{good}) = P(d_1 \mid \text{good}) P(\text{good})$$
$$= [P(d_1 \mid \text{positive}) P(\text{positive} \mid \text{good}) +$$
$$P(d_1 \mid \text{negative}) P(\text{negative} \mid \text{good})] P(\text{good})$$
$$= [(0) P(\text{positive} \mid \text{good}) + (1) P(\text{negative} \mid \text{good})] P(\text{good})$$
$$= P(\text{negative} \mid \text{good}) P(\text{good})$$
$$= 0.7 \times 0.8 = 0.56$$

由于 D 和 $Tran$ 在 $Test$ 上是独立的，所以得到了上面的第二个等式。$P(d_1 \mid \text{positive})$ 和 $P(d_1 \mid \text{negative})$ 的值是通过首先计算例 9.18 中的预期效用，然后通过将条件概率设置为 1（如果决策选择是最大化预期效用的那个并且为 0）来获得的。其他的 3 个概率留给读者自己计算，其值分别为 0.02，0.24 和 0.18。从而得出

$$EU(r_1) = E(U \mid r_1)$$
$$= P(d_1, \text{good}) U(r_1, d_1, \text{good}) + P(d_1, \text{bad}) U(r_1, d_1, \text{bad}) +$$
$$P(d_2, \text{good}) U(r_1, d_2, \text{good}) + P(d_2, \text{bad}) U(r_1, d_2, \text{bad})$$
$$= 0.56 \times 10800 \text{ 美元} + 0.02 \times 7800 \text{ 美元} + 0.24 \times 9800 \text{ 美元} + 0.18 \times 9800 \text{ 美元}$$
$$= 10320 \text{ 美元}$$

下面有读者给出计算过程。

$$EU(r_2) = 10400 \text{ 美元}$$
$$EU(r_3) = 10000 \text{ 美元}$$

所以

$$EU(R) = \max(EU(r_1), EU(r_2), EU(r_2))$$
$$= \max(10320 \text{ 美元}, 10400 \text{ 美元}, 10000 \text{ 美元})$$
$$= 10500 \text{ 美元}$$

并且最终的决策选择是 r_2。

例 9.20 接下来，给出求解图 9.17 中影响图的另一种方法，虽然它可能不如之前的方法优雅，但它更符合求解决策树的方式。在这种方法中，决策 R 固定在每个选择上，现在求解决策 D 的影响图结果，然后使用这些结果来解决 R。

首先，在 r_1 上将 R 固定，求解 D 的影响图。步骤与例 9.18 中的步骤相同。也就是说，

因为从 Test 到 D 有一个箭头，所以在做出决策时将知道 Test 的值。所以需要确定已知每个 Test 值的 U 的期望值。即有

$$
\begin{aligned}
EU(d_1 \mid r_1, \text{positive}) &= E(U \mid r_1, d_1, \text{positive}) \\
&= P(\text{good} \mid \text{positive}) U(r_1, d_1, \text{good}) + \\
&\quad P(\text{bad} \mid \text{positive}) U(r_1, d_1, \text{bad}) \\
&= 0.571429 \times 11000 \text{ 美元} + 0.429571 \times 8000 \text{ 美元} \\
&= 9522 \text{ 美元}
\end{aligned}
$$

$$
\begin{aligned}
EU(d_2 \mid r_1, \text{positive}) &= E(U \mid r_1, d_2, \text{positive}) \\
&= P(\text{good} \mid \text{positive}) U(r_1, d_2, \text{good}) + \\
&\quad P(\text{bad} \mid \text{positive}) U(r_1, d_2, \text{bad}) \\
&= 0.571429 \times 9800 \text{ 美元} + 0.429571 \times 9800 \text{ 美元} \\
&= 9800 \text{ 美元}
\end{aligned}
$$

$$
\begin{aligned}
EU(D \mid r_1, \text{positive}) &= \max(EU(d_1 \mid r_1, \text{positive}), EU(d_2 \mid r_1, \text{positive})) \\
&= \max(9522 \text{ 美元}, 9800 \text{ 美元}) \\
&= 9800 \text{ 美元}
\end{aligned}
$$

$$
\begin{aligned}
EU(d_1 \mid r_1, \text{negative}) &= E(U \mid r_1, d_1, \text{negative}) \\
&= P(\text{good} \mid \text{negative}) U(r_1, d_1, \text{good}) + \\
&\quad P(\text{bad} \mid \text{negative}) U(r_1, d_1, \text{bad}) \\
&= 0.965517 \times 10800 \text{ 美元} + 0.034483 \times 7800 \text{ 美元} \\
&= 10697 \text{ 美元}
\end{aligned}
$$

$$
\begin{aligned}
EU(d_2 \mid r_1, \text{negative}) &= E(U \mid r_1, d_2, \text{negative}) \\
&= P(\text{good} \mid \text{negative}) U(r_1, d_2, \text{good}) + \\
&\quad P(\text{bad} \mid \text{negative}) U(r_1, d_2, \text{bad}) \\
&= 0.965517 \times 9800 \text{ 美元} + 0.034483 \times 9800 \text{ 美元} \\
&= 9800 \text{ 美元}
\end{aligned}
$$

$$
\begin{aligned}
EU(D \mid r_1, \text{negative}) &= \max(EU(d_1 \mid r_1, \text{negative}), \\
&\quad EU(d_2 \mid r_1, \text{negative})) \\
&= \max(10697 \text{ 美元}, 9800 \text{ 美元}) \\
&= 10697 \text{ 美元}
\end{aligned}
$$

如前所述，条件概率是从贝叶斯网络推理算法获得的。一旦得到 D 的预期效用，就可以按照如下方法计算 R 的预期效用：

$$
\begin{aligned}
EU(r_1) &= EU(D \mid r_1, \text{positive}) P(\text{positive}) + EU(D \mid r_1, \text{negative}) P(\text{negative}) \\
&= 9800 \text{ 美元} \times 0.42 + 10697 \text{ 美元} \times 0.58 \\
&= 10320 \text{ 美元}
\end{aligned}
$$

请注意，这与使用其他方法获得的值相同。接下来将以相同的方式计算 $EU(r_2)$ 和 $EU(r_3)$。其余的留给读者完成。

前一示例中给出的第二种方法容易扩展到用于求解影响图的算法。该算法通过将影响图转换为与影响图对应的决策树来求解影响图。例如，如果按顺序有 3 个决策节点 D、E 和 F，那么首先将 D 实例化为其第一个决策选择 d_1。这相当于把重点放在源自 d_1 决策

的（相应决策树的）子树上。然后，将实例化它的第一个决策选择 e_1。这相当于把重点放在 e_1 决策产生的子树上。因为 F 是最后一个决策，所以将求解决策 F 的影响图。接下来，将计算 E 的第一个决策选择 e_1 的预期效用，在对所有 E 的决策选择完成后，就会求解决策 E 的影响图，然后将计算 D 的第一个决策选择的预期效用。对每个 D 的决策选择都将重复该过程。读者可以设计一种算法实现该方法。

Olmsted［1983］开发了一种评估影响图而不将其转换为决策树的方法。该方法通过执行 arc 反转/节点减少操作直接在影响图上运行。这些操作连续转换图表，以仅包含一个应用节点的图表结束，该应用节点包含最佳决策的效用。该方法参见［Shachter, 1986］。Tatman 和 Shachter［1990］使用了超值节点，它简化了影响图的构建和随后的灵敏度分析。另一种评估影响图的方法是使用变量消除法，这在［Jensen, 2001］中有描述。

9.2.4　使用 Netica 求解影响图

接下来，本节将给出如何使用 Netica 软件包求解影响图。

例 9.21　图 9.15 是例 9.11 中的问题实例的影响图。图 9.20 为使用 Netica 开发的影响图。Netica 的一个特点是节点值必须以字母开头。所以在数值之前放置了一个"n"。另一个不利的特征是把机会和决策节点都描绘为矩形。

在决策节点 D 处显示的值是决策备选方案的预期值。可以计算出

$$E(d_1) = 1.520 \times 10^5 = 152000$$
$$E(d_2) = 1.450 \times 10^5 = 145000$$

因此，使预期价值最大化的决策选择是 d_1。

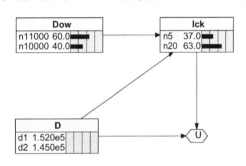

图 9.20　使用 Netica 开发的图 9.15 中的影响图

例 9.22　图 9.18 显示了例 9.14 中的问题实例的影响图。图 9.21a 给出了使用 Netica 开发的影响图。可以看到"运行测试（Run Test）"的决策选择是指最大预期效用的运行测试。运行测试后，测试将返回结果是正面或负面，然后必须决定是否购买该车。影响图更新为运行测试，测试返回结果为正，如图 9.21b 所示。可以看到，在这种情况下，最大化预期效用的决策选择是不买车。影响图更新为运行测试，测试返回结果为负，如图 9.21c 所示。现在看到了最大化预期效用的决策选择就是买车。

例 9.23　再看图 9.19 所示的例 9.15 中的问题实例的影响图。图 9.22a 给出了使用 Netica 开发的影响图。可以看到，最大化预期效用的"CT 扫描"的决策选择是 c_1，即进行扫描。扫描完成后，将返回阳性或阴性，然后必须决定是否进行纵隔镜检查。影响图更新为进行 CT 扫描，扫描结果为阳性，如图 9.22b 所示，可以看到，在这种情况下，最大化预期效用的决策选择是进行纵隔镜检查。影响图更新至进行纵隔镜检查，测试返回结果为阴性，如图 9.22c 所示。现在看到，在这种情况下，最大化预期效用的决策选择是进行开胸手术。

在前面的示例中，最大化预期效用的决策选择是进行 CT 扫描并不奇怪，因为 CT 扫描没有成本。相反，假设扫描涉及 1000 美元的成本。因为效用函数是以生命年数为基础的，

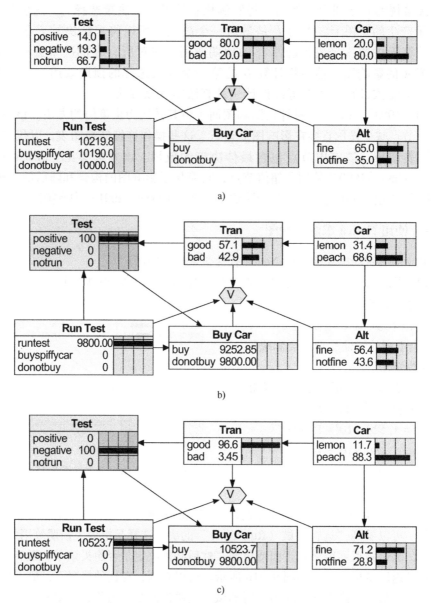

图 9.21　使用 Netica 开发的图 9.18 中的影响图 a；在图 b 为更新为运行测试
并且测试返回正面的影响图；影响图更新为运行测试，测试返回负值（见图 c）

为了进行决策分析，必须将 1000 美元转换为生命年的单位（反之亦然）。假设决策者决定
1000 美元相当于 0.01 年的生命。剩下的作为一种练习，以确定在这种情况下，最大化预期
效用的决策选择是否仍然是进行 CT 扫描。

例 9.24　初创公司通常无法获得足够的资金，但如果他们能够获得这笔资金，就有可
能获得良好的长期增长。如果一家公司被认为具有这样的潜力，投资者可以通过投资这些公
司来获得高于平均水平的回报。投资者向初创公司提供的资金称为风险投资（VC）。身价丰
厚的投资者、投资银行和其他金融机构通常提供风险投资资金。风险资本投资可能冒着非常

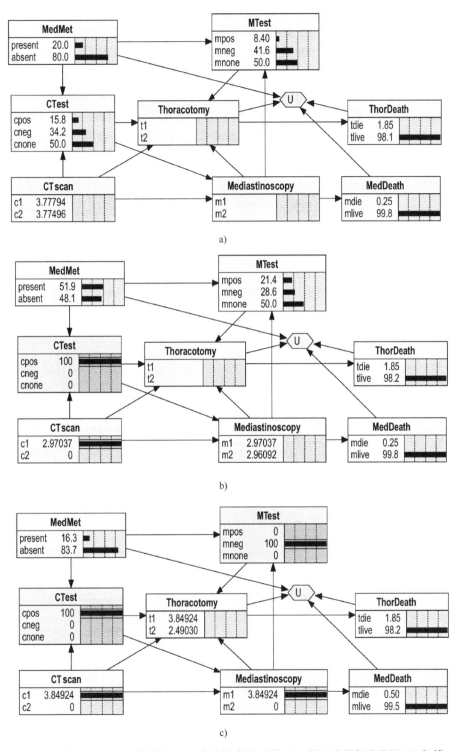

图 9.22　使用 Netica 开发的图 9.19 中的影响图（图 a）；图 b 为更新为进行 CT 扫描
并且扫描返回阳性的影响图；影响图更新到纵隔镜检查并且测试返回阴性出现在（图 c）

大的风险。在文献［Ruhnka et al.，1992］中的研究表明，40%的投资企业会投资失败。因此，在决定是否投资公司之前，需要仔细分析新公司的前景。风险资本分析师是分析公司前景的专家，如 Kemmerer 等人［2002］完成了对一位风险投资分析师的一次深入访谈，并从该专家那里引出了一个因果（贝叶斯）网络。然后，他们对网络进行了细化，最后在风险投资分析师的帮助下评估了网络的条件概率分布。正如［Shepherd and Zacharakis，2002］所讨论的那样，这样的模型往往比风险投资分析师的表现要好，后者的知识被用来构建这些模型。图 9.23 显示了从他们的学习中得出的专家系统。该应用在［Neapolitan and Jiang，2007］中有详细讨论。

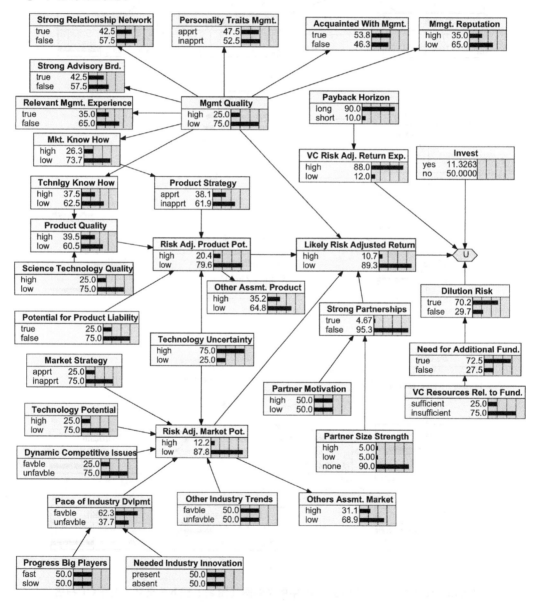

图 9.23 风险投资资金决策的影响图

9.3　风险建模偏好

现在再看例 9.1，选择了具有最大期望值的替代方案。当然，一个非常厌恶风险的人可能更喜欢确定 1005 美元而不是最终只有 500 美元的可能性。然而，当所投资金额相对于其总财富较小时，许多人最大化了预期价值。从长远来看，这个想法的结局都比较好。当个人最大化预期价值足以支撑决策时，个人就被称为期望值最大化者。另一方面，考虑到例 9.1 中讨论的情况，大多数人不会在 NASDIP 上投入 10 万美元，因为相对于他们的总财富而言，这个投资太大了。在个人不能以最大化预期价值做出决策的情况下，需要模拟个人对风险的态度，以便使用决策分析来推荐决策。一种方法是使用效用函数，该函数将金额映射到效用函数中。接下来将讨论这些函数。

9.3.1　指数效用函数

指数效用函数由下式给出

$$U_r(x) = 1 - e^{-x/r}$$

在此函数中，参数 r（称为风险承受能力）确定由函数建模的风险规避程度。随着 r 变小，该函数模拟了更多规避风险的行为。图 9.24a 显示了 $U_{500}(x)$，而图 9.24b 显示了 $U_{1000}(x)$。请注意，两个函数都是凹的（向下开口），图 9.24b 中的函数更接近于一条直线。函数越向下凹，由函数建模的行为就越具有风险规避性。为了建模风险中性（即，简单地作为期望值最大化），将使用直线而不是指数效用函数，并且为了风险规避行为建模，将使用凸（向上开放）函数。第 5 章给出了许多风险中性建模的例子。在这里，将专注于风险规避行为的建模。

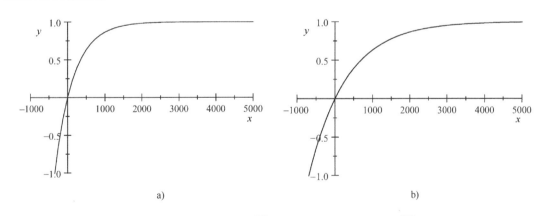

图 9.24　a) $U_{500}(x) = 1 - e^{-x/500}$ 函数；b) $U_{1000}(x) = 1 - e^{-x/1000}$ 函数

例 9.25　假设 Sam 在例 9.1 中做出决策，并且 Sam 的风险承受能力 r 等于 500，那么对于 Sam,

$$EU(\text{Buy NASDIP})$$
$$= EU(NASDIP)$$
$$= 0.25\, U_{500} \times 500 \text{ 美元} + 0.25 U_{500} \times 1000 \text{ 美元} + 0.5 U_{500} \times 2000 \text{ 美元}$$
$$= 0.25(1 - e^{-500/500}) + 0.25(1 - e^{-1000/500}) + 0.5(1 - e^{-2000/500})$$

$$= 0.86504$$

$EU(\text{Leave } 1000 \text{ 美元 in bank})$

$$= U_{500}(1005 \text{ 美元})$$

$$= 1 - e^{-1005/500} = 0.86601$$

所以 Sam 决定把钱存入银行。

例 9. 26 假设 Sue 比 Sam 更不喜欢冒风险,她的风险承受能力 r 等于 1000。如果 Sue 在第 9 章例 9.1 中做决策,那么对于 Sue,

$EU(\text{Buy NASDIP})$

$$= EU(NASDIP)$$

$$= 0.25 U_{1000} \times 500 \text{ 美元} + 0.25 U_{1000} \times 1000 \text{ 美元} + 0.5 U_{1000} \times 2000 \text{ 美元}$$

$$= 0.25(1 - e^{-500/1000}) + 0.25(1 - e^{-1000/1000}) + 0.5(1 - e^{-2000/1000})$$

$$= 0.68873$$

$EU(\text{Leave } 1000 \text{ 美元 in bank})$

$$= U_{1000}(1005 \text{ 美元})$$

$$= 1 - e^{-1005/1000} = 0.63396$$

所以 Sue 决定购买 NASDIP 股票。

9.3.2 评估 r

在前面的例子中,简单地为 Sam 和 Sue 分配了风险承受能力。你应该想知道一个人如何达到她或他的个人风险承受能力。接下来,将展示一种评估方法。

在指数效用函数中,确定 r 的个人价值的一种方法被看作一场赌博,在这场赌博中你将以概率 0.5 赢得 x 美元并且以概率 0.5 输掉 x 美元/2。你的 r 值是 x 的最大值,你会选择彩票而不是什么都得不到的方式,这种情况如图 9.25 所示。

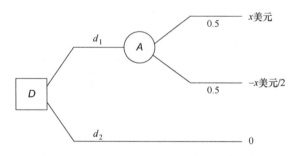

图 9.25 您可以通过确定 x 的最大值来评估风险
承受能力 r,您将不介意在 d_1 和 d_2 之间

例 9. 27 假设要抛一个硬币。我(理查德·那不勒斯)肯定会喜欢这样的赌博,如果硬币的头像一面朝上,我就会赢得 10 美元,如果发生图案一面朝上的话,则会输掉 5 美元。如果将金额增加到 100 美元和 50 美元,甚至 1000 美元和 500 美元,我仍然会喜欢赌博。然而,如果将金额增加到 1000000 美元和 500000 美元,我将不再喜欢赌博,因为我无法承担损失 50 万美元的风险。通过这样来回(类似于二进制切割),我可以评估我的 r 的个人价值。对我来说,r 约等于 50000 美元。(教授们赚的钱不多。)

您可以询问使用此赌博评估 r 的理由。请注意，对于任何 r，

$$0.5(1-e^{-r/r})+0.5[1-e^{-(-r/2)/r}]=0.0083$$

并

$$1-e^{-0/r}=0$$

可以看到，对于风险承受能力 r 的给定值，一个人以概率 0.5 赢了 R 美元和以概率 0.5 输了 $R/2$ 美元与赢了确定的 0 美元的赌注具有相同的效用。可以使用这个事实，然后反过来评估 r。也就是说，可以确定 r 的值，它对这次赌博和什么都得不到都没有关系。

9.4　分析直接风险

一些决策者可能不习惯评估个人效用函数并根据这些函数做出决策。相反，他们可能希望直接分析决策选择中固有的风险。实现此目的的一种方法是使用方差作为预期值的差异度量。另一种方法是开发风险概况列表。下面依次讨论每种方法。

9.4.1　使用方差来衡量风险

现在从一个例子开始。

例 9.28　假设 Patricia 将通过图 9.26 中的决策树建模。如果 Patricia 只是最大化预期值，那么计算出的预期值是

$$E(d_1)=1220\ 美元$$
$$E(d_2)=1200\ 美元$$

所以 d_1 是最大化预期值的决策选择。但是，预期值本身并不能告诉我们替代方案所涉及的风险，还需计算每个决策选择的方差。如果选择替代 d_1，那么

$$P(2000)=0.8\times0.7=0.56$$
$$P(1000)=0.1$$
$$P(0)=0.8\times0.3+0.1=0.34$$

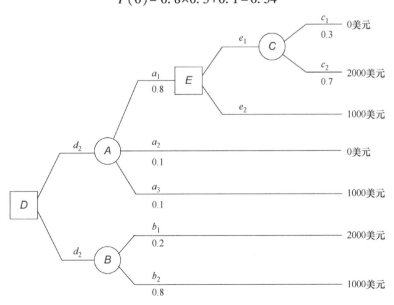

图 9.26　例 9.28 中讨论的决策树

请注意，有两种方法可以获得 0 美元。也就是说，结果 a_1 和 c_1 可能以概率 $0.8×0.3$ 发生，结果 a_2 产生的概是 0.1。那么就有

$$\mathrm{Var}(d_1) = (2000-1220)^2 P(2000) + (1000-1220)^2 P(1000) + (0-1220)^2 P(0)$$
$$= (2000-1220)^2 ×0.56 + (1000-1220)^2 ×0.1 + (0-1220)^2 ×0.34$$
$$= 851600$$

$$\sigma_{d_1} = \sqrt{851600} = 922.82$$

读者还可以自己计算 d_2：

$$\mathrm{Var}(d_2) = 160000$$
$$\sigma_{d_2} = 400$$

因此，如果使用方差作为风险度量，则认为 d_1 风险稍大，这意味着如果 Patricia 有点厌恶风险，她可能会选择 d_2。

如果单独使用方差作为衡量风险的方法有时会产生误导。下一个例子说明了这一点。

例 9.29 现在假设 Patricia 将通过图 9.27 中的决策树建模，计算如下：

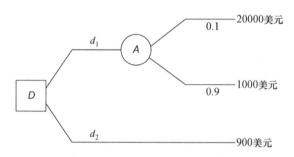

图 9.27 例 9.29 中讨论的决策树

$$
\begin{array}{llll}
E(d_1) & = & 2900 \text{ 美元} & \qquad E(d_2) = 900 \text{ 美元} \\
\mathrm{Var}(d_1) & = & 32490000 & \qquad \mathrm{Var}(d_2) = 0 \\
\sigma_{d_1} & = & 5700 & \qquad \sigma_{d_2} = 0
\end{array}
$$

如果 Patricia 仅使用方差作为她的风险度量，她可能会选择 d_2，因为 d_1 有大的方差。然而，选择 d_1 肯定会比选择 d_2 产生更多回报。这是确定优势的一种情况，将在 9.4.3 节中讨论。

现在发现单独使用方差作为衡量风险的指标可能会产生误导。

9.4.2 风险列表

预期值和方差是汇总统计，因此，如果报告的所有值都是这些值，就会丢失信息。或者，对于每个决策备选方案，如果选择备选方案，可以报告所有可能结果的概率，显示这些概率的图表称为风险列表。

例 9.30 再次考虑 Patricia 的决策，在例 9.28 中已进行了讨论。在该示例中，计算了每个决策的所有可能结果的概率。现在使用这些结果创建了图 9.28 中的风险列表。根据这些风险列表，Patricia 可以看出，如果她选择方案 d_1，她很有可能最终没有任何结果，但她也很有可能获得 2000 美元。另一方面，如果她选择方案 d_2，她至少可以拿到 1000 美元，但可能这就是获得的全部。

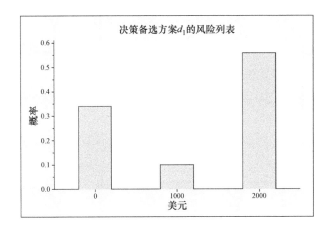

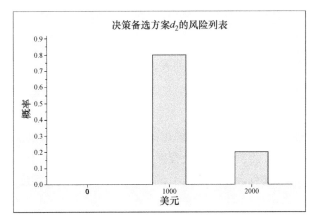

图 9.28　例 9.28 中决策的风险列表

累积风险列表显示了如果选择了决策方案，每份金额 x 的收益小于或等于 x 的概率。累积风险列表是累积分布函数。图 9.29 给出了例 9.28 中的决策的累积风险列表。

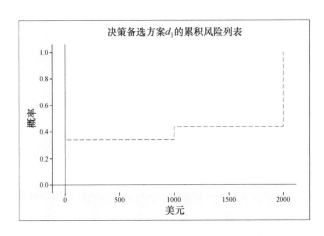

图 9.29　例 9.28 中决策的累积风险列表

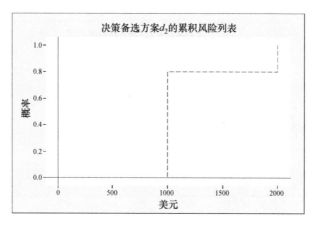

图 9.29 例 9.28 中决策的累积风险列表（续）

9.4.3 决策的地位

有些决策不需要使用效用函数或风险列表，因为一个决策的选择对所有决策者来说都占主导地位。下面就来讨论地位。

9.4.3.1 确定性的支配地位

假设可以使用图 9.30 中的决策树建模做出决策。如果选择方案 d_1，将得到的最少金额为 4 美元，而如果选择方案 d_2，将得到的最大金额为 3 美元。假设本决定只考虑财富最大化，那么在选择 d_2 而不是 d_1 时就没有合理的论据了，现在认为 d_1 在很大程度上支配了 d_2。一般的，如果选择 d_1 获得的效用大于选择 d_2 获得的效用而不管机会节点的结果如何，则决策选择 d_1 确定性地支配决策选择 d_2。当观察到确定性支配地位时，无须计算预期效用或制定风险列表。

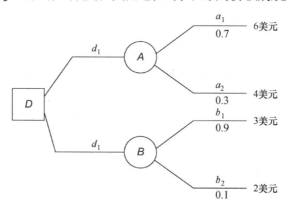

图 9.30 决策选择 d_1 确定性地支配决策选择 d_2

9.4.3.2 随机的支配地位

假设使用图 9.31 中的决策树建模做出决策。如果结果是 a_1 和 b_2，那么选择 d_1 将得到更多的收益，而如果结果是 a_2 和 b_1，那么选择 d_2 将获得更多的收益。因此，没有确定性的支配地位。然而，两个决策的结果是相同的，即 6 美元和 4 美元，如果选择 d_2，则将获得 6 美元的概率更高。因此，假设在决策中考虑的唯一因素是最大化价值，那么

选择 d_1 而不是 d_2 就没有合理的理由，现在就说方案 d_2 随机支配方案 d_1。

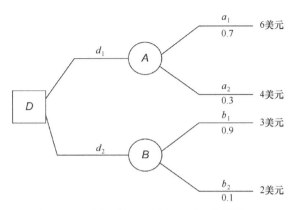

图 9.31　决策选择 d_2 随机支配决策选择 d_1

在图 9.32 中的决策树说明了随机支配的另一种情况。在该树中，两个机会节点的概率相同，但 B 的结果的效用更高。也就是说，如果 b_1 发生，将获得 7 美元，而如果 a_1 发生，只能获得 6 美元；如果 b_2 发生，将获得 5 美元，然而如果 a_2 发生，只获得 4 美元。因此，假设这个决策考虑的唯一因素是最大化价值，那么选择 d_1 而不是 d_2 则没有合理的理由，现在说方案 d_2 随机支配方案 d_1。

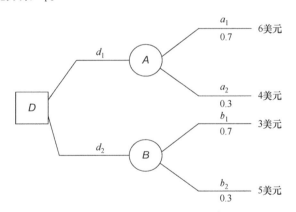

图 9.32　决策选择 d_2 随机支配决策选择 d_1

尽管通常不难识别随机支配，但很难给它下定义。下面对累积风险列表进行随机支配分析。这里认为，如果 d_2 的累积风险列表 $F_2(x)$ 至少有一个 x 的值在 d_1 的累积风险列表 $F_1(x)$ 之下，并且 x 的任何值都不在之上，那么，方案 d_2 就可以随机支配方案 d_1。或者说，至少 x 的一个值满足

$$F_2(x) < F_1(x)$$

并且对于 x 的所有值：

$$F_2(x) \leqslant F_1(x)$$

如图 9.33 所示，这是随机支配的定义的原因再看图 9.33。如果选择 d_1，那么没有 x 的值使得获利 x 美元或更少的概率小于选择 d_2 时的概率。因此，没有更好的选择使得比 d_1 获得更多的钱。

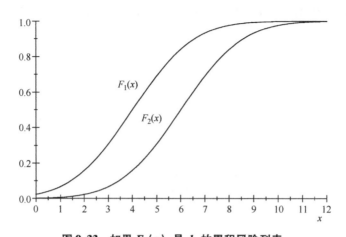

图 9.33 如果 $F_1(x)$ 是 d_1 的累积风险列表,
而 $F_2(x)$ 是 d_2 的累积风险列表,则 d_2 随机支配 d_1

图 9.34 显示两个累积风险列表有交叉,这意味着没有随机支配。现在已选择的决策方案取决于个人的偏好。例如,如果金额以 100 美元为单位,Mary 需要至少 400 美元支付租金或者被驱逐,她可以选择方案 d_1。另一方面,如果 Sam 需要至少 800 美元支付他的租金或者被驱逐,他可以选择方案 d_2。

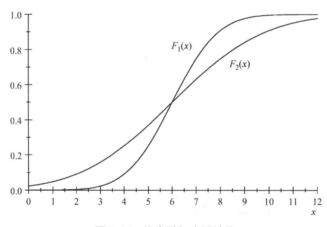

图 9.34 没有随机支配地位

9.5 良好的决策与良好的结果

假设 Scott 和 Sue 各自即将做出由图 9.32 中的决策树建模的决策,Scott 选择方案 d_1,而 Sue 选择方案 d_2。进一步假设结果 a_1 和 b_2 发生,则 Scott 得到了 6 美元,而 Sue 得到了 5 美元。是否能认为 Scott 做的决策比 Sue 做的决策好吗?只是声称没有合理的理由选择 d_1 而不是选择 d2。如果接受这种说法,现在不能得出 Scott 做出了更好的决策。相反,Scott 得到了好的结果但决策是糟糕的,而 Sue 虽然结果不好却做出了一个好的决策。决策的质量必须根据决策时的可用信息来判断,而不是根据决策后实现的结果来判断。我(理查德·那不勒斯)有趣地记得年轻时的故事。当我的叔叔 Hershell 离开军队时,他用他的积蓄在得克萨斯州父母的农场附近买了一个农场。表面上的原因是他想住在他父母附近，并恢复他作为农民的生活。不久之后，他的农场里发现了石油，因此 Hershell 变得富有。在那之后，我父亲曾经说过，"每个人都认为，当 Hershell 把钱浪费在一个土壤贫瘠的农场上的做法并不明智，但事实证明他像狐狸一样精明。"

9.6 敏感性分析

影响图和决策树都要求去评估概率和结果。有时准确地评估这些值可能是一项困难而艰巨的任务。例如，确定 2008 年 1 月标准普尔 500 指数将高于 1500 的概率是 0.3 还是 0.35 将是困难和耗时的。有时，进一步完善这些值并不会影响我们的决策。接下来，讨论敏感性分析，说明它结果和概率的值如何影响决策的。在单向灵敏度分析中，分析了对单一概率的敏感性。

例 9.31 假设目前 IBM 的每股收益为 10 美元，而且你觉得在月底有 0.5 的概率降至 5 美元，而也有 0.5 的概率涨到 20 美元。假如您有 1000 美元可以投资，您可以购买 100 股 IBM 股票或者将资金存入银行并获得每月 0.005 的利息。虽然您对结果的评估非常有信心，但您对自己对概率的评估并不十分有信心。在这种情况下，您可以使用图 9.35 中的决策树来帮您做出决策。请注意，在该决策树中，说明了购进 IBM 的概率正在通过变量 p 提高，从而可计算如下：

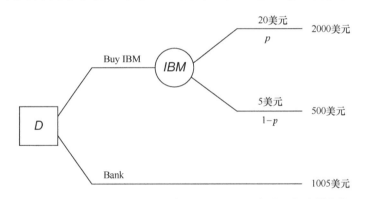

图 9.35 只要 p 大于 0.337，购买 IBM 股票就会使预期值最大化

$$E(\text{Buy IBM}) = p(2000) + (1-p)(500)$$
$$E(\text{Bank}) = 1005 \text{ 美元}$$

如果 $E(\text{Buy IBM}) > E(\text{Bank})$，则将购买 IBM 股票，这种情况也可表示成如下：

$$p(2000) + (1-p)(500) > 1005$$

求解不等式的 p，计算得

$$p > 0.337$$

现在已经确定了决策对 p 值的敏感程度。只要认为 IBM 股价上涨的可能性至少等于 0.337，就会购买 IBM 股票，无须进一步完善概率评估。

在双向敏感性分析中，同时分析了对两个量的决策的敏感性。下面例子就是说明这样的分析。

例 9.32 假设与前一个示例的情况相同，除非您对道琼斯指数上涨概率的评估充满信心，但您对您的股票上涨概率的评估没有信心，这取决于道琼斯指数上涨或下跌。特别地，您可以使用图 9.36 中的决策树对决策进行建模，如下所示：$E(\text{Buy IBM}) = 0.4[q \times 2000 + (1-q) \times 500] + 0.6[r \times 2000 + (1-r) \times 500]$

$$E(\text{Bank}) = 1005$$

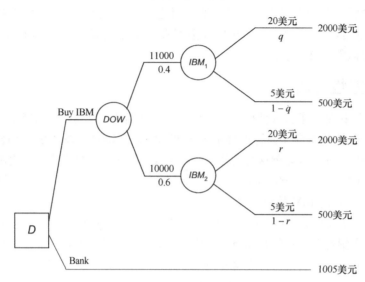

图 9.36　对于这个决定，需要进行双向敏感性分析

如果 $E(\text{Buy IBM}) > E(\text{Bank})$，则将购买 IBM 股票，此种情况下满足：

$$0.4[q \times 2000 + (1-q) \times 500] + 0.6[r \times 2000 + (1-r) \times 500] > 1005$$

简化上面的不等式，得到

$$q > \frac{101}{120} - \frac{3r}{2}$$

将曲线 $q = 101/120 - 3r/2$ 绘制在图 9.37 中。对于前面的不等式只要点 (r, q) 位于该线之上，最大化预期值的决策便是购买 IBM 股票。例如，如果 $r = 0.6$ 且 $q = 0.1$ 或 $r = 0.3$ 且 $q = 0.8$，这将是我们的决策，但是，如果 $r = 0.3$ 且 $q = 0.1$，则不是。

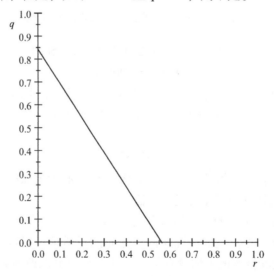

图 9.37　线 $q = 101/120 - 3r/2$，只要点 (r, q) 位于这条线上面，
在示例 9.32 中将预期值降到最低的决策便是购买 IBM 股票

9.7 信息的价值

图 9.38 给出了一个决策树，该树涉及在两个共同基金之间进行选择并将资金存入银行。请读者自己求解，给定这些值，最大预期值的决策是购买配置基金（allocation Fund），并且有

$$E(D) = E(\text{allocation fund}) = 1190 \text{ 美元}$$

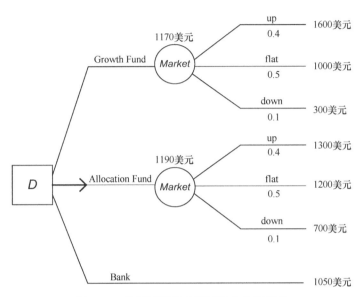

图 9.38 购买配置基金可以最大化预期值

如图 9.38 所示。在做出决策之前，经常有机会咨询与决策相关领域的专家。假设在当前的决策中，可以咨询一位完美预测市场的金融分析师。也就是说，如果市场走高，分析师会说它会上涨；如果它平稳，分析师会说它会持平；如果市场走低，分析师会说它会下降。我们应该愿意为这些信息付费，但不能超过信息的价值。下面，将展示如何计算此信息的期望值（值），也称为完备信息的期望值。

9.7.1 完备信息的预期值

为了计算完备信息的预期值，添加了另一个决策选择，这些都可以咨询专家。图 9.39 显示了图 9.38 中的决策树，该决策树中已经增加了替代方案。下面，将展示如何获得该决策树的概率。因为专家是完备的，故有

$$P(\text{Expert} = \text{says up} \mid \text{Market} = \text{up}) = 1$$
$$P(\text{Expert} = \text{says flat} \mid \text{Market} = \text{flat}) = 1$$
$$P(\text{Expert} = \text{says down} \mid \text{Market} = \text{down}) = 1$$

所以，得到如下结果：

$P(\text{up}/\text{says up})$

$$= \frac{P(\text{says up} \mid \text{up})P(\text{up})}{P(\text{says up} \mid \text{up})P(\text{up}) + P(\text{says flat} \mid \text{up})P(\text{flat}) + P(\text{says down} \mid \text{down})P(\text{down})}$$
$$= \frac{1 \times 0.4}{1 \times 0.4 + 0 \times 0.5 + 0 \times 0.1} = 1$$

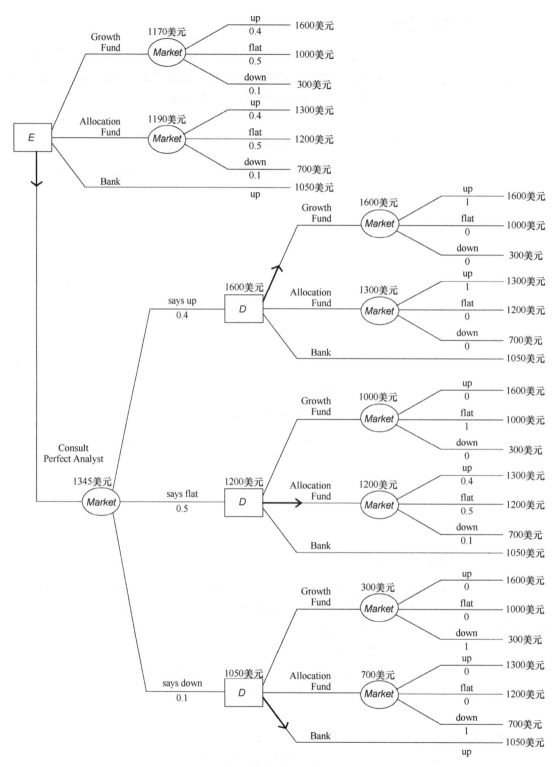

图 9.39 没有咨询完备专家的最大预期值是 1190 美元，而咨询过专家的预期值是 1345 美元

这个值是 1 并不奇怪，因为专家是完备的。该值是图 9.39 中决策树中最右和最高的概率。读者自行计算其他的概率并求解这个决策树，结果如下：

$$E(\text{Consult Perfect Analyst}) = 1345 \text{ 美元}$$

在重新考虑，如果不咨询这位分析师，最大化预期效用的决策选择就是购买配置基金，并且有

$$E(D) = E(\text{allocation fund}) = 1190 \text{ 美元}$$

这两个预期值之间的差异是完备信息的预期值（EVPI）。也即：

$$EVPI = E(\text{Consult Perfect Analyst}) - E(D)$$
$$= (1345 - 1190) \text{ 美元} = 155 \text{ 美元}$$

这是应该最愿意支付的信息费。如果支付的金额低于这个数额，则会通过咨询专家来增加预期价值，而如果支付更多的咨询费，则将减少预期值。

这里在图 9.38 和图 9.39 中给出了决策树，以便您可以看到如何计算完备信息的预期值。但是，通常情况下，利用影响图表示决策要容易得多。图 9.40 显示了图 9.38 中的决策树作为影响图，并使用 Netica 求解。图 9.41 显示了图 9.39 中的决策树作为影响图并使用 Netica 求解。现在已将 Expert 节点的条件概率添加到该图中。（Netica 没有显示条件概率。）请注意，可以直接从图 9.41 所示的影响图的决策节点 E 中列出的值获取 $EVPI$。也即

$$EVPI = E(\text{consult}) - E(\text{do not consult})$$
$$= (1345 - 1190) \text{ 美元} = 155 \text{ 美元}$$

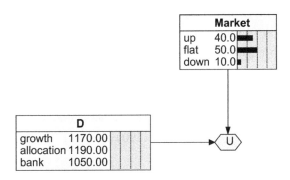

图 9.40　图 9.38 中的决策树表示为影响图并使用 Netica 求解

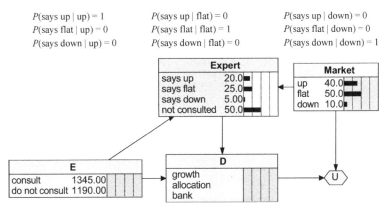

图 9.41　图 9.39 中的决策树表示为影响图并使用 Netica 求解

9.7.2 不完备信息的预期值

真正的专家和测试通常并不完备。相反，他们只能提供通常正确的估计。假设现在有一位金融分析师，他预测市场活动长达 30 年，并取得了以下成果：

1）当市场走高时，分析师表示它会在 80% 的时间情况下上涨，10% 的时间会持平，而且 10% 的时间会下跌。

2）当市场平稳时，分析师表示，它将 20% 的时间上涨，70% 的时间会持平，并且会 10% 的时间下跌。

3）当市场走低时，分析师表示，它将 20% 的时间上涨，20% 的时间会持平，并且 60% 的时间会下跌。

因此，估计该专家的以下条件概率：

$$P(\text{Expert}=\text{says up} \mid \text{Market}=\text{up}) = 0.8$$
$$P(\text{Expert}=\text{says flat} \mid \text{Market}=\text{up}) = 0.1$$
$$P(\text{Expert}=\text{says down} \mid \text{Market}=\text{up}) = 0.1$$
$$P(\text{Expert}=\text{says up} \mid \text{Market}=\text{flat}) = 0.2$$
$$P(\text{Expert}=\text{says flat} \mid \text{Market}=\text{flat}) = 0.7$$
$$P(\text{Expert}=\text{says down} \mid \text{Market}=\text{flat}) = 0.1$$
$$P(\text{Expert}=\text{says up} \mid \text{Market}=\text{down}) = 0.2$$
$$P(\text{Expert}=\text{says flat} \mid \text{Market}=\text{down}) = 0.2$$
$$P(\text{Expert}=\text{says down} \mid \text{Market}=\text{down}) = 0.6$$

图 9.42 显示了图 9.40 中的影响图，其中有一个额外的决策选择，可以咨询这位不完备的专家，并且在该图中显示了 Expert 节点的条件概率。通过咨询这样的专家来实现的增加的预期值，称为不完备信息（EVII）的预期值，计算如下：

$$EVII = E(\text{consult}) - E(\text{do not consult})$$
$$= (1261.50 - 1190)\text{美元} = 71.50\text{美元}$$

这是应该付给这位专家最多的信息费。

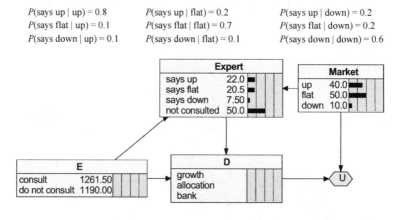

图 9.42 使我们能够计算完备信息的预期值的影响图

9.8 讨论和扩展阅读

本章和前一章中提出的用于推荐决策的分析方法称为规范决策分析，因为该方法规定了人们应如何做出决策而不是描述人们如何做出决策。1954 年，L. Jimmie Savage 建立了关于个人偏好和信仰的公理。如果一个人接受这些公理，Savage 表明该人必须更喜欢使用决策分析来做出决策。Tversky 和 Kahneman［1981］进行了一系列研究，表明个人不会做出与决策分析方法一致的决策。也就是说，他们的研究表明决策分析不是描述性理论。Kahneman 和 Tversky［1979］提出了前景理论来描述人们在不受决策分析指导时如何实际做出决策。2002 年，Dan Kahneman 获得了诺贝尔经济学奖以奖励其在该领域的贡献。决策的另一种描述性理论是遗憾理论［Bell，1982］。

现在只简要介绍了风险偏好和敏感性分析等概念，其实还有很多因素需要考虑。例如，指数效用函数是一个恒定的风险规避效用函数，因为一个人的总财富不能影响使用该函数获得效用的决策。降低风险规避效用函数可以根据一个人的总财富做出不同的决策。在敏感性分析中，可以模拟除概率之外的结果值的敏感性。这些问题以及更多内容在［Clemen，1996］和［Neapolitan and Jiang，2007］等文献中进行了讨论。

前 3 章介绍了贝叶斯网络和影响图。这些体系结构已成功应用于多个领域。下面是一份代表学者名单，该清单绝不是详尽无遗的。其中的一些应用使用了动态贝叶斯网络和动态影响图，这将在 12.2 节中介绍。

9.8.1 学者

1）匹兹堡大学学习研究与发展中心开发了 Andes［VanLehn et al.，2005］，一个用于物理学的智能辅导系统。当学生处理物理问题时，Andes 系统会推断学生的计划，并随着时间的推移评估和跟踪学生的领域知识。

2）Royalty 等人［2002］开发了 POET，这是一种学术建议工具，可以模拟学生成绩单的演变。

9.8.2 商业和金融

1）Demirer 等人［2006］开发了投资组合风险分析器。

2）Lander 和 Shenoy［1999］使用影响图来模拟实物期权，这也提供了一个计划。也就是说，它不仅建议今天做出决策的替代方案，而且还建议在获得新信息后做出决策。

3）Kemmerer 等人［2002］为风险投资决策制定了影响图。

4）Data Digest（www. data-digest. com）模拟并预测了各种业务环境中的客户行为。

9.8.3 资本设备

知识产业公司（KI）（www. kic. com）在 20 世纪 90 年代开发了大量的应用程序。其中大多数被许可人用于内部应用程序，并且不公开。KI 在资本设备中的应用包括机车，用于飞机和陆基发电的燃气涡轮发动机以及航天飞机和办公设备。

9.8.4 计算机游戏

Valadares［2002］开发了一种模拟世界演变的计算机游戏。

9.8.5 计算机视觉

1）Reading 和 Leeds 计算机视觉小组开发了一个基于交通和行人模型的综合视觉系统。有关该系统的信息，请访问 www.cvg.cs.rdg.ac.uk/˜imv。

2）Huang 等人［1994］开发了一个计算机视觉系统，其使用动态贝叶斯网络分析高速公路交通。

3）Pham 等人［2002］开发了一个人脸检测系统。

9.8.6 计算机软件

1）Microsoft Research（research.microsoft.com）开发了许多应用程序。自 1995 年以来，Microsoft Office 的 AnswerWizard 使用了一个朴素的贝叶斯网络来根据查询选择帮助主题。此外，自 1995 年以来，Windows 中大约有 10 个使用贝叶斯网络的故障排除程序。具体见［Heckerman et al., 1994］。

2）Burnell 和 Horvitz［1995］描述了由 UT-Arlington 和美国航空公司（AA）开发的用于诊断遗留软件问题的系统，特别是 AA 使用的 Sabre 航空公司预订系统。给定转储文件中的信息，该诊断系统可识别哪些指令序列可能导致系统错误。

9.8.7 医学

1）"Promedas 是世界上最大、最快的概率医疗诊断网络，基于医学专家的知识，从医学专家的文献中获得。超过 3500 个诊断案例和 47000 个网络连接可在几秒钟内完成。"——http://www.promedas.nl/。请参阅刚刚引用的网站，以获得基于贝叶斯网络的 Promedas 演示。

2）Heckerman 等人［1992］描述了 Pathfinder，这是一个帮助社区病理学家诊断淋巴结病理的系统。Pathfinder 已与视盘一体化，形成商业系统 Intellipath。

3）Nicholson［1996］使用动态贝叶斯网络模拟了老年人的步行模式，用来诊断跌倒的情况。

4）Onisko［2001］描述了 Hepar II，它是一个诊断肝脏疾病的系统。

5）Ogunyemi 等人［2002］开发了 TraumaSCAN，其用于评估胸部和腹部的弹道穿透性创伤所引起的状况。它通过将关于损伤的解剖可能性的三维几何推理与关于伤害后果的概率推理相结合来实现这一点。

6）GaCán 等人［2002］创建了 NasoNet，这是一个对鼻咽癌（有关鼻腔癌的癌症）进行诊断和预后的系统。

9.8.8 自然语言处理

Koehler［1998］开发了 Symtext，一个用于编码自由文本医学数据的自然语言理解系统。其相关工作在［Meystre and Haug, 2005］和［Christensen et al., 2009］中有描述。

9.8.9　规划

1）Dean 和 Wellman［1991］将动态贝叶斯网络应用于不确定性下的规划和控制。

2）Cozman 和 Krotkov［1996］开发了准贝叶斯策略用来实现有效的计划。

9.8.10　心理学

Glymour［2001］讨论了对认知心理学的应用。

9.8.11　可靠性分析

1）Torres-Toledano 和 Sucar［1998］开发了一个用于发电厂可靠性分析的系统。

2）Agena Ltd.（www. agena. co. uk）的软件可靠性中心开发了 TRACS（运输可靠性评估和计算系统），这是一种预测军用车辆可靠性的工具。该工具由英国国防研究与评估局（DERA）用于评估设计和开发生命周期各个阶段的车辆可靠性。TRACS 在［Strutt and Hall，2003］中有描述。TRACS 工具是使用 SERENE 工具和 Hugin API（www. hugin. dk）构建的，它是使用 MSAccess 数据库引擎在 VB 中编写的。SERENE 方法用于开发贝叶斯网络结构并生成参数。

9.8.12　调度

MITRE 公司（www. mitre. org）开发了一个用于船舶自卫的实时武器调度系统。该系统由美国海军（NSWC-DD）使用，可在 Sparc 笔记本电脑上于 2 秒内处理多个目标、多种武器问题。

9.8.13　语音识别

1）Bilmes［2000］将动态贝叶斯多项式应用于语音识别。

2）Nefian 等人［2002］开发了一个使用动态贝叶斯网络进行视听语音识别的系统。

9.8.14　车辆控制与故障诊断

1）Horvitz 等人［1992］描述了 Vista，它是休斯敦 NASA 任务控制中心使用的决策理论系统。该系统使用贝叶斯网络来解释实时遥测，并提供有关航天飞机推进系统替代故障可能性的建议。它还考虑时间关键性并建议具有最高预期效用的行动。此外，Vista 系统采用决策理论方法来控制信息的显示，以动态识别要突出显示的最重要信息。

2）Morjaia 等人［1993］开发了一个机车诊断系统。

练习

9.1 节

练习 9.1　求解图 9.43 中的决策树。

练习 9.2　求解图 9.44 中的决策树。

练习 9.3　根据图 9.3 中给出的决策树，证明已求解的决策树。

练习 9.4　根据例 9.4 中给出的条件概率计算图 9.6 所示决策树中的条件概率。

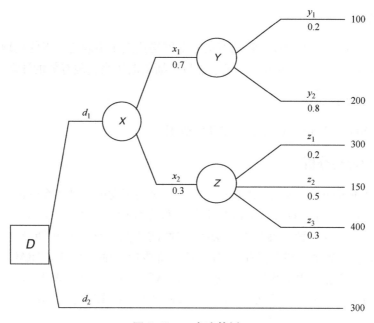

图 9.43　一个决策树

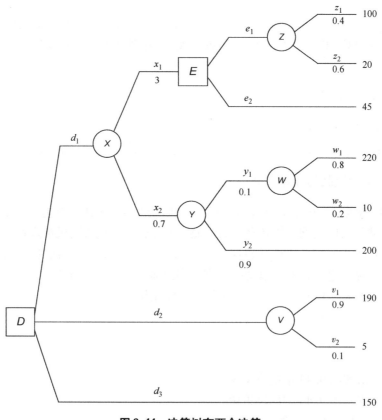

图 9.44　决策树有两个决策

练习9.5 根据图9.8 中的决策树，证明 $EU(D_1) = 9800$ 美元和 $EU(D_2) = 10697$ 美元。

练习9.6 思考例9.6。假设莱昂纳多有机会在决定是否带伞之前咨询天气预报。若进一步假设天气预报显示：90%的日期会下雨，20%的日期不会下雨，那么

$$P(Forecast = rain \mid R = rain) = 0.9$$

$$P(Forecast = rain \mid R = no\ rain) = 0.2$$

和以前一样，假设莱昂纳多判断这一点

$$P(R = rain) = 0.4$$

假设示例9.6 中的应用程序能证明上述问题的决策树，请求解该决策树。

练习9.7 再次考虑例9.6。假设如果下雨，那么有 0.7 的概率将衣服送到洗衣店，有 0.3 的概率被损坏。再假设

$$P(R = rain) = 0.4$$

针对这种情况评估应用程序能够证明结果决策树，并求解该决策树。

练习9.8 考虑例9.8。假设您出生时的预期寿命为75岁。根据该示例中描述的情况评估您自己的 QALE，证明结果决策树，并求解该决策树。

练习9.9 假设珍妮弗是一个年轻的潜在资本家，有 1000 美元可以投资。她听过许多在股票市场上赚钱的故事。所以她决定用 1000 美元做下列 3 件事中的 1 件：

1）她可以在 Techjunk 上购买一个期权，允许她在一个月内以每股 22 美元的价格购买 1000 股 Techjunk。2）她可以用 1000 美元购买 Techjunk 的股票。3）她可以把 1000 美元存入银行，每年赚取 0.07 美元。目前，Techjunk 每股售价为 20 美元。进一步假设她觉得纳斯达克指数有机会在两个月内有 0.5 的概率达到 2000 点，0.5 的概率达到 2500 点。如果是 2000 点，她觉得 Techjunk 将有 0.3 的概率涨到每股 23 美元和 0.7 的概率达到每股 15 美元。如果纳斯达克指数达到 2500 点，那么她认为 Techjunk 有 0.7 的概率涨到每股 26 美元，有 0.3 的概率涨到每股 20 美元。给出代表此决策的决策树，并求解该决策树。

令 $P(NASDAQ = 2000) = p$ 且 $P(NASDAQ = 2500) = 1 - p$。

确定决定购买期权的 p 的最大值。是否由 p 的价值决定购买股票呢？

练习9.10 该练习是基于 [Clemen, 1996] 中的一个例子。1984 年，Penzoil 和 Getty 两家石油公司同意合并。然而，在交易完成之前，Texaco 为 Getty 提供了更优惠的价格。所以 Getty 退出了与 Penzoil 兼并的交易而是卖给了 Texaco。Penzoil 石油公司立即提起诉讼且胜诉，并且获得 111 亿美元的补偿。法庭命令将判决减少到 20 亿美元，但利息和罚款使总数回升至 103 亿美元。Texaco 首席执行官詹姆斯·金尼尔（James Kinnear）表示，他将一直诉讼到美国最高法院，因为他认为，在与 Getty 谈判时，Penzoil 没有遵守安全和交易委员会的规定。1987 年，就在 Penzoil 开始向 Texaco 提交留置权之前，Texaco 提出给 Penzoil 20 亿美元来解决这个案件。Penzoil 董事长休·利德克（Hugh Liedke）表示，他的顾问告诉他，30 亿美元至 50 亿美元之间的和解费用将是公平的。

利德克应该怎么做？两个明显的选择是他可以接受 20 亿美元或他可以拒绝。让我们说他也在考虑削减 50 亿美元的资金。如果他这样做，他判断 Texaco 将以概率 0.17 接受还价，以概率 0.5 拒绝还价，或者 30 亿美元的还价的概率为 0.33。如果 Texaco 讨价，利德克将有拒绝或接受讨价的决定权。利德克假设他只是拒绝 20 亿美元而没有还价，如果 Texaco 拒绝他的还价，或者如果他拒绝他们的还盘，这件事将在法庭上结束。如果确实上法庭，他判断

Penzoil 有 0.2 的概率将被罚款 103 亿美元，0.5 的概率他们将被罚款 50 亿美元，而他们一无所获的概率是 0.3。

证明此决策的决策树，并求解该决策树。

最后发生了什么？利德克干脆拒绝 20 亿美元。在 Penzoil 开始向 Texaco 的资产提交留置权之前，Texaco 根据联邦破产法第 11 章向债权人提起保护。Penzoil 随后代表 Texaco 提交了财务重组计划。根据该计划，Penzoil 将获得约 41 亿美元。最后，这两家公司同意 30 亿美元作为 Texalo 财务重组的一部分。

9.2 节

练习 9.11 使用影响图表示练习 9.6 中的问题实例。手动求解影响图。使用 Netica 或其他一些软件包，构建并求解影响图。

练习 9.12 使用影响图表示练习 9.7 中的问题实例。手动求解影响图。使用 Netica 或其他一些软件包，构建并求解影响图。

练习 9.13 使用影响图表示练习 9.9 中的问题实例。手动求解影响图。使用 Netica 或其他一些软件包，构建并求解影响图。

练习 9.14 使用影响图表示练习 9.10 中的问题实例。手动求解影响图。使用 Netica 或其他一些软件包，构建并求解影响图。

练习 9.15 在例 9.23 之后，我们注意到，最大化预期效用的决策选择是进行 CT 扫描，这并不令人惊讶，因为该扫描没有成本。相反，假设进行扫描需要 1000 美元的成本。假设决策者决定 1000 美元相当于 0.01 年的寿命。使用 Negatia 或其他软件包，构建一个代表该问题实例的影响图，并确定在这种情况下，使预期效用最大化的决策方案是否仍然是进行 CT 扫描。

9.3 节

练习 9.16 使用例 9.27 中说明的技术，评估您的个人风险承受能力 r。

练习 9.17 使用上一个练习中评估的 r 值，确定例 9.1 中得到最大化预期效用的决策。

9.4 节

练习 9.18 计算例 9.2 中决策方案的方差。为决策方案绘制风险列表和累积风险列表。讨论您是否认为方差或风险列表更有助于确定每个备选方案中的风险。

练习 9.19 计算例 9.3 中决策方案的方差。为决策方案绘制风险列表和累积风险列表。讨论您是否认为方差或风险列表更有助于确定每个备选方案中的风险。

练习 9.20 计算例 9.4 中决策方案的方差。为决策方案绘制风险列表和累积风险列表。讨论您是否认为方差或风险列表更有助于确定每个备选方案中的风险。

9.5 节

练习 9.21 图 9.45 所示决策树中是否有一个决策选项占确定性的支配地位？如果有，是

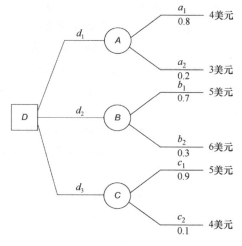

图 9.45 一个决策树

哪一个?

练习 9.22　图 9.46 所示决策树中是否存在一个决策选择随机地占支配地位? 如果存在, 是哪一个方案? 为决策备选方案创建累积风险列表。

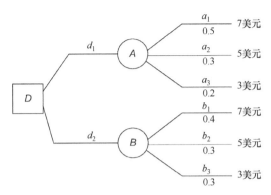

图 9.46　一个决策树

9.6 节

练习 9.23　假设目前朗讯的每股收益为 3 美元, 而且你觉得它有一个 0.6 的概率, 将在月底降至 2 美元, 而有 0.4 的概率升到 5 美元。您需要 3000 美元进行投资, 您将购买 1000 股朗讯或者将资金存入银行并获得每月 0.004 的利率。虽然您对结果的评估非常有信心, 但您自己对概率的评估并不十分有信心。设 p 是朗讯股价下降的概率。确定您决定购买朗讯的 p 的最大值。

练习 9.24　假设您处于与上一个练习中相同的情况, 除非您认为朗讯的价值将在一个月内受到纳斯达克指数总体价值的影响。目前, 纳斯达克指数在 2300 点, 你评估它将在月底达到 2000 点或 2500 点。您有信心评估您的股票上涨的可能性取决于纳斯达克指数是上涨还是下跌, 但您没有信心评估纳斯达克指数上涨或下跌的可能性。具体来说, 如果纳斯达克指数上涨的话, 你觉得朗讯上涨的可能性是 0.8, 而且鉴于纳斯达克指数下跌, 朗讯上涨的可能性是 0.3。设 p 是纳斯达克指数上涨的概率。确定您决定购买朗讯股票的 p 的最小值。

练习 9.25　假设您处于与上一个练习相同的情况, 除非您对纳斯达克指数上涨概率的评估充满信心, 但您根据纳斯达克指数是否对您的股票上涨概率的评估没有信心。具体来说, 你觉得纳斯达克指数上涨的可能性是 0.7。考虑到纳斯达克指数上涨, 让 p 成为朗讯股价上涨的概率, 让 q 成为朗讯在纳斯达克指数下跌时上涨的概率。对 p 和 q 进行双向敏感性分析。

9.7 节

练习 9.26　假设有图 9.39 所示的决策树, 除非增长基金分别为 1800 美元、1100 美元和 200 美元, 如果市场分别走高、平稳或走低, 而配置基金将分别为 1400 美元、1000 美元或 400 美元。

1) 手动计算完备信息的预期值。

2) 使用 Netica 将问题实例建模为影响图, 并使用该影响图确定完备信息的期望值。

练习 9.27　假设我们有和前面例子一样的决策, 只是可以咨询一个不完备的专家。具体来说, 专家的准确性如下:

$$P(\text{Expert}=\text{says up} \mid \text{Market}=\text{up})=0.7$$

$$P(\text{Expert}=\text{says flat} \mid \text{Market}=\text{up})=0.2$$

$$P(\text{Expert}=\text{says down} \mid \text{Market}=\text{up})=0.1$$

$$P(\text{Expert}=\text{says up} \mid \text{Market}=\text{flat})=0.1$$

$$P(\text{Expert}=\text{says flat} \mid \text{Market}=\text{flat})=0.8$$

$$P(\text{Expert}=\text{says down} \mid \text{Market}=\text{flat})=0.1$$

使用 Netica 将问题实例建模为影响图，并使用该影响图确定咨询专家的预期值。

练习 9.28　考虑练习 9.10 中讨论的决策问题。使用 Netica 影响图表示问题，并使用该影响图确定有关 Texaco 对 50 亿美元还价的反应的 EVPI。

练习 9.29　回忆一下前面的例子，其中 Neapolitan 教授有机会在得克萨斯州的农场里钻油。钻探费用为 25000 美元。假设如果他钻了油并且存在油，他将从油的销售中获得 100000 美元。如果只有天然气，他将从天然气销售中获得 30000 美元。如果两者都不存在，他将一无所获。钻井的替代方案是什么都不做，这肯定会导致无利可图，但他不会花费 25000 美元。

1）用影响图表示决策问题，并求解影响图。

2）现在包括练习 6.18 中讨论的测试节点，并确定运行测试的预期值。

第 10 章　学习概率模型参数

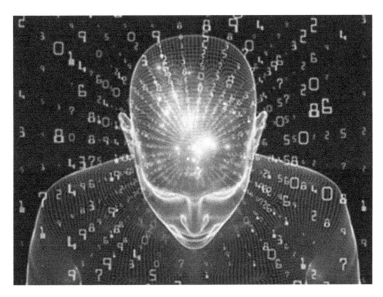

直到 20 世纪 90 年代初，贝叶斯网络中的 DAG 通常由专家手工构建。然后由专家评估从数据中学习得到条件概率，或者使用两种技术的组合获得条件概率。在大型网络的情况下，从专家那里引出贝叶斯网络可能是一个费力且困难的过程。因此，研究人员开发了可以从数据中学习 DAG 的方法。此外，研究人员还将规范化从数据中学习条件概率的方法。在贝叶斯网络中，条件概率分布称为参数。本章将讨论参数学习的问题，这里只讨论学习离散参数。Neapolitan［2004］给出了一种在高斯贝叶斯网络中学习参数的方法。在贝叶斯网络中，DAG 被称为结构。在第 11 章中，将讨论结构学习。

10.1　学习单个参数

当概率是经验概率时，只能从数据中学习参数，这在 6.3.1 节中讨论过。所以，这里讨论的只涉及这种经验概率的情况。尽管该方法基于通过对个体的经验概率的主观信念进行建模而获得的严格数学结果，但该方法本身非常简单。在这里，只介绍方法。参见［Neapolitan，2004］。在介绍一种二项式随机变量概率学习的方法之后，将该方法扩展到多项式随机变量。最后，本章阐明与概率相关的先验知识的方法。

10.1.1　二项式随机变量

先用一系列例子来说明学习方法。

例 10.1　复习一下 6.3.1 节开头关于图钉的讨论的内容。我们注意到一个图钉可以钉帽（平头）着地，称之为"heads（头部）"，或者可以平头的边缘和一点着地，称之为

"tails（尾巴）"。因为图钉不对称，没有理由应用无差异原则，把两种结果的概率都设为0.5。因此，我们需要数据来估计"头部"的概率。假设扔了图钉100次，并且有65次是头部着地。那么，最大似然估计（MLE）是

$$P(heads) \approx \frac{65}{100} = 0.65$$

一般来说，如果在 n 次试验中有 s 次头部着地，那么概率的 MLE 就是

$$P(heads) \approx \frac{8}{n}$$

当事先不知道与概率有关的先验知识时，使用 MLE 似乎是合理的。但是，如果确实知道有先验知识，那这样做就不合理了。现在一起分析下面的例子。

例 10.2　假设你从口袋里取出一枚硬币，扔了10次，并且这10次都是头像着地，那么利用 MLE，估计

$$P(heads) \approx \frac{10}{10} = 1$$

在硬币的头像着地10次之后，将不会打赌，即使确定第11次投掷的结果是正面。因此，我们相信头像着地的概率 $P(heads)$ 不是1的 MLE 值。假设相信口袋里的硬币是公平的，那么是不是在10次投掷落地之后的结果应该保持 $P(heads) = 0.5$ 吗？对于10次投掷来说这似乎是合理的，但如果是1000次投掷都是头像着地，这似乎并不合理。在某些时候，人们会怀疑硬币的重量使得头像面着地。现在需要一种方法，将先验知识与数据相结合。这样做的标准方法是由概率估计员确定整数 a 和 b，这样估计员的经验就相当于看到了在 $m = a+b$ 次试验中，第一个结果（头像着地的情况）发生 a 次，第二个结果发生 b 次，那么先验概率是

$$P(heads) = \frac{a}{m} \quad P(tails) = \frac{b}{m} \tag{10.1}$$

在 $n = s+t$ 次试验中观察"头部"和"尾部"后，后验概率为

$$P(heads \mid s, t) = \frac{a+s}{m+n} \quad P(tails \mid s, t) = \frac{a+t}{m+n} \tag{10.2}$$

该后验概率称为最大后验概率（Maximum A posteriori Probability，MAP）。请注意，这里使用的符号是"="而不是"≈"，并且将概率写成条件概率而不是估计值。原因是这是一种贝叶斯技术，而贝叶斯主义者说这个值是他们基于数据的概率（先验概率），而不是说它是概率的估计（经验概率）。

上面是基于直观基础推导的式（10.1）和式（10.2）。下面的定理是对它的严格推导。

定理 10.1　假设即将反复扔图钉（或执行任何可重复的实验，结果有两种）。这里进一步假设具有可交换性，并且使用带参数 a 和 b 的 β 分布的先验概率表示头部着地的概率。那么，先验概率可由式（10.1）给出，并且在 $n = s+t$ 次试验中观察 s 次头部着地和 t 次尾部着地之后，后验概率由式（10.2）给出。

证明　证明过程可以参见文献［Neapolitan，2004］。

前面的定理假定具有可交换性。简而言之，有 de Finetti 于1937年首次提出的交换性假设是：一个个体将相同的概率分配给包含相同结果数的相同长度的所有序列。例如，个体为

将相同的概率分配给"头部（H）"和"尾部（T）"分的序列：

$$H, T, H, T, H, T, H, T, T, T \text{和} H, T, T, T, T, H, H, T, H, T$$

此外，个体将相同的概率分配给 10 次投掷图钉中 4 个头部和 6 个尾部的任何其他序列。

下面将展示更多示例。在这些例子中，只计算第一个结果的概率，因为第二个结果的概率由第一个概率确定。

例 10.3　假设你从口袋里取出硬币重复投掷。因为你觉得经验概率很可能在 0.5 左右，你可能还认为你的先验经验相当于在 100 次投掷中有 50 次出现头像着地。因此，你可以用 $a=50$ 和 $b=50$ 表示你的先验知识。那么有 $m=50+50=100$，并且头像着地的先验概率是

$$P(heads) = \frac{a}{m} = \frac{50}{100} = 0.5$$

在 100 次投掷中看到 48 次头像后，后验概率是

$$P(heads \mid 48, 52) = \frac{a+s}{m+n} = \frac{50+48}{100+100} = 0.49$$

在 $P(heads \mid 48, 52)$ 中条件条右侧的数据 48，52 表示出现了 48 次头像和 52 次图案的事件。

例 10.4　假设你要反复扔图钉。基于它的结构，你可能觉得它应该在大约一半的时间内头部着地，但你并不像从口袋里取出硬币的试验那么自信。所以，你可能会觉得先验经验相当于在 6 次投掷中看到 3 次头部着地。那么，头部着地的先验概率是

$$P(heads) = \frac{a}{m} = \frac{3}{6} = 0.5$$

在 100 次投掷中看到 65 次头部着地后，可得后验概率：

$$P(heads \mid 65, 35) = \frac{a+s}{m+n} = \frac{3+65}{6+100} = 0.64$$

例 10.5　假设你在美国做抽样以确定他们是否刷牙。在这种情况下，你可能会觉得你的先验经验相当于在 20 个样本中看到 18 个人刷牙。那么，刷牙的先验概率是

$$P(brushes) = \frac{a}{m} = \frac{18}{20} = 0.9$$

在对 100 个人进行抽样并了解到 80 个人刷牙后，后验概率是

$$P(brushes \mid 80, 20) = \frac{a+s}{m+n} = \frac{18+80}{20+100} = 0.82$$

你也可以认为如果事先完全不知道概率，那么就应该赋予 $a=b=0$。但是，请考虑下一个例子。

例 10.6　假设我们要对狗进行抽样并确定它们是否吃薯片。因为不知道特定的狗是否会吃薯片，所以给定 $a=b=0$，这意味着 $m=0+0=0$。因为不能将 m 除以 m，所以没有先验概率。下面，假设抽样一只狗，并且这只狗吃薯片，那么下一只狗吃薯片的概率是

$$P(eats \mid 1, 0) = \frac{a+s}{m+n} = \frac{0+1}{0+1} = 1$$

这种先验知识是不太合理的，因为这意味着能确定所有的狗都吃薯片。处理这种情况和更严格的数学结果是很困难的。缺少先验概率通常采用 $a=b=1$ 建模，这意味着 $m=1+1=2$。如果使

用这些数，则当第一次抽样的狗被发现吃薯片时，得到的后验概率由下式给出：

$$P(eats \mid 1,0) = \frac{a+s}{m+n} = \frac{1+1}{2+1} = \frac{2}{3}$$

10.1.2 多项式随机变量

刚才讨论的方法很容易扩展到多项随机变量。现在得到以下定理。

定理 10.2 假设即将重复实现具有 k 种结果的试验，k 种结果为 x_1，x_2，$\cdots$，x_k。进一步假设结果具有可交换性，并且使用具有参数 a_1，a_2，$\cdots$，a_k 的狄利克雷分布表示关于 k 个结果概率的先验知识，那么先验概率是

$$P(x_1) = \frac{a_1}{m}, \ P(x_2) = \frac{a_2}{m}, \ \cdots, \ P(x_k) = \frac{a_k}{m}$$

式中，$m = a_1 + a_2 + \cdots + a_k$。在 $n = s_1 + s_2 + \cdots + s_k$ 次试验中，看到 x_1 出现 s_1 次，x_2 出现 s_2 次，$\cdots$，并且 x_n 出现 s_n 次，可按下面计算后验概率：

$$P(x_1 \mid s_1, s_2, \cdots, s_k) = \frac{a_1 + s_1}{m+n}$$

$$P(x_2 \mid s_1, s_2, \cdots, s_k) = \frac{a_2 + s_2}{m+n}$$

$$\vdots$$

$$P(x_k \mid s_1, s_2, \cdots, s_k) = \frac{a_k + s_k}{m+n}$$

证明 证明过程可参见［Neapolitan，2004］。

请注意，在定理 10.1 中，使用 β 分布表示先验知识，并且在定理 10.2 中，使用狄利克雷分布。当只有两个参数时，β 分布与狄利克雷分布相同，而定理 10.1 是定理 10.2 的特例。

现在确定数字 a_1，a_2，$\cdots$，a_k 通过将我们的经验等同于看到第一个结果发生了 a_1 次，第二个结果发生了 a_2 次，$\cdots$，最后的结果发生了 a_k 次。

例 10.7 假设有一个不对称的六面模具，几乎不知道每一面出现的概率。然而，似乎各面出现的概率是相同的，即都有同样的可能性。所以，这里设定

$$a_1 = a_2 = \cdots = a_6 = 3$$

那么，先验概率计算如下：

$$P(1) = P(2) = \cdots = P(6) = \frac{a_i}{n} = \frac{3}{18} = 0.16667$$

下面，假设将模具抛出 100 次，结果如下：

结果	事件的数量
1	10
2	15
3	5
4	30
5	13
6	27

从而得出：

$$P(1 \mid 10,15,5,30,13,27) = \frac{a_1 + s_1}{m+n} = \frac{3+10}{18+100} = 0.110$$

$$P(2 \mid 10,15,5,30,13,27) = \frac{a_2 + s_2}{m+n} = \frac{3+15}{18+100} = 0.153$$

其他 4 个概率的计算过程由读者完成。

10.2　在贝叶斯网络中学习参数

在贝叶斯网络中学习参数的方法很容易遵循用于学习单个参数的方法，这里用二项式变量来说明该方法。它很容易扩展到多项式变量（见 [Neapolitan，2004]）。在介绍完该方法后，将讨论等效的样本量。

10.2.1　学习参数的步骤

考虑图 10.1a 中的双节点网络，称这种网络为参数学习的贝叶斯网络。对于网络中的每个概率，都有一数据对 (a_{ij}, b_{ij})，i 为索引变量，j 为索引变量的父项的值。例如，对 (a_{11}, b_{11}) 用于第一个变量（X）和其父项的第一个值（在这种情况下，为一个父项默认值，因为 X 没有父项）。对 (a_{21}, b_{21}) 用于第二个变量（Y）和其父项的第一个值，即 x_1。对 (a_{22}, b_{22}) 用于第二个变量（Y）和其父项的第二个值，即 x_2。现在试图通过取 $a_{ij} = b_{ij} = 1$ 来表示所有没有先验概率的值。使用这些数据对计算先验概率，就像在考虑单个参数时所做的那样。也即

$$P(x_1) = \frac{a_{11}}{a_{11} + b_{11}} = \frac{1}{1+1} = \frac{1}{2}$$

$$P(y_1 \mid x_1) = \frac{a_{21}}{a_{21} + b_{21}} = \frac{1}{1+1} = \frac{1}{2}$$

$$P(y_1 \mid x_2) = \frac{a_{22}}{a_{22} + b_{22}} = \frac{1}{1+1} = \frac{1}{2}$$

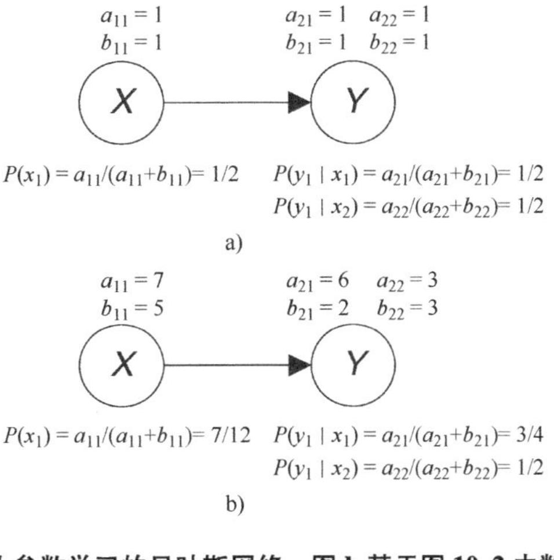

图 10.1　图 a 为参数学习的贝叶斯网络；图 b 基于图 10.2 中数据的更新网络

当已获得数据时，使用 (s_{ij}, t_{ij}) 对来表示当变量的父项具有其第 j 个值时第 i 个变量的数目。假设获得了图 10.2 中的数据。该图中显示了 (s_{ij}, t_{ij}) 对的值。现在已知 $s_{11}=6$，因为 x_1 出现了 6 次，而 $t_{11}=4$，是因为 x_2 出现了 4 次。在 x_1 出现的 6 次中，y_1 出现了 5 次，y_2 出现了 1 次，所以，$s_{21}=5$ 且 $t_{21}=1$。在 x_2 出现的 4 次中，y_1 出现 2 次，y_2 出现 2 次，所以，$s_{22}=2$ 且 $t_{22}=2$。为了确定基于数据的后验概率分布，这里用与该条件概率相关的数目去更新每个条件概率。因为需要一个更新的贝叶斯网络，所以要重新计算 (a_{ij}, b_{ij}) 对的值。因此，有下面的结果：

实例	X	Y
1	x_1	y_1
2	x_1	y_1
3	x_1	y_1
4	x_1	y_1
5	x_1	y_1
6	x_1	y_2
7	x_2	y_1
8	x_2	y_1
9	x_2	y_2
10	x_2	y_2

$s_{11}=6$ $\quad$ $s_{21}=5$
$t_{11}=4$ $\quad$ $t_{21}=1$ $\quad$ $s_{22}=2$ $\quad$ $t_{22}=2$

图 10.2　10 个数据情况

$$a_{11} = a_{11} + s_{11} = 1 + 6 = 7$$

$$b_{11} = b_{11} + t_{11} = 1 + 4 = 5$$

$$a_{21} = a_{21} + s_{21} = 1 + 5 = 6$$

$$b_{21} = b_{21} + t_{21} = 1 + 1 = 2$$

$$a_{22} = a_{22} + s_{22} = 1 + 2 = 3$$

$$b_{22} = b_{22} + t_{22} = 1 + 2 = 3$$

然后计算参数的更新值：

$$P(x_1) = \frac{a_{11}}{a_{11} + b_{11}} = \frac{7}{7+5} = \frac{7}{12}$$

$$P(y_1 \mid x_1) = \frac{a_{21}}{a_{21} + b_{21}} = \frac{6}{6+2} = \frac{3}{4}$$

$$P(y_1 \mid x_2) = \frac{a_{22}}{a_{22} + b_{22}} = \frac{3}{3+3} = \frac{1}{2}$$

更新后的网络如图 10.1b 所示。

10.2.2　等效样本量

在前面的小节中描述的无先验数据是存在问题的。尽管将 $a_{ij} = b_{ij} = 1$ 表示为所有条件概率的无先验是很自然的，但这样的分配与用来表达这些价值的隐喻是不一致的。前面提到的概率评估员工作是选择 a 和 b 的值，如此这样评估员的经验等同于看到第一个结果在 $a+b$ 试验中出现 a 次。因此，如果我们设置 $a_{11} = b_{11} = 1$，评估员的经验相当于在两次试验中看到 x_1 出现一次。但是，如果我们设置 $a_{21} = b_{21} = 1$，评估员的经验相当于在 x_1 发生的两次中看到 y_1 出现一次。这里出现了不一致。首先，我们说 x_1 出现一次，接着我们说 x_1 出现了两次。除了这种不一致之外，如果使用这些先验，会获得令人奇怪的结果。

考虑图 10.3a 中用于参数学习的贝叶斯网络。如果使用图 10.2 中的数据更新该网络，将获得图 10.3b 中的网络。图 10.3a 中的 DAG 是马尔可夫等同于图 10.1b 中的 DAG。似乎如果用等效的 DAG 代表相同的先验知识，那么基于数据的后验分布应该是相同的。在这种情况下，试图表示在图 10.1a 和图 10.3a 中网络的所有概率的无先验。因此，基于图 10.2 中数据的后验分布应该是相同的。但是，从图 10.1b 中的贝叶斯网络中可以得到

$$P(x_1) = \frac{7}{12} = 0.583$$

而从图 10.3b 中的贝叶斯网络中得到

$$P(x_1) = P(x_1 \mid y_1)P(y_1) + P(x_1 \mid y_2)P(y_2)$$

$$= \frac{2}{3} \times \frac{2}{3} + \frac{2}{5} \times \frac{1}{3} = 0.578$$

从上面可知，可获得不同的后验概率。这样的结果不仅奇怪，而且是不可接受的，因为这里试图用图 10.1a 和图 10.3a 中的贝叶斯网络模拟相同的先验知识，但最终得到了不同的后验知识。

$$
\begin{array}{ll}
a_{21}=1 \quad a_{22}=1 & a_{11}=1 \\
b_{21}=1 \quad b_{22}=1 & b_{11}=1
\end{array}
$$

$$\big(X\big) \longleftarrow \big(Y\big)$$

$$P(x_1 \mid y_1) = a_{21}/(a_{21}+b_{21}) = 1/2 \quad P(y_1) = a_{11}/(a_{11}+b_{11}) = 1/2$$
$$P(x_1 \mid y_2) = a_{22}/(a_{22}+b_{22}) = 1/2$$

a)

$$
\begin{array}{ll}
a_{21}=6 \quad a_{22}=2 & a_{11}=8 \\
b_{21}=3 \quad b_{22}=3 & b_{11}=4
\end{array}
$$

$$\big(X\big) \longleftarrow \big(Y\big)$$

$$P(x_1 \mid y_1) = a_{21}/(a_{21}+b_{21}) = 2/3 \quad P(y_1) = a_{11}/(a_{11}+b_{11}) = 2/3$$
$$P(x_1 \mid y_2) = a_{22}/(a_{22}+b_{22}) = 2/5$$

b)

图 10.3　为参数学习初始化的贝叶斯网络（见图 a）；**基于图 10.2 中数据的更新网络**（见图 b）

现在可以通过使用先前的等效样本量来解决这种困难。也就是说，指定 a_{ij} 和 b_{ij} 的值，这些值实际上可能出现在先前的样本中，该样本表现出 DAG 所需的条件独立性。例如，给定网络 $X \rightarrow Y$，如果指定 $a_{21} = b_{21} = 1$，这意味着先前样本中必须具有 x_1 出现两次的情况。所以，需要指定 $a_{11} = 2$。同样，如果指定 $a_{22} = b_{22} = 1$，这意味着先前样本中必须有 x_2 出现两次的情况。所以，需要指定 $b_{11} = 2$。请注意，并不是说我们实际上有一个先前样本的。这里说概率评估员的知识由先前的样本表示。图 10.4 显示了使用等效样本量的先前贝叶斯网络。请注意，这些网络中的 a_{ij} 和 b_{ij} 的值代表以下的先前样本：

实例	X	Y
1	x_1	y_1
2	x_1	y_2
3	x_2	y_1
4	x_2	y_2

如果使用图 10.2 中的数据更新图 10.4 中的两个贝叶斯网络，则可获得相同的后验概率分布。一般来说，当使用先前的等效样本量时，这个结果是正确的；证明过程参见 [Neapolitan, 2004]。现在给出了先前等效样本量的正式定义。

定义 10.1　假设在二项式变量的情况下指定为参数学习的贝叶斯网络。如果有一个数字 α，那么对于所有 i 和 j，都有

$$a_{ij} + b_{ij} = P(pa_{ij}) \times \alpha$$

式中，pa_{ij}是第 i 个变量父项的第 j 个实例，那么说网络具有先前等效的样本量 α。

这个定义本身有点难以理解。以下定理（其证明参见［Neapolitan，2004］），提出了一种表示统一先验分布的方法，这通常是我们想要做的。

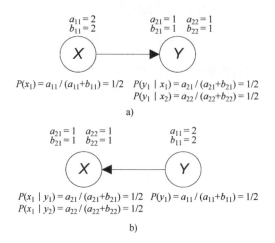

$$P(x_1) = a_{11} / (a_{11}+b_{11}) = 1/2 \quad P(y_1 \mid x_1) = a_{21} / (a_{21}+b_{21}) = 1/2$$
$$P(y_1 \mid x_2) = a_{22} / (a_{22}+b_{22}) = 1/2$$

a)

$$P(x_1 \mid y_1) = a_{21} / (a_{21}+b_{21}) = 1/2 \quad P(y_1) = a_{11} / (a_{11}+b_{11}) = 1/2$$
$$P(x_1 \mid y_2) = a_{22} / (a_{22}+b_{22}) = 1/2$$

b)

图 10.4　包含先前等效样本量的参数学习的贝叶斯网络

定理 10.3　假设在二项式变量的情况下指定为参数学习的贝叶斯网络，并且为所有 i 和 j 分配值：

$$a_{ij} = b_{ij} = \frac{\alpha}{2q_i}$$

式中，$\alpha^{\ominus}$是正整数；q_i是第 i 个变量的父项的实例化数。然后，得到的贝叶斯网络具有等效的样本量 α，并且贝叶斯网络中的联合概率分布是均匀的。

图 10.4a 展示了使用定理 10.3（代入 $\alpha=4$）获得用于参数学习的一个贝叶斯网络

在二项式变量的情况下，这里提出了用于在贝叶斯网络中学习参数的方法，它很容易扩展到多项式变量，请参见［Neapolitan，2004］。

10.3　缺少数据的学习参数

到目前为止，已经考虑了数据集，其中在每种情况下每个变量的每个值都记录在该数据集。下面考虑可能省略某些数据项的情况。它们怎么会被省略呢？一种常见的方式，实际上是一种相对容易处理的方式，即由于记录的问题或类似的错误而简单地被随机忽略了。具体的方案如下：

首先，需要提供比目前使用的更正式的表示法。在前面定理 10.1 中，已知使用带参数 a 和 b 的 β 分布的头部概率表示先验知识。

从形式上来说，这意味着正在考虑头部随机变量 F 的概率，并且该随机变量具有带参数 a 和 b 的 β 分布。β 密度函数如下：

$$beta(f;a,b) = \frac{\Gamma(a+b)}{\Gamma(a)\Gamma(b)} f^{a-1}(1-f)^{b-1} \quad 0 \leqslant f \leqslant 1$$

$\ominus$　原书为 N，有误。——译者注

定理 10.1 的正式陈述是，如果

$$\rho(f) = beta(f; a, b)$$

那么

$$\rho(f \mid D) = beta(f; a+s, b+t) \tag{10.3}$$

式中，数据 D 由第一种情况的 s 次出现和第二种情况的 t 次出现组成。

现在将展示如何根据包含随机丢失的数据项的数据更新参数。在讨论如何基于这些数据进行更新之前，先回顾一下当没有数据项丢失时是如何更新的。图 10.5a 显示了一个贝叶斯网络，现在已明确包含参数的随机变量。这种网络称为增强贝叶斯网络。将网络中所有随机变量 F_{ij} 的集合表示为 F。假设想用表 10.1 中的数据 D 更新该网络。设 s_{21} 为 X_1 等于 1 且 X_2 等于 1 的事件数，t_{21} 为 X_1 等于 1 且 X_2 等于 2 的事件数。从而得到

$$s_{21} = 3$$
$$t_{21} = 1$$

因此，

$$
\begin{aligned}
P(f_{21}/D) &= beta(f_{21}; a_{21}+s_{21}, b_{21}+t_{21}) \\
&= beta(f_{21}; 1+3, 1+1) \\
&= beta(f_{21}; 4, 2)
\end{aligned}
$$

表 10.1　5 例数据

实例	X_1	X_2
1	1	1
2	1	1
3	1	1
4	1	2
5	2	2

下面假设想使用表 10.2 中的数据 D 更新图 10.5a 中的网络。这些数据包含缺少的数据项。对于实例 2 和 5，并不知道 X_2 的值。在这些情况下，使用 $P(X_2 = 1 \mid X_1 = 1)$ 估计 X_2 的值似乎是合理的。也就是说，因为这个概率等于 $1/2$，所以说 X_2 在每种 2 和 5 情况中都有 1 出现。所以这里用表 10.3 中的数据 D′ 替换表 10.2 中的数据 D。然后，使用表 10.3 中列出的出现次数更新密度函数。所以有

表 10.2　缺少某些数据项的 5 例数据

实例	X_1	X_2
1	1	1
2	1	?
3	1	1
4	1	2
5	2	?

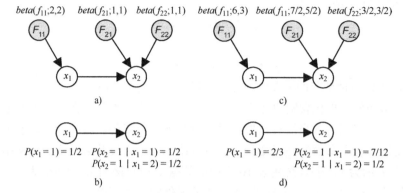

图 10.5　图 a 中的网络使用 EM 算法后更新到图 c 中的网络

表 10.3　对缺失值的估计

实例	X_1	X_2	出现概率
1	1	1	1
2	1	1	1/2
2	1	2	1/2
3	1	1	1
4	1	2	1
5	2	1	1/2
5	2	2	1/2

$$s'_{21} = 1 + \frac{1}{2} + 1 = \frac{5}{2}$$

$$t'_{21} = \frac{1}{2} + 1 = \frac{3}{2} \tag{10.4}$$

$$s'_{22} = \frac{1}{2}$$

$$t'_{22} = \frac{1}{2} \tag{10.5}$$

式中，s'_{21}、t'_{21}、s'_{22}、t'_{22} 表示数据 D′ 中的计数（见表 10.3）。然后有

$$\rho(f_{21} \mid D') = beta(f_{21}; a_{21} + s'_{21}, b_{21} + t'_{21})$$
$$= beta\left(f_{21}; 1 + \frac{5}{2}, 1 + \frac{3}{2}\right)$$
$$= beta\left(f_{21}; \frac{7}{2}, \frac{5}{2}\right)$$

和

$$\rho(f_{22} \mid D') = beta(f_{21}; a_{22} + s'_{22}, b_{22} + t'_{22})$$
$$= beta\left(f_{21}; 1 + \frac{1}{2}, 1 + \frac{1}{2}\right)$$

$$= beta\left(f_{21}; \frac{3}{2}, \frac{3}{2}\right)$$

更新后的网络如图 10.5c 所示。

如果让 s_{ij} 和 t_{ij} 作为随机变量表示完整数据集合，那么刚才描述的方法将确定这些计数相对于 X_1 和 X_2 的联合概率分布的预期值，条件是数据在 F 中具有先验值的变量和预期望值。也就是说，如果设定

$$f_{11} = \frac{2}{2+2} = \frac{1}{2}$$

$$f_{21} = \frac{1}{1+1} = \frac{1}{2}$$

$$f_{22} = \frac{1}{1+1} = \frac{1}{2}$$

然后

$$\mathrm{f} = \{f_{11}, f_{21}, f_{22}\} = \{1/2,\ 1/2,\ 1/2\}$$

而且

$$
\begin{aligned}
s_{21}' = E(S_{21} \mid \mathrm{D},\ \mathrm{f}) &= \sum_{h=1}^{5} 1 \times P(X_1^{(h)} = 1,\ X_2^{(h)} = 1 \mid \mathrm{D},\ f) \\
&= \sum_{h=1}^{5} P(X_1^{(h)} = 1,\ X_2^{(h)} = 1 \mid x^{(h)},\ f) \\
&= \sum_{h=1}^{5} P(X_1^{(h)} = 1,\ X_2^{(h)} = 1 \mid x_1^{(h)},\ x_2^{(h)},\ f) \\
&= 1 + \frac{1}{2} + 1 + 0 + 0 = \frac{5}{2}
\end{aligned}
\tag{10.6}
$$

在前面的等式中，$X^{(h)} = \{X_1^{(h)}, X^{(h)}{}_2\}$ 表示第 h 个数据项的值。

类似地，

$$t_{21}' = E(T_{21} \mid \mathrm{D}, \mathrm{f}) = 0 + \frac{1}{2} + 0 + 1 + 0 = \frac{3}{2}$$

此外，

$$
\begin{aligned}
s_{22}' = E(S_{22} \mid \mathrm{D},\ \mathrm{f}) &= \sum_{h=1}^{5} 1 \times P(X_1^{(h)} = 1,\ X_2^{(h)} = 2 \mid \mathrm{D},\ f) \\
&= \sum_{h=1}^{5} P(X_1^{(h)} = 1,\ X_2^{(h)} = 2 \mid x^{(h)},\ f) \\
&= \sum_{h=1}^{5} P(X_1^{(h)} = 1,\ X_2^{(h)} = 2 \mid x_1^{(h)},\ x_2^{(h)},\ f) \\
&= 0 + 0 + 0 + 0 + \frac{1}{2} = \frac{1}{2}
\end{aligned}
$$

而且

$$t_{22}' = E(T_{22} \mid \mathrm{D}, \mathrm{f}) = 0 + 0 + 0 + 0 + \frac{1}{2} = \frac{1}{2}$$

请注意，这些是在式（10.4）和式（10.5）中获得的相同值。

使用这些预期值来估计密度函数似乎是合理的。但请注意，这里的估算仅基于之前的样本。它们不是基于数据 D。也就是说，我们说 x_2 在每种情况 2 和 5 中 1 出现的概率是 1/2，是因为根据之前的样本 $P(X_2 = 1 \mid X_1 = 1) = 1/2$ 得出。然而，数据 D 优选事件 $X_1 = 1$，$X_2 = 1$ 到事件

$X_1 = 1$，$X_2 = 2$，因为前一事件发生两次而后一事件仅发生一次。为了将数据 D 合并到估计中，现在可以使用更新网络中的概率分布重复表达式（10.6）中的计算（见图 10.5c 和 d）。也就是说，如果设定

$$f_{11} = \frac{6}{6+3} = \frac{2}{3}$$

$$f_{21} = \frac{7/2}{7/2+5/2} = \frac{7}{12}$$

$$f_{22} = \frac{3/2}{3/2+3/2} = \frac{1}{2}$$

然后

$$f = \{f_{11}, f_{21}, f_{22}\} = \{2/3, 7/12, 1/2\}$$

而且

$$
\begin{aligned}
s'_{21} = E(S_{21} \mid D, f) &= \sum_{h=1}^{5} 1 \times P(X_1^{(h)} = 1, X_2^{(h)} = 1 \mid D, f) \\
&= \sum_{h=1}^{5} P(X_1^{(h)} = 1, X_2^{(h)} = 1 \mid x^{(h)}, f) \\
&= \sum_{h=1}^{5} P(X_1^{(h)} = 1, X_2^{(h)} = 1 \mid x_1^{(h)}, x_2^{(h)}, f') \\
&= 1 + \frac{7}{12} + 1 + 0 + 0 = 2\frac{7}{12}
\end{aligned}
$$

类似地

$$t'_{21} = E(T_{21} \mid D, f) = 0 + \frac{5}{12} + 0 + 1 + 0 = 1\frac{5}{12}$$

可以用同样的方法重新计算 s'_{22} 和 t'_{22}。

显然，可以继续重复前面的两个步骤。假设重复这些步骤，设 $s_{ij}^{(v)}$ 和 $t_{ij}^{(v)}$ 为第 v 次迭代后 s'_{ij} 和 t'_{ij} 的值，取

$$\lim_{v \to \infty} f_{ij} = \lim_{v \to \infty} \frac{a_{ij} + s_{ij}^{(v)}}{a_{ij} + s_{ij}^{(v)} + b_{ij} + t_{ij}^{(v)}}$$

那么在某些规律的条件下，局限是使局部最大化 $\rho (f \mid D)^{\ominus}$ 的 f 的一个值。

我们描述上述过程是 EM 算法的一个实例（[Dempster et al.，1977]；[McLachlan and Krishnan，2008]）。在这个算法中，重新计算 s'_{ij} 和 t'_{ij} 的步骤称为期望步骤，而重新计算 f 值的步骤称为最大化步骤，因为正在接近一个局部最大值。

⊖ 最大化数值实际上取决于用于表达参数的坐标系。这里给出的是那些对应于多项式分布的规范坐标系（参见 Bernardo and Smith，1994）。

最大化 ρ（f | D）的 f 的值被称为 f 的最大后验概率（MAP）值。现在希望得到这个值而不是局部最大值。在介绍算法之后，这里讨论了一种避免局部最大值的方法。

算法 10.1 EM-MAP-Determination

输入：二项式增强贝叶斯网络（$\mathbb{G}$,F,ρ）和数据 D 包含一些不完整数据项

输出：参数集 F 的 MAP 值的估计

Procedure $MAP(\ (\mathbb{G},\mathsf{F},\rho),\ \mathsf{D},\ \textbf{var}\ \mathsf{f})$
for $i = 1$ **to** n
  for $j = 1$ **to** q_i
    assign f_{ij} a value in the interval $(0,1)$;
repeat k times   // 迭代次数
  for $i = 1$ **to** n // 期望步骤
    for $j = 1$ **to** q_i
      $s'_{ij} = E(S_{ij}|\mathsf{D},\mathsf{f}) = \sum_h P(X_i^{(h)} = 1, \mathsf{pa}_{ij}|\mathsf{x}^{(h)},\mathsf{f})$;
      $t'_{ij} = E(T_{ij}|\mathsf{D},\mathsf{f}) = \sum_h P(X_i^{(h)} = 2, \mathsf{pa}_{ij}|\mathsf{x}^{(h)},\mathsf{f})$;
    endfor
  endfor
  for $i = 1$ **to** n // 最大化步骤
    for $j = 1$ **to** q_i
      $$f_{ij} = \frac{a_{ij} + s'_{ij}}{a_{ij} + s'_{ij} + b_{ij} + t'_{ij}};$$
    endfor
  endfor
endrepeat

注意，在算法中初始化的方法是在（0,1）区间内给 f_{ij} 赋值，而不是像我们在插图中那样设置 $f_{ij}=a_{ij}/(a_{ij}+b_{ij})$。这里希望能得到 f 的最大后验概率；但是，一般情况下，可以从任何特定的 f 构型开始，得到一个局部最大值。因此，不能从一个特定的构型开始。相反，使用算法的多次重新启动。下面是在［Chickering and Heckerman，1997］中讨论的多重启策略。根据均匀分布，对 F 中变量的 64 种先验构型进行了抽样。通过变量的配置，即给变量赋值。下面，执行一个期望求解和一个最大化求解的步骤，并且保留 32 个初始配置，产生使 f 具有 ρ（f | D）最大值的 32 个值。然后执行两个期望计算和最大化计算步骤，使用相同的规则保留 16 个初始配置。以这种方式继续下去，在每次迭代中期望-最大化步骤的数量翻倍，直到只剩下一个配置。当不知道密度函数时，如何确定 f 的哪一个值有 ρ（f | D）最大值。对于 f 的任意值，有

$$\rho(\mathsf{f} | \mathsf{D}) = \alpha\rho(\mathsf{D} | \mathsf{f})\rho(\mathsf{f})$$

这意味着通过比较 ρ（D | f'）ρ（f'）和 ρ（D | f''）| ρ（f''）可以确定 ρ（f' | D）或 ρ（f'' | D）哪个比较大。为了计算 ρ（D | f）ρ（f），现在简单地计算 ρ（f）和使用贝叶斯网络推理算法确定 ρ（D | f）= $\prod_{h=1}^{M} P(x^{(h)} | \mathsf{f})$。

f 的最大似然估计（MLE）值是使 P（D | f）为最大值的值。算法 10.1 可以被修改以产生最大似然值。我们简单地更新如下：

$$f_{ij} = \frac{s'_{ij}}{s'_{ij} + t'_{ij}}$$

一种收敛速度更快的参数化 EM 算法参见［Bauer et al.，1997］。EM 算法并不是处理丢失数据项的唯一方法。其他方法包括蒙特卡罗方法，特别是在 11. 2. 6. 2 节中将讨论的吉布抽采样。

练习

10. 1 节

练习 10. 1　对于一些可以无限重复的双结果实验（例如投掷图钉），确定你认为先验经验相当于已见过的每个结果的出现次数 a 和 b。确定第一个结果的概率。

练习 10. 2　假设你认为你之前关于特定酒吧吸烟者相对频率的经验相当于已经看过 14 名吸烟者和 6 名不吸烟者。

1）你决定在酒吧里对个人进行民意调查，并询问他们是否吸烟。你调查的第一个人成为吸烟者的概率是多少？

2）假设在对 10 个人进行调查后，你获得这些数据（值 1 表示个人抽烟，2 表示个人不吸烟）：

$$\{1,2,2,2,2,1,2,2,2,1\}$$

你下次调查的个人是吸烟者的概率是多少？

3）假设在对 1000 名个人（这是一个大酒吧）进行调查后，你会发现 312 人是吸烟者。你下次调查的个人是吸烟者的概率是多少？这个概率与你之前的概率相比如何？

练习 10. 3　找一个长方形块（不是正方体），在两边做上标记。确定 a_1，a_2，$\cdots$，a_6 表示投掷块体时，每条边出现的先验概率。

1）你在第一次投掷时各边出现的概率是多少？

2）将块体移动 20 次。计算你在下一次投掷中出现的每一边的概率。

练习 10. 4　假设你打算对过去 10 年内每天吸两包或更多香烟的人进行抽样调查。你将确定每个个体的收缩压是否 $\leqslant 100$，$101 \sim 120$，$121 \sim 140$，$141 \sim 160$ 或 $\geqslant 161$。确定 a_1，a_2，$\cdots$，a_5 的值代表你每个血压范围的先验概率。

1）接下来，你要抽样这样的吸烟者。第一个个体的每个血压范围的概率是多少？

2）假设在对 100 个人进行抽样后，你将获得以下结果：

血压范围	所占数量
$\leqslant 100$	2
$101 \sim 120$	15
$121 \sim 140$	23
$141 \sim 160$	25
$\geqslant 161$	35

计算下一个抽样的每个范围的概率。

10. 2 节

练习 10. 5　假设在图 10. 6 中有参数学习的贝叶斯网络，有以下数据：

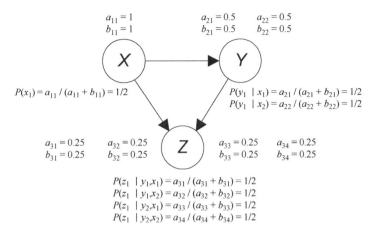

$a_{11} = 1$　　　$a_{21} = 0.5$　$a_{22} = 0.5$
$b_{11} = 1$　　　$b_{21} = 0.5$　$b_{22} = 0.5$

$P(x_1) = a_{11} / (a_{11} + b_{11}) = 1/2$

$P(y_1 \mid x_1) = a_{21} / (a_{21} + b_{21}) = 1/2$
$P(y_1 \mid x_2) = a_{22} / (a_{22} + b_{22}) = 1/2$

$a_{31} = 0.25$　$a_{32} = 0.25$　　　$a_{33} = 0.25$　$a_{34} = 0.25$
$b_{31} = 0.25$　$b_{32} = 0.25$　　　$b_{33} = 0.25$　$b_{34} = 0.25$

$P(z_1 \mid y_1, x_1) = a_{31} / (a_{31} + b_{31}) = 1/2$
$P(z_1 \mid y_1, x_2) = a_{32} / (a_{32} + b_{32}) = 1/2$
$P(z_1 \mid y_2, x_1) = a_{33} / (a_{33} + b_{33}) = 1/2$
$P(z_1 \mid y_2, x_2) = a_{34} / (a_{34} + b_{34}) = 1/2$

图 10.6　用于参数学习的贝叶斯网络

实例	X	Y	Z
1	x_1	y_2	z_1
2	x_1	y_1	z_2
3	x_2	y_1	z_1
4	x_2	y_2	z_1
5	x_1	y_2	z_1
6	x_2	y_2	z_2
7	x_1	y_2	z_1
8	x_2	y_1	z_2
9	x_1	y_2	z_1
10	x_1	y_1	z_1
11	x_1	y_2	z_1
12	x_2	y_1	z_2
13	x_1	y_2	z_1
14	x_2	y_2	z_2
15	x_1	y_2	z_1

确定更新的贝叶斯网络以进行参数学习。

练习 10.6　使用定理 10.3 中的方法开发用于参数学习的贝叶斯网络，其等效样本量为 1、2、4 和 8，用于图 10.7 中的 DAG。

10.3 节

练习 10.7　在文中，更新了图 10.5 中的增强贝叶斯网络（见图 10.5a）使用算法 10.1 的两次迭代，获得表 10.2 中的数据 D。从文本中的结果开始，执行接下来的两次迭代。

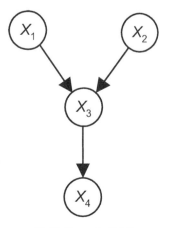

图 10.7　一个 DAG

第 11 章 学习概率模型结构

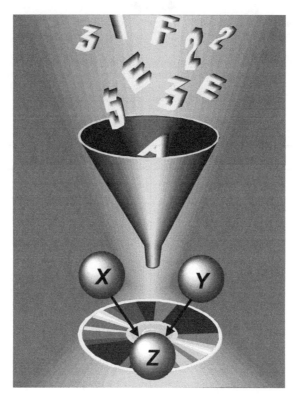

在前一章中讨论了贝叶斯网络中的参数学习问题。在本章将讨论结构学习。11.1 节介绍了源于数据的贝叶斯网络结构学习的问题。11.2 节和11.3 节讨论了学习该结构的两种不同技术。接着，11.4 节提供了一个结构学习的大型实例。再接下来，11.5 节介绍了学习结构的软件包，11.6 节展示了如何使用贝叶斯网络结构学习来了解关于因果影响的一些事情。最后，11.7 节关注类概率树，当有单一目标变量时，类概率树被用作学习结构。

11.1 结构学习问题

贝叶斯网络结构学习涉及从数据中学习贝叶斯网络中的 DAG。为了实现这一目标，需要用生成数据的概率分布 P 来学习满足马尔可夫条件的 DAG。需要注意的是我们不知道 P，只知道数据。学习这种 DAG 的过程称为模型选择。

例 11.1 假设要建立美国工人性别、身高和工资收入的概率分布 P 模型，可以得到表 11.1 中 12 名工人的数据。此时并不知道概率分布 P。但是，根据这些数据想要学习一个可能满足具有概率分布 P 的马尔可夫条件的 DAG。

表 11.1　12 名工人的数据

实例	性别	身高/in[①]	工资收入/美元
1	女性	64	30000
2	男性	64	30000
3	女性	64	40000
4	女性	64	40000
5	女性	68	30000
6	女性	68	40000
7	男性	64	40000
8	男性	64	50000
9	男性	68	40000
10	男性	68	50000
11	男性	70	40000
12	男性	70	50000

① 1in = 0.0254m。

如果唯一目标是简单学习一些能满足具有概率分布 P 的马尔可夫条件的 DAG，那么任务将是微不足道的，如 8.2.1 节所述，因为概率分布 P 要满足马尔可夫条件，该条件具有每个完整 DAG 包含用概率分布 P 所定义的变量。回想一下，用贝叶斯网络的目的是简洁地表示概率分布。一个完整的 DAG 不能实现这一点，因为在有 n 个二项式变量情况下，在完整 DAG 中的最后一个变量需要 2^{n-1} 个条件分布。为了简洁地表示概率分布 P，需要找到满足具有概率分布 P 的马尔可夫条件的稀疏 DAG（一个包含少量边的 DAG）。下面将介绍做这种事情的方法。

11.2　基于分数的结构学习

在基于分数的结构学习中，根据 DAG 与数据的匹配程度来给 DAG 打分。

11.2.1　贝叶斯分数

贝叶斯分数是已知 DAG 的数据 D 的概率，很快会得出这个分数。接下来首先需要讨论数据的概率。

11.2.1.1　数据的概率

假设要连续抛同一硬币两次。设 X_1 是随机变量，其值是第一次投掷的结果；设 X_2 是随机变量，其值是第二次投掷的结果。如果知道硬币"头像"出现的概率是 0.5，并且通常假设两次投掷的结果是独立的，则有

$$P(X_1 = heads, X_2 = heads) = \frac{1}{2} \times \frac{1}{2} = \frac{1}{4}$$

这是一个标准结果。假设现在要连续抛两次图钉，再进一步假设用包含参数 a 和 b 的狄利克雷分布来表示关于"针尖朝上（头部）"概率的先验知识（如 10.1.1 节所述），通过取 $a =$

$b=1$ 来表示对"头像"出现概率的未知先验。假设第一次投掷的结果是"针尖朝上（头部）"，利用 10.1.1 节中定义的符号来表示，则更新后的"针尖朝上（头部）"的概率为

$$P(heads \mid 1,0) = \frac{a+1}{a+b+1} = \frac{1+1}{1+1+1} = \frac{2}{3}$$

因为先验知识根据在第一次抛掷硬币时出现"头像"已经发生变换，所以对于第二次抛掷时"头像"出现的可能性更大。因此，使用已经定义的两个随机变量的符号，于是有

$$P(X_2 = heads \mid X_1 = heads) = P(heads \mid 1,0) = \frac{2}{3}$$

并且

$$P(X_1 = heads, X_2 = heads) = P(X_2 = heads \mid X_1 = heads)P(X_1 = heads)$$
$$= \frac{2}{3} \times \frac{1}{2} = \frac{1}{3}$$
$$P(X_1 = heads, X_2 = tails) = P(X_2 = tails \mid X_1 = heads)P(X_1 = heads)$$
$$= \frac{1}{3} \times \frac{1}{2} = \frac{1}{6}$$
$$P(X_1 = tails, X_2 = heads) = P(X_2 = heads \mid X_1 = tails)P(X_1 = tails)$$
$$= \frac{1}{3} \times \frac{1}{2} = \frac{1}{6}$$
$$P(X_1 = tails, X_2 = tails) = P(X_2 = tails \mid X_1 = tails)P(X_1 = tails)$$
$$= \frac{2}{3} \times \frac{1}{2} = \frac{1}{3}$$

上述 4 个结果具有不同的概率，这看起来似乎有点奇怪。然而我们并不知道"头像"出现的概率。因此，从第一次投掷的结果中了解"头像"出现的概率，如果第一次投掷得到"头像"（正面）朝上，那么"头像"朝上的概率会上升；如果第一次投掷得到背面朝上，那么正面朝上的概率会下降。因此，连续两次"头像"朝上或连续两次背面朝上比一次正面一次背面更容易出现。

这个结果延伸到一系列的投掷。例如，假设投掷 3 次图钉，那么，根据链式规则有

$$P(X_1 = heads, X_2 = tails, X_3 = tails)$$
$$= P(X_3 = tails \mid X_2 = tails, X_1 = heads)P(X_2 = tails \mid X_1 = heads)$$
$$P(X_1 = heads)$$
$$= \frac{b+1}{a+b+2} \times \frac{b}{a+b+1} \times \frac{a}{a+b}$$
$$= \frac{1+1}{1+1+2} \times \frac{1}{1+1+1} \times \frac{1}{1+1} = 0.0833$$

只要正面朝上和背面朝上的次数是相同的，不管结果的顺序如何，得到的概率就是一样的，例如：

$$P(X_1 = tails, X_2 = tails, X_3 = heads)$$
$$= P(X_3 = heads \mid X_2 = tails, X_1 = tails)P(X_2 = tails \mid X_1 = tails)$$
$$P(X_1 = tails)$$

$$= \frac{a}{a+b+2} \times \frac{b+1}{a+b+1} \times \frac{b}{a+b}$$

$$= \frac{1}{1+1+2} \times \frac{2}{1+1+1} \times \frac{1}{1+1} = 0.0833$$

现在有以下定理：

定理 11.1　假设要反复投掷一枚硬币（或具有两种结果的可重复试验的实例），进一步假设结果是可交换性的，并且用具有参数 a 和 b 的狄利克雷分布来表示关于"头像"朝上概率的先验知识，其中 a 和 b 是正整数，并且 $m=a+b$。假设 D 是 n 次试验中由 s 个正面和 t 个背面出现的次数组成的数据，那么有

$$P(\mathrm{D}) = \frac{(m-1)!}{(m+n-1)!} \times \frac{(a+s-1)!\,(b+t-1)!}{(a-1)!\,(b-1)!}$$

证明　因为不管正面、背面出现的顺序如何，概率都是相同的，所以可以假设所有的正面都先出现。因此，我们有（如前所述，提到的在条件的右侧 s、t 代表已经看到了 s 次正面和 t 次背面）如下：

$$P(\mathrm{D}) = P(X_{s+t}=tails \mid s,t-1) \cdots P(X_{s+2}=tails \mid s,1) P(X_{s+1}=tails \mid s,0)$$

$$P(X_s=heads \mid s-1,0) \cdots P(X_2=heads \mid 1,0) P(X_1=heads)$$

$$= \frac{b+t-1}{a+b+s+t-1} \times \cdots \times \frac{b+1}{a+b+s+1} \times \frac{b}{a+b+s} \times$$

$$\frac{a+s-1}{a+b+s-1} \times \cdots \times \frac{a+1}{a+b+1} \times \frac{a}{a+b}$$

$$= \frac{(a+b-1)!}{(a+b+s+t-1)!} \times \frac{(a+s-1)!}{(a-1)!} \times \frac{(b+t-1)!}{(b-1)!}$$

$$= \frac{(m-1)!}{(m+n-1)!} \times \frac{(a+s-1)!\,(b+t-1)!}{(a-1)!\,(b-1)!}$$

第一个等式是由定理 10.1 引出的，这点得到了证明。

例 11.2　假设在投掷硬币之前，已指定 $a=3$ 和 $b=5$ 来模拟背面比正面出现的可能性更大的少量知识。然后抛 10 次硬币，得到 4 次正面和 6 次背面。根据上述定理，得到这些数据 D 的概率：

$$P(\mathrm{D}) = \frac{(m-1)!}{(m+n-1)!} \times \frac{(a+s-1)!\,(b+t-1)!}{(a-1)!\,(b-1)!}$$

$$= \frac{(8-1)!}{(8+10-1)!} \times \frac{(3+4-1)!\,(5+6-1)!}{(3-1)!\,(5-1)!}$$

$$= 0.00077$$

需要注意的是这些数据的概率非常小。这是因为对于投掷 10 次硬币的结果可能有很多（也就是 2^{10}）。

即使 a 和 b 不是整数，定理 11.1 也成立，现在只是陈述结果。

定理 11.2　假设要反复投掷一枚硬币（或其他具有两种结果的可重复试验），进一步假设结果具有可交换性，并且用具有参数 a 和 b 的狄利克雷分布表示关于正面朝上的概率的先验知识，其中 a 和 b 都为正实数且 $m=a+b$。假设 D 是 n 次试验中由 s 个正面和 t 个背面出现

次数组成的数据，则有

$$P(\mathrm{D})=\frac{\Gamma(m)}{\Gamma(m+n)}\times\frac{\Gamma(a+s)\Gamma(b+t)}{\Gamma(a)\Gamma(b)} \tag{11.1}$$

证明 证明过程请参见［Neapolitan，2004］。

在前面的定理中，Γ 表示伽马函数。当 n 是不小于 1 的整数时，则有

$$\Gamma(n)=(n-1)!$$

因此，前面的定理推广了定理 11.1。

这里提出计算二项式变量情况下数据概率的方法，它很容易扩展到多项式变量。有关扩展方法，请参见［Neapolitan，2004］。

11.2.1.2 使用贝叶斯分数学习 DAG 模型

接下来，将通过计算给定模型的数据概率来展示如何给 DAG 模型打分，以及如何使用该分数来学习 DAG 模型。

假设有一个贝叶斯网络用于学习，如 10.2 节所述。例如，现在可能拥有图 11.1a 中的网络。在这里称这样的网络为 DAG 模型。通过确定数据在 DAG 模型中出现的概率，就可以基于数据 D 对一个 DAG 模型 $\mathbb{G}$ 进行评分。也就是说计算 $P(\mathrm{D}\mid\mathbb{G})$，这个概率的公式与定理 11.2 中推导的公式相同，不同之处在于对于网络中的每个概率，式（11.1）中都有一个常规项。因此，图 11.1a 中的 DAG 模型 $\mathbb{G}_1$ 的数据 D 的概率由式（11.2）给出

$$\begin{aligned} P(\mathrm{D}\mid\mathbb{G}_1)=&\frac{\Gamma(m_{11})}{\Gamma(m_{11}+n_{11})}\times\frac{\Gamma(a_{11}+s_{11})\Gamma(b_{11}+t_{11})}{\Gamma(a_{11})\Gamma(b_{11})}\times\\ &\frac{\Gamma(m_{21})}{\Gamma(m_{21}+n_{21})}\times\frac{\Gamma(a_{21}+s_{21})\Gamma(b_{21}+t_{21})}{\Gamma(a_{21})\Gamma(b_{21})}\times\\ &\frac{\Gamma(m_{22})}{\Gamma(m_{22}+n_{22})}\times\frac{\Gamma(a_{22}+s_{22})\Gamma(b_{22}+t_{22})}{\Gamma(a_{22})\Gamma(b_{22})} \end{aligned} \tag{11.2}$$

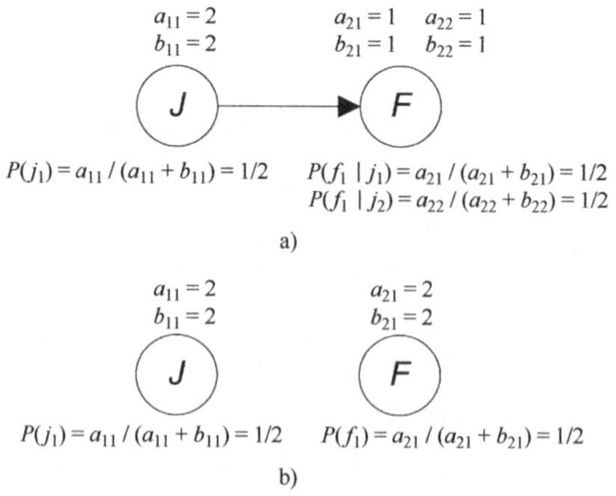

图 11.1 在图 a 所示模型的网络中，J 与 F 有因果关系而在图 b 所示模型的网络中，两个变量都不会产生另一个变量

每个术语中使用的数据仅包括与术语表示的条件概率有关的数据。这与 10.2 节中学习参数的方法完全相同。例如，s_{21} 的值为 J 等于 j_2 且 F 等于 f_1 的情况的数目。

类似地,图 11.1b 中的 DAG 模型 $\mathbb{G}_2$ 的数据 D 的概率由式(11.3)给出

$$P(\mathrm{D} \mid \mathbb{G}_2) = \frac{\Gamma(m_{11})}{\Gamma(m_{11}+n_{11})} \times \frac{\Gamma(a_{11}+s_{11})\Gamma(b_{11}+t_{11})}{\Gamma(a_{11})\Gamma(b_{11})} \times$$

$$\frac{\Gamma(m_{21})}{\Gamma(m_{21}+n_{21})} \times \frac{\Gamma(a_{21}+s_{21})\Gamma(b_{21}+t_{21})}{\Gamma(a_{21})\Gamma(b_{21})} \tag{11.3}$$

注意,在式(11.3)中的 a_{11}、s_{11} 等值是与 $\mathbb{G}_2$ 相关的值,并且与式(11.2)中的值不同。为了符号的简单性,这没有明确显示它们对 DAG 模型的依赖。

例 11.3 假设要确定工作状态(J)是否与某人是否拖欠贷款(F)有因果关系,并且只对每个变量定义了两个值,如下表所示:

变量	值	当变量采用此值时
J	j_1	个人是白领
	j_2	个人是蓝领工人
F	f_1	个人至少违约一次
	f_2	个人从未违约

在图 11.1a 中用 DAG 模型 $\mathbb{G}_1$ 表示了 J 与 F 有因果关系的假设,在图 11.1b 中用 DAG 模型 $\mathbb{G}_2$ 表示了两个变量没有因果关系的假设。假设 F 与 J 没有因果关系,所以不模拟这种情况。

假设得到下表总的数据 D:

实例	J	F
1	j_1	f_1
2	j_1	f_1
3	j_1	f_1
4	j_1	f_1
5	j_1	f_2
6	j_2	f_1
7	j_2	f_2
8	j_2	f_2

然后根据式(11.2),得到

$$P(\mathrm{D} \mid \mathbb{G}_1) = \frac{\Gamma(m_{11})}{\Gamma(m_{11}+n_{11})} \times \frac{\Gamma(a_{11}+s_{11})\Gamma(b_{11}+t_{11})}{\Gamma(a_{11})\Gamma(b_{11})} \times$$

$$\frac{\Gamma(m_{21})}{\Gamma(m_{21}+n_{21})} \times \frac{\Gamma(a_{21}+s_{21})\Gamma(b_{21}+t_{21})}{\Gamma(a_{21})\Gamma(b_{21})} \times$$

$$\frac{\Gamma(m_{22})}{\Gamma(m_{22}+n_{22})} \times \frac{\Gamma(a_{22}+s_{22})\Gamma(b_{22}+t_{22})}{\Gamma(a_{22})\Gamma(b_{22})}$$

$$= \frac{\Gamma(4)}{\Gamma(4+8)} \times \frac{\Gamma(2+5)\Gamma(2+3)}{\Gamma(2)\Gamma(2)} \times$$

$$\frac{\Gamma(2)}{\Gamma(2+5)} \times \frac{\Gamma(1+4)\Gamma(1+1)}{\Gamma(1)\Gamma(1)} \times$$

$$\frac{\Gamma(2)}{\Gamma(2+3)} \times \frac{\Gamma(1+1)\Gamma(1+2)}{\Gamma(1)\Gamma(1)}$$

$$= 7.2150 \times 10^{-6}$$

此外还有

$$P(D \mid \mathbb{G}_2) = \frac{\Gamma(m_{11})}{\Gamma(m_{11}+n_{11})} \times \frac{\Gamma(a_{11}+s_{11})\Gamma(b_{11}+t_{11})}{\Gamma(a_{11})\Gamma(b_{11})} \times$$

$$\frac{\Gamma(m_{21})}{\Gamma(m_{21}+n_{21})} \times \frac{\Gamma(a_{21}+s_{21})\Gamma(b_{21}+t_{21})}{\Gamma(a_{21})\Gamma(b_{21})}$$

$$= \frac{\Gamma(4)}{\Gamma(4+8)} \times \frac{\Gamma(2+5)\Gamma(2+3)}{\Gamma(2)\Gamma(2)} \times$$

$$\frac{\Gamma(4)}{\Gamma(4+8)} \times \frac{\Gamma(2+5)\Gamma(2+3)}{\Gamma(2)\Gamma(2)}$$

$$= 6.7465 \times 10^{-6}$$

如果先验知识是两种模型中任一个都不比另一种模型更可能发生，那么规定

$$P(\mathbb{G}_1) = P(\mathbb{G}_2) = 0.5$$

那么根据贝叶斯定理有

$$P(\mathbb{G}_1 \mid D) = \frac{P(D \mid \mathbb{G}_1)P(\mathbb{G}_1)}{P(D \mid \mathbb{G}_1)P(\mathbb{G}_1) + P(D \mid \mathbb{G}_2)P(\mathbb{G}_2)}$$

$$= \frac{7.2150 \times 10^{-6} \times 0.5}{7.2150 \times 10^{-6} \times 0.5 + 6.7465 \times 10^{-6} \times 0.5}$$

$$= 0.517$$

并且

$$P(\mathbb{G}_2 \mid D) = \frac{P(D \mid \mathbb{G}_2)P(\mathbb{G}_2)}{P(D)}$$

$$= \frac{6.7465 \times 10^{-6}(0.5)}{7.2150 \times 10^{-6} \times 0.5 + 6.7465 \times 10^{-6} \times 0.5}$$

$$= 0.483$$

现在选择（学习）DAG $\mathbb{G}1$ 并得出结论：工作状态与某人是否拖欠贷款有因果关系的可能性很大。

11.2.1.3 学习 DAG 模式

DAG $F \rightarrow J$ 是与图 11.1a 中的 DAG 等价的马尔可夫。直觉上，期望它有相同的分数。只要使用之前的等效样本量（参见 10.2.2 节），它们将会有相同的分数，这曾在 [Neapolitan, 2004] 中讨论过。一般来说，不能根据数据区分与马尔可夫等价的 DAG，因此，当从数据中学习 DAG 模型时，实际上是在学习马尔可夫等价类（DAG 模式）。

11.2.1.4　得分较高的 DAG 模型

这里用两个变量来说明贝叶斯评分方法，当有 n 个变量且变量都是二项式时，评分的一般方法如下。

定理 11.3　假设有一个 DAG $\mathbb{G} = (V, E)$，其中 V 是一组二项式随机变量，假设有可交换性，用狄利克雷分布来表示 V 中每个变量的每个条件概率分布的先验概率。进一步假设数据 D 由一组数据项组成，每个数据项都是 V 中所有变量的值的向量。那么

$$P(D \mid \mathbb{G}) = \prod_{i=1}^{n} \prod_{j=1}^{q_i} \frac{\Gamma(N_{ij})}{\Gamma(N_{ij} + M_{ij})} \frac{\Gamma(a_{ij} + s_{ij}) \Gamma(b_{ij} + t_{ij})}{\Gamma(a_{ij}) \Gamma(b_{ij})} \tag{11.4}$$

式中，n 是变量的数量；q_i 是 X_i 的双亲不同实例化的数量；a_{ij} 是确定的关于 X_i 的双亲第 j 次实例化时，X_i 取其第一个值的次数的先验知识；b_{ij} 是确定的当 X_i 的双亲第 j 次实例化时，X_i 取其第二个值的价值的先验知识；s_{ij} 是 X_i 的双亲第 j 次实例化时，X_i 取其第一个值的数据次数；t_{ij} 是 X_i 的双亲第 j 次实例化时，X_i 取其第二个值的数据次数。

$$N_{ij} = a_{ij} + b_{ij}$$
$$M_{ij} = s_{ij} + t_{ij}$$

证明　此证明参见 [Neapolitan，2004]。

注意，除了 n 之外，在前面的定理中定义的所有变量都依赖于 $\mathbb{G}$，但是为了简单起见，这里不展示该依赖性。

根据先前定理中的假设，称狄利克雷先验的贝叶斯分数为 $P(D \mid \mathbb{G})$，但通常只说贝叶斯分数。当使用先验等效样本 α 使得先验联合分布为均匀时，如定理 10.3 所示，这个分数被称为贝叶斯狄利克雷等效均匀（BDeu）分数。当每个超参数 $a_{ij} = b_{ij} = 1$ 时，该分数被称为 K2 分数。

这里开发了一种计算二项式变量的贝叶斯分数的方法。有关多项式变量的扩展，请参阅 [Neapolitan，2004]。

Geiger 和 Heckerman [1994] 开发出了一种为高斯贝叶斯网络评分的贝叶斯分数。也就是说，假设每个变量都是其双亲变量的函数，如 7.5.1 节中的式（7.2）所示。

11.2.2　BIC 分数

贝叶斯信息准则（BIC）分数如下：

$$BIC(\mathbb{G}:D) = \ln(P(D \mid \hat{P}, \mathbb{G})) - \frac{d}{2} \ln m$$

式中，m 是数据项的数量；d 是 DAG 模型的维数；$\hat{P}$ 是参数的最大似然值集，维数是模型中参数的个数。

BIC 分数在直观上很有吸引力，因为它包含：①一个当参数集等于其最大似然值时模型预测数据的能力的术语；②一个惩罚模型复杂性的术语。BIC 的另一个优点是它不依赖于参数的先验分布，这意味着不需要评估一个参数。

例 11.4　假设有图 11.1 中的 DAG 模型和例 11.3 中的数据，也就是说，有下表中的数据 D：

实例	J	F
1	j_1	f_1
2	j_1	f_1
3	j_1	f_1
4	j_1	f_1
5	j_1	f_2
6	j_2	f_1
7	j_2	f_2
8	j_2	f_2

对于图 11.1a 中的 DAG 模型有

$$\hat{P}(j_1)=\frac{5}{8}, \ \hat{P}(f_1 \mid j_1)=\frac{4}{5}, \ \hat{P}(f_1 \mid j_2)=\frac{1}{3}$$

因为模型中有 3 个参数，所以维数 d 为 3，然后有

$$P(D \mid \hat{P},\mathbb{G}_1)=[\hat{P}(f_1 \mid j_1)\hat{P}(j_1)]^4[\hat{P}(f_2 \mid j_1)\hat{P}(j_1)][\hat{P}(f_1 \mid j_2)\hat{P}(j_2)][\hat{P}(f_2 \mid j_2)\hat{P}(j_2)]^2$$
$$=\left(\frac{4}{5}\times\frac{5}{8}\right)^4\left(\frac{1}{5}\times\frac{5}{8}\right)\left(\frac{1}{3}\times\frac{3}{8}\right)\left(\frac{2}{3}\times\frac{3}{8}\right)^2$$
$$=6.1035\times10^{-5}$$

因此，有

$$BIC(\mathbb{G}_1:D)=\ln(P(D \mid \hat{P},\mathbb{G}_1))-\frac{d}{2}\ln m$$

$$=\ln(6.1035\times10^{-5})-\frac{3}{2}\ln 8$$

$$=-12.823$$

对于图 11.1b 中的 DAG 模型，有

$$\hat{P}(j_1)=\frac{5}{8} \quad \hat{P}(f_1)=\frac{5}{8}$$

因为模型中有 3 个参数，$d=2$，然后有

$$P(D \mid \hat{P},\mathbb{G}_2)$$
$$=[\hat{P}(f_1)\hat{P}(j_1)]^4[\hat{P}(f_2 \mid j_1)\hat{P}(j_1)][\hat{P}(f_1)\hat{P}(j_2)]\hat{P}(f_2)\hat{P}(j_2)]^2$$
$$=\left(\frac{5}{8}\times\frac{5}{8}\right)^4\left(\frac{3}{8}\times\frac{5}{8}\right)\left(\frac{5}{8}\times\frac{3}{8}\right)\left(\frac{3}{8}\times\frac{3}{8}\right)^2$$
$$=2.5292\times10^{-5}$$

因此，有

$$BIC(\mathbb{G}_2:D)=\ln(P(D \mid \hat{P},\mathbb{G}_2))-\frac{d}{2}\ln m$$

$$=\ln(2.5292\times10^{-5})-\frac{2}{2}\ln 8$$

$$=-12.644$$

请注意，尽管 $\mathbb{G}_1$ 提供的数据更可信，但 $\mathbb{G}_2$ 胜在了它不那么复杂。

通过例 11.3 和例 11.4，可以看到贝叶斯分数和 BIC 可以选择不同的 DAG 模型，其原因是数据集很小。但在极限情况下，它们都会选择相同的 DAG 模型，因为 BIC 是渐近正确的。如果对于足够大的数据集，它选择最大化 $P(\mathrm{D}|\mathbb{G})$ 的 DAG，则称 DAG 模型的评分标准是渐近正确的。

11.2.3　一致的评分准则

前面已经介绍了两种给 DAG 模型评分的方法，还有其他的方法，请见 [Neapolitan, 2004]，但问题仍然在于这些分数的质量。生成数据的概率分布称为生成分布，这里使用贝叶斯网络的目标是简洁地表示生成分布。如果数据集很大，一致的评分准则几乎肯定会选择这样做。特别地，如果 DAG 所包含的每个条件独立性都在概率分布 P 中，则称 DAG 包含概率分布 P。DAG 模型的一致评分准则有以下两个特性：

1）随着数据集的大小接近原始值，包含 P 的 DAG 将比不包含 P 的 DAG 得分更高的概率接近 1。

2）随着数据集的大小接近原始值，包含 P 的较小 DAG 比包含 P 的较大 DAG 得分更高的概率接近 1。

贝叶斯分数和 BIC 都采用一致的评分标准。

11.2.4　DAG 评分的数量

当变量不是很多时，可以对所有可能的 DAG 详尽评分，然后选择得分最高的 DAG。然而当变量数目较大时，通过详细地考虑所有 DAG 模型来寻找最大化的 DAG 是不可行的，也就是说，Robinson [1977] 已经表明了包含 n 个节点的 DAG 的数量由下式给出：

$$f(n) = \sum_{i=1}^{n} (-1)^{i+1} \binom{n}{i} 2^{i(n-i)} f(n-i) \quad n > 2$$
$$f(0) = 1$$
$$f(1) = 1$$

下面这些结果当作练习 $f(2) = 3$，$f(3) = 25$，$f(5) = 29000$，$f(10) = 4.2 \times 10^{18}$。此外，Chickering [2002] 证明了对于某些类型的先验分布，寻找得分最高的 DAG 问题是 NP-hard，因此，研究人员开发了启发式 DAG 搜索算法，本章将在 11.2.7 节讨论这些算法。

11.2.5　使用学习网络进行推理*

一旦从数据中学习了 DAG，就可以得到学习参数，结果就是可以用贝叶斯网络进行下一个例子的推理，下面通过一个例子来说明这种方法。

例 11.5　假设有例 11.3 中的情况和数据，如图 11.3 所示，这里将学习图 11.1a 中的 DAG，然后用先前的数据和 10.2 节中讨论的参数学习方法更新图 11.1a 中的贝叶斯网络用于学习的条件概率，得到的结果是图 11.2 中的贝叶斯网络。

现在，假设找到 Sam 有 $F = f_2$。也即，Sam 从未拖欠过贷款。现在可以用贝叶斯网络去计算 Sam 是白领工人的概率。对于这个简单的网络，恰恰可以用如下的贝叶斯理论。

$$P(j_1 \mid f_1) = \frac{P(f_1 \mid j_1)P(j_1)}{P(f_1 \mid j_1)P(j_1) + P(f_1 \mid j_2)P(j_2)}$$

$$= \frac{(5/7)(7/12)}{(5/7)(7/12) + (2/5)(5/12)} = 0.714$$

前面计算的概率都是基于选择的数据 D 和 DAG 的条件，然而一旦选择了一个 DAG 并学习参数，就不必费心去显示这种依赖性了。

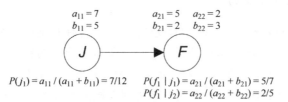

$P(j_1) = a_{11} / (a_{11} + b_{11}) = 7/12$ $P(f_1 \mid j_1) = a_{21} / (a_{21} + b_{21}) = 5/7$
$P(f_1 \mid j_2) = a_{22} / (a_{22} + b_{22}) = 2/5$

图 11.2　基于例 11.5 中的经数据更新的贝叶斯学习网络

11.2.6　缺少数据的学习结构 *

假设数据集随机丢失了一些数据项，表 11.2 显示了这样一个数据集，处理这个数据集的直接方法是应用总概率定律和对所有缺失值的变量求和，也就是说，如果 D 是包含数据的随机变量的集合，M 是缺少值的随机变量的集合，对于给定的 DAG $\mathbb{G}$ 有

$$P(\mathrm{D} \mid \mathbb{G}) = \sum_{\mathrm{M}} P(\mathrm{D}, \mathrm{M} \mid \mathbb{G}) \qquad (11.5)$$

表 11.2　其中一些数据项缺失的 5 个实例的数据

实例	X_1	X_2	X_3
1	1	1	2
2	1	?	1
3	?	1	?
4	1	2	1
5	2	?	?

例如，如果 $X^{(h)} = \{X_1^{(h)}, X_2^{(h)}, \cdots, X_n^{(h)}\}$ 表示表 11.2 中第 h 种情况下的数据值，对于该表中的数据集，有

$$\mathrm{D} = \{X_1^{(1)}, X_2^{(1)}, X_3^{(1)}, X_1^{(2)}, X_3^{(2)}, X_2^{(3)}, X_1^{(4)}, X_2^{(4)}, X_3^{(4)}, X_1^{(5)}\}$$

以及

$$\mathrm{M} = \{X_2^{(2)}, X_1^{(3)}, X_3^{(3)}, X_2^{(5)}, X_3^{(5)}\}$$

这里可以用式（11.4）计算出式（11.5）中的每一项，因为这个总和超过了相对于缺失的数据项数量的指数项，所以只能在缺失项数量不大的情况下使用它。为了处理大量缺失项的情况，需要用近似的方法，现在选择一种近似方法是蒙特卡罗方法，将使用一种叫作吉布抽样（Gibb's sampling）的蒙特卡罗方法去近似包含缺失项的数据的概率，吉布抽样是一种叫作马尔可夫链蒙特卡尔（MCMC）的近似方法，所以，现在先回顾下马尔可夫链和马尔可夫链蒙特卡尔理论。

11.2.6.1 马尔可夫链

这部分内容仅供复习之用，如果你不熟悉马尔可夫链，应该参考完整的介绍，如 [Feller, 1968]。下面从定义开始。

定义 11.1 马尔可夫链包括：

1）一组结果（状态）e_1 和 e_2。

2）对于每一对状态 e_i 和 e_j 有一个转移概率

$$\sum_j p_{ij} = 1$$

3）试验序列（随机变量）$E^{(1)}$，$E^{(2)}$，…使每一项试验的结果为一种状态，并且

$$P(E^{(h+1)} = e_j \mid E^{(h)} = e_i) = p_{ij}$$

为了完全指定一个概率空间，需要定义初始概率 $P(E^{(0)} = e_j) = p_j$，但是这些概率对于我们的理论来说不是必需的，并且不再进一步讨论。

例 11.6 任何马尔可夫链都可以用缸模型表示，图 11.3 显示了一个这样的模型，马尔可夫链是通过某种概率分布选择一个初始的缸得到的，从这个缸中随机选择一个球，移动到所选择的球上指定的缸，再从新的缸中随机选择一个球，如此进行下去。

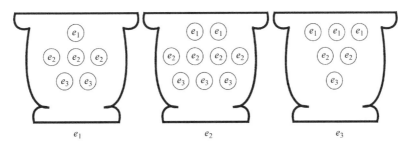

e_1 e_2 e_3

图 11.3 马尔可夫链的缸模型

将转移概率 p_{ij} 组成转移概率矩阵，如下所示：

$$P = \begin{pmatrix} p_{11} & p_{12} & p_{13} & \cdots \\ p_{21} & p_{22} & p_{23} & \cdots \\ p_{31} & p_{32} & p_{33} & \cdots \\ \vdots & \vdots & \vdots & \end{pmatrix}$$

这个矩阵叫作马尔可夫链的转移矩阵。

例 11.7 对于图 11.3 中由缸确定的马尔可夫链转移矩阵为

$$P = \begin{pmatrix} 1/6 & 1/2 & 1/3 \\ 2/9 & 4/9 & 1/3 \\ 1/2 & 1/3 & 1/6 \end{pmatrix}$$

如果马尔可夫链状态数是有限的，则称为有限链。显然，图 11.3 中由缸表示的链是有限的，用 $p_{ij}(n)$ 表示在恰好 n 次试验中从 e_i 转移到 e_j 的概率，也就是说，$p_{ij}^{(n)}$ 是在初始状态为 e_i 的情况下，第 n 次试验进入 e_j 的条件概率，如果存在 $n \geq 0$，那么 $p_{ij}^{(n)} > 0$，则可以说从 e_i 转移到 e_j 是可行的，如果每个状态都可以转移到其他状态，那么马尔可夫链就称为不可约链。

例 11.8 显然，如果对于每一个 i 和 j 有 $p_{ij} > 0$，则这个链是不可约的。

如果 $p_{ij}^{(n)} = 0$，则状态 e_i 具有周期 $t>1$，除非对于一些整数 m 存在 $n = mt$，并且 t 是这个属性的最大整数，这种状态被称为周期性的。如果不存在这样的 $t>1$，则状态是非周期性的。

例 11.9　显然，如果 $p_{ij}>0$，则 e_i 是非周期性的。

这里用 $f_{ij}^{(n)}$ 表示在第 n 次试验中从 e_i 开始进入 e_j 的概率。此外，这里设定

$$f_{ij} = \sum_{n=1}^{\infty} f_{ij}^{(n)}$$

显然，$f_{ij} \leq 1$。当 $f_{ij} = 1$ 时，称 $P_{ij}^{(n)} \equiv f_{ij}^{(n)}$ 为从 e_i 开始的在 e_j 的第一个通道的分布，特别地，当 $f_{ij} = 1$ 时，称 $P_{ij}^{(n)} \equiv f_{ij}^{(n)}$ 为关于 e_i 的递归时间的分布，并且定义对于 e_i 的平均递归时间是

$$\mu_i = \sum_{n=1}^{\infty} n f_{ii}^{(n)}$$

当 $f_{ij} = 1$，状态 e_i 被称为持久态，$f_{ij} < 1$ 时为瞬间态；如果持久态 e_i 的平均递归时间 $\mu_i = \infty$，则称为 null，否则称为 non-null。

例 11.10　可以证明，有限不可约链中的每个状态都是持久的（参见 ［Ash，1970］），并且在有限链中的每个持久态都是 non-null 的（参见 ［Feller，1968］）。因此，在有限不可约链中的每个状态都是持久的和 non-null 的。

非周期性的持久 non-null 状态称为遍历，如果马尔可夫链的所有状态都是遍历的，则称其为遍历链。

例 11.11　由例 11.8～例 11.10 可得，如果在有限链中每个 i 和 j 都有 $p_{ij}>0$，则该链是不可约遍历链。

关于不可约遍历链，有如下定理：

定理 11.4　在不可约遍历链中，存在极限：

$$r_j = \lim_{n \to \infty} p_{ij}^{(n)} \tag{11.6}$$

存在且独立于初始状态 e_i。此外，$r_j>0$，

$$\sum_j r_j = 1 \tag{11.7}$$

$$r_j = \sum_i r_i p_{ij} \tag{11.8}$$

并且

$$r_j = \frac{1}{\mu_j}$$

式中，μ_j 是 e_j 的平均递归时间。

它的概率分布

$$P(E = e_j) \equiv r_j$$

被称为马尔可夫链的平稳分布。

反之，设链不可约并且具有转移矩阵 $\boldsymbol{P}$，且存在满足式（11.7）和式（11.8）的数 r_j（≥ 0），那么这个链是遍历的，概率值 r_js 由式（11.6）给出。

证明　证明可以在 ［Feller，1968］ 中找到。

现在可以把式（11.8）写成矩阵/向量的形式

$$\boldsymbol{r}^{\mathrm{T}} = \boldsymbol{r}^{\mathrm{T}} \boldsymbol{P} \tag{11.9}$$

也就是

$$(r_1 \quad r_2 \quad r_3) = (r_1 \quad r_2 \quad r_3 \quad \cdots)\begin{pmatrix} p_{11} & p_{12} & p_{13} & \cdots \\ p_{21} & p_{22} & p_{23} & \cdots \\ p_{31} & p_{32} & p_{33} & \cdots \\ \vdots & \vdots & \vdots & \ddots \end{pmatrix}$$

例 11.12　假设有由图 11.3 中缸决定的马尔可夫链，那么

$$(r_1 \quad r_2 \quad r_3) = (r_1 \quad r_2 \quad r_3)\begin{pmatrix} 1/6 & 1/2 & 1/3 \\ 2/9 & 4/9 & 1/3 \\ 1/2 & 1/3 & 1/6 \end{pmatrix} \tag{11.10}$$

求解由式（11.7）和式（11.10）确定的方程组，得到

$$(r_1 \quad r_2 \quad r_3) = (2/7 \quad 3/7 \quad 2/7)$$

这意味着对于 n 较大的情况，无论初始状态如何，相应 e_1、e_2 和 e_3 状态的概率分别约为 $2/7$、$3/7$ 和 $2/7$。

11.2.6.2　MCMC

前面的说明也很粗略，要获得更全面的介绍请参见［Hastings，1970］。

假设有一组有限的状态 $\{e_1, e_2, \cdots, e_s\}$ 和一个概率分布 $P(E=e_j) \equiv r_j$，这些状态对于所有 j 定义为 $r_j>0$。进一步假设在状态上定义了一个函数 f，我们希望估计：

$$I = \sum_{j=1}^{s} f(e_j)r_j$$

可以得到如下估计，给定一个具有转移矩阵 P 的马尔可夫链，使得 $r^{\mathrm{T}} = (r_1 \quad r_2 \quad r_3 \cdots)$ 是其平稳分布，现在对试验 1，2，$\cdots$，M 的链进行模拟，那么，如果 k_i 是第 i 次试验时占据的状态的索引

$$I' = \sum_{i=1}^{M} \frac{f(e_{k_i})}{M} \tag{11.11}$$

遍历定理里有 $I' \to I$ 的概率为 1 的说法（参见［Tierney，1996］）。这里可以用 I' 来估计 I。这种近似方法称为马尔可夫链蒙特卡罗（密度）方法。为了获得更快的收敛速度，在实际中使用了迭代次数，以便每种状态的概率近似由平稳分布给出，式（11.11）中的总和是在过去老化时间的所有迭代中得到的。在［Gilks et al.，1996］中讨论了选择老化时间和老化后使用的迭代次数的方法。

不难看出为什么近似是收敛的，在适当的老化时间之后，马尔可夫链将处于状态 e_j，大约是时间的 r_j 部分，因此，如果在老化试验后进行 M 次迭代，则有

$$\sum_{i=1}^{M} f(e_{k_i})/M \approx \sum_{j=1}^{s} \frac{f(e_j)r_j M}{M} = \sum_{j=1}^{s} f(e_j)r_j$$

为了将这种方法应用于给定的分布 r，需要构造一个具有转移矩阵 P 的马尔可夫链，使得 r 是它的平稳分布，接下来将给出两种方法。

1）Metropolis-Hastings 方法。由定理 11.4，从式（11.9）可以看出，只需要找到一个不可约的非周期链，使得它的转移矩阵 P 满足

$$r^{\mathrm{T}} = r^{\mathrm{T}}P \tag{11.12}$$

不难看出，如果确定的值使得对于所有 i 和 j 都有

$$r_i p_{ij} = r_j p_{ji} \tag{11.13}$$

则得到的 P 满足式（11.12），为了确定这样的值，设 Q 是任意马尔可夫链的转移矩阵，其状态是给定有限状态集 $\{e_1, e_2, \cdots, e_s\}$ 的项，并且

$$\alpha_{ij} = \begin{cases} \dfrac{s_{ij}}{1 + \dfrac{r_i q_{ij}}{r_j q_{ji}}} & q_{ij} \neq 0, \ q_{ji} \neq 0 \\[4mm] 0 & q_{ij} = 0 \ \text{或} \ q_{ji} = 0 \end{cases} \tag{11.14}$$

式中，s_{ij} 是 i 和 j 的对称函数，对于所有的 i 和 j，选择 $0 \leqslant \alpha_{ij} \leqslant 1$。然后，这里给出：

$$p_{ij} = \alpha_{ij} q_{ij} \quad i \neq j \tag{11.15}$$

$$p_{ii} = 1 - \sum_{j \neq i} p_{ij}$$

很明显，p_{ij} 的结果值满足式（11.13），必须在每个应用程序中检查 P 的不可约性。

Hastings［1970］建议了选择 s 的方法，如果 q_{ij} 和 q_{ji} 都是非零的，则集合

$$s_{ij} = \begin{cases} 1 + \dfrac{r_i q_{ij}}{r_j q_{ji}} & \dfrac{r_j q_{ji}}{r_i q_{ij}} \geqslant 1 \\[4mm] 1 + \dfrac{r_j q_{ji}}{r_i q_{ij}} & \dfrac{r_j q_{ji}}{r_i q_{ij}} \leqslant 1 \end{cases} \tag{11.16}$$

有了这个选择，下面就有了

$$\alpha_{ij} = \begin{cases} 1 & q_{ij} \neq 0, \ q_{ji} \neq 0, \ \dfrac{r_j q_{ji}}{r_i q_{ij}} \geqslant 1 \\[4mm] \dfrac{r_j q_{ji}}{r_i q_{ij}} & q_{ij} \neq 0, \ q_{ji} \neq 0, \ \dfrac{r_j q_{ji}}{r_i q_{ij}} \leqslant 1 \\[4mm] 0 & q_{ij} = 0 \ \text{或} \ q_{ji} = 0 \end{cases} \tag{11.17}$$

如果使 Q 对称（即对于所有 i 和 j，$q_{ij} = q_{ji}$），就会得到由 Metropolis 等人（1953）设计的方法。在这种情况下

$$\alpha_{ij} = \begin{cases} 1 & q_{ij} \neq 0, \ r_j \geqslant r_i \\[2mm] r_j / r_i & q_{ij} \neq 0, \ r_j \leqslant r_i \\[2mm] 0 & q_{ij} = 0 \end{cases} \tag{11.18}$$

注意这个选项如果 Q 是不可约的，P 也是。

例 11.13　假设 $r^{\mathrm{T}} = (1/8 \ 3/8 \ 1/2)$，选择 Q 对称如下：

$$Q = \begin{pmatrix} 1/3 & 1/3 & 1/3 \\ 1/3 & 1/3 & 1/3 \\ 1/3 & 1/3 & 1/31 \end{pmatrix}$$

根据式（11.16）选择 s，使 α 具有式（11.18）中的值。那么有

$$\alpha = \begin{pmatrix} 1 & 1 & 1 \\ 1/3 & 1 & 1 \\ 1/4 & 3/4 & 1 \end{pmatrix}$$

使用式（11.15），然后有

$$P = \begin{pmatrix} 1/3 & 1/3 & 1/3 \\ 1/9 & 5/9 & 1/3 \\ 1/12 & 1/4 & 2/3 \end{pmatrix}$$

注意

$$r^{\mathrm{T}}P = (1/8 \quad 3/8 \quad 1/2) \begin{pmatrix} 1/3 & 1/3 & 1/3 \\ 1/9 & 5/9 & 1/3 \\ 1/12 & 1/4 & 2/3 \end{pmatrix}$$

$$= (1/8 \quad 3/8 \quad 1/2) = r^{\mathrm{T}}$$

一旦按照前述的方法构建了矩阵 Q 和 α，就能进行如下模拟：

① 假设第 k 次试验时占据的状态是 e_i，则使用 Q 的第 i 行给出的概率分布选择一个状态，假设该状态是 e_j。

② 选择在第 $(k+1)$ 次试验中占据的状态为概率 α_{ij} 的 e_j 和概率 $1-\alpha_{ij}$ 的 e_i。

这样，当状态 e_i 为当前状态时，在步骤（1）中，选择 e_j 的时间占比为 q_{ij}，在步骤（2）中选择 e_j 的时间占比为 α_{ij}，所以总的来说，选择 e_j 的概率是 $\alpha_{ij}q_{ij} = p_{ij}$ ［见式（11.15）］，这也是我们想要的。

2）吉布抽样方法。接下来，将介绍另一种创建马尔可夫链的方法，其平稳分布是一个特定的联合概率分布，这种方法叫作吉布抽样，它涉及有 n 个随机变量的情况 $(X_1, X_2, \cdots, X_n)$ 和变量的联合概率分布 P（如在贝叶斯网络），如果令 $X = \{X_1, X_2, \cdots, X_n\}$，可以得到近似：

$$\sum_X f(x)P(x)$$

为了用 MCMC 近似这个求和，需要创建一个马尔可夫链，它的状态集是 X 的所有可能值，它的平稳分布是 $P(x)$。通过在第 h 次试验中选择 X 的值来实现：

Pick $x_1^{(h)}$ 使用分布 $P(x_1 \mid x_2^{(h-1)}, x_3^{(h-1)}, \cdots, x_n^{(h-1)})$.

Pick $x_2^{(h)}$ 使用分布 $P(x_2 \mid x_1^{(h)}, x_3^{(h-1)}, \cdots, x_n^{(h-1)})$.

$\vdots$

Pick $x_k^{(h)}$ 使用分布 $P(x_k \mid x_1^{(h)}, \cdots, x_{k-1}^{(h)}, x_{k+1}^{(h-1)} \cdots, x_n^{(h-1)})$.

$\vdots$

Pick $x_n^{(h)}$ 使用分布 $P(x_n \mid x_1^{(h)}, \cdots, x_{n-1}^{(h)})$.

注意，在第 k 步中，除了 $x_k^{(h)}$ 之外的所有变量都是不变的，$x_k^{(h)}$ 的新值是根据其他所有变量的当前值推导出来的。

只要所有条件概率都非零，链就不可约，接下来证明 $P(x)$ 是链的平稳分布。如果令 $p(x, \hat{x})$ 表示在每次试验中从 x 到 $\hat{x}$ 转移概率，则需要证明

$$P(\hat{x}) = \sum_x P(x)p(x; \hat{x}). \tag{11.19}$$

不难看出，足以证明式（11.19）适用于每个试验的每个步骤。最后，对于第 k 步有

$$\sum_x P(\mathrm{x})p_k(\mathrm{x}; \hat{x}) = \sum_{x_1, \cdots, x_n} P(x_1, \cdots, x_n)p_k(x_1, \cdots, x_n; \hat{x}_1, \cdots, \hat{x}_n)$$

$$= \sum_{x_k} P(\hat{x}_1, \cdots, \hat{x}_{k-1}, x_k, \hat{x}_{k+1}, \cdots, \hat{x}_n)P(\hat{x}_k \mid \hat{x}_1, \cdots, \hat{x}_{k-1}, \hat{x}_{k+1}, \cdots \hat{x}_n)$$

$$= P(\hat{x}_k \mid \hat{x}_1, \cdots, \hat{x}_{k-1}, \hat{x}_{k+1}, \cdots, \hat{x}_n) \sum_{x_k} P(\hat{x}_1, \cdots, \hat{x}_{k-1}; x_k, \hat{x}_{k+1}, \cdots, \hat{x}_n)$$

$$= P(\hat{x}_k \mid \hat{x}_1, \cdots, \hat{x}_{k-1}, \hat{x}_{k+1}, \cdots, \hat{x}_n)P(\hat{x}_1, \cdots, \hat{x}_{k-1}, \hat{x}_{k+1}, \cdots \hat{x}_n)$$

$$= P(\hat{x}_1, \cdots, \hat{x}_{k-1}, \hat{x}_k, \hat{x}_{k-1}, \cdots, \hat{x}_n)$$
$$= P(\hat{\mathbf{x}})$$

第二步如下：因为 $p_k(\mathbf{x};\hat{x}) = 0$，除非对于所有 $j \neq k$ 有 $\hat{x}_j = x_j$

参见［Geman and Geman，1984］了解更多关于吉布抽样的信息。

11.2.6.3 使用吉布抽样方法对缺失数据进行学习

这里使用的吉布抽样方法称为候选方法（参见［Chib，1995］）。方法如下：设 D 为我们有值的变量的值集，通过贝叶斯定理得到

$$P(\mathrm{D}|\mathbb{G}) = \frac{P(\mathrm{D}|\check{f}^{(\mathbb{G})},\mathbb{G})\rho(\check{f}^{(\mathbb{G})}|\mathbb{G})}{\rho(\check{f}^{(\mathbb{G})}|\mathrm{D},\mathbb{G})} \tag{11.20}$$

式中，$\check{f}^{(\mathbb{G})}$ 是 $\mathbb{G}$ 中参数的任意赋值，为了近似 $P(\mathrm{D}|\mathbb{G})$，选择 $\check{f}^{(\mathbb{G})}$ 的一些值对式（11.20）中的分子进行精确计算，并用吉布抽样逼近分母。对于分母有

$$\rho(\check{f}^{(\mathbb{G})}|\mathrm{D},\mathbb{G}) = \sum_{\mathbf{m}} \rho(\check{f}^{(\mathbb{G})}|\mathrm{D},\mathbf{m},\mathbb{G})P(\mathbf{m}|\mathrm{D},\mathbb{G})$$

式中，m 是缺失值的一组变量。

为了用吉布抽样来近似这个和，这里做了以下工作：

1）将未观察变量的状态初始化为生成完整数据集 D_1 的任意值。

2）任意选择一个未观察到的变量 $X_i^{(h)}$，得到 $X_i^{(h)}$ 的值，

$$P(x'^{(h)}_i|\mathrm{D}_1 - \{\check{x}^{(h)}_i\},\mathbb{G}) = \frac{P(x'^{(h)}_i, \mathrm{D}_1 - \{\check{x}^{(h)}_i\}|\mathbb{G})}{\sum P(x^{(h)}_i, \mathrm{D}_1 - \{\check{x}^{(h)}_i\}|\mathbb{G})}$$

式中，$\check{x}^{(h)}_i$ 是 D_1 中 $X_i^{(h)}$ 的值，并且该和是 $X_i^{(h)}$ 空间中所有值的总和，可以使用式（11.4）计算分子和分母中的项。

3）对所有其他未观察到的变量重复步骤 2），其中第 $(k+1)$ 次迭代中使用的完整数据集包含了前 k 次迭代中获得的值，这将产生一个新的完整的数据集 D_2。

4）在第 $(j+1)$ 次迭代中使用来自第 j 次迭代的完整数据集时，对前两个步骤进行 R 次迭代，这样将生成完整的数据集。对于每个完整的数据集 D_j，使用式（10.3）计算

$$\rho(\check{f}^{(\mathbb{G})}|\mathrm{D}_j,\mathbb{G})$$

5）近似值

$$\rho(\check{f}^{(\mathbb{G})}|\mathrm{D}_j,\mathbb{G}) \approx \frac{\sum_{j=1}^{R} \rho(\check{f}^{(\mathbb{G})}|\mathrm{D}_j,\mathbb{G})}{R}$$

尽管候选方法可以应用参数 $\check{f}^{(\mathbb{G})}$ 中的任何值，但一些赋值就可以加快收敛速度。Chickering 和 Heckerman［1997］讨论了选择值的方法。

11.2.7 近似结构学习

回顾 11.2.4 节，当变量数目较多时，通过全面地考虑所有 DAG 来寻找最大 DAG 在计算上是不可行的，接下来将讨论这样的算法。

11.2.7.1 K2 算法

现在提出一个算法，其搜索空间是包含 n 个节点的所有 DAG 的集合，其中 n 是随机变

量数。在这些算法中，我们的目标是找到具有最大得分的 DAG，其中评分标准可以是贝叶斯分数、BIC 分数或其他一些评分标准。因此，将简单地将分数称为 $score$（$\mathbb{G}$：D），其中 D 是我们的数据。

如果使用贝叶斯分数或 BIC 分数，整个 DAG 的分数是每个节点的局部分数的乘积。例如，定理 11.3 得到贝叶斯分数给出的结果

$$P(\mathrm{D} \mid \mathbb{G}) = \prod_{i=1}^{n} \prod_{j=1}^{q_i^{\mathbb{G}}} \frac{\Gamma(N_{ij}^{\mathbb{G}})}{\Gamma(N_{ij}^{\mathbb{G}} + M_{ij}^{\mathbb{G}})} \frac{\Gamma(a_{ij}^{\mathbb{G}} + s_{ij}^{\mathbb{G}})\Gamma(b_{ij}^{\mathbb{G}} + t_{ij}^{\mathbb{G}})}{\Gamma(a_{ij}^{\mathbb{G}})\Gamma(b_{ij}^{\mathbb{G}})}$$

关于这个公式中变量的定义见定理 11.3。注意，这里已经明确地显示了它们对 $\mathbb{G}$ 的依赖性，用 $\mathrm{PA}_i^{\mathbb{G}}$ 表示 $\mathbb{G}$ 中 X_i 的父项。节点 X_i 定义为

$$score(X_i, \mathrm{PA}_i^{\mathbb{G}} : D) = \prod_{j=1}^{q_i^{\mathbb{G}}} \frac{\Gamma(N_{ij}^{\mathbb{G}})}{\Gamma(N_{ij}^{\mathbb{G}} + M_{ij}^{\mathbb{G}})} \frac{\Gamma(a_{ij}^{\mathbb{G}} + s_{ij}^{\mathbb{G}})\Gamma(b_{ij}^{\mathbb{G}} + t_{ij}^{\mathbb{G}})}{\Gamma(a_{ij}^{\mathbb{G}})\Gamma(b_{ij}^{\mathbb{G}})}$$

该局部分数仅依赖于存储在 X_i 的参数值，以及 X_i 中数据值和 $PA_i^{\mathbb{G}}$ 中的节点，而 $P(\mathrm{D} \mid \mathrm{G})$ 是这些局部分数的乘积。

Cooper 和 Herskovits［1992］开发了一种贪婪搜索算法，该算法通过最大化这些局部分数来最大化 DAG 的分数，也就是说，对于每个变量 X_i，它们在本地找到一个近似最大化分数的值 $\mathrm{PA}_i(X_i, \mathrm{PA}_i^{\mathbb{G}} : D)$，该搜索算法中的单个操作是向节点添加父节点，该算法的步骤如下：先假设节点的排序是这样的，如果 X_i 在排序中位于 X_j 之前，则不允许从 X_j 到 X_i 的弧轨迹。令 $Pred(X_i)$ 为排序中在 X_i 之前的节点集，首先将 X_i 的父 $\mathrm{PA}_i^{\mathbb{G}}$ 设为空集并计算分数（$X_i; \mathrm{PA}_i^{\mathbb{G}} : D$），接下来按照顺序依次访问节点，当访问 X_i 时，确定 $Pred(X_i)$ 中分数增加最多的节点（$X_i; \mathrm{PA}_i^{\mathbb{G}} : D$）。我们"贪婪地"将这个节点添加到 $PA_i^{\mathbb{G}}$，我们继续这样做，直到没有节点添加增加 $score(X_i, \mathrm{PA}_i^{\mathbb{G}} : D)$。该算法被称为 K2，因为它是从一个名为 Kutató［Herskovits and Cooper，1990］的系统演化而来的。

算法 11.1　K_2

输入：n 个随机变量的集合 V；节点可能具有的父节点数量上的上界 u；数据 D。

输出：n 组父节点 PA_i；其中 $1 \leqslant i \leqslant n$，在 DAG 中近似最大化 $score(\mathbb{G}$：D$)$。

```
Procedure K2 (V, u, D, var PAi, 1 ≤ i ≤ n)
for i = 1 to n
    PAiᴳ = ∅;
    P_old = score(Xi, PAiᴳ : D);
    findmore = true;
    while findmore and |PAiᴳ| < u
        Z = node in Pred(Xi) − PAi that maximizes
            score(Xi, PAiᴳ ∪ {Z} : D);
        P_new = score(Xi, PAiᴳ ∪ {Z} : D);
        if P_new > P_old
            P_old = P_new;
            PAiᴳ = PAiᴳ ∪ {Z};
        else
            findmore = false;
    endwhile
endfor
```

Neapolitan [2004] 分析了该算法。此外，他还展示了一个例子，该实例中的算法提供了一个先验顺序，并从报警贝叶斯网络随机采样的 10000 个案例中学习了 DAG [Beinlich et al.，1989]，DAG 学习的情况与报警网络中的情况相同，只是少了一条边。

您可能想知道我们从哪里可以得到算法 11.1 的排序，这样的排序可以从诸如变量的时间排序之类的知识中获得。例如，在患者中，吸烟往往发生在支气管炎和肺癌之前，而这些状态的出现都先于疲劳和胸部 X 射线阳性。

当模型搜索算法只需在局部重新计算一些分数来确定下一个正在考虑的模型评分时，称该算法具有局部评分更新条件。具有局部评分更新条件的模型比没有它的模型要高效得多。显然，K2 算法具有局部分数更新条件。

11.2.7.2　一种没有优先排序的算法

接下来提出一个简单的贪婪搜索算法，它不需要时间排序，搜索空间再次为包含 n 个变量的所有 DAG 集合，DAG 集合操作如下：

1) 如果两个节点不相邻，则在两个节点之间添加一条边。

2) 如果两个节点相邻，则删除它们之间的边。

3) 如果两个节点相邻，则反转它们之间的边。

所有操作都受到这样的约束，即生成的图不包含循环，通过应用其中一种操作可以从 $\mathbb{G}$ 获得的所有 DAG 的集合称为 Nbhd($\mathbb{G}$)。如果 $\mathbb{G}' \in$ Nbhd($\mathbb{G}$)，我们说 $\mathbb{G}'$ 在 $\mathbb{G}$ 的邻域内，显然，这组操作对于搜索空间是完整的。也就是说，对于任意两个 DAG $\mathbb{G}$ 和 $\mathbb{G}'$，存在一个将 $\mathbb{G}$ 转换为 $\mathbb{G}'$ 的操作序列，反转边缘操作不需要完成操作，但是它在不增加太多复杂性的情况下增加了空间的连接性，这通常会导致更好的搜索。此外，当使用贪婪搜索算法时，包括边缘反转往往似乎会产生更好的局部最大值。

算法的过程如下：从一个没有边的 DAG 开始，在搜索的每一步，在现在的 DAG 附近的所有 DAG，贪婪地选择最大化的那一个 $score(\mathbb{G}{:}D)$。当操作没有增加这个分数时，将停止。

注意，在每一步中，如果添加或删除一条到 X_i 的边，只需要重新计算 $score(X_i;\mathrm{PA}_i{:}D)$。如果 X_i 与 X_j 之间的一条边反向，则只需要重新计算 $score(X_i;\mathrm{PA}_i{:}D)$、$score(X_j;\mathrm{PA}_j{:}D)$。因此，该算法具有局部分数更新性。算法如下：

算法 11.2　DAG 搜索

输入：n 个随机变量的集合 V；数据 D。

输出：DAG 中近似最大化 $score(\mathbb{G}{:}D)$ 的一组边 E。

Procedure DAG_Search(V, D, **var** E)

E=∅; $\mathbb{G}$=(V, E);

do

    if any DAG in Nbhd($\mathbb{G}$) increases $score(\mathbb{G}{:}D)$

        modify E based on the one that increases score ($\mathbb{G}{:}D$) most;

while some operation increases $score$ ($\mathbb{G}{:}D$);

贪婪搜索算法的一个问题是，它可能会在目标函数局部最大化的备选解处停止，而不是在全局最大化的候选解处停止（参见 [Xiang et al.，1996]）。解决这个问题的一种方法是迭代"hill-climbing"，在迭代"hill-climbing"过程中，进行局部搜索，直到获得局部最大值，然后对当前结构进行随机扰动，重复上述过程。最后，使用超过局部最大值的最大化结果。试图避免局部最大值的其他方法包括模拟退火［Metropolis et al.，1953］、最佳优先搜索［Korf，1993］和吉布抽样［Neapolitan，2004］。

11.2.7.3　搜索 DAG 模式

下面，提出一种搜索 DAG 模式的算法。首先，讨论为什么要这样做。

为什么要搜索 DAG 模式？虽然算法 8.1 和 8.2 采用的是 DAG $\mathbb{G}$，而不是 DAG 模式，但是可以通过确定代表 $\mathbb{G}$ 所属的马尔可夫等价类的 DAG 模式 gp 来找到 DAG 模式。由于 $score(gp;D)=score(\mathbb{G};D)$，这里近似地求出了的最大的 $score(D,gp)$。然而，正如［Neapolitan，2004］所讨论的，在搜索 DAG 而不是 DAG 模式时，存在许多潜在的问题。这里简要地讨论两个问题，首先是效率问题。通过对整个 DAG 的搜索，该算法可以在相同的马尔可夫等价类中在偶遇和重置 DAG 方法浪费时间。第二个问题与先验问题有关，如果搜索所有 DAG，将隐式地给所有 DAG 分配相等的优先级，这意味着包含更多 DAG 的 DAG 模式具有更高的先验概率，例如，如果有 n 个节点，完整的 DAG 模式（不表示有条件的独立）包含 $n!$ 个 DAG 而没有边的模式（表示所有变量均是相互独立的）只包含一个 DAG。另一方面，Gillispie 和 Pearlman［2001］表明，当节点数只有 10 时，所有 DAG 到 DAG 模式的数量均达到约 3.7 的渐近比。因此，一般来说，给定等价类中的 DAG 数量很少，也许对搜索所有 DAG 不是必需的。相反，在 Chickering［2001］进行的模拟中，算法所搜索的等价类中的 DAG 平均数量总是大于 8.5，在一种情况下是 9.7×10^{19}。

当进行模型选择时，为所有 DAG 分配相等的优先级不一定是一个严重的问题，因为最终将选择一个与高分数 DAG 相对应的高分数 DAG 模式。然而，如［Neapolitan，2004］中所讨论的，在模型平均的情况下，这可能是更严重的问题（参见 11.2.8 节）。

GES 算法。1997 年，Meek 开发了一种叫作贪婪等价搜索（GES）的算法，用于搜索 DAG 模式，并且具有以下特性：如果有一个 DAG 模式忠于 P，则随着数据集的大小接近无限大，找到忠实于 P 的 DAG 模式的概率极限等于 1。在 2002 年 Chickering 证明了这种情况。下面，就来描述这种算法。

在下文中将用 gp 描述的 DAG 模式 gp 来表示等价类。GES 是一种搜索 DAG 模式的两阶段算法。在第一阶段中，DAG 模式 gp' 在 DAG 模式 gp 附近，表示为 Nbhd$^+(gp)$，如果存在一些 DAG $\mathbb{G} \in gp$，则单个边的相加导致 DAG $\mathbb{G}' \in gp'$。从不包含边缘的 DAG 模式开始，通过 Nbhd$^+(gp)$ 中 DAG 模式重复替换当前的 DAG 模式 gp，选用的 Nbhd$^+(gp)$ 是在 Nbhd$^+(gp)$ 中所有 DAG 模式有着最高分的那一个，一直做到 Nbhd$^+(gp)$ 中没有 DAG 模式再提高分数。

第二阶段完全类似于第一阶段。在该阶段中，DAG 模式 gp' 在 DAG 模式 gp 附近，表示为 Nbhd$^-(gp)$，如果存在一些 DAG $\mathbb{G} \in gp$，则单个边缘删除导致 DAG $\mathbb{G}' \in gp'$。从在第一阶段中获得的 DAG 模式开始，通过 Nbhd$^-(gp)$ 中的 DAG 模式替换当前 DAG 模式 gp，选用的 Nbhd$^-(gp)$ 是在 Nbhd$^-(gp)$ 中所有 DAG 模式有着最高得分的那一个，直至在 Nbhd$^-(gp)$ 中没有 DAG 模式再提高分数。

编写此算法留作一个练习。

Neapolitan［2004］讨论了搜索 DAG 模式的其他算法。

11.2.8　模型平均

Heckerman 等［1999］举例说明，当变量数量少而数据量大时，一种结构可能比任何其他结构都要大几个数量级。在这种情况下，模型选择产生了良好的结果。但是，回想一下，在例 11.3 中的数据很少，得到 $P(\mathbb{G}_1 \mid D) = 0.517$ 和 $P(\mathbb{G}_2 \mid D) = 0.483$，这里选择（学习）DAG $\mathbb{G}_1$ 因为它是最可能的，然后在例 11.5 中，使用包含 DAG $\mathbb{G}_1$ 的贝叶斯网络对 Sam 进行推导，因为这两个模型的概率非常接近，所以选择 $\mathbb{G}_1$ 似乎有些武断。因此，模型选择似乎并不合适。接下来将描述另一种方法。

现在可以使用总概率定律来进行推导，而不是选择单个 DAG，用总概率定律进行推导如下：使用每种 DAG 进行推导，然后将结果（一个概率值）乘以 DAG 的后验概率，这叫作模型平均。

例 11.14　回想一下，根据例 11.3 中的数据，已知

$$P(\mathbb{G}_1 \mid D) = 0.517$$

以及

$$P(\mathbb{G}_2 \mid D) = 0.483$$

在例 11.5 中，根据数据更新了包含 $\mathbb{G}_1$ 的贝叶斯网络，得到图 11.4a 中的贝叶斯网络。如果以同样的方式更新一个包含 $\mathbb{G}_2$ 的贝叶斯网络，则得到了图 11.4b 中的贝叶斯网络。

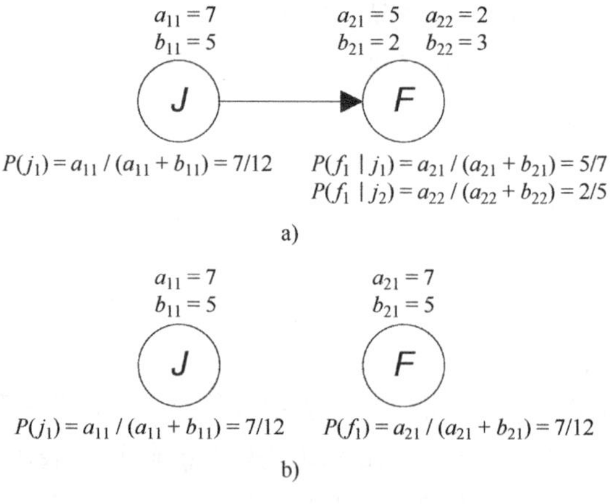

$a_{11} = 7$　　$a_{21} = 5$　$a_{22} = 2$
$b_{11} = 5$　　$b_{21} = 2$　$b_{22} = 3$

$J \longrightarrow F$

$P(j_1) = a_{11} / (a_{11} + b_{11}) = 7/12$　$P(f_1 \mid j_1) = a_{21} / (a_{21} + b_{21}) = 5/7$
　　　　　　　　　　　　　　　　$P(f_1 \mid j_2) = a_{22} / (a_{22} + b_{22}) = 2/5$

a)

$a_{11} = 7$　　$a_{21} = 7$
$b_{11} = 5$　　$b_{21} = 5$

J　　F

$P(j_1) = a_{11} / (a_{11} + b_{11}) = 7/12$　$P(f_1) = a_{21} / (a_{21} + b_{21}) = 7/12$

b)

图 11.4　基于实例中讨论的数据，更新了例 11.3 和例 11.5 的贝叶斯学习网络

已知 Sam 从未拖欠过贷款（$F = f_2$），那么可以使用模型平均来计算 Sam 是白领工人的概率，如下所示[⊖]：

$$P(j_1 \mid f_1, D) = P(j_1 \mid f_1, \mathbb{G}_1) P(\mathbb{G}_1 \mid D) + P(j_1 \mid f_1, \mathbb{G}_2) P(\mathbb{G}_2 \mid D)$$
$$= (0.714) \times (0.517) + (7/12) \times (0.483) = 0.651$$

在例 11.5 中得到 $P(j_1 \mid f_1, \mathbb{G}_1) = 0.714$ 的结果，虽然在那个例子中没有显示出对 $\mathbb{G}_1$ 的依赖，

⊖　注意，可以用 $P(\mathbb{G}_1 \mid D)$ 来替代 $P(\mathbb{G}_1 \mid f_1, D)$，虽然它们并不完全相等，但在假设数据量足够大的情况下，可以忽略 DAG 模型对当前案例的依赖性。

因为 DAG 是唯一涉及的 DAG。结果 $P(j_1 | f_1, \mathbb{G}_2) = 7/12$ 由图 11.4b 中的贝叶斯网络直接得到，因为 J 和 F 在这个网络中是独立的。

例 11.14 说明了如何使用模型平均来进行推导。下面的例子说明如何使用它来学习部分结构。

例 11.15　假设有 3 个随机变量 X_1、X_2 和 X_3，图 11.5 给出了可能的 DAG 模式。这里可能感兴趣的是 DAG 模式的特征出现的概率，例如，可能感兴趣的概率是在 X_1 和 X_2 之间有一条边的概率。给定 5 个有边的 DAG 模式，这个概率是 1，并且给定 6 个没有边的 DAG 模式，这个概率是 0。令 gp 表示 DAG 模式，如果设 F 为随机变量，如果特征存在，即存在某个特征，则其值存在

$$P(F = present \mid \mathrm{D}) = \sum_{gp} P(F = present \mid gp, \mathrm{D}) P(gp \mid \mathrm{D})$$
$$= \sum_{gp} P(F = present \mid gp) P(gp \mid \mathrm{D})$$

其中

$$P(F = present \mid gp) = \begin{cases} 1 & \text{如果特征在 } gp \text{ 中存在} \\ 0 & \text{如果特征在 } gp \text{ 中不存在} \end{cases}$$

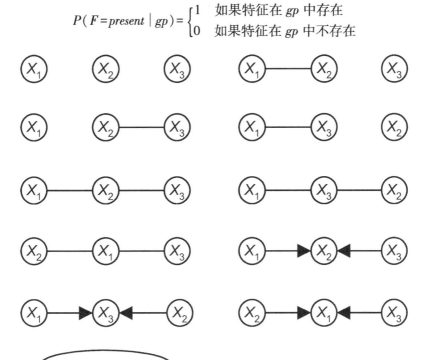

图 11.5　当有 3 个节点时的 11 个 DAG 模式

您可能想知道每个特征代表什么事件。例如，X_1 和 X_2 之间的边代表什么事件？该事件是 X_1 和 X_2 不是独立的事件，并且在变量的实际经验概率分布中给定 X_3 不具有条件独立性。另一个可能的特征是从 X_1 到 X_2 有一个定向边。该特征是假设经验概率分布服从于 DAG 表示的事件，在 DAG 模式忠实于的那个分布中存在从 X_1 到 X_2 的有向边。类似地，存在从 X_1 到 X_2 的有向路径的特征表示在服从于该分布的 DAG 模式中存在从 X_1 到 X_2 的有向路径的

事件。

由于现在只讨论经验概率分布，因此通常对这些事件没有太大兴趣。然而，如果讨论因果关系，它们会告诉我们变量之间的因果关系。举个例子，回想一下例 7.16，一个基因产生的蛋白质在另一个基因的 mRNA 水平（称为基因表达水平）上具有因果效应，研究人员试图从数据中了解这些因果效应。通常有数千个基因（变量），但通常最多只有几千个数据项。在这种情况下，许多结构的可能性是相等的。因此，选择一个特定的结构有些武断。然而，在这些情况下，我们并不总是有兴趣学习整个结构。也就是说，我们只对学习一些变量之间的关系感兴趣，而不是需要推导和决策的结构。特别是，在基因表达例子中，对某些基因表达水平之间的依赖性和因果关系感兴趣（见［Lander and Shenoy, 1999］）。

11.2.9　近似模型平均*

正如模型选择一样，当可能的 DAG 数量很大时，不能对所有 DAG 进行平均，在这些情况下，我们启发式地搜索高概率 DAG，然后对它们进行平均，特别是在基因表达的例子中，因为有成千上万的变量，不能对所有的 DAG 都进行平均。接下来便讨论近似模型平均。

11.2.9.1　使用 MCMC 进行近似模型平均

下面，将讨论如何使用马尔可夫链蒙特卡罗（MCMC）方法启发式搜索高概率结构和对其进行平均。

回想一下两个模型平均示例（例 11.14 和例 11.15）。第一个涉及计算所有可能的 DAG 的条件概率，如下所示：

$$P(x \mid y, \mathrm{D}) = \sum_{\mathbb{G}} P(x \mid y, \mathbb{G}, \mathrm{D}) P(\mathbb{G} \mid a, \mathrm{D})$$

第二个涉及计算特征出现的概率，如下所示：

$$P(F = present \mid \mathrm{D}) = \sum_{gp} P(F = present \mid gp) P(gp \mid \mathrm{D})$$

一般来说，这些问题涉及 DAG 或 DAG 模式的一些函数，也可能涉及数据和与数据相关的所有 DAG 或 DAG 模式的概率分布。如果对 DAG 模式进行平均，就可以表示出需要确定的一般问题

$$\sum_{gp} f(gp, \mathrm{D}) P(gp \mid \mathrm{D}) \tag{11.21}$$

式中，f 是 gp 和 D 的某些函数；P 是 DAG 模式的一些概率分布。虽然用 DAG 模式来表示问题，但仍可以用 DAG 概括这个问题。

为了使用 MCMC 近似表达式（11.21）的值，平稳分布 r 是 $P(gp \mid \mathrm{D})$。通常我们可以计算 $P(\mathrm{D} \mid gp)$ 而不是 $P(gp \mid \mathrm{D})$。然而，如果假设所有 DAG 模式的先验概率 $P(gp)$ 相同的，即有

$$P(gp \mid \mathrm{D}) = \frac{P(\mathrm{D} \mid gp) P(gp)}{P(\mathrm{D})}$$

$$= kP(\mathrm{D} \mid gp) P(gp)$$

这里，k 不依赖于 gp，如果用式（11.17）或式（11.18）作为 α 的表达式，则 k 便从表达式中约掉了，这意味着可以在 α 的表达式中使用 $P(\mathrm{D} \mid gp)$。注意，不必为所有 DAG 模式分配相同的先验概率。也就是说，可以在 α 的表达式中使用 $P(\mathrm{D} \mid gp) P(gp)$。

如果对 DAG 而不是 DAG 模式进行平均, 那么问题在于确定

$$\sum_{\mathbb{G}} f(\mathbb{G}, D) P(\mathbb{G} \mid D)$$

式中, f 是 $\mathbb{G}$ 和可能的 D 的一些函数; P 是 DAG 的一些概率分布。与 DAG 模式的情况一样, 如果假设所有 DAG 的先验概率 $P(\mathbb{G})$ 相同, 那么 $P(\mathbb{G} \mid D) = kP(D \mid \mathbb{G})$, 并且可以在 α 的表达式中使用 $P(D \mid \mathbb{G})$。但是, 必须意识到这个假设需要什么, 如果为所有 DAG 分配相等的先验概率, 则包含更多 DAG 的 DAG 模式将具有更高的先验概率。

如前所述, 当进行模型选择时, 为 DAG 分配相等的先验概率不一定是一个严重的问题, 因为最终将选择对应于高分数 DAG 模式的高分数 DAG。然而, 在进行模型平均时, 根据模式中的 DAG 的数量, 将给定的 DAG 模式包括在平均值中, 例如, 有 3 个 DAG 对应于 DAG 模式 X-Y-Z, 但只有一个对应于 DAG 模式 $X{\rightarrow}Y{\leftarrow}Z$。因此, 通过假设所有 DAG 具有相同的先验概率, 假设先验概率实际经验概率分布具有一组条件独立性 $\{I_P(X, Z \mid Y)\}$ 是它具有条件独立性集 $\{I_P(X, Z)\}$ 的先验概率的 3 倍。更具戏剧性的是, 有 $n!$ 个对应于完整 DAG 模式的 DAG 和只有一个对应于没有边的 DAG 模式的 DAG。因此, 这里假设没有条件独立性的先验概率远大于变量相互独立的先验概率。

该假设具有如下结果: 例如, 假设正确的 DAG 模式是 $X:Y$, 其表示没有边的 DAG 模式, 并且感兴趣的特征是 X 和 Y 是否独立。由于该特征存在, 如果确认这种特征存在, 那么得到的结果会更好。因此, 对 DAG 模式进行平均有一个更好的结果, 因为通过对 DAG 模式求平均, 为特征分配了 1/2 的先验概率, 而通过对 DAG 进行平均, 只分配了 1/3 的先验概率功能。另一方面, 如果正确的 DAG 模式是 X-Y, 则该特征不存在, 这意味着如果不确认, 则结果会更好。因此, 对 DAG 进行平均更好。

那么, 我们需要研究所有经验概率分布的总效果, 而不是讨论哪种方法可能是正确的。如果经验概率分布在本质上分布均匀并且为所有 DAG 分配相等的先验概率, 那么通过对 DAG 模式求平均得到的 $P(F = \text{present} \mid D)$ 是我们在观察这些数据时用此特征研究经验概率分布的经验概率。所以, DAG 模式的平均是正确的。另一方面, 如果经验概率分布根据 DAG 模式中的 DAG 数量本质上是分散的, 并且给所有 DAG 分配相同的先验概率, 则由平均 DAG 获得 $P(F = \text{present} \mid D)$, 是我们在观察这些数据时用该特征研究经验概率分布的经验概率。所以, 对 DAG 求平均是正确的。尽管假设经验分布在本质上均匀分布似乎是合理的, 但有些人认为经验概率分布 (由包含更多 DAG 的 DAG 模式表示) 可能更频繁地出现是因为有更多的因果关系可以产生它。

11.2.9.2　近似平均 DAG 的算法

下面描述近似平均 DAG 的 MCMC 算法。

1) 直截算法。状态集是包含应用中变量的所有可能 DAG 的集合, 其平稳分布是 $P(\mathbb{G} \mid D)$, 但如前所述, 我们可以在表达式中使用 $P(D \mid \mathbb{G})$ 来表示 α。回忆一下 11.2.7.2 节, $\text{Nbhd}(\mathbb{G})$ 是所有 DAG 的集合, 它们与 $\mathbb{G}$ 的不同之处在于一个边加法, 一个边删除或一个边反转。显然, $\mathbb{G}_j \in \text{Nbhd}(\mathbb{G}_i)$, 当且仅当 $\mathbb{G}_i \in \text{Nbhd}(\mathbb{G}_j)$ 时。然而, 因为添加或反转边可以创建循环, 如果 $\mathbb{G}_j \in \text{Nbhd}(\mathbb{G}_i)$, 则 $\text{Nbhd}(\mathbb{G}_i)$ 和 $\text{Nbhd}(\mathbb{G}_j)$ 包含相同数量的元素不一定是真的。例如, 如果 $\mathbb{G}_i$ 和 $\mathbb{G}_j$ 分别是图 11.6a 和 b 中的 DAG, 那么 $\mathbb{G}_j \in \text{Nbhd}(\mathbb{G}_i)$。但是, $\text{Nbhd}(\mathbb{G}_i)$ 包含 5 个元素, 因为添加边 $X_3 {\rightarrow} X_1$ 会创建一个循环。

图 11.6　这些 DAG 位于彼此的相邻区域，但是它们的相邻区域不包含相同数量的元素

而 Nbhd$(\mathbb{G}_j)$ 包含 6 个元素。创建的转移矩阵 $\boldsymbol{Q}$ 如下：对于每一对状态 $\mathbb{G}_i$ 和 $\mathbb{G}_j$，设有

$$
q_{ij} = \begin{cases} \dfrac{1}{|\,\mathrm{Nbhd}(\mathbb{G}_i)\,|} & \mathbb{G}_j \in \mathrm{Nbhd}(\mathbb{G}_i) \\ 0 & \mathbb{G}_j \notin \mathrm{Nbhd}(\mathbb{G}_i) \end{cases}
$$

式中，$|\,\mathrm{Nbhd}(\mathbb{G}_i)\,|$ 返回集合中的元素数，由于 $\boldsymbol{Q}$ 不是对称的，这里使用式（11.17）而不是式（11.18）来计算 α_{ij}。具体来说，步骤如下：

① 如果 k 次试验的 DAG 为 $\mathbb{G}_i$，则从 Nbhd$(\mathbb{G}_i)$ 均匀地选择 DAG，假设 DAG 是 $\mathbb{G}_j$。

② 选择 $k+1$ 次试验的 DAG 为概率 $\mathbb{G}_j$。

$$
\alpha_{ij} = \begin{cases} 1 & \dfrac{P(\mathrm{D}\mid\mathbb{G}_j)\times|\,\mathrm{Nbhd}(\mathbb{G}_i)\,|}{P(\mathrm{D}\mid\mathbb{G}_i)\times|\,\mathrm{Nbhd}(\mathbb{G}_j)\,|} \geqslant 1 \\[3mm] \dfrac{P(\mathrm{D}\mid\mathbb{G}_j)\,|\,\mathrm{Nbhd}(\mathbb{G}_i)\,|}{P(\mathrm{D}\mid\mathbb{G}_i)\,|\,\mathrm{Nbhd}(\mathbb{G}_j)\,|} & \dfrac{P(\mathrm{D}\mid\mathbb{G}_j)\times|\,\mathrm{Nbhd}(\mathbb{G}_i)\,|}{P(\mathrm{D}\mid\mathbb{G}_i)\times|\,\mathrm{Nbhd}(\mathbb{G}_j)\,|} \leqslant 1 \end{cases}
$$

并且 $\mathbb{G}_i$ 的概率为 $1-\alpha_{ij}$。

2）简化。在每个步骤中计算 DAG 的邻域的大小是繁杂的，或者说，可以在邻域中包括具有周期的 DAG，也就是说，Nbhd$(\mathbb{G}_i)$ 是所有图形的集合（包括具有周期的图形），其与通过一个边添加，一个缘删除或一个边反转的 $\mathbb{G}_i$ 不同，不难看出，每个邻域的大小都等于 $n(n-1)$。因此定义

$$
q_{ij} = \begin{cases} \dfrac{1}{n(n-1)} & \mathbb{G}_j \in \mathrm{Nbhd}(\mathbb{G}_i) \\ 0 & \mathbb{G}_j \notin \mathrm{Nbhd}(\mathbb{G}_i) \end{cases}
$$

如果当前处于状态 $\mathbb{G}_i$ 并且获得的不是 DAG 的一个图形 $\mathbb{G}_j$，则设置 $P(\mathrm{D}\mid\mathbb{G}_j)=0$（有效地使 r_j 为零），这样，α_{ij} 为零，未选择图形，并且在此步骤中保持 $\mathbb{G}_i$。因为 $\boldsymbol{Q}$ 现在是对称的，可以使用式（11.18）来计算 α_{ij}。请注意，我们的理论是通过假设平稳分布中的所有值都是正数而提出的，目前情况并非如此。然而，Tierney［1996］表明，如果这里讨论的情况允许有 0 值，那么收敛也随之而来。

Neapolitan［2004］提出了一种类似于 DAG 模式平均的方法。

11.3　基于约束的结构学习

下面讨论一种完全不同的结构学习技术，称为基于约束的学习。在这种方法中，尝试从生成概率分布 P 中的条件独立性中学习 DAG。首先，通过展示如何学习服从于概率分布的 DAG 来说明基于约束的方法，后面将是对嵌入式信任度的讨论。

11.3.1　学习一个服从于 P 的 DAG

回想一下，如果 P 中的所有且只有条件独立由 $\mathbb{G}$ 限定，那么（$\mathbb{G}, P$）满足依赖条件。

在讨论了为什么想要学习依赖于概率分布 P 的 DAG 之后，这里说明这样的 DAG 学习方法。

11.3.1.1　为什么需要一个可信的 DAG

再次考虑图 6.1 中的对象，在例 6.23 中，图中让 P 为每个对象分配 1/13，并在包含对象的集合上定义这些随机变量。

变量	值	结果映射到此值
L	l_1	所有包含 A 的对象
	l_2	所有包含 B 的对象
S	s_1	所有方形对象
	s_2	所有圆形对象
C	c_1	所有黑色对象
	c_2	所有白色对象

然后证明了 L 和 S 在给定 C 的情况下是条件独立的，也就是说，使用 6.2.2 节中建立的符号给出

$$I_P(L,S\,|\,C)$$

在例 7.1 中，表明这意味着 P 满足在图 11.7a 中 DAG 的马尔可夫条件。然而，在图 11.7b 中 P 也满足有完备的 DAG 的马尔可夫条件，P 不满足图 11.7c 中 DAG 的马尔可夫条件，因为 DAG 需要 $I_P(L,S)$，而这种独立性不在 P 中。图 11.7b 中的 DAG 并不能很好地代表 P，因为它不需要 P 中的条件独立性，即 $I_P(L,S\,|\,C)$，这违反了置信条件，在图 11.7 中的 DAG 中，只有图 11.7a 中的 DAG 服从于 P。

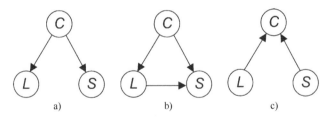

图 11.7　如果 P 中唯一的条件独立性是 $I_P(L,S\,|\,C)$，则 P 满足图 a 和图 b 中的 DAG 的马尔可夫条件，P 仅满足图 a 中的 DAG 的置信条件

如果能够找到服从于概率分布 P 的 DAG，就已经达到了简洁地表示 P 的目标。也就是说，如果存在服从于 P 的 DAG，则那些 DAG 是包括 P 的最小 DAG（参见［Neapolitan，2004］）。现在说 DAG 是因为如果 DAG 服从于 P，那么显然任何 Markov 等效 DAG 也服从于 P。例如，DAG $L{\rightarrow}C{\rightarrow}S$ 和 $S{\leftarrow}C{\leftarrow}L$，它们是等效于 DAG $L{\leftarrow}C{\rightarrow}S$ 的马尔可夫，也是服从于关于图 6.1 中的对象的概率分布 P。正如将要看到的，并非每个概率分布都有一个服从于它的 DAG。但是，如果 DAG 服从于概率分布，则相对容易被发现。下面将讨论如何学习可信的 DAG。

11.3.1.2　学习一个服从于 P 的 DAG

假设有一个来自人口的实体样本，其中定义了随机变量，并且知道样本中实体感兴趣的

变量的值，样本可以是随机样本，也可以是被动数据。从这个样本中，来推导出变量之间的条件独立性，在［Spirtes et al., 1993；2000］和［Neapolitan, 2004］中描述了一种推导条件独立性并获得我们对其信心的度量的方法，对所学 DAG 的信心并不比对这些条件独立性的信心更强。

例 11.16 作为练习，可以证明例 11.1 中显示的数据具有这种条件独立性：

$$I_P(Height, Wage \mid Sex)$$

因此，根据这些数据，可以用一定的置信度来得出结论，这种条件独立性存在于整个人口中。

下面，给出了一系列的例子，在这些例子中，学习了一个符合兴趣概率分布的 DAG，这些例子说明了如何从条件独立（如果存在的话）中学到一个可信的 DAG。这里再次强调，DAG 忠实于从数据中学到的条件独立性，但不确定这对于整个人口数据的概率分布中的条件独立性。

例 11.17 假设 V 是可观测到的变量的集合，V = {X, Y}，并且 P 中的条件独立集是

$$\{I_P(X, Y)\}$$

我们希望找到服从于 P 的 DAG，但不能拥有图 11.8a 中的任何一个 DAG，原因是这些 DAG 并不意味着 X 和 Y 是独立的，这意味着不满足置信条件。因此，在图 11.8b 中必须有 DAG。这里得出结论，P 忠实于图 11.8b 中的 DAG。

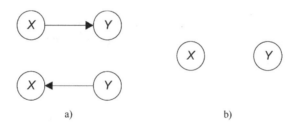

a)   b)

图 11.8 如果条件独立集是 $\{I_P(X, Y)\}$，那么必须在图 b 中有一个 DAG，
而如果是 ϕ，那么必须在图 a 中有一个 DAG

例 11.18 假设 V = {X, Y} 并且 P 中的条件独立集合是空集 ϕ。也就是说，V 没有独立性。我们希望找到服从于 P 的 DAG，但不能在图 11.8b 中找到 DAG，原因是该 DAG 需要 X 和 Y 是独立的，这意味着不满足马尔可夫条件。因此，必须拥有图 11.8a 中的一个 DAG。现在得出结论，P 对图 11.8a 中的 DAG 都是依赖的。请注意，这些 DAG 是马尔可夫等效的。

例 11.19 假设 V = {X, Y, Z}，并且 P 中的条件独立集是

$$\{I_P(X, Y)\}$$

我们希望找到服从于 P 的一个 DAG，鉴于例 11.17 中给出的原因，在 DAG 中 X 和 Y 之间不存在边。此外，鉴于例 11.18 中给出的原因，在 X 和 Z 之间以及在 Y 和 Z 之间必须存在边。我们不能拥有图 11.9a 中的任何 DAG，原因是这些 DAG 需要 $I_P(X, Y \mid Z)$，并且不存在这种条件独立性。因此，马尔可夫条件不满足。此外，DAG 不需要 $I_P(X, Y)$。因此，DAG 必须是图 11.9b 中的 DAG。这里得出结论，P 服从于图 11.9b 中的 DAG。

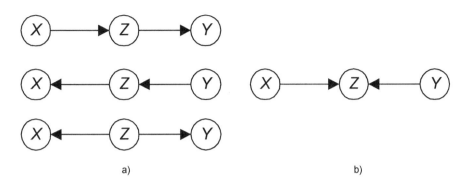

图 11.9 如果条件独立集是 $\{I_P(X;Y)\}$，那么必须有图 b 中的 DAG；

如果是 $\{I_P(X;Y\,|\,Z)\}$，那么必须有一个图 a 中的 DAG

例 11.20 假设 $V=\{X,Y,Z\}$ 并且 P 中的条件独立集是

$$\{I_P(X,Y\,|\,Z)\ \}$$

我们希望找到服从于 P 的 DAG，由于与之前给出的原因相似，DAG 中的唯一边必须在 X 和 Z 之间以及 Y 和 Z 之间，而在图 11.9b 中没有 DAG，原因是这个 DAG 需要 $I(X,Y)$，并且不存在这种条件独立性。因此，马尔可夫条件不满足。因此，必须拥有图 11.9a 中的一个 DAG。这里得出结论，P 服从于图 11.9a 中的所有 DAG。

现在陈述一个定理，其证明可以在 [Neapolitan，2004] 中找到。在这一点上，你的直觉应该认为它是真的。

定理 11.5 如果（$\mathbb{G}$,P）满足置信条件，则当且仅当 X 和 Y 在给定任何变量集合时不是条件独立时，在 X 和 Y 之间存在边。

例 11.21 假设 $V=\{X,Y,Z,W\}$ 并且 P 中的条件独立集是

$$\{I_P(X,Y),I_P(W,\{X,Y\}\,|\,Z)\}$$

我们希望找到服从于 P 的一个 DAG，由于定理 11.5，链接（不考虑方向的边）必须是如图 11.10a 所示的情况。必须有如图 11.10b 所示的有向边，因为有 $I_P(X,Y)$，因此，还必须具有图 11.10c 所示的有向边，因为没有 $I_P(W,X)$。这里得出结论，P 忠实于图 11.10c 中的 DAG。

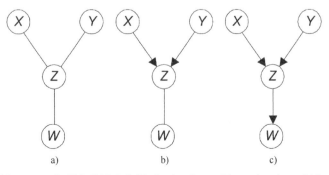

图 11.10 如果条件独立集是 $\{I_P(X,\{Y,W\}),I_P(Y,\{X,Z\})\}$，

那么必须在图 c 中有 DAG

例 11. 22 假设 $V = \{X, Y, Z, W\}$ 并且 P 中的条件独立集合是

$$\{I_P(X, \{Y, W\}), I_P(Y, \{X, Z\})\}$$

我们希望找到服从于 P 的 DAG。由于定理 11.5，必须有如图 11.11a 所示的连接。现在，如果有 $X{\rightarrow}Z{\rightarrow}W$、$X{\leftarrow}Z{\leftarrow}W$ 或 $X{\leftarrow}Z{\rightarrow}W$，那么则没有 $I_P(X, W)$。所以，必须有 $X{\rightarrow}Z{\leftarrow}W$。同样，必须有 $Y{\rightarrow}W{\leftarrow}Z$。所以，确定的图必须是图 11.11b 中的图，但是，此图不是 DAG，这里的问题是没有 DAG 服从于 P。

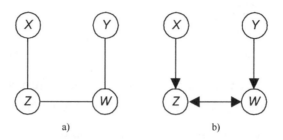

图 11.11 如果条件独立集是 $\{I_P(X, \{Y, W\}), I_P(Y, \{X, Z\})\}$，并且试图找到一个服从于 P 的 DAG，那么可以得到图 b 中的图，它不是 DAG

例 11. 23 假设具有与例 11.22 中相同的顶点和条件独立性。如示例所示，没有 DAG 服从于 P。但是，这并不意味着找不到比使用完整 DAG 更简洁的方式来表示 P。P 满足图 11.12 中每个 DAG 的马尔可夫条件，也就是说，图 11.12a 中的 DAG 需要

$$\{I_P(X, Y), I_P(Y, Z)\}$$

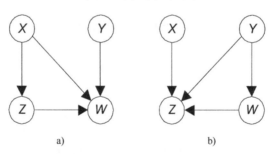

图 11.12 如果条件独立集是 $\{I_P(X, \{Y, W\}), I_P(Y, \{X, Z\})\}$，则 P 对于这两个 DAG 都满足马尔可夫条件

这些条件独立性都在 P 中，而图 11.12b 中的 DAG 需要

$$\{I_P(X, Y), I_P(X, W)\}$$

然而，P 不满足这些 DAG 中的任何一个的置信条件，因为图 11.12a 中的 DAG 不需要 $I_P(X, W)$，而图 11.12b 中的 DAG 不需要 $I_P(Y, Z)$。

每个 DAG 都与我们表示的概率分布一样简洁。因此，当没有 DAG 服从于概率分布 P 时，仍然可以比使用完整的 DAG 更简洁地表示 P。结构学习算法试图找到最简洁的表示方式，根据每个变量的备选数量，图 11.12 中的一个 DAG 实际上可能比另一个更简洁，因为它包含的参数更少。基于约束的学习算法无法区分这两者，但基于分数的算法可以，有关此问题的完整讨论，请参见 [Neapolitan, 2004]。

11.3.2　学习一个可信嵌入 P 中的 DAG

从某种意义上说，在例 11.23 中进行了妥协，因为已学到的 DAG 并没有引起 P 中的所有条件独立性，如果目标是学习一个贝叶斯网络并将其用于后续推导的话，那么这种妥协的做法很好。然而，结构学习的另一个应用是因果学习，这将在下一节中讨论。当学习原因时，最好找到可信地嵌入 P 中的 DAG。接下来讨论嵌入式忠实度。

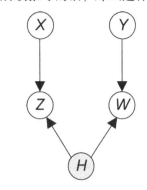

定义 11.2　假设在某些集合 V 中具有随机变量的联合概率分布 P 和 DAG $\mathbb{G}=(W,E)$ 使得 $V \subseteq W$。我们说（$\mathbb{G},P$）满足嵌入式置信条件，如果所有且只有 P 中的条件独立性由 $\mathbb{G}$ 引起，仅限于 V 中的变量的话。此外，我们说 P 被可信地嵌入到 $\mathbb{G}$ 中。

例 11.24　再假设 $V = \{X,Y,Z,W\}$ 并且 P 中的条件独立集是

$$\{I_P(X,\{Y,W\}),I_P(Y,\{X,Z\})\}$$

然后，P 可信地嵌入图 11.13 中的 DAG 中，留作练习

图 11.13　如果 P 中的条件独立集是 $\{I_P(X,\{Y,W\}),I_P(Y,\{X,Z\})\}$，那么 P 被可信地嵌入到这个 DAG 中

完成这点的推导。通过在 DAG 中包含隐藏变量 H，能够将所有和仅 P 中的条件独立性限制为 V 中的变量。

11.4　应用：MENTOR

为了说明贝叶斯网络学习，这里提供了一个大规模应用的细节。

Mani 等人［1997］开发了 MENTOR，这是一种预测婴儿智力低下（MR）风险的系统，具体地，系统可以确定儿童以后在雷文推理测试（Raven Progressive Matrices Test）上获得 4 个不同范围内的分数的概率，这种测试是对认知功能的测试。概率取决于变量的值条件，例如孩子出生时母亲的年龄，母亲最近是否进行了 X 光检查，是否劳动引起了分娩等。

11.4.1　开发网络

MENTOR 中使用的贝叶斯网络的结构是通过以下 3 个步骤创建的。

1）Mani 等人［1997］获得了儿童健康与发展研究（CHDS）数据集，这是在一项针对研究怀孕妈妈和孩子而开发的数据集。通过对孩子们十几年的跟踪包含了大量的问卷、身体和心理测试及专门的测试，这项研究是由加州大学伯克利分校和凯撒基金会进行的。这项研究从 1959 年开始持续到 20 世纪 80 年代，在这个数据集中，大约有 6000 名儿童和 3000 名母亲的 IQ 值，孩子们的 IQ 测试要么从 5 岁开始，要么从 9 岁开始，对孩子们的 IQ 测试是雷文推理测试，对母亲的智商也进行了测试，使用的测试是皮博迪图片词汇测试。

最初，Mani 等人［1997］在数据集中确定了 50 个变量，这些被认为是在智力发育迟滞的因果机制中起作用的变量。然而，他们剔除了那些与雷文评分关联性较弱的变量，最后他们的模型中只使用了 23 个变量，所用变量如表 11.3 所示。

表 11.3　MENTOR 中使用的变量

变量	变量代表什么
MOM RACE	母亲的种族，分为白人或其他人种
MOMAGE_BR	孩子出生时母亲的年龄，可分为 14~19 岁、20~34 岁或≥35 岁
MOM_EDU	母亲的教育程度，分为：12 岁以下且高中未毕业、高中毕业、高中以上
DAD_EDU	父亲的教育与母亲的教育相同。
MOM_DIS	如果母亲有以下病史：有一项或多项肺部疾病、心脏疾病、高血压、抽搐、糖尿病、甲状腺问题、贫血、肿瘤、细菌性疾病、麻疹、水痘、单纯疱疹、子痫，则为"是"；否则为"否"
FAM_INC	家庭收入的分类为<10000 美元或≥10000 美元
MOM_SMOK	如果母亲在怀孕期间吸烟则为"是"；否则为"否"
MOM_ALC	母亲的饮酒水平分为：轻度（每周 0~6 次）、中度（7~20 次）或重度（>20 次）
PREV_STILL	如果母亲以前有过死胎，则为"是"；否则为"否"
PN_CARE	如果母亲有产前护理，则为"是"；否则为"否"
MOM_XRAY	如果母亲在怀孕前一年或怀孕期间接受过 X 射线检查，则为"是"；否则为"否"
GESTATN	妊娠期分为早产（≤258 天）、正常（259~294 天）或晚产（≥295 天）
FET_DIST	胎儿窘迫：如果有脐带脱垂、母亲有子宫手术史、有子宫破裂或发烧、在分娩时或分娩前有子宫破裂或发热，或有胎儿心率异常，则分类为"是"；否则为"否"
INDUCE_LAB	如果母亲有引产，则为"是"；否则为"否"
C_SECTION	如果是剖腹产，则为"是"；如果是阴道分娩，则为"否"
CHLD_GEND	孩子的性别（男或女）
BIRTH_WT	出生体重分为低（<2500g）或正常（≥2500g）
RESUSCITN	如果对产儿进行了人工呼吸，则为"是"；否则为"否"
HEAD_CIRC	如果头围为 20 或 21，则为"正常"；否则为"异常"
CHLD_ANOM	产儿异常：如果儿童有脑瘫、甲状腺功能减退症、脊柱裂、唐氏综合症、染色体异常、无脑畸形、脑积水、癫痫、特纳氏综合征、小脑共济失调、语言缺陷、克氏综合征，惊厥等症状则为"是"；否则为"否"
CHID_HPRB	儿童的健康问题分为：有身体问题、有行为问题、有身体和行为问题，或没有问题
CHLD_RAVN	儿童的认知水平，通过雷文测验，分为轻度智力障碍、边缘智力障碍、正常或优秀
P_MOM	母亲的认知水平，通过皮博迪测验，分为轻度智力障碍、边缘智力障碍、正常或优秀

在确定变量之后，他们使用 CB 算法从数据集中学习网络结构。CB 算法（[Singh and Valtorta，1995]）使用基于约束的方法来提出节点的总排序，然后使用算法 9.1（K2）的修改版本来学习 DAG 结构。

2）Mani 等人 [1997] 决定他们希望这个网络是一个因果网络。下面就根据以下 3 条规则修改了 DAG：

① 年表规则：一个事件不能在时间上是第一个事件发生之前的第二个事件的父母项。例如，CHILD_HPRB（儿童健康问题）不能成为 MOM_DIS（母亲疾病）的父母项。

② 常识规则：因果关系不应违背常识。例如，DAD_EDU（父亲的教育）不能成为 MOM_RACE（母亲的种族）的原因。

③ 域规则：因果链接不应违反既定的域规则。例如，PN_CARE（产前护理）不应该导致 MOM_SMOK（母亲吸烟）。

3）最后，DAG 由专家完善，该专家是一名临床医生，他在诊疗患有智力发育迟滞和其他发育障碍的儿童方面有 20 年的经验。当专家指出变量与因果关系之间没有关系时，链接被删除，新的链接被合并以捕获因果机制域的知识。

最终的 DAG 说明被输入用 HUGIN 图形接口的 HUGIN ［Olesen et al.，1992］中。输出是 DAG，如图 11.14 所示。

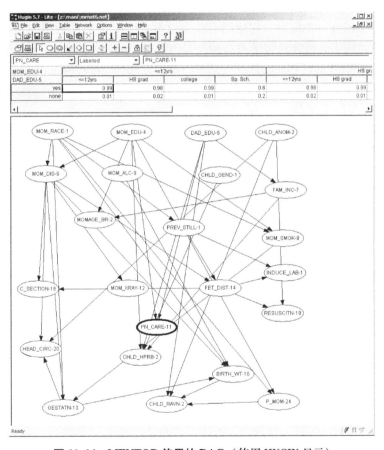

图 11.14　MENTOR 使用的 DAG（使用 HUGIN 显示）

在 DAG 开发完成后，利用第 6、7 章介绍的技术方法，从 CHDS 数据集中学习了条件概率分布。之后，通过专家的修改，最终产生 MENTOR 中的贝叶斯网络。

11.4.2　验证 MENTOR

在实际的临床病例中，仅在对病史和体格检查进行复查后才能进行智力发育迟滞的诊断。因此，不能指望 MENTOR 通过计算它的概率来做更多的事情而不是表明智力发育迟滞的风险，概率越高，风险越大。Mani 等人［1997］表明，平均而言，后来被确定患有智力发育迟滞的儿童比那些没有智力发育迟滞的儿童更有风险。MENTOR 可以通过报告智力发育迟滞的概率来确认临床医生的评估。

Mani 等人［1997］也将 MENTOR 的结果与专家的判断进行了比较，在 9 个案例中有 7 个专家与 MENTOR 的评估（条件概率）一致的。

11.5　用于学习的软件包

基于 11.3.1 节中所述的考虑因素，Spirtes 等人［1993，2000］开发了一种算法，当存在一个忠实于 P 的 DAG 时，该算法从 P 中的条件独立性中发现忠实于 P 的 DAG。Spirtes 等人［1993，2000］进一步开发了一种算法，该算法用于学习 DAG，其中当存在这样的 DAG 时，P 从 P 中的条件独立性忠实地嵌入。

Tetrad 软件包还有一个模块，它使用 GES 算法联合 BIC 分数从数据中学习贝叶斯网络。

7.4.2 节中提到了一些软件包学习结构，其他贝叶斯网络学习包括以下内容：

- Belief Network Power Constructor（基于约束的方法），www. cs. ualberta. ca/ ~jcheng/bn-pc. htm。
- Bayesware（结构和参数），www. bayesware. com/。
- Bayes Net Toolbox（贝叶斯网络工具箱），bnt. sourceforge. net/。
- Probabilistic Net Library（概率网络图书馆），www. eng. itlab. unn. ru/? dir=139。
- bnlearn，http://www. bnlearn. com/。

11.6　因果学习

在许多（如果不是大多数）应用中，感兴趣的变量彼此之间均具有因果关系。例如，例 11.1 中的变量有因果关系，因为性别对身高有并可能对工资产生因果影响。如果变量是因果关系的，那么当从数据中学习 DAG 的结构时，可以了解它们的因果关系。但是，必须做出某些假设来做到这一点。下面，将讨论这些假设和因果学习。

11.6.1　因果置信假设

回忆一下 7.3.2.2 节，如果假设一组随机变量 V 的观测概率分布 P 满足含有变量的因果 DAG $\mathbb{G}$ 的马尔可夫条件，则说正在进行因果马尔可夫假设，称（$\mathbb{G}$,P）为因果网络。此外，也得出结论：对于一个因果图，如果满足以下条件，因果马尔可夫假设是合理的。

1）没有隐藏的常见原因。也就是说，所有常见原因都在图中表示。

2）没有因果反馈循环。也就是说，图表是 DAG。

3）选择偏差不存在。

回顾 7.1 节中有关信用卡欺诈的讨论。假设欺诈和性别确实对珠宝是否被购买产生了因果影响，并且变量之间没有其他因果关系，那么包含这些变量的因果 DAG 是图 11.15a 中的那个 DAG，如果做出因果马尔可夫假设，必须有 $I_P(Fraud,Sex)$。

现在假设不知道变量之间的因果关系，进行因果马尔可夫假设，并且只从数据中学习条件独立性 $I_P(Fraud,Sex)$，这里能否得出结论：因果 DAG 必须是图 11.15a 中的那个？不，我们不能，因为 P 也需要满足图 11.15b 中 DAG 的马尔可夫条件，对这个概念的理解有点棘手，但是，回想一下，假设我们不知道变量之间的因果关系，据我们所知，它们可能是图 11.15b 中的那些。

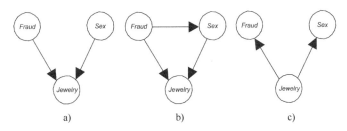

图 11.15 如果唯一的因果关系是欺诈和性别对珠宝有因果影响，那么因果 DAG 是图 a 中的一个；
若做出因果马尔可夫假设，如果我们观察到 $I_P(Fraud, Sex)$，只有图 c 中的 DAG 被排除在外

如果图 11.15b 中的 DAG 是因果 DAG，当唯一的条件独立性是 $I_P(Fraud, Sex)$ 时，仍然会满足因果马尔可夫假设，因为 DAG 满足 P 的马尔可夫条件，因此，如果我们只做因果马尔可夫假设，则就无法根据条件独立性 $I_P(Fraud, Sex)$ 来区分图 11.15a 和 11.15b 中的因果 DAG，因果马尔可夫假设只允许排除因果 DAG 所包含的条件独立性不在 P 中，一个这样的 DAG 是图 11.15c 中的 DAG。

现在需要做因果置信假设得出结论，因果 DAG 是图 11.15a 中的因果 DAG。这个假设如下：如果假设一组随机变量 V 的观察概率分布 P 满足具有包含变量的因果 $\mathbb{G}$ 的置信条件，那么说正在做因果置信假设，如果做出因果置信假设，那么如果找到一个服从于 P 的独特 DAG，那么 DAG 中的边必须代表因果影响，以下示例说明了这一点。

例 11.25 回想一下，在例 11.19 中展示了如果 $V = \{X, Y, Z\}$ 并且 P 中的条件独立集是

$$\{I_P(X, Y)\}$$

服从于 P 的唯一 DAG 是图 11.9b 中的 DAG，如果做出因果置信假设，那么这个 DAG 必须是因果 DAG，这意味着可以得出结论 X 和 Y 分别产生 Z。这与前面关于欺诈、性别和珠宝所说的情况完全相同。因此，如果进行因果置信假设，可以得出结论，因果 DAG 是图 11.15a 中基于条件独立性 $I_P(Fraud, Sex)$ 的因果。

例 11.26 在例 11.20 中展示了如果 $V = \{X, Y, Z\}$ 并且 P 中的条件独立集是
$$\{I_P(X, Y \mid Z)\}$$

图 11.9a 中的所有 DAG 都服从于 P。因此，如果进行因果置信假设，可以得出结论，这些 DAG 中的一个是因果 DAG，但不知道哪一个是。

例 11.27 在例 11.21 中展示了如果 $V = \{X, Y, Z, W\}$ 并且 P 中的条件独立集
$$\{I_P(X, Y), I_P(W, \{X, Y\} \mid Z)\}$$

服从于 P 的唯一 DAG 是图 11.10c 中的 DAG。因此，这里可以得出结论，X 和 Y 都可产生 Z，Z 产生 W。

因果置信假设何时合理？它需要前面提到的因果马尔可夫假设的 3 个条件，再加上接下来所讨论的一个条件。回忆一下 8.2.1 节，明确发现非那雄胺（F）、二氢睾酮（D）和勃起功能障碍（E）之间的因果关系如图 11.16 所示，但是，如该节所述，有 $I_P(F, E \mid D)$，

我们期望一个因果关系从其前因传递效果到它的后果，但在这种情况下它不会。正如 8.2.1 节中所讨论的，原因解释为非那雄胺不能将二氢睾酮水平降低到某一阈值水平，并且该水平是勃起功能所需的全部水平。所以，有 $I_P(F, E)$。

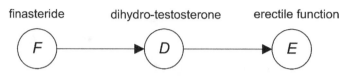

图 11.16　非那雄胺和勃起功能是相互独立的

对于图 11.16 中的因果 DAG，马尔可夫条件不需要 $I_P(F, E)$，它只需要 $I_P(F, E \mid D)$。因此，因果置信假设是不合理的，如果从数据中已学习了这些变量的概率分布中的条件独立性，下面将学习下面的独立性集：

$$\{I_P(F, E), I_P(F, E \mid D)\}$$

没有 DAG 需要这两个条件独立性，因此不能从这些数据中学习 DAG。

当前面列出的因果马尔可夫假设的 3 个条件得到满足且没有异常的因果关系时，就可证明因果置信假设通常是合理的，因此，如果满足以下条件，因果忠实假设通常适用于因果图：

1）没有隐藏的常见原因。也就是说，所有常见原因都在图中表示。

2）没有因果反馈循环。也就是说，图表是 DAG。

3）选择偏差不存在。

4）所有中间原因都会将其前因的影响传递给后果。

11.6.2　因果嵌入置信假设

似乎因果置信假设（以及因果马尔可夫假设）的主要例外是存在隐藏的共同原因。即使在关于性别、身高和工资的例子中（见例 11.1），也许存在一种遗传特征，使人们长得更高，并且还赋予了他们一些人格特质，帮助他们在就业市场中更好地竞争。下一个假设消除了没有隐藏的常见原因的要求，如果假设一组随机变量 V 的观察概率分布 P 可信地嵌入到包含变量的因果 DAG 中，那么就说正在做因果嵌入置信假设。当满足因果置信假设的条件时，因果嵌入的置信假设通常是合理的，除了可能存在隐藏的共同原因。

下面，将说明因果嵌入式置信假设。假设图 11.17a 中的因果 DAG 满足因果置信假设，但是，只观察到 $V = \{N, F, C, T\}$。那么，包含观察变量的因果 DAG 是图 11.17b 中的那个，图 11.17b 中的 DAG 需要 $I_P(F, C)$，并且图 11.17a 中的 DAG 不需要这种条件独立性。因此，观察分布 $P(V)$ 不满足图 11.17b 中具有因果 DAG 的马尔可夫条件，这意味着不保证因果置信假设。但是，$P(V)$ 被可信地嵌入图 11.17c 中的 DAG 中。因此，保证了因果嵌入置信假设。请注意，此示例说明了识别 4 个变量的情况，并且其中两个变量具有隐藏的共同原因，也就是说，还没有将肺癌确定为人类的特征。

让我们看看当只做因果嵌入的置信假设时，可以学到多少关于因果影响的知识。

例 11.28　回想一下，在例 11.25 中，$V = \{X, Y, Z\}$，条件独立集是

$$\{I_P(X, Y)\}$$

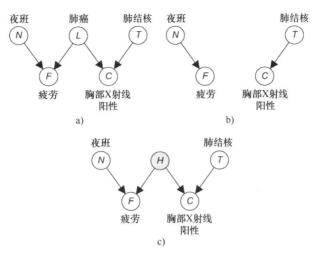

图 11.17　如果因果关系如图 a 所示，则 P 不服从于 DAG（见图 b）
但是 P 可信地嵌入在图 c 中的 DAG 中

并且得出结论：X 和 Y 各自在做出因果置信假设的同时产生了 Z。然而，概率分布可信地嵌入图 11.18 中的所有 DAG 中。因此，如果只做因果嵌入式置信假设，那么可能是 X 产生 Z，或者可能是 X 和 Z 有一个隐藏的共同原因，Y 和 Z 也是如此。

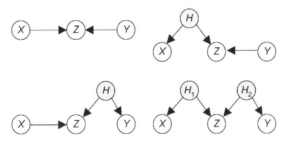

图 11.18　如果做了因果嵌入置信假设，则条件独立集是 $\{I_P(X, Y)\}$，
因果关系可以是这些 DAG 中的任何一个

虽然只做了更合理的因果嵌入可信的假设，但在前面的例子中，我们无法了解任何因果影响因素。我们仅做这个假设的时候，能不能了解到一个因果因素？下一个例子表明是可以的。

例 11.29　回想一下，在例 11.27 中，$V = \{X, Y, Z, W\}$，条件独立集是
$$\{I_P(X, Y), I_P(W, \{X, Y\} \mid Z)\}$$

在这种情况下，概率分布 P 可信地嵌入图 11.19a 和 11.19b 中的 DAG 中，但是，它没有可信地嵌入图 11.19c 或 11.19d 中的 DAG 中，原因是这些后面的 DAG 需要 $I_P(X, W)$，并且没有这种条件独立性。也就是说，马尔可夫条件说 X 必须独立于以其父系为条件的非后代。因为 X 没有父系，这意味着 X 必须简单地独立于其非后代，而 W 是其中的一个非后代，如果我们做出因果嵌入置信假设，我们得出结论：Z 产生 W。

例 11.30　回想一下，在例 11.23 中，$V = \{X, Y, Z, W\}$，条件独立集是
$$\{I_P(X, \{Y, W\}), I_P(Y, \{X, Z\})\}$$

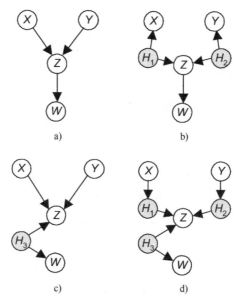

图 11.19　如果条件独立集是 $\{I_P(X,Y);I_P(W,\{X,Y\}\mid Z)\}$，则 P 可信地嵌入

图 a 和图 b 中的 DAG 中，但不嵌入图 c 和图 d 中的 DAG 中

当尝试学习服从于 P 的一个 DAG 时，获得了图 11.20a 中的图表，这里得出的结论是：没有 DAG 对 P 服从，然后在例 11.24 中，显示 P 被可信地嵌入图 11.20c 中的 DAG 中，P 也可信地嵌入图 11.20b 中的 DAG 中，如果做出因果嵌入置信假设，将得出结论，Z 和 W 有一个隐藏的共同原因。

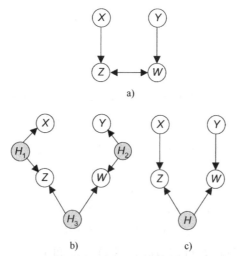

图 11.20　如果条件独立集是 $\{I_P(X,\{Y,W\}),I_P(Y\{X,Z\})$，

则可以得出结论，Z 和 W 有一个隐藏的共同原因

11.6.3　应用：大学生保留率问题

下面，我们展示使用刚才讨论的理论来学习因果影响的真实应用。首先，检查因果图中的边。

当使用软件包来学习因果影响时，学习的图表具有几种不同类型的边，每条边表示关于通过边连接的变量之间的因果关系的不同结论，不同的包可能表示不同的边，以下是此处使用的符号。

边	因果关系
X–Y	X 导致 Y 或（不包括）Y 导致 X；或 X 和 Y 有隐藏的共同原因
X→Y	X 导致 Y 或 X 和 Y 有隐藏的共同原因和 Y 不会导致 X
X→Y	X 导致 Y
X↔Y	X 和 Y 有隐藏的共同原因

如上所述，当不将"或"表示为排他性时，它就不是排他性的。还有一个额外的限制，如果有链 X-Y-Z，就不能在节点 Y 处有两个包含它们两端的因果边。例如，不能让节点 X 产生节点 Y，节点 Y 和 Z 具有隐藏的共同原因。

下一个例子如下：使用由"*U. S. News and World Report*"杂志收集的数据库进行大学排名，Druzdzel 和 Glymour［1999］分析了影响大学生保留率的因素，学生保留率是指最终从大学毕业占新生入学的百分比，低学生保留率是许多美国大学的主要关注点，因为所有美国大学的平均保留率仅为 55%。

"*U. S. News and World Report*"杂志提供的数据库包含 204 所美国大学和学院的记录，这些大学被确定为主要研究机构，每条记录包含 100 多个变量。1992 年和 1993 年分别收集了数据。Druzdzel 和 Glymour［1999］选择以下 8 个与他们研究相关最强的变量：

变量	变量代表什么
grad	从该学院毕业的入学学生的分数
rejr	未被录取的申请人比例
tstsc	入学学生的平均标准化分数
*tp*10	高中排名前 10% 的新生入学率
acpt	接受学校录取通知书的学生所占比例
spnd	每位学生的平均教育的一般费用
sfrat	师生比例
salar	教师平均工资

Druzdzel 和 Glymour［1999］使用 Tetrad Ⅱ［Scheines et al., 1994］从数据中学习因果影响因素，Tetrad Ⅱ 允许用户指定变量的时间顺序，如果变量 Y 在此顺序中位于 X 之前，则算法假定在任何 DAG 中不存在从 X 到 Y 的路径，在该 DAG 中变量的概率分布忠实地嵌入。之所以被称为时间排序，是因为在因果关系的应用中，如果 Y 在时间上先于 X，我们假设 X 不能产生 Y。Druzdzel 和 Glymour［1999］为本研究中的变量指定了以下时间顺序：

> *spnd*，*sfrat*，*salar*
> *rejr*，*acpt*
> *tstsc*，*tp*10
> *grad*

制定这种顺序的理由是：他们认为每个学生的平均支出（spnd），学生/教师比例（sfrat）和教师工资（salar）是根据预算考虑因素确定的，并且不受其他 5 个变量中任何一个的影响。此外，他们将拒绝率（rejr）和接受学校录取的学生比例（acpt）放在平均考试分数（tstsc）和上课时间（tp10）之前，因为后两个变量的值只从录取学生中得到。最后，他们假设毕业率（grad）不会引起任何其他变量变化。

　　Tetrad Ⅱ允许用户输入显著性水平，α 的显著性水平意味着拒绝条件独立性假设的概率，当它为真时，是 α。因此，α 的值越小拒绝条件独立性的可能性就越小，因此得到的图表就越稀疏，图 11.21 显示了 Druzdzel 和 Glymour［1999］从 1992 年数据库中学到的图表，由"*U. S. News and World Report*"提供，使用 0.2，0.1，0.05 和 0.01 的显著性水平。

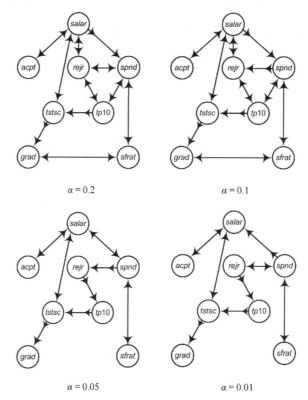

图 11.21　图形 Tetrad Ⅱ 从 "*U. S. News and World Report*" 1992 年的数据库中学习

　　尽管在不同的显著性水平上获得了不同的图表，但图 11.21 中的所有图表都表明，平均标准化测试分数（tstsc）对毕业率（grad）有直接的因果影响，没有其他变量对 grad 有直接的因果影响，1993 年数据库的结果并没有那么惊人，但它们太依赖 tstsc 而不是 grad 唯一的直接因果影响因素。

　　为了测试顶尖研究型大学的因果结构是否不同，Druzdzel 和 Glymour［1999］根据"*U. S. News and World Report*"的排名仅使用前 50 所大学重复了这项研究，结果与完整数据库的结果类似。

　　这些结果表明，虽然每个学生的支出和教师工资等因素可能会对毕业率产生影响，但它们只是通过影响入学学生的标准化考试成绩来间接影响，如果结果正确地模拟现实，可以通过以任何方式引入具有更高测试分数的学生来提高保留率。实际上，1994 年，Carnegie Mellon 改变了其财政援助政策，根据学业成绩分配了一部分奖学金，Druzdzel 和 Glymour［1999］指出，这导致大学预科班的平均考试成绩提高，新生保留率也提高了。

11.7 类概率树

回想一下，贝叶斯网络简洁地表示了随机变量的大型联合分布。此外，可以使用贝叶斯网络来计算给定一些其他变量值的任何感兴趣变量的条件概率。

当没有特定变量作为目标时，这是最有用的，并且这里希望使用该模型根据情况确定不同变量的条件概率。但是，在某些应用中，只有一个目标变量，并且我们只关注给定其他变量值的变量值的概率，在这种情况下，当然可以使用贝叶斯网络对问题进行建模。但是，还有其他技术方法可用于建模集中于目标变量的问题，标准参数统计技术性技术包括线性和逻辑回归［Anderson et al.，2007］，机器学习社区开发了一种完全不同的方法，称为类概率树，用于处理离散目标变量。接下来讨论的这种方法对概率分布没有特殊的假设。

11.7.1 类概率树理论

假设对个人是否可能购买某种特定产品感兴趣，进一步假设收入、性别以及个人是否邮寄传单都会对个人是否购买产生影响，并且这里明确表达了 3 个收入范围，即低、中、高，变量及其值如下：

目标变量	值
Buy	$\{no，yes\}$

预测变量	值
Income	$\{low，medium，high\}$
Sex	$\{male，female\}$
Mailed	$\{no，yes\}$

预测变量的值有 3×2×2 = 12 个组合，现在感兴趣于每种值的组合给出的买入条件概率，例如，感兴趣的是

$$P(Buy = yes \mid Income = low，Sex = female，Mailed = yes)。$$

这里可以使用类概率树存储这 12 个条件概率，完整的类概率树在其根部存储了一个预测变量［比如 Income（收入）］，对于存储在根的变量的每个值，从根开始都有一个分支，树中第 1 级的节点每个都存储相同的第二个预测变量［比如 Sex（性别）］，对于存储在节点处的变量的每个值，均来自每个节点的一个分支，接下来沿着树继续，直到存储所有预测变量，树的叶子存储目标变量以及目标变量的条件概率，同时给定通向叶子的路径中的预测变量的值。在当前的示例中有 12 个叶子，每个叶子用于预测器的值的组合。如果有许多预测变量，每个预测变量又具有相当多的值，则完整的类概率树可能变得非常大。除了存储问题，可能很难从数据中学习大树，然而，对于预测器的值的两个或更多个组合，一些条件概率可以是相同的。例如，以下 4 个条件概率可能都相同：

$$P(Buy = yes \mid Income = low，Sex = female，Mailed = yes)$$

$$P(\textit{Buy}=\textit{yes}\,|\,\textit{Income}=\textit{low},\ \textit{Sex}=\textit{male},\ \textit{Mailed}=\textit{yes})$$

$$P(\textit{Buy}=\textit{yes}\,|\,\textit{Income}=\textit{high},\ \textit{Sex}=\textit{female},\ \textit{Mailed}=\textit{yes})$$

$$P(\textit{Buy}=\textit{yes}\,|\,\textit{Income}=\textit{high},\ \textit{Sex}=\textit{male},\ \textit{Mailed}=\textit{yes})$$

在这种情况下，可以使用图 11.22 中的类概率树更简洁地表示条件概率。收益节点只有一个分支，两个值为低和高，因为这两个值的条件概率相同，此外，该分支直接导致 *Mailed* 节点，因为当收入低或高时，*Sex* 的值无关紧要。

现在将从类概率树中的内部节点发出的边集称为分割，并且说在节点上存储的变量存在分割，例如，图 11.22 中树的根是变量 *Income* 的分割。

为了从类概率树中检索条件概率，首先从根开始，然后沿着那些有调节的值的分支，进入一个叶子。例如，要从图 11.22 中的树中检索 $P(\textit{Buy}=\textit{yes}\,|\,\textit{Income}=\textit{medium},\ \textit{Sex}=\textit{female},\ \textit{Mailed}=\textit{yes})$。首先从 *Income* 节点向右行进，然后从 *Sex* 节点向右行进，最后，从 *Mailed* 节点向左移动。检索条件概率值 0.7。通过这种方式，获得了

$$P(\textit{Buy}=\textit{yes}\,|\,\textit{Income}=\textit{medium},\ \textit{Sex}=\textit{female},\ \textit{Mailed}=\textit{yes})=0.7$$

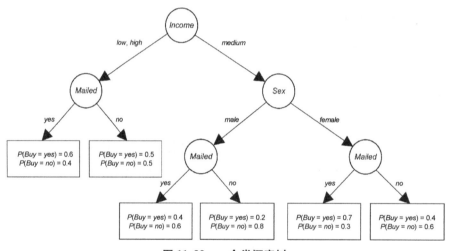

图 11.22 一个类概率树

类概率树学习算法的目的是从数据中学习最能代表感兴趣的条件概率的树，这被称为"生长树"，通过贪婪的单层超前搜索策略和评分标准来生长树，以根据数据评估树的表现有多好。该领域的经典文献是［Breiman et al.，1984］。Buntine［1993］提出了一种使用贝叶斯评分标准的树学习算法，该算法用于 IND Tree Package［Buntine，2002］，它带有源代码和手册。

11.7.2 目标广告应用

假设有一些潜在客户，例如生活在某个地理区域的所有个人或者是 Microsoft Windows 注册用户的所有个人，在有针对性的广告中，希望只有能够通过这样做来增加利润时，才能将广告邮寄（或以某种方式呈现）给该群体的特定子群体。例如，如果我们了解到可以通过邮寄给 30 岁以上的所有男性来增加利润，那么应该这样做；另一方面，如果不能期望通过邮寄给 30 岁以下的女性来增加利润，那么就不应该这样做。首先，获得一种等式能告诉我们是否可以通过向某些群体的成员邮寄广告来增加利润。下面，将展示如何使用

此不等式以及类概率树来识别可能有利可图的子群体，最后展示了一些实验结果。

11.7.2.1　计算预期的利润提升

现在可以区分以下 4 种类型的潜在客户。

客户类型	没收到广告	收到广告
永不购买	不买	不买
可说服	不买	会买
反说服	会买	不买
永远购买	会买	会买

一个永不购买的顾客无论如何都不会买；只有收到广告才能购买为可说服的客户；反说服的客户只有在没有收到广告时才会购买（这样的客户可能会因广告而加剧，导致客户撤销购买决定）；无论是否收到广告，始终购买的客户都会购买。广告被浪费在永不购买和永远购买的客户身上，同时它对反说服的客户会产生负面影响。因此理想的邮件只会将广告发送给可说服的客户，但是，通常无法准确识别该客户子集，因此，将努力尽可能接近理想的发送邮件的群体。

在某些人群中，令 N_{Never}、N_{Pers}、N_{Anti} 和 N_{Always} 表示行为为永不购买、可说服、反说服、永远购买的人数。假设 N 为人口中的总人数；此外，令 c 表示向给定的人邮寄（或以某种方式递送）广告的成本，令 r_u 表示向未经请求的客户销售获得的利润，r_s 表示向被请求的客户销售获得的利润，r_s 可能与 r_u 不同的原因是可能会在广告中提供一些折扣，现在假设从子群体中随机挑选一个人并将该广告邮寄给该人，则有

$$P(Buy=yes \mid Mailed=yes) = \frac{N_{\text{Pers}}+N_{\text{Always}}}{N} \tag{11.22}$$

这里也是以人在给定的子群体中而没有明确的表示这一事实为条件的。因此，从每个被邮寄广告的人处所获得的预期利润是

$$\left(\frac{N_{\text{Pers}}+N_{\text{Always}}}{N}\right)\times(r_s-c)+\left(1-\frac{N_{\text{Pers}}+N_{\text{Always}}}{N}\right)\times(-c)$$

$$=\frac{N_{\text{Pers}}+N_{\text{Always}}}{N}\times r_s-c$$

同样的

$$P(Buy=yes \mid Mailed=no) = \frac{N_{\text{Anti}}+N_{\text{Always}}}{N} \tag{11.23}$$

并且从未被邮寄广告的每个人处收到的预期利润是

$$\frac{N_{\text{Anti}}+N_{\text{Always}}}{N}\times r_u$$

只有当从被邮寄广告的人收到的预期利润超过从未被邮寄广告的人那里收到的预期利润时，才应将广告邮寄给该子群体的成员。所以，应该将广告邮寄给子群体的成员，仅在如下条件下：

$$\frac{N_{\text{Pers}}+N_{\text{Always}}}{N}\times r_s-c>r_u\times\frac{N_{\text{Anti}}+N_{\text{Always}}}{N}$$

或等价地

$$\frac{N_{\text{Pers}}+N_{\text{Always}}}{N}\times r_s - \frac{N_{\text{Anti}}+N_{\text{Always}}}{N}\times r_u - c > 0$$

现在将最后一个不等式的左侧称为通过向一个人邮寄广告而获得的预期利润提升（Expected Lift in Profit，ELP）值。由式（11.22）可知，可以通过向子群体中的许多人邮寄广告并查看购买的比例来获得$(N_{\text{Pers}}+N_{\text{Always}})/N$的估计值。同样，由式（11.23）可知，可以通过不将广告邮寄给一组人并查看这些人购买的比例来获得$(N_{\text{Anti}}+N_{\text{Always}})/N$的估计值。

这里使用N_{Never}、N_{Pers}、N_{Anti}和N_{Always}开发了上述理论以说明导致概率的子群体行为，决定是否邮寄给子群体中的人。

$$ELP = P(Buy=yes \mid Mailed=yes)r_s - P(Buy=yes \mid Mailed=no)r_u - c \qquad (11.24)$$

其中条件概率是从数据或数据以及先验数据中获得的，如果$ELP>0$，则会向子群体中的每个人发送邮件，如果$ELP\leq 0$，就不会向子群体中的任何人发送邮件。

11.7.2.2　用正 *ELP* 识别子群体

接下来，将说明如何使用类概率树来识别具有正 *ELP* 的子群体。

首先，从整个人群中获取大量个体样本和目标变量 *Buy*、指标变量 *Mailed* 和 n 个其他指标变量 X_1，X_2，$\cdots$，X_n 表示样本的项，另外 n 个指标变量可以是诸如收入、性别、工资等属性。接下来，根据这些数据，使用树生长算法生成类概率树，如 11.7 节末尾所述，假设 $n=2$，$X_1=Sex$，$X_2=Income$。可以学习图 11.22 中的类概率树。

一旦学习了类概率树，就可以计算每个子群体的 *ELP*，下面的例子说明了这一点。

例 11.31　假设

$$c = 0.5$$
$$r_s = 8$$
$$r_u = 10$$

现在正在用图 11.22 中的类概率树调查由中等收入的是男性的个人组成的子群体。首先从树的根跟随右分支，然后从 *Sex* 节点跟随左分支到达对应于该子群体的 *Mailed* 节点，最后找到这个子群体

$$ELP = P(Buy=yes \mid Mailed=yes)r_s - P(Buy=yes \mid Mailed=no)r_u - c$$
$$= 0.4\times 8 - 0.2\times 10 - 0.5 = 0.7$$

因为 *ELP* 是正的，应给这个子群体邮寄广告。

例 11.32　假设与前一个例子中有相同的 c、r_s 和 r_u 值，正在调查由女性低收入个体组成的子群体，首先从根部跟随左分支到达对应于该子群体的 *Mailed* 节点，然后找到这个子群体

$$ELP = P(Buy=yes \mid Mailed=yes)r_s - P(Buy=yes \mid Mailed=no)r_u - c$$
$$= 0.6\times 8 - 0.5\times 10 - 0.5 = 0.7$$

因为 *ELP* 是负值，所以不会给这个子群体邮寄广告，请注意，对于此子群体的成员，如果将广告邮寄给他们，则购买的可能性会增加（0.6 与 0.5）。但是，由于考虑到所涉及的成本和利润，*ELP* 是负的。

通常，树生长算法的目标是识别最能代表感兴趣的条件概率的树，也就是说，评分标准评估

树的预测准确性。因此，对于所有变量值，经典树生长算法均将尝试最大化对 $P(Buy \mid Mailed, X_1, X_2, \cdots, X_n)$ 的估计的准确性。但是，在这个应用中，我们希望获得最大化预期利润，这是由 ELP 决定的。注意在式（11.24）中，如果 $P(Buy = yes \mid Mailed = yes) = P(Buy = yes \mid Mailed = no)$，则 ELP 将为 0。因此，如果在从根到叶子的某个路径上没有 $Mailed$ 上的分割，则叶子上 ELP 的值将为 0，修改树生长算法是一个有用的启发式方法，可根据 $Mailed$ 强制从根到叶子的每条路径进行分割。通过这种方式，对于每个子群体，将确定 ELP 是正值的（肯定应该邮寄），或者 ELP 是负值的（绝对不应该邮寄），实现此启发式的一种方法是修改算法，以便最后一次分割始终在 $Mailed$ 节点上。

Chickering 和 Heckerman［2000］用这种修改算法开发了一种树生长算法。

Chickering 和 Heckerman［2000］使用刚才描述的方法进行了一项实验，该实验涉及决定向 Windows 95 注册用户中的哪些子群体发送 MSN 订阅广告，不管订阅率如何，他们发现，可以期待通过做上述有针对性邮寄的广告，而不是简单地邮寄给每个人，从中获得利润。原因在于，这种方法似乎能识别出那些只有在收到广告后才会购买的可说服的个人，以及那些被广告影响而不愿购买的仅说服的个人。

11.8　讨论和扩展阅读

在 9.8 节中，展示了贝叶斯网络的应用，接下来，将介绍专门从数据中学习贝叶斯网络的具体应用。

11.8.1　生物学

1）Friedman 等人［2000］通过分析基因表达数据，开发了一种研究基因间因果关系的技术，这项技术是"利用贝叶斯网络分析基因表达项目"的结果。

2）Friedman 等人［2002］提出了一种系统发育树重建方法，该方法应用于最大似然系统发育重建工具 SEMPHY 中，见 http://www.cs.huji.ac.il/labs/compbio/semphy/。

3）Friedman 和 Koller［2003］使用了一种利用 MCMC 的近似模型平均技术用于分析基因表达数据。

4）Segal 等人［2005］构建了一个分析基因表达数据的模块网络方法。

5）Fishelson 和 Geiger［2002，2004］开发了遗传连锁分析的贝叶斯网络模型和该模型的推导算法。

6）Jiang（［Jiang et al.，2010］，［Jiang et al.，2011a］，［Jiang et al.，2011b］）使用贝叶斯网络建模表型和基因之间的关系，并应用贝叶斯网络评分标准来学习遗传 GWAS 数据集中的疾病基础。

7）文本生物信息学的概率方法［Neapolitan，2009］讨论了刚才提到的生物学的许多应用。

11.8.2　商业和金融

1）Breese 等人［1998］从几个数据集中学习了用于协同滤波的贝叶斯网络模型、协作滤波涉及基于相似个体的兴趣来学习个体的兴趣。

2）Sun 和 Shenoy［2006］从数据中学习了破产预测贝叶斯网络。

11.8.3 因果学习

参考［Neapolitan，2004］、［Spirtes et al.，1993；2000］和［Glymour and Cooper，1999］。

11.8.4 数据挖掘

Margaritis 等人［2001］开发了 NetCube，一种用于从数据库计算具有所需特征的记录计数的系统，这是决策支持系统和数据挖掘领域的常见任务，该方法可以从具有数十亿条记录的数据库中快速计算计数。

11.8.5 医学

Herskovits 和 Dagher［1997］从数据中学习了一种用于评估颈脊髓损伤的系统。

11.8.6 天气预报

Kennett 等人［2001］从数据中学习了预测海风的系统。

练习

11.2 节
练习 11.1　假设有图 11.1 中的两个模型和以下数据：

实例	J	F
1	j_1	f_1
2	j_1	f_1
3	j_1	f_1
4	j_1	f_1
5	j_1	f_1
6	j_1	f_2
7	j_2	f_2
8	j_2	f_2
9	j_2	f_2
10	j_2	f_1

1）使用贝叶斯分数对每个 DAG 模型进行评分，并计算其后验概率，假设每个模型的先验概率为 0.5。

2）通过一次复制表中的数据创建包含 20 条记录的数据集，并使用此数据集对模型进行评分。分数如何变化？

3）通过将表中的数据复制 19 次来创建包含 200 条记录的数据集，并使用此数据集对模型进行评分。分数如何变化？

练习 11.2　假设有一个带有以下转移矩阵的马尔可夫链：

$$\begin{pmatrix} 1/5 & 2/5 & 2/5 \\ 1/7 & 4/7 & 2/7 \\ 3/8 & 1/8 & 1/2 \end{pmatrix}$$

确定链的平稳分布。

练习 11.3　假设分布为 $r^{\mathrm{T}} = (1/9\ 2/3\ 2/9)$，使用 Metropolis-Hastings 方法，找到马尔可夫链的转移矩阵，将其作为其平稳分布，使用对称的矩阵 Q 和不对称的矩阵 Q 来做。

练习 11.4　在例 11.14 中，使用模型平均来计算 $P(j_1 \mid f_1, \mathrm{D})$，使用相同的技术计算 $P(j_1 \mid f_2, \mathrm{D})$。

练习 11.5　假设有练习 11.1 中讨论的模型和数据集，使用模型平均计算以下内容：

1）$P(j_1 \mid f_1, \mathrm{D})$，当 D 由最初的 10 条记录组成时。

2）$P(j_1 \mid f_1, \mathrm{D})$，当 D 由 20 条记录组成时。

3）$P(j_1 \mid f_1, \mathrm{D})$，当 D 由 200 条记录组成时。

练习 11.6　假设存在 3 个变量 X_1、X_2 和 X_3，并且给定数据，所有 DAG 模式具有相同的后验概率（1/11）。计算给定数据时存在以下特征的概率（假设忠实）：

1）$I_P(X_1, X_2)$；

2）$\neg I_P(X_1, X_2)$；

3）$I_P(X_1, X_2 \mid X_3)$ 和 $\neg I_P(X_1, X_2)$；

4）$\neg I_P(X_1, X_2 \mid X_3)$ 和 $I_P(X_1, X_2)$。

11.3 节

练习 11.7　假设 $\mathrm{V} = \{X, Y, Z, U, W\}$，并且 P 中的条件独立集是

$$\{I_P(X, Y)\quad I_P(\{W, U\}, \{X, Y\} \mid Z)\quad I_P(U, \{X, Y, Z\} \mid W)\}$$

找到服从于 P 的所有 DAG。

练习 11.8　假设 $\mathrm{V} = \{X, Y, Z, U, W\}$，并且 P 中的条件独立集是

$$\{I_P(X, Y)\quad I_P(X, Z)\quad I_P(Y, Z)\quad I_P(U, \{X, Y, Z\} \mid W)\}$$

找到服从于 P 的所有 DAG。

练习 11.9　假设 $\mathrm{V} = \{X, Y, Z, U, W\}$，并且 P 中的条件独立集是

$$\{I_P(X, Y \mid U)\quad I_P(U, \{Z, W\} \mid \{X, Y\})\quad I_P(\{X, Y, U\}, W \mid Z)\}$$

找到服从于 P 的所有 DAG。

练习 11.10　假设 $\mathrm{V} = \{X, Y, Z, W, T, V, R\}$，并且 P 中的条件独立集是

$$\{I_P(X, Y \mid Z)\quad I_P(T, \{X, Y, Z, V\} \mid W)$$
$$I_P(V, \{X, Z, W, T\} \mid Y)\quad I_P(R, \{X, Y, Z, W\} \mid \{T, V\})\}$$

找到服从于 P 的所有 DAG。

练习 11.11　假设 $\mathrm{V} = \{X, Y, Z, W, U\}$，并且 P 中的条件独立集是

$$\{I_P(X, \{Y, W\} \mid U)\quad I_P(Y, \{X, Z\} \mid U)\}$$

1）有没有 DAG 服从 P？

2）找到可信嵌入 P 的 DAG。

11.6 节

练习 11.12　如果进行因果置信假设，请确定在以下每种情况下可以学习的因果影响：

1）给出练习 11.7 中的条件独立性；

2）给出练习 11.8 中的条件独立性；

3）给出练习 11.9 中的条件独立性；

4）给出练习 11.10 中的条件独立性。

练习 11.13 如果只进行因果嵌入式置信假设，请确定在以下每种情况下可以学习的因果影响：

1）给出练习 11.7 中的条件独立性；

2）给出练习 11.8 中的条件独立性；

3）给出练习 11.9 中的条件独立性；

4）给出练习 11.10 中的条件独立性；

5）给出练习 11.11 中的条件独立性。

练习 11.14 使用 Tetrad（或其他一些贝叶斯网络学习算法），从表 11.1 中的数据中学习 DAG。接下来学习 DAG 的参数。您是否怀疑学习 DAG 的任何因果影响？

练习 11.15 通过复制数据 9 次，从表 11.1 中的数据创建包含 120 条记录的数据文件。使用 Tetrad（或其他一些贝叶斯网络学习算法），从这个更大的数据集中学习 DAG。接下来学习 DAG 的参数。将这些结果与练习 11.14 中获得的结果进行比较。

练习 11.16 假设有以下变量：

变量	变量代表什么
H	父母的吸烟习惯
I	收入
S	吸烟
L	肺癌

以及以下数据：

实例	H	I	S	L
1	Yes	30000	Yes	Yes
2	Yes	30000	Yes	Yes
3	Yes	30000	Yes	No
4	Yes	50000	Yes	Yes
5	Yes	50000	Yes	Yes
6	Yes	50000	Yes	No
7	Yes	50000	No	No
8	No	30000	Yes	Yes
9	No	30000	Yes	Yes
10	No	30000	Yes	No
11	No	30000	No	No
12	No	30000	No	No
13	No	50000	Yes	Yes
14	No	50000	Yes	Yes
15	No	50000	Yes	No
16	No	50000	No	No
17	No	50000	No	No
18	No	50000	No	No

使用 Tetrad（或其他一些贝叶斯网络学习算法），从这些数据中学习 DAG。接下来学习 DAG 的参数。您是否怀疑学习 DAG 的任何因果影响？

练习 11.17 通过复制数据 9 次，从练习 11.16 中的数据创建包含 190 条记录的数据文件，使用 Tetrad（或其他一些贝叶斯网络学习算法），从这个更大的数据集中学习 DAG，接下来学习 DAG 的参数，将这些结果与练习 11.16 中获得的结果进行比较。

11.7 节

练习 11.18 从图 11.22 中的树中检索以下概率：

$$P(Buy=yes \mid Income=medium, \ Sex=male, \ Mailed=no)$$

练习 11.19 从图 11.22 中的树中检索以下概率：

$$P(Buy=yes \mid Income=low, \ Mailed=yes)$$

练习 11.20 假设

$$c=0.6$$
$$r_s=7$$
$$r_u=9$$

1）使用图 11.22 中的树，计算由中等收入的男性组成的子群体的 ELP。应该邮寄到这个子群体吗？

2）使用图 11.22 中的树，计算由中等收入的女性组成的子群体的 ELP。应该邮寄到这个子群体吗？

3）使用图 11.22 中的树，计算由低收入个体组成的子群体的 ELP。应该邮寄到这个子群体吗？

第 12 章　无监督学习和强化学习

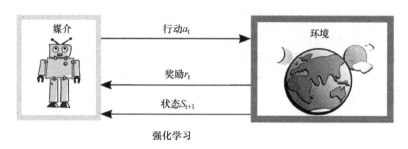

强化学习

在本章中，将讨论两种特殊类型的学习：无监督学习和强化学习。

12.1　无监督学习

无监督学习的主要内容是找到数据中的隐藏结构，聚类是无监督学习的基本形式，也是取得了很大成功的一种形式，它的主要内容是从数据中发现类别。所以下面首先要讨论的就是聚类。

12.1.1　聚类

聚类学习的问题如下：给定未分类实体的一个集合和这些实体的特征，将这些实体组成一种在某种意义上与同一类别中的实体的特征具有最大化相似性的类。与监督学习一样，在聚类中，有一个由数据项组成的训练集，其属性是预测变量的值（实体的特征），但是没有表示该类别目标变量的属性。我们不仅不知道每个实体的类别，甚至不知道类别的数量。例如，假设到达一个未开发的岛屿，观察到许多以前从未见过的不同植物。这里可能会决定根据观察到的特征将它们分类。再比如说，可以观察成千上万颗恒星的光谱，并根据它们的特征对它们进行分组。

Cheeseman 和 Stutz［1996］开发了 AutoClass 来解决聚类学习问题。接下来将讨论 Auto-Class。

AutoClass 使用图 12.1 中的 DAG 模型对此问题进行建模。该 DAG 中的根是隐藏变量。在学习 DAG 模型时，DAG 中的隐藏变量是一个假设变量，是指没有可观察到的数据。在图 12.1中，隐藏变量是离散的，其可能的值对应于实体的基础类别。该模型假设由离散变量（图中 D_1、D_2 和 D_3）表示的特征，以及由连续变量表示的特征集（图中 $\{C_1$、C_2、C_3、$C_4\}$ 和 $\{C_5$、$C_6\}$ 中）给定 H 是相互独立的。给定包含特征值的数据集，AutoClass 搜索该模型的变体，包括隐藏变量的可能值的数量，并选择一个变量以近似变量的最大后验概率。期望最大化（EM）算法用于估计每个模型的后验概率。有关 AutoClass 的详细信息，请参阅［Neapolitan，2004］有关 EM 算法和［Cheeseman and Stutz，1996］的讨论。AutoClass 软件在 http://directory.fsf.org/project/autoclass/上以免费软件的形式提供。

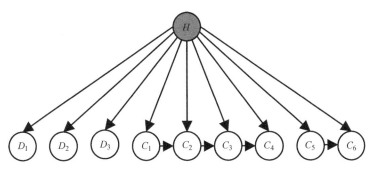

图 12.1　AutoClass 中使用的 DAG 模型示例

例 12.1　Cheeseman 和 Stutz［1996］将 AutoClass 应用于 1024×1024 像素阵列，其中每个像素从 $30m^2$ 的地面贴片记录 7 个光谱强度。他们的测试图像是堪萨斯州一个 $30km^2$ 的区域，这意味着总共有 1000000 个像素。该图像是由 LandSat/TM 卫星于 1989 年 8 月拍摄的。调查的目的是在 1000000 个像素中分类。

它们不是在一个类别中独立地处理每个光谱值，而是它们允许每个类别的值以单独的相关性相互关联。该模型没有考虑相邻像素的空间相关性。

最佳分类有 93 个类别，这些类别被分类以产生元分类，并将每个像素分配给其最可能的类别，然后绘制所得类别的二维分布。许多类别都显示出直接的解释，例如道路、河流、谷底、山谷边缘和特定作物的田地。具有较少成员的其他类别包含具有基本类型的混合的像素。例如，部分落在高速公路上并且部分落在周围草地上的像素产生了混合像素。当这些混合像素中有足够多具有大致相同的混合比例时，它们就形成了属于自己的类别。在混合像素的情况下，类别不是很有意义，但大多数类别由单一类型的纯像素组成。

12.1.2　自动发现

另一个完全不同而且没有那么成功的无监督学习领域就是自动发现。自动发现的研究人员致力于开发算法，以达到从数据中发现数学和科学等属性或定律的目的。

1977 年，Doug Lenat［Davis and Lenat，1982］开发了 Automated Mathematician（AM）。AM 拥有大量的启发式方法，并且通过修改 LISP 程序，可以发现数论中的自然数、算术和几个基本概念。然而，它没有发现其他先进的方法。之后，Lenat［1983］开发了 EURISKO 来解决 AM 中的一些问题。EURISKO 试图学习新的启发式方法。Lenat 和 Brown［1984］讨论了为什么 AM 和 EURISKO 似乎是有效的。数学概念领域的自动发现的其他工作出现在［Sims，1987］和［Cotton et al.，2000］中。

作为自动发现的另一个例子，Langley 等人［1987］描述了 BACON，它试图从数据中学习科学定律。例如，BACON 从行星之间的距离和行星围绕太阳的轨道信息中发现了开普勒的行星运动定律。

12.2　强化学习

在强化学习中，算法通过随时间产生一系列动作 a_1，a_2，…，a_t 与环境交互。这些行为动作会影响环境，从而在每个时段 t 产生奖励或惩罚 r_t。该算法的目标是学会以一种可能在将来最大化一些实用措施的方式行事。强化不一定是奖励或惩罚；相反，它可以是任何对确定未来行动有用的反馈。遗传算法将在第 13 章中介绍，与强化学习算法非常相似。然而，在强化学习的情况下，算法可以回忆和使用它在所有先前学到的东西，而在遗传算法中，关于每一代的决定仅基于关于该代中的个体的信息。强化学习与决策分析有关，前面在第 9 章中讨论过。实际上，这里提出的强化学习的第二种方法是基于影响图。首先，提出一种基于老虎机的方法，称为单臂强盗。

12.2.1 多臂强盗算法

正如第 9 章所讨论的那样，我们经常做出决定，希望最大化一些预期的奖励。有时，这些决策的结果不仅包括奖励，还包括可以作为未来决策基础的知识。例如，Hardwick 和 Stout［1991］描述了以下情况。在进行临床试验时，研究人员将分配患者进行治疗，以便达到试验的目标，并将费用保持在最低水平。传统上，受试者以相同或预定的比例预先分配到前面的群体中。然而，这些研究人员指出，这种做法缺乏融入其他理想设计目标的灵活性。他们认为，自适应设计（其中分配策略可能取决于试验期间观察到的数据）将具有更大的灵活性。另一个例子，Awerbuch 和 Kleinberg 指出，最小延迟路由是网络中的基本任务。网络延迟的不确定性可能使当前的路由选择次优。因此，算法可以分析流量模式并不断调整其路由路径的选择以提高性能。

多臂强盗问题［Robbins，1952］是对这两个问题的概括。单臂强盗是给定老虎机的名字，这是一个带杠杆的赌博设备。赌徒在老虎机中支付一定的费用，拉动杠杆，然后根据某种分布获得一定的奖励。在多臂强盗问题中，有 k 个杠杆。最初，赌徒对杠杆一无所知，但通过反复试验可以了解到哪些杠杆能够获得更有价值的趋势。

具体地说，k 臂强盗问题如下：有一组 k 个实数概率分布 $\{p_1, p_2, \cdots p_k\}$。按顺序，选择一个整数 i，使得 $1 \leqslant i \leqslant k$。根据分布 p_i 随机选择一个值（奖励）。该过程重复 N 次。目标是最大化值的总和（总奖励）。

如上所述，强化学习算法与遗传算法非常相似。与遗传算法一样，求解 k 臂强盗问题的策略包括将开发与探索相结合（见 13.2.1 节）。在当前的背景下，通过开发，利用已经获得的关于看起来很好的杠杆的知识，通过探索，去寻找新的杠杆，而不去考虑它们当前有多好。

接下来，这里提出了几种使用开发/探索来求解 k 臂强盗问题的策略。

1）ε-贪婪策略。首先，根据前几轮结果计算所有杠杆获得的奖励的平均值。根据均匀分布随机选择的杠杆以概率 ε 拉动，否则拉动平均值最高的杠杆。ε 的选择留给用户。根据均匀分布随机选择杠杆开始该过程。

2）ε-第一策略。对于首个 εN 轮，根据均匀分布随机选择杠杆，其中 N 是拉动杠杆的总数。然后计算基于这些轮次的所有杠杆的奖励的平均值。在剩余的 $(1-\varepsilon)N$ 轮中拉动具有最高平均值的杠杆。

3）ε-减少策略。此策略类似于 ε-贪婪策略，除了每轮的 ε 值减少，即对于 $t=2, 3, \cdots, N$，$\varepsilon_t = \min[1, \varepsilon/t]$。

4）ε-LeastTaken 策略。以 $4\varepsilon/(4+m^2)$ 的概率拉动最少采用的杠杆，其中 m 是最少拉动杠杆的次数。否则，拉动具有最高平均值的杠杆。

Vermorel 和 Mohri［2005］讨论了更复杂的策略。此外，他们还制定了一项名为 POKER 的新策略。

在所有 N 轮之后给定策略的遗憾 ρ 被定义为与最优策略相关的差异以及使用该策略获得的奖励的总和。也即

$$\rho = N\mu^* - \sum_{t=1}^{N} r_t$$

式中，μ^* 是具有最大期望值的概率分布 p_i 的期望值；r_t 是在第 t 轮中实际接收到的奖励。如果一个策略的 N 值接近无穷大，那么当每轮平均遗憾趋于 0 且概率为 1 时，该策略被认为是一种零遗憾策略。

Vermorel 和 Mohri［2005］比较了 POKER 的表现，这里介绍了 4 种策略，并且在他们的论文中使用以下两个实验讨论了其他的策略。在第一个实验中，他们模拟了 1000 个杠杆，其中与每个杠杆相关的奖励是正常分配的。在区间（0，1）内均匀地绘制平均值和标准差。随后他们生成了一个包含 10000 轮的数据集，他们使用 100 轮、1000 轮和所有 10000 轮来评估策略。他们计算了每种策略的每轮平均奖励值。该过程重复 10000 次，并计算所有 10000 次试验的平均值。

第二个实验涉及了称为内容分发网络（CDN）问题的现实问题［Krishnamurthy et al.，2001］。面对的问题是通过具有多个可用冗余源变量的网络检索数据。对于每次检索，选择一个源，然后算法等待直到检索到数据为止。目标是最小化所有检索的延迟总和。为了模拟这个问题，他们使用 700 多所大学的主页作为来源，大学代表着杠杆。每 10min 检索一所大学的主页，共 10 天，结果为 1300 轮。对于每次检索，以 ms 为单位记录检索延迟。这种延迟是惩罚性的。使用 130 轮和所有 1300 轮的数据评估策略，他们计算了每种策略的每轮平均延迟（惩罚）。

对于两个实验，该过程重复 10000 次并计算所有 10000 次实验的平均值。表 12.1 显示了 POKER 的结果以及此处介绍的 4 种策略。对于 R 实验，数字越大越好，因为它们代表奖励；而对于 N 实验，数字越小越好，因为它们代表惩罚。Vermorel 和 Mohri［2005］也包括其他一些策略的结果。有趣的是，所有策略在 R 实验中表现相似，但 POKER 对 N 实验（现实世界）的效果要好得多。即使在［Vermorel and Mohri，2005］中包含其他结果时，这个结果仍然是正确的。

表 12.1　几种强化策略的表现比较。对于 R 实验来说，数字越大越好（奖励），
而对于 N 实验，数字越小越好（惩罚）

策略	R-100	R-1000	R-10000	N-130	BN-1300
POKER	0.787	0.885	0.942	203	132
ε-贪婪策略，0.05	0.712	0.855	0.936	733	431
ε-贪婪策略，0.10	0.740	0.858	0.916	731	453
ε-贪婪策略，0.15	0.746	0.842	0.891	715	474
ε-第一策略，0.05	0.732	0.906	0.951	735	414

（续）

策略	R-100	R-1000	R-10000	N-130	BN-1300
ε-第一策略，0.10	0.802	0.893	0.926	733	421
ε-第一策略，0.15	0.809	0.869	0.901	725	411
ε-减少策略，1	0.755	0.805	0.851	738	411
ε-减少策略，5	0.785	0.895	0.934	715	413
ε-减少策略，10	0.736	0.901	0.949	733	417
ε-LeastTaken 策略，0.05	0.750	0.782	0.932	747	420
ε-LeastTaken 策略，0.10	0.750	0.791	0.912	738	432
ε-LeastTaken 策略，0.15	0.757	0.784	0.892	734	441

12.2.2　动态网络

动态贝叶斯网络模拟随时间变化的随机变量之间的关系。动态影响图模拟了基于观测变量随时间变化的顺序决策。所以后者可以用于强化学习。在讨论动态影响图及其在强化学习中的应用之前，首先提出了动态贝叶斯网络。

12.2.2.1　动态贝叶斯网络

在理论阐述之后，这里举一个例子。

理论公式：贝叶斯网络不能模拟变量之间的时间关系。也就是说，贝叶斯网络仅表示某个时间点的一组变量之间的概率关系。它并不表示某个变量的值如何与其值以及先前时间点的其他变量的值相关联。然而，在许多问题中，建模时间关系的能力非常重要。例如，在医学中，在诸如诊断、预后和治疗方案等任务中表示和推理时间通常很重要。捕获问题的动态（时间）方面在人工智能、经济学和生物学中也很重要。接下来，将介绍动态贝叶斯网络，用于对问题的时间方面进行建模。

首先，需要定义一个随机向量。给定随机变量 $X_1,\cdots,X_n$，列向量

$$X = \begin{pmatrix} X_1 \\ \vdots \\ X_n \end{pmatrix}$$

被称为随机向量。以相同的方式定义随机矩阵。使用 X 来表示随机向量和包含 X 的随机变量集。类似地，我们使用 x 来表示 X 的向量值和包含 x 的值集。从上下文中可以清楚地看出其含义。给定该约定和具有维度 n 的随机向量 X，$P(x)$ 表示联合概率分布 $P(x_1,\cdots,x_n)$。如果构成它们的变量集是独立的，则随机向量被称为独立的。类似的定义适用于条件独立。

现在可以讨论动态贝叶斯网络了。假设在由非负整数索引的离散时间点之间发生变化，并且在时间上有一些有限数量的 T 点。$\{X_1,\cdots,X_n\}$ 是其值随时间变化的特征集合，令 X_i [t] 是表示在时间 t 的 X_i 的值为 $0 \leqslant t \leqslant T$ 的随机变量，并且让随机向量 $X[t]$ 由下式给出：

$$X[t] = \begin{pmatrix} X_1[t] \\ \vdots \\ X_n[t] \end{pmatrix}$$

对于所有 t，每个 $X_i[t]$ 具有依赖于 i 的相同空间，并且将其称为 X_i 的空间。动态贝叶斯网络是一个贝叶斯网络，包含的变量组成了 T 个随机向量 $X[t]$，并由以下规范确定：

1）初始贝叶斯网络由①包含 $X[0]$ 中的变量的初始 DAG $\mathbb{G}_0$ 和②这些变量的初始概率分布 P_0 组成。

2）转移贝叶斯网络，它是一个模板，由①包含 $X[t] \cup X[t+1]$ 中的变量的转移 DAG $\mathbb{G}_\rightarrow$ 和②转移概率分布 $P_\rightarrow$ 组成，用于分配条件概率给由给定每个值 $X[t]$ 的 $X[t+1]$ 的值。也就是说，对于 $X[t+1]$ 的每个值 $x[t+1]$ 和 $X[t]$ 的值 $x[t]$，我们指定

$$P_\rightarrow(X[t+1]=x[t+1] \mid X[t]=x[t])$$

因为对于所有 t，每个 X_i 具有相同的空间，所以向量 $x[t+1]$ 和 $x[t]$ 各自表示来自同一组空间的值。每个空间中的索引表示具有该值的随机变量。上述内容展示了随机变量；后面的内容将不再给出。

3）动态贝叶斯网络包括①由 DAG $\mathbb{G}_0$ 组成的 DAG 和在 $0 \leqslant t \leqslant T-1$，

DAG $\mathbb{G}_\rightarrow$ 在 t 处评估，以及②以下联合概率分布：

$$P(x[0], \cdots x[T]) = P_0(x[0]) \prod_{t=0}^{T-1} P_\rightarrow(x[t+1] \mid x[t]) \qquad (12.1)$$

图 12.2 显示了一个示例。图 12.2 中网络所需的转移概率分布是

$$P_\rightarrow(x[t+1] \mid x[t]) = \prod_{i=0}^{n} P_\rightarrow(x_i[t+1] \mid pa_i[t+1])$$

式中，$pa_i[t+1]$ 表示 $X_i[t+1]$ 的父项的值。请注意，$X[t]$ 和 $X[t+1]$ 都有父项。

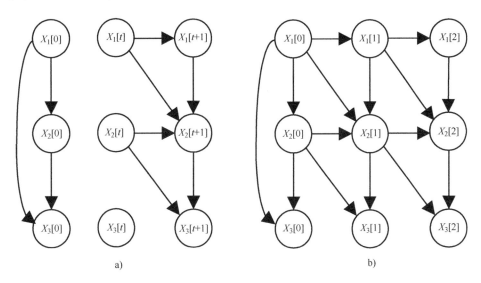

a)　　　　　　　　　　　　　　　　b)

图 12.2　先验和转移贝叶斯网络在图 a 中，得到的 $T=2$ 的动态贝叶斯网络在
图 b 中，请注意，未显示概率分布

在式（12.1），对于所有 t 和所有 x 都有

$$P(x[t+1] \mid x[0], \cdots, x[t]) = P(x[t+1] \mid x[t])$$

也就是说，在时间 t 预测世界状态所需的所有信息都包含在时间 $t-1$ 的世界描述中。不需要关于早期时间的信息。由于此特性，我们说该过程具有马尔可夫属性，另外，该过程是稳的。也就是说，$P(x[t+1] \mid x[t])$ 对于所有 t 都是相同的。通常，动态贝叶斯网络不必具有这些属性中的任何一个。然而，它们降低了表示和评估网络的复杂性，并且它们在许多应用中是合理的假设。该过程不需要在特定时间 T 停止。然而，在实践中，只推导了一些有限的时间。此外，还需要一个终端时间值来正确指定贝叶斯网络。

动态贝叶斯网络中的概率推导可以使用第 3 章中讨论的标准算法来完成。但是，由于动态贝叶斯网络的大小在过程持续很长时间时会变得很大，因此算法效率很低。动态贝叶斯网络有一个特殊的子类，可以更有效地完成这种计算。该子类包括动态贝叶斯网络，其中不同时间步的网络仅通过非证据变量连接。图 12.3 显示了这种网络的一个例子。标有 E 的变量是证据变量，并在每个时间步中都用具体例证说明。这里为代表它们的节点以阴影展示出来。

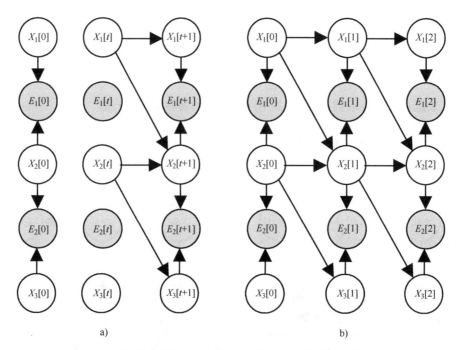

a)   b)

图 12.3 在不同时隙中的网络仅通过非证据变量连接的情况下，
先验和转移贝叶斯网络如图 a 所示 $T=2$ 的动态贝叶斯网络如图 b 所示

使用动态贝叶斯网络的应用如图 12.3 所示，这将在下一节中介绍。目前需要说明如何在这样的网络中有效地进行更新。

令 $e[t]$ 为时间步 t 处的证据变量的值的集合，并且令 $f[t]$ 为时间步 t 之前和包括时间步 t 证据变量的值的集合。假设知道 $X[t]$ 的每个值 $x[t]$

$$P(x[t] \mid f[t])$$

现在想要计算 $P(x[t+1] \mid f[t+1])$。首先有

$$P(\boldsymbol{x}[t+1] \mid \mathrm{f}[t]) = \sum_{\boldsymbol{x}[t]} P(\boldsymbol{x}[t+1] \mid \boldsymbol{x}[t], \mathrm{f}[t]) P(\boldsymbol{x}[t] \mid \mathrm{f}[t])$$

$$= \sum_{\boldsymbol{x}[t]} P(\boldsymbol{x}[t+1] \mid \boldsymbol{x}[t]) P(\boldsymbol{x}[t] \mid \mathrm{f}[t]) \qquad (12.2)$$

使用贝叶斯定理，可得到

$$P(\boldsymbol{x}[t+1] \mid \mathrm{f}[t+1]) = P(\boldsymbol{x}[t+1] \mid \mathrm{f}[t], \mathrm{e}[t+1])$$

$$= \alpha P(\mathrm{e}[t+1] \mid \boldsymbol{x}[t+1], \mathrm{f}[t]) P(\boldsymbol{x}[t+1] \mid \mathrm{f}[t])$$

$$= \alpha P(\mathrm{e}[t+1] \mid \boldsymbol{x}[t+1]) P(\boldsymbol{x}[t+1] \mid \mathrm{f}[t]) \qquad (12.3)$$

式中，α 是归一化常数。可以使用贝叶斯网络的推导算法来计算 $P(\mathrm{e}[t+1] \mid \boldsymbol{x}[t+1])$ 的值。通过计算 $P(\boldsymbol{x}[0] \mid \mathrm{f}[0]) = P(\boldsymbol{x}[0] \mid \mathrm{e}[0])$ 来启动该过程。然后在每个时间步 $t+1$，依次使用式（12.2）和式（12.3）计算 $P(\boldsymbol{x}[t+1] \mid \mathrm{f}[t+1])$。请注意，要更新当前时间步的概率，只需要在前一时间步计算的值和当前时间步的证据。这里可以抛弃所有以前的时间步，这意味着只需要保持足够的网络结构来代表两个时间步。

下面，将给出一种简单方法显示上述过程。现在定义

$$P'(\boldsymbol{x}[t+1]) \equiv P(\boldsymbol{x}[t+1] \mid \mathrm{f}[t])$$

这是在第一个 t 时间步中给定证据的 $X[t+1]$ 的概率分布。我们使用式（12.2）在时间步 $t+1$ 的起始点确定此分布，然后丢弃所有先前的信息。接下来，在时间步 $t+1$ 中获得证据并使用式（12.3）更新 P'。

隐马尔可夫模型是一个动态的贝叶斯网络，在每个时间步中都有一个未观测到的变量和一个或多个证据变量，唯一的边包括从每个未观测到的变量到其时间步中的证据变量的边以及到在后续时间步内未观测到一个边。图 12.4 为一个隐马尔可夫模型。

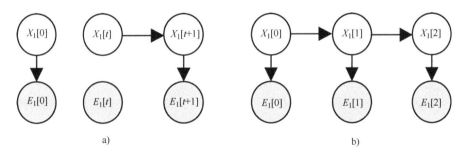

a) 　　　　　　　　　　　　　　　　　　b)

图 12.4　隐马尔可夫模型的先验和转移贝叶斯网络（见图 a），$T=2$ 的动态贝叶斯网络（见图 b）

示例：移动目标定位。这里提出的动态贝叶斯网络在移动目标定位中的应用，这是由 Basye 等人［1992］开发的。移动目标定位问题涉及跟踪目标，同时保持对自己位置的了解。Basye 等人［1992］开发了一个目标和机器人所在的世界。提供给机器人一张世界地图，图中分为走廊和交叉点。图 12.5 显示了根据该方案细分的一个这样的世界的一部分。该图中的每个矩形都是不同的区域。目标位置的状态空间是图中所示的所有区域的集合，机器人位置的状态空间是所有这些区域的集合，增加了 4 个象限以表示机器人可以面对的方向。设 L_R 和 L_A 是随机变量，其值分别是机器人和目标的位置。

目标和机器人都是移动的，机器人具有传感器，用于确定自身位置的知识并跟踪目标的位置。具体地说，机器人具有由 8 个声呐换能器组成的声呐环，其成对地配置成指向机器人

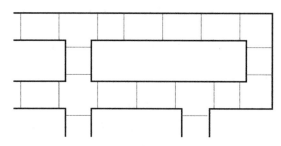

图 12.5　走廊布局的细分

的前方、后方和侧方。每个声呐的读数在 30 ~ 6000mm 之间，其中 6000 表示 6000 或更多。
图 12.6 显示了在进入丁字路口时从声呐获得的一组读数。我们希望传感器告诉我们所处的
区域。因此我们需要从原始传感器数据到抽象传感器空间的映射，包括以下部分：走廊、丁
字路口、L 形路口、死端角、空地和穿越。该映射可以是确定性的或概率性的。Basye 等人
[1992] 讨论了开发它的方法。众所周知，声呐数据噪声很大并且很难消除。恰好与墙壁成
70°角的声呐可能看不到墙壁。所以我们假设这种关系是概率性的。机器人还有一个前向摄
像头用于识别目标的存在。相机可以检测到被识别为目标斑点的存在。如果它没有检测到合
适的斑点，则报告该证据。如果它确实找到了合适的斑点，则使用斑点的大小来估计它与机
器人的距离，该距离以相当大的单位报告，即在 1m 内，在 2 ~ 3m 之间等。给定距离处的斑
点仅在概率上取决于该距离处的目标的实际存在。

设 E_R 是一个随机变量，其值是声呐读数，它告诉机
器人一些关于它自己的位置；E_A 是一个随机变量，
其值是摄像机读数，它告诉机器人关于目标相对于
机器人的位置。从先前的讨论中得出，E_R 在概率上
依赖于 L_R，并且 E_A 在概率上依赖于 L_R 和 L_A。在每
个时间步内，机器人均从其声呐环和摄像机获得读
数。例如，它可以获得图 12.6 所示的声呐读数，并
且其相机可以通知它在一定距离处目标是可见的。

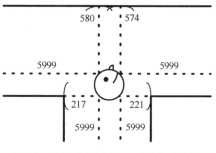

图 12.6　进入丁字路口时的声呐读数

　　机器人和目标可进行的动作如下：沿着走廊走
过整个走廊的长度，在拐角处左转，再转身等。在动态贝叶斯网络模型中，这些动作只是
在一些预编程的概率中执行的行为，这与传感器数据无关。因此，机器人在时间 $t+1$ 处位置
是其在时间 t 的位置的概率函数。当使用 12.2.2.2 节中的动态影响图对问题进行建模时，
机器人将根据传感器数据决定其动作。目标的移动可以由人或者概率地预编程确定。

　　总之，问题中的随机变量如下：

变量	变量代表内容
L_R	机器人位置
L_A	目标位置
E_R	有关机器人位置的传感器读数
E_A	相机读取有关目标相对于机器人位置的信息

图 12.7 显示了一个动态贝叶斯网络，它模拟了上面的问题（没有显示任何实际的概率分布）。先前网络中的先验概率表示最初已知的关于机器人和目标的位置的信息。转移贝叶斯网络中的条件概率可以从数据中获得。例如，$P(e_A \mid l_R, l_A)$ 可以通过将机器人和目标分别重复地放置在位置 l_R 和 l_A 处，并且得知读取 e_A 的频率。

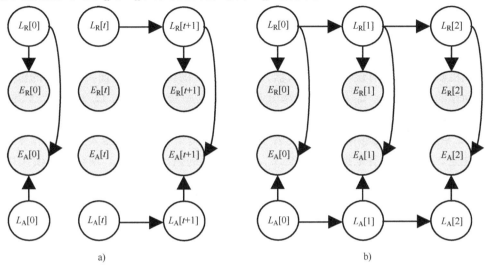

a)　　　　　　　　　　　　　　　　b)

图 12.7　移动目标移动问题的先验和转移贝叶斯网络见图 a；
生成的 $T=2$ 的动态贝叶斯网络见图 b

请注意，虽然机器人有时可以看到目标，但它并没有努力跟踪目标。也就是说，机器人根据某种方案有概率地移动。我们的目标是让机器人跟踪目标。但是，为了跟踪目标机器人必须根据传感器数据和相机读数决定下一步移动的位置。如上所述，需要动态影响图来生产这样的机器人，下面就开始讨论它们。

12.2.2.2　动态影响图

我们再次研究理论，然后举一个例子。

理论公式。为了从动态贝叶斯网络创建动态影响图，只需要添加决策节点和值节点。图 12.8 显示了 $T=2$ 的这种网络的高级结构，该图中每个时间步的机会节点表示该时间步长的整个 DAG，并且边沿表示边的集。从时间 t 的决策节点到时间 $t+1$ 的机会节点存在边，因为在时间 t 做出的决定可以影响系统在时间 $t+1$ 的状态。问题是在未来的某个时间点确定在每个时间步中能最大化预期效用的决策。图 12.8 表示在时间 0 处确定的状

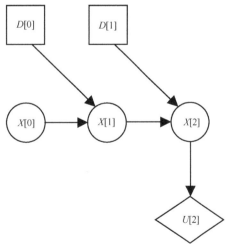

图 12.8　动态影响图的高级别结构

态能最大化时间 2 处的预期效用。通常，最终效用可以是基于较早的机会节点与决策节点。然而，这里没有显示这样的边来简化图表。此外，最终预期效用通常是独立计算每个时间步直到接近未来节点的预期效用的加权和，这种效用函数称为时间可分离的。

通常，动态影响图可以使用9.2.2节中介绍的算法求解。下面介绍了一个示例。

示例：重新审视移动目标定位。在展示模型之后，又展示了一些有关根据模型构造的机器人的结果。

模型。回想一下12.2.2.1节中讨论的机器人。现在的目标是让机器人根据时间 t 处的证据决定其在时间 t 的移动来跟踪目标。因此，现在允许机器人在将要采取动作的时间 t 处做出决策 $D[t]$，其中 $D[t]$ 的值是在时间步 t 中基于证据最大化预期效用函数的一个结果。该证据是为了试图最大化未来奖励而分析出来的"奖励"。未来的奖励是接近目标的。

假设机器人的运动有误。因此，机器人在时间 $t+1$ 的位置是其在前一时间步的位置和所采取的动作的概率函数。L_R 的条件概率分布是从数据中获得的，如12.2.2.1节末尾所述。也就是说，反复将机器人放在一个位置，执行一个动作，然后观察它的新位置。

图12.9显示了动态影响图，它代表了时间 t 的决策，以及机器人正在寻找未来的3步。请注意，在时间 t 有证据变量的交叉，表明它们的值已经知道。现在需要使用以这些值为条件的概率分布和所有先前证据变量的值来最大化预期效用。回想一下，在12.2.2.1节的末尾称这个概率分布为 P'，同时也讨论了如何获得 P' 的值。首先，需要定义一个效用函数。假设决定在时间 t 通过查看未来的 M 个时间步来确定决策。令

$$d_M = \{d[t], d[t+1], \cdots, d[t+M-1]\}$$

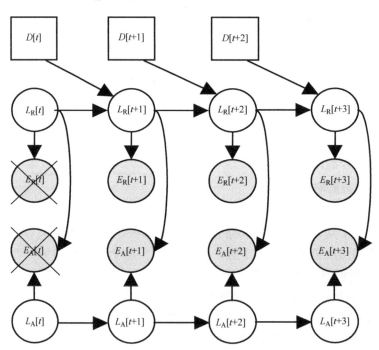

图12.9　动态影响图建模了在时间 t 处采取行动的机器人决策

表示当前的下一个 M 决策的一组值，并且令

$$f_M = \{e_R[t+1], e_A[t+1], e_R[t+2], e_A[t+2], \cdots, e_R[t+M], e_A[t+M]\}$$

表示做出决策后观测到的证据变量的一组值。对于 $1 \leqslant k \leqslant M$，分别将 d_k 和 f_k 作为这些集合中的前 k 个决策和证据对。定义：

$$U_k(\mathrm{f}_k, \mathrm{d}_k) = -\min_v \sum_v dist(u,v)P'(L_\mathrm{A}[t+k] = v)\mid \mathrm{f}_k, \mathrm{d}_k) \qquad (12.4)$$

式中，$dist$ 是欧几里得距离，总和超过了 L_A 空间中的所有值 v，并且最小值超过了 L_A 空间中的所有值 u。回想一下从 12.2.2.1 节开始，机器人将获得一张世界地图。它使用此映射来查找 L_A 空间中的每个元素。这里的想法是，如果做出这些决策并在时间 $t+k$ 获得这些观测值，则式（12.4）中的和是目标与给定位置 u 之间距离的预期值。该预期值越小，目标接近 u 的可能性越大。如果做出这些决策并获得这些观察结果，那么具有最小预期值的位置 $\check{u}$ 就是对目标所在位置的最佳预测。所以决策和观察的效用是你的预期价值 $\check{u}$。减号的出现是因为我们最大化了预期效用。

然后有

$$EU_k(\mathrm{d}_k) = \sum_{\mathrm{f}_k} U_k(\mathrm{f}_k,\ \mathrm{d}_k)P'(\mathrm{f}_k\mid \mathrm{d}_k) \qquad (12.5)$$

这种预期效用仅涉及未来的 k 个时间步。为了考虑到达到的所有时间步并且包括时间 $t+M$，这里使用效用函数表示每个时间步的效用的加权和。然后有

$$EU(\mathrm{d}_M) = \sum_{k=1}^{M} \gamma_k EU_k(\mathrm{d}_k) \qquad (12.6)$$

式中，γ_k 随 k 减小以抵消未来后果的影响。注意，对于 $k>M$，隐含地 $\gamma_k = 0$。进一步注意，这里有一个时间可分的效用函数。选择在式（12.6）中最大化此预期效用的决策序列，然后在时间步 t 处在该序列中做出第一个决策。

总之，该过程为：在时间步 t 中，机器人基于在该步中获得的证据（传感器和相机读数）更新其概率分布。然后评估一系列决策（动作）的预期效用。对于其他决策序列重复这一过程，并选择最大化预期效用的决策序列。执行该序列中的第一决策（动作），获得时间步 $t+1$ 中的传感器和相机读数，并重复该过程。请注意，机器人按照 4.2.2 节中的讨论制定了计划，但计划不一定要在超出第一次行动之后实施。也就是说，在下一个时间段开发新计划。

对于 f 的所有值，式（12.5）中的 $P'(\mathrm{f}_k\mid \mathrm{d}_k)$ 的计算可能非常复杂。Dean 和 Wellman［1991］讨论了减少这种决策评估复杂性的方法。

结果：出现紧急行为。Basye 等人［1992］使用刚才描述的模型开发了一个机器人，他们观察到了一些有趣的、未曾预料到的紧急行为。紧急行为，这里指的不是有目的地编程到机器人中的行为，而是作为模型的结果而出现的行为。例如，当目标移向岔路口时，机器人会紧跟在其后面，因为这样它就能确定目标将走向哪条岔路。然而，当目标移向死胡同时，机器人保持相当远的距离。Basye 等人［1992］预计它将紧随其后。通过分析价值函数的概率分布和结果，他们发现该模型允许目标可能滑向机器人的后面，使得机器人在没有额外动作的情况下无法确定目标的位置。如果机器人保持一定距离，无论目标采取什么动作，机器人进行的观察都足以确定目标的位置。图 12.10 说明了这种情况。在时间步 t 中，当目标即将进入死胡同时，机器人靠近目标。如果

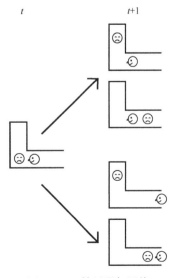

图 12.10　接近目标可能不是最优的选择

机器人保持靠近，如顶部路径所示，在时间步 $t+1$ 中，目标很可能会滑向机器人后面，因为目标将向上移动到死胡同。如果目标确实滑向机器人后面，目标将不可见的。但是，如果机器人后退，如底部路径所示，无论目标做什么，机器人都能够确定目标的位置。当在时间步 $t+1$ 中考虑其可能的观测时，"目标不可见"的观测将不会让机器人对目标位置有很好的了解。因此，与后退的行动相比，保持原地不动不受重视。

大型系统。用于控制机器人的方法可用于更复杂的系统。例如，自动驾驶汽车可以使用基于视觉的车道位置传感器将其保持在其车道的中心。位置传感器的准确度会受到雨水和不平坦路面的影响。此外，下雨和崎岖不平的道路都可能导致位置传感器失效。显然，传感器故障会影响传感器的准确性。动态影响图中的两个时间步（模拟这种情况）如图 12.11 所示。

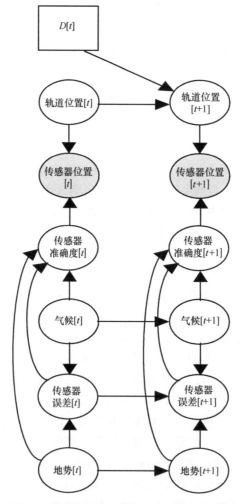

图 12.11　动态影响图中的两个时间步用于模拟自动驾驶汽车面临的决策

12.3　讨论和扩展阅读

马尔可夫决策过程（MDP）［Bellman，1957］的发展是为了在不确定性下对决策进行建模。部分可观察马尔可夫决策过程（POMDP）［Kaelbling et al.，1998］是 MDP 的概括。传统上，MDP 已被用于机器学习以建模强化学习［Meuleau and Bourgine，1999］。然而，事实证明，POMDP 在数学上等同于动态贝叶斯网络，但不提供直观的图形框架。Vermorel 和 Mohri［2005］指出，多臂强盗问题实际上是一个状态的 MDP。

练习

12.1 节

练习 12.1　获取或开发有关您希望分类的某些实体的数据。例如，数据可能涉及许多恒星的光谱。从 http：//directory. fsf. org/project/autoclass/下载 AutoClass，并使用 AutoClass 对实体进行分类。

练习 12.2　假设有 5 个杠杆和以下序列的奖励：

轮次	杠杆 1	杠杆 2	杠杆 3	杠杆 4	杠杆 5
1	4	2	8	1	12
2	3	5	7	10	8
3	5	7	6	3	15
4	6	4	8	20	6
5	2	9	3	6	12
6	8	8	4	8	14
7	7	10	3	10	12
8	3	2	6	4	10
9	1	14	3	8	9
10	5	3	5	15	14
11	3	8	6	8	20
12	2	5	8	21	8
13	5	15	3	10	10
14	6	2	4	7	9
15	1	4	5	5	15

将 ε-贪婪策略、ε-第一策略、ε-减少策略和 ε-LeastTaken 策略应用于这些杠杆和这一奖励序列。使用 $\varepsilon=0.3$ 作为 ε-贪婪策略，ε-第一策略和 ε-LeastTaken 策略。使用 $\varepsilon=3$ 作为 ε-减少策略。

12.2 节

练习 12.3　将参数值分配给图 12.7 中的动态贝叶斯网络，并在时间 1 处计算机器人和目标位置的条件概率，给出 0 和 1 时的一些证据。

练习 12.4　将参数值分配给图 12.9 中的动态影响图，根据时间 0 处的某些证据并查看未来的 1 个时间步，确定时间 0 的决策。

第3部分 涌现智能

第13章 进化计算

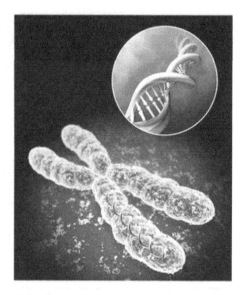

在前两部分中，在个体认知水平上模拟了人类智能，即人类逻辑推理和人类概率推理。在这一部分中，将模拟生命种群中的智力。本章涉及进化过程中表现出来的智慧，而下一章则涉及当一些自主的、非智能的生命形式相互作用时出现的智慧。

进化是种群遗传构成发生变化的过程。自然选择是这样一种过程：具有使其能够更好地适应环境压力特性的生物将比其他类似的生物更易于生存和繁殖，从而在后代中增加这些有利特性。

进化计算努力使用自然选择中涉及的进化机制为其范例来获得诸如优化问题的近似解。进化计算的4个领域是遗传算法、遗传规划、进化规划和进化策略。本章将对前两个方面进行详细讨论。首先，简要回顾一下遗传学，为这些算法的动机提供适当的背景。

13.1 遗传学评论

假设您之前已经看过这些材料。有关遗传学的介绍，请参阅［Griffiths et al.，2007］或［Hartl and Jones，2006］。

生物体是一种生命的个体形式，例如植物或动物。细胞是生物体的基本结构和功能单元。染色体是生物学表达的遗传特征的载体。基因组是生物体中的一整套染色体。人类基因组包含 23 个染色体。单倍体细胞含有一个基因组，也就是说，它包含一组染色体。因此人类单倍体细胞含有 23 个染色体。二倍体细胞含有两个基因组，也就是说，它包含两组染色体。一组中的每个染色体与另一组中的染色体匹配，这对染色体称为同源对，该对中的每个染色体称为同源物。因此，人类二倍体细胞含有 2×23＝46 个染色体。一个同源物来自父母双方。

体细胞是生物体内的细胞之一。单倍体生物是体细胞为单倍体的生物，二倍体生物是体细胞为二倍体的生物体，人是二倍体生物。

配子是一种成熟的有性生殖细胞，它与另一种配子结合成为受精卵，最终成长为一种新的生物体。配子是单倍体细胞。由雄性产生的配子称为精子，而由雌性产生的配子称为卵子。生殖细胞是配子的前体，为二倍体细胞。

在二倍体生物中，每个成熟体均可产生配子，两个配子结合形成受精卵，受精卵成长为成熟体，此过程称为有性生殖。单细胞单倍体生物通常通过一种称为双分裂的过程进行无性繁殖。生物体简单地分裂成两个新生物体。因此，每种新生物体都具有与原始生物体完全相同的遗传内容。一些单细胞单倍体生物通过称为融合的过程进行有性繁殖。两个成熟细胞首先结合形成所谓的瞬时二倍体母细胞。瞬时二倍体母细胞含有同源的染色体对，每个染色体一个。子体可以从母体那里获得给定的同源物。所以子体不是母体的遗传副本。例如，如果基因组大小为 3，则子体可能有 $2^3 = 8$ 种不同的染色体组合。

染色体由复合脱氧核糖核酸（DNA）组成。DNA 由 4 种称为核苷酸的基本分子组成。每个核苷酸含有戊糖（脱氧核糖）、磷酸基团和嘌呤或嘧啶碱基。嘌呤、腺嘌呤（A）和鸟嘌呤（G）的结构相似，嘧啶、胞嘧啶（C）和胸腺嘧啶（T）也是如此。DNA 是由两条互补链组成的大分子，每条链由一系列核苷酸组成。链通过核苷酸对之间的氢键连接在一起。腺嘌呤总是与胸腺嘧啶配对，鸟嘌呤总是与胞嘧啶配对，每个这样的对称为规范碱基对（bp），A、G、C 和 T 称为碱基。

DNA 的一部分如图 13.1 所示。您可能还记得，从您的生物学课程中，这些股线相互缠绕形成一个右手双螺旋。但是，出于计算目的，这里只需要将它们视为字符串，如图 13.1 所示。

图 13.1 DNA 的一部分

基因是染色体的一部分，通常由数千个碱基对组成，但基因的大小变化很大。基因负责生物体的结构和遗传过程。生物体的基因型是通过基因遗传，而其表现型是由基因和环境的相互作用的结果。

等位基因是基因的几种形式中的任何一种，通常通过突变产生。等位基因负责遗传变异。

例 13.1 15 号染色体上的 bey2 基因负责人类的眼睛颜色。蓝色眼睛有一个等位基因，称之为 BLUE，另一个是棕色眼睛，称之为 BROWN。与所有基因的情况一样，个体从母体获得一个等位基因。BLUE 等位基因是隐性的，这意味着如果一个人接受一个 BLUE 等位基因和一个 BROWN 等位基因，那么此人将有棕色眼睛。个体可以有蓝色眼睛的唯一方法是个体有两个蓝色等位基因。也就是说棕色等位基因占优势。

因为人类配子具有 23 个染色体，并且这些染色体中的每一个都可以来自任一基因组，所以父母可以将 $2^{23} = 8388608$ 种不同的遗传组合传递给后代。实际上，除此之外还有很多遗传组合。原因如下：在减数分裂期间（产生配子的细胞分裂），每个染色体复制自身并与其同源物对齐。此类复制品被称为染色单体。同源染色单体之间通常会有相应的遗传物质片段的交换，这种交换被称为交叉，如图 13.2 所示。

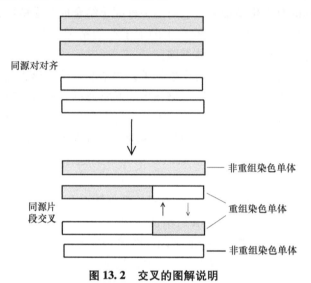

图 13.2　交叉的图解说明

有时在细胞分裂期间，DNA 复制过程中会发生错误，这些错误称为突变。突变可以发生在体细胞或生殖细胞中。生殖细胞中的突变是进化中所有变异的来源。另一方面，体细胞中的突变可能影响生物体（例如，导致癌症），但对后代没有影响。

在取代突变中，一个核苷酸只是被另一个核苷酸取代。当一段 DNA 被添加到染色体时发生插入突变；当从染色体上除去一段 DNA 时发生缺失突变。

进化是种群遗传组成变化的过程。通常，遗传构成的变化是由于突变。如前所述，自然选择是一种过程，通过这种过程，具有更好地使其适应环境压力特性的生物体，如食肉动物、气候变化或对食物或配偶的竞争将比其他类似物更容易存活和繁殖。从而，增加了后代中的这些有利特性。因此，自然选择可以导致等位基因的相对频率的增加，并赋予个体这些有利的性状。由偶然机会引起的等位基因相对频率变化的过程称为遗传性转移。科学界对于自然选择或遗传性转移是否对进化变化更有影响存在一些分歧［Li，1997］。

13.2　遗传算法

本节首先描述基本的遗传算法，然后提供两个应用程序。

13.2.1　算法

遗传算法使用单倍体生物中的融合作为模型。问题的候选解决方案由群体中的单倍体个体代表。每个个体都有一个染色体。染色体的字母表不像实际生物体中的 A、G、C 和 T，而是由代表解决方案的字符组成。在每一代中，允许一定数量的适合个体繁殖。将两个适合个体的染色体通过交叉和交换进行物质遗传，代表解决方案更适合的个体。此外，这可能导致下一代个体发生突变。这个过程将重复进行，直到满足一些终止条件。

算法 13.1　遗传算法

Procedure *Generate_Populations*;
$t = 0$;
initialize population P_0;
repeat
　　evaluate fitness of each individual in population P_t;
　　Select individuals for reproduction based on fitness;
　　Perform crossover and mutation on the selected individuals;
　　$t = t + 1$;
until terminal condition is met;

在根据健康状况选择个体时，不一定只选择最适合的个体。相反，可以同时使用开发和探索。一般来说，在评估搜索空间的候选区域以进行调查时，可以通过以获得的知识集中来合适的区域，而探索，意味着寻找新的区域而不考虑它们当前有多好。在选择个体时，可以通过选择具有概率 ε 的随机个体并通过选择具有概率 $1-\varepsilon$ 的拟合个体来进行探索。

13.2.2　说明性示例

假设我们的目标是找到最大化的 x 的值

$$f(x) = \sin\left(\frac{x\pi}{256}\right) \quad 0 \leqslant x \leqslant 255$$

式中，x 被限制为整数。当然，正弦函数在 $\pi/2$ 处的最大值为 1，这意味着 $x = 128$ 使函数值最大化。因此没有必要来开发一种算法用于解决这个问题。这里开发了一种遗传算法用于解决它，以说明这种算法的各个方面。以下步骤用于开发算法。

1）决定使用字母表来表示问题的解决方案。因为候选解是简单的 0 到 255 范围内的整数，所以可以使用 8 位表示每个个体（候选解）。例如，整数 189 表示为

$$1\,0\,1\,1\,1\,1\,0\,1.$$

2）确定一个种群中有多少个体。一般来说，可能有成千上万的个体。在这个简单的例子中，将使用 8 个个体。

3）决定如何初始化种群。通常这是随机完成的。这里将从 0 到 255 的范围内随机生成 8 个数字。可能的初始值显示在表 13.1 中。

表 13.1　个体的初始数量和健康状况

个体	x	$f(x)$	归一化 $f(x)$	累积归一化 $f(x)$
1 0 1 1 1 1 0 1	189	0.733	0.144	0.144
1 1 0 1 1 0 0 0	216	0.471	0.093	0.237
0 1 1 0 0 0 1 1	99	0.937	0.184	0.421
1 1 1 0 1 1 0 0	236	0.243	0.048	0.469

（续）

个体	x	$f(x)$	归一化 $f(x)$	累积归一化 $f(x)$
1 0 1 0 1 1 1 0	174	0.845	0.166	0.635
0 0 1 0 0 0 1 1	74	0.788	0.155	0.790
0 0 1 0 0 0 1 1	35	0.416	0.082	0.872
0 0 1 1 0 1 0 1	53	0.650	0.128	1.000

4）决定如何评估适应度。因为我们的目标是最大化 $f(x) = \sin(x\pi/256)$，个体 x 的适应度就是这个函数的值。

5）决定选择哪些个体进行复制。我们将探索与开发相结合，如下：通过将每个适应度除以所有适应度的总和（5.083）进行归一化，得到归一化的适应度。这样，归一化的适应度就等于 1。然后使用这些归一化的适应度来确定累积适应度值，该值根据每个人的适应度在轮盘上提供一个楔形。如表 13.1 所示。例如，第二个个体的归一化适应度为 0.093，该个体被分配到区间（0.144，0.237]，宽度为 0.093。然后我们从区间（0，1]中生成一个随机数。这个数字正好落在指定给一个个体的范围内，这就是被选择的那个个体。这个过程执行 8 次。

假设选择复制的个体如表 13.2 所示。注意，个体可以出现多次，并且出现的频率取决于其适应度。

表 13.2　选择复制的个体

个体
0 1 1 0 0 0 1 1
0 0 1 1 0 1 0 1
1 1 0 1 1 0 0 0
1 0 1 0 1 1 1 0
0 1 0 0 1 0 1 0
1 0 1 0 1 1 1 0
0 1 1 0 0 0 1 1
1 0 1 1 1 1 0 1

6）确定如何执行交叉和突变。首先，随机配对个体，产生 4 对。对于每对，沿着个体随机选择两个点，交换点之间的遗传物质。表 13.3 显示了可能的结果。注意，如果第二个点出现在个体的第一个点之前，则执行交叉操作。表 13.3 中的第三对个体说明了这种情况。根据表 13.1 和表 13.3 中的值可知，交叉前的平均适应度为 0.635，而交叉后的平均适应度为 0.792。此外，在交叉之后，两个个体的适应度均高于 0.99。

接下来确定如何执行突变。对于每个个体的每个位，随机决定是否翻转该位（将 0 更改为 1 或将 1 更改为 0）。突变概率通常在 0.01 至 0.001 之间。

7）决定何时终止。可以在达到某一代的最大数量时终止，或在某一分配的时间过期时终止，或在最适合的个体达到某一水平时终止，或在满足这些条件之一时终止。例如，在本例中，可以在生成 10000 代或适应度超过 0.999 时终止。

表 13.3　交叉导致的父母和子女

父项	子项	x	$f(x)$
$0\,1\,1^1\ \mathbf{0\,0\,0}\ ^2 1\,1$ $0\,0\,1\ \mathbf{1\,0\,1}\ 0\,1$	$0\,1\,1^1\ \mathbf{1\,0\,1}\ ^2 1\,1$ $0\,0\,1\ \mathbf{0\,0\,0}\ 0\,1$	119 33	0.994 0.394
$1^1\ \mathbf{1\,0\,1\,1}\ ^2 0\,0\,0$ $1\ \mathbf{0\,1\,0\,1}\ 1\,1\,0$	$1^1\ \mathbf{0\,1\,0\,1}\ ^2 0\,0\,0$ $1\ \mathbf{1\,0\,1\,1}\ 1\,1\,0$	168 222	0.882 0.405
$\mathbf{0\,1}\ ^2 0\,0\,1\,0\,1^1\ \mathbf{0}$ $\mathbf{1\,0}\ 1\,0\,1\,1\,1\ \mathbf{0}$	$\mathbf{1\,0}\ ^2 0\,0\,1\,0\,1^1\ \mathbf{0}$ $\mathbf{0\,1}\ 1\,0\,1\,1\,1\ \mathbf{0}$	138 110	0.992 0.976
$0\,1\,1\,0\,0^1\ \mathbf{0\,1\,1}\ ^2$ $1\,0\,1\,1\,1\ \mathbf{1\,0\,1}$	$0\,1\,1\,0\,0^1\ \mathbf{1\,0\,1}\ ^2$ $1\,0\,1\,1\,1\ \mathbf{0\,1\,1}$	101 187	0.946 0.749

注意，上面的步骤 2）、3）、5）和 7）是通用的，因为可以将提到的策略应用于大多数问题。

13.2.3　旅行的销售人员问题

旅行的销售人员问题（TSP）是一个众所周知的 NP 难题。NP 难题是一类问题，没有人曾经开发过多项式时间算法，但也没有人曾经证明这种算法是不可能的。

假设销售人员正在计划到 n 个城市进行销售。每个城市都通过道路连接到其他一些城市。为了最大限度地缩短旅行时间，希望找到一条最短的行程（称为 tour），该路线从销售人员的所在地开始，一次访问一个城市，最终到达销售人员所在的城市。确定最短旅行路线的问题是 TSP。注意，起始城市与最短的行程无关。

TSP 由加权有向图表示，其中顶点表示城市，边缘上的权重表示道路长度。通常，TSP 实例中的图形不需要是完整的，这是一个从每个顶点到每个其他顶点都有一条边的图形。此外，如果边 $v_i \rightarrow v_j$ 和 $v_j \rightarrow v_i$ 都在图中，则它们的权重不需要相同。除了应用于运输调度之外，TSP 还应用于诸如机器的调度以在电路板上钻孔和 DNA 测序等问题。

接下来，这里展示了 TSP 的 3 种遗传算法。

13.2.3.1　有序交叉

首先介绍有序交叉。仅显示与 13.2.2 节中出现的步骤不同的步骤。

1）决定使用字母表来表示问题的解决方案。TSP 解决方案的直接表示是标记顶点 1 到 n，并按访问顺序列出顶点。例如，如果有 9 个顶点，［2 1 3 9 5 4 8 7 6］表示在 v_2 之后访问顶点 v_1，在 v_1 之后访问 v_3，…和 v_6 之后访问 v_2。同样，起始顶点是无关紧要的。

2）适应度是指旅行的行程，较短的旅行行程更适合。

3）确定如何执行交叉和突变。和以前一样，个体随机配对，对于每对随机选择两个点。把这些点之间的线段称为选择。我们必须确保交叉的旅行结果是合法的，这意味着每个城市必须只列出一次。所以，不能简单地交换选择。在顺序交叉中，子项中的选择具有与父项中的选择相同的值，而非选择区域从另一个父项中的值填充，省略不存在的值，按照这些值中的顺序排列值显示在另一个父项中，从另一个父项的选择开始，这些值称为模板。表 13.4 说明了这一点。注意，子项 c_1 的选择值为［9 5 4］，与父项 p_1 相同。父项 p_2 的选择是［6 8 9］。来自该父项的模板是通过从顶点 6 开始来构建的，并按顺序列出［9 5 4］之外的所有城市。这是通过环绕完成的，所以模板是 $[687132]$。这些值按顺序复制到子项 c_2 的非选择区域。

表 13.4　顺序交叉的例子

父项	其他父项模板	子项
p_1：$2\,1\,3^1$ | $\mathbf{9\,5\,4}$ | $^2 8\,7\,6$ p_2：$5\,3\,2$ | $\mathbf{6\,8\,9}$ | $7\,1\,4$	$6\,8\,7\,1\,3\,2$（来自 p_2） $5\,4\,7\,2\,1\,3$（来自 p_1）	c_1：$6\,8\,7^1$ | $\mathbf{9\,5\,4}$ | $^2 1\,3\,2$ c_2：$5\,4\,7$ | $\mathbf{6\,8\,9}$ | $2\,1\,3$

如果图表不完整，则需要检查新子项是否代表实际的旅行，以及它是否拒绝交叉。

就突变而言，不能仅通过将给定顶点更改为另一个顶点来改变，因为顶点会出现两次。可以通过交换两个顶点或反转顶点子集的顺序来改变。但是，如果图表不完整，则必须确保结果代表实际的旅行。

13.2.3.2　最近邻交叉

TSP 的最近邻算法（NNA）是贪婪算法的一个例子。贪婪算法通过做出一系列选择来得到一个解决方案，每个选择在当时看起来都是最好的。NNA 以任意顶点开始启动旅行，然后重复将最近的未访问顶点添加到部分旅行中，直到巡视完成。NNA 假设图表是完整的，否则它可能不会完成旅行。该算法如下：

算法 13.2　最近邻算法

Procedure *Generate_Tour*(**var** *tour*);
$tour = [v_i]$ where v_i is chosen at random;
repeat
　　　add unvisited vertex to *tour*
　　　that is closest to current last vertex in *tour*;
until all vertices are in *tour*;

图 13.3a 显示了 TSP 的一个实例，其中无向边表示在两个方向上都有一个给定权重的有向边，图 13.3b 显示了最短的旅程，图 13.3c 显示了获得的旅程 从 v_4 开始应用 NNA，图 13.3d 显示了从 v_1 开始应用 NNA 时获得的巡视。请注意，后一次巡视是最佳的。

接下来我们介绍最近邻交叉（NNX），参考［Süral et al.，2010］。显示的步骤是那些研究人员在评估算法时使用的步骤。

1）决定使用字母表来表示问题的解决方案。该表示与 13.2.3.1 节出现的有序交叉的表示相同。

2）决定一个种群有多少个体。使用了 50 和 100 的总体大小。

3）尝试的第一种技术是随机初始化整个初始种群。第二种技术是随机初始化一半的种群，另一半使用涉及 NNX 和 GEA 的混合技术（下面讨论）。

4）决定如何评估适应度，适应度与有序交叉相同。

5）决定选择哪些个体进行复制。根据适应度排序的前 50% 的个体可以复制。将这些个体的 4 份副本放入池中。然后随机选择父母对，不进行替换。

6）确定如何执行交叉和突变。在 NNX，两个父母只生一个孩子。所以这个过程并不是真正的交叉；尽管如此，仍这样称呼它。父节点首先组合形成一个联合图，这是一个包含父、母节点两边的图。该过程如图 13.4 所示。然后将 NNA 应用于联合图。在该图中，从顶

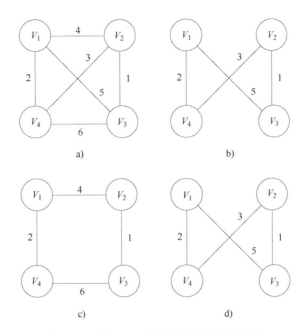

图 13.3 用 TSP 来说明最近邻算法的例子

a) 一个 TSP 的实例　b) 一个最短的旅程　c) 在 v_4 开始 NNA　d) 在 v_1 开始 NNA

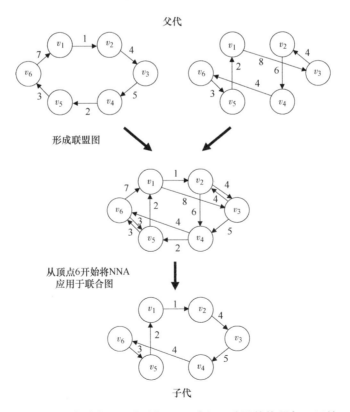

图 13.4 形成联合图，然后将 NNA 应用于该图并从顶点 v_6 开始

点 v_6 开始应用 NNA，并且我们获得了比任一父节点更合适的子节点。结果表明如果从 v_1 开始，这不会发生。如果从 v_3 开始，则在 v_1 达到死胡同并且没有获得巡视结果。如果所选择的顶点不会完成巡视，则可以尝试其他顶点直到其中一个顶点能完成循环。如果起始顶点不出现在巡视图中，我们可以使完整图形中的其他边符合巡视的条件。

注意，因为使用了每个父代的 4 个副本，并且每对父代产生一个子代，所以子代的数量是允许复制的父代数量的两倍。但是，由于只有一半的父代可以这样做，所以每一代的种群规模保持不变。

突变操作如下。随机选择两个顶点，并且连接两个顶点的子路径相反。如图 13.5 中所示，其中选择的顶点是 v_1 和 v_7。有两种版本的突变。在版本 M1 中，突变仅应用于每代中的最佳子代。在版本 M2 中，它适用于所有子代。

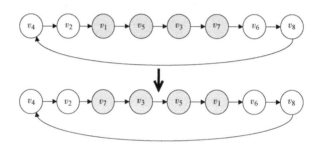

图 13.5 一种突变，其中连接顶点 v_1 和 v_7 的子路径被反转

作为变体，NNX 的随机版本将随机地选择当前顶点的下一个边事件。被选择的机会与边的长度成反比。通过这样做可以增加种群多样性，从而增加所调查的搜索空间的部分。但是，Süral 等人 [2010] 发现这种随机技术的表现明显差于确定性版本，并且未在最终测试中包括这一点，我们将在稍后讨论。

7）决定何时终止。当连续两代的平均适应度相同或产生 500 代时，该算法终止。

NNA 和 NNX 与 Dikstra 的最短路径问题算法非常相似（参见 [Neapolitan, 2015]），并且该算法需要 $\theta(n^2)$ 时间，其中 n 是顶点数。

13.2.3.3 贪婪的边交叉

在贪婪边算法（GEA）中，首先以非递减序列对边进行排序。然后，我们贪婪地向 tour 中添加边，从第一条边开始，同时确保没有顶点有两条以上的边接触它，并且没有创建小于 n 的循环。GEA 假设图表完整，否则可能不会完成 tour。该算法如下。

算法 13.3 贪婪边

Procedure *Generate_Tour*(**var** *tour*);
Sort the edges in nondecreasing order;
tour = ∅;   // 这个tour由一系列边组成
repeat
    if adding next edge to *tour* does not result in
    a vertex having two edges touching it
    and does not create a cycle smaller than n
        add the edge to *tour*;
until there are $n-1$ edges in *tour*;

图 13.6 说明了 GEA 使用与图 13.3 相同的 GEA 实例。

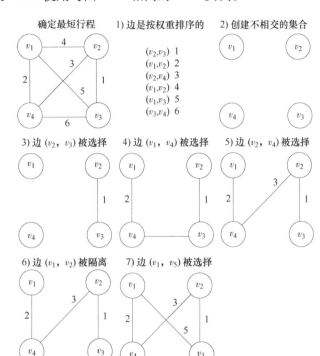

图 13.6　用 TSP 来说明贪婪边算法的例子

贪婪边交叉算法（GEX）（见［Süral et al.，2010］中）与 NNX 完全相同，除了接下来要展示的第 6 步。

确定如何执行交叉和突变。与在 NNX 中一样，在 GEX 中，父代首先组合形成联合图。然后将 GEA 应用于此联合图中的边。如果此过程不会导致巡视，则通过将 GEA 应用于完整图形来获取巡视中的剩余边。然而，这个过程将导致很少的探索，因此将保存较高成本的边被访问并可能导致过早收敛到低质量的解决方案。为了增加探索性，新巡视的前半部分可以从联合图中获取，而后半部分可以从完整图形中获取。在最初的调查中，这个版本的表现远远好于从联合图中获取尽可能多的边的版本。这是在下面讨论的评估中使用的版本。

NNA 和 NNX 非常类似于 Kruskal 的最小生成树问题算法（参见［Neapolitan，2015］），并且该算法采用 $\theta(n^2 \log n)$ 和 $\theta(m \log m)$ 时间，其中 n 是顶点数，m 是边数。

13.2.3.4　评估

与许多启发式算法的情况一样，遗传算法没有可证明的正确属性。因此，我们通过调查在一些实例上的表现来评估它们。Süral 等人［2010］为 NNX 和 GEX 进行了以下操作。

首先，他们从 TSPLIB 获得了 10 个 TSP 实例，它们代表了真实城市之间的距离，并且距离是对称的（两个方向都相同）。最大的实例有 n（城市数量）= 226。他们调查了 NNX 和 GEX 的版本，没有使用突变，突变 M1（如上所述）和突变 M2（如上所述）。此外，他们尝试随机初始化第一个群体（R），并使用一种基于最近邻和贪婪边启发式的混合技术（H）进行初始化。对于突变类型和初始化类型的每种组合，它们在 10 个实例中的每一个上运行

30 次，总共运行 300 次。该算法用 ANSIC 编码，并在 Pentium IV 1600 MHz 机器上运行，机器拥有 256 MB RAM，并装有 RedHat Linux 8.0。

表 13.5 显示了所有 300 次运行的平均值。该表中的标题内容表示以下：

- Algorithm：使用的算法。
- Mutation：使用的突变类型，"No M"表示没有突变。
- Int. Pop.：是否随机初始化种群（R）或使用混合初始化（H）。
- Dev：最终最佳解决方案与最佳解决方案的百分比偏差。
- #Gen：直到收敛的世代数。
- Time：收敛时间，以 s 为单位。

表 13.5　在人口规模为 50 的 10 个小问题实例中，每 300 次运行的平均结果

算法	突变类型	初始化种群类别	偏差（%）	代数	收敛时间/s
NNX	No M	R	3.10	45.39	0.38
		H	4.82	33.52	2.95
	M1	R	1.67	40.21	0.62
		H	1.57	36.09	3.55
	M2	R	0.55	53.37	5.52
		H	0.55	43.53	8.11
GEX	No M	R	12.54	17.35	48.23
		H	7.19	16.37	54.27
	M1	R	4.36	60.44	208.70
		H	3.67	48.44	178.65
	M2	R	3.30	26.30	82.79
		H	3.01	25.83	90.58
50% NNX 50% GEX	No M	R	8.15	42.50	73.25
		H	5.53	38.47	75.67
	M1	R	1.92	66.04	113.81
		H	1.68	61.21	112.77
	M2	R	1.76	19.25	26.40
		H	1.61	20.68	34.19
90% NNX 10% GEX	No M	R	7.23	41.16	13.39
		H	5.19	34.93	14.95
	M1	R	1.84	55.60	19.14
		H	1.67	46.93	20.16
	M2	R	0.51	37.13	19.26
		H	0.48	37.24	21.95
95% NNX 5% GEX	No M	R	6,69	41.23	6.74
		H	5.06	33.04	8.93
	M1	R	1.77	52.62	10.03
		H	1.41	44.33	11.30
	M2	R	0.49	37.15	11.58
		H	0.44	36.19	14.88

从表 13.5 可以看出，NNX 比 GEX 表现要好得多，突变 M2 是突变中表现最好的，而混合初始化并没有比随机初始化产生更好的性能。研究人员调查了使用 NNX 以及 GEX 的各种百分比使用情况是否可以提高性能。表 13.5 也显示了这些结果。例如，当它表示 50%NNX 和 50%GEX 时，这意味着下一个群体使用 NNX 生成的时间占 50%，而使用 GEX 生成的时间占 50%。在突变 M2 的情况下 NNX 的使用比例高，与纯 NNX 相比略有改善。

基于这些结果，研究人员得出结论，将这两种算法相混合并没有增加计算时间。因此，仅使用 NNX 做进一步的实验。

仅使用随机初始化但种群规模为 100 的 NNX，他们得到了表 13.6 中的结果。注意，对于突变 M2，平均百分比偏差为 0.35，平均时间为 26.2s。再看表 13.5，使用相同的组合，总体大小为 50，平均偏差百分比是 0.55，平均时间是 5.52s。这种准确性的提高应该值得花更多的时间。

表 13.6 10 个问题实例（种群规模为 100 且初始种群随机产生）**的 30 个重复样本的平均结果**

算法	突变类型	偏差（%）	收敛时间/s
NNX	No M	5.40	18.4
	M1	1.44	26.4
	M2	0.35	26.2

接下来，研究人员研究了来自 TSPLIB 的较大规模的实例，其中 $318 \leqslant n \leqslant 1748$。得出混合初始化也不值得额外花费时间的结论后，他们在每个实例上运行 NNX 10 次，随机初始化和总体大小为 100。如表 13.7 显示了结果。令人感到奇怪的是，在大量问题实例中，突变 M2 并没有比突变 M1 好得多，但需要更多的计算时间。再看一下表 13.6，可以看到在小规模实例的情况下，M2 表现得比 M1 好得多，计算成本几乎没有增加。

表 13.7 15 个问题实例（种群规模为 100 且初始种群随机产生）**的 10 次复制的平均结果**

算法	突变类型	偏差（%）	收敛时间/s
NNX	No M	7.61	25.3
	M1	4.94	65.0
	M2	4.70	1063.0

简单地在许多实例上测试启发式算法无法表明它是否是一个进步。我们需要看看它相对于以前存在的启发式算法的性能。Süral 等人［2010］使用 10 个基准 TSP 实例将 NNX 与启发式 TSP 算法 Meta-RaPS［DePuy et al.，2005］和 ESOM［Leung et al.，2004］进行了比较。表 13.8 显示了结果。NNX-M1（突变 M1）或 NNX-M2（突变 M2）对每个问题实例都表现最佳。

表 13.8 NNX 与其他 10 个问题实例的 TSP 启发式算法的比较

问题	NNX-M1		NNX-M2		Meta-RaPS		ESOM3	
	偏差（%）	收敛时间/s[1]	Dev	Time[1]	Dev	Time[2]	Dev	Time[3]
ei101	0.93	8.7	0.82	14.3	NA	NA	3.43	NA
bier127	0.62	15.3	0.28	12.0	0.90	48	1.70	NA

（续）

问题	NNX-M1		NNX-M2		Meta-RaPS		ESOM3	
	偏差（%）	收敛时间 /s[1]	Dev	Time[1]	Dev	Time[2]	Dev	Time[3]
pr136	2.87	18.4	0.37	35.2	0.39	73	4.31	NA
kroa200	1.78	87.3	0.32	98.6	1.07	190	2.91	NA
pr226	0.79	93.0	0.01	21.6	0.23	357	NA	NA
lin318	1.87	8.0	2.01	105	NA	NA	2.89	NA
pr439	3.44	10.0	1.48	240	3.30	2265	NA	NA
pcb442	4.75	15.0	3.18	270	NA	NA	7.43	NA
pcb1173	3.00	97.0	8.01	1230	NA	NA	9.87	200
vm1748	7.05	203	7.09	4215	NA	NA	7.27	475

[1] Pentium 4. 16GHz。

[2] AMD Athlon 900MHz。

[3] SUN Ultra 5/270。

13.3 遗传编程

而在遗传算法中，"染色体"或"个体"代表问题的解决方案，而在遗传编程中，个体代表解决问题的程序。个体的适应度函数在某种程度上衡量程序解决问题的能力。我们从程序的初始种群开始，允许更合适的程序通过交叉复制，对子群体进行突变，然后重复此过程直到满足一些终止条件。此过程的高级算法与遗传算法的高级算法完全相同。但是，接下来要说明它的完整性。

算法 13.4 遗传编程

Procedure *Generate_Populations*;
$t = 0$;
initialize population P_0;
repeat
    evaluate fitness of each individual in population P_t;
    Select individuals for reproduction based on fitness;
    Perform crossover and mutation on the selected individuals;
    $t = t + 1$;
until terminal condition is met;

遗传程序中的个体（程序）由树表示，树中的每个节点均是终端符号或函数符号。如果每个节点是一个函数符号，则其参数是其子节点。例如，假设有以下数学表达式（程序）：

$$\frac{x+2}{5-3\times x} \tag{13.1}$$

其树结构表示如图 13.7 所示。

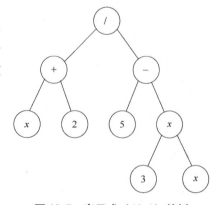

图 13.7 表示式（13.1）的树

13.3.1 说明性示例

说明遗传编程的简单方法是显示一个应用程序，

该应用程序从已知满足该函数的点 (x_i, y_i) 对中学习函数 $y=f(x)$。例如，假设在表 13.9 中有一对点。

这些点实际上是从函数中生成的

$$y=x^2/2$$

但是，假设不知道这一点，并且正在尝试发现这个函数。为这一发现问题制定遗传编程的步骤如下：

1）确定终端集 T。让终端集包括符号 x 和 -5 到 5 之间的整数。

表 13.9　我们想学习一个基于这 10 个点来描述 x 和 y 之间关系的函数

x	y
0	0
0.1	0.005
0.2	0.020
0.3	0.045
0.4	0.080
0.5	0.125
0.6	0.180
0.7	0.245
0.8	0.320
0.9	0.405

2）确定函数集 F。让函数集为符号 +、-、× 和 /。注意，如果需要，也可以包含其他函数，例如 sin 和 cos 等。

3）决定一个种群有多少个体。这里的种群规模将达到 600。

4）决定如何初始化种群。每个初始个体都是由称为“生长树”的过程创建的。首先，从 T∪F 随机生成符号。如果它是终端符号，则停止，我们的树由包含该符号的单个节点组成。如果它是一个函数符号，则会为符号随机生成子项。继续沿着树往下，随机生成符号并停在终端符号处。例如，图 13.7 中的树将通过以下随机生成的符号获得：首先生成符号 /，然后为其子项生成 + 和 - 的值。为 + 生成的子项是 x 和 2。我们停在这些子项前。为 - 生成的子项是 5 和 x。我们停在 5，最后生成子项 3 和 x 为 ×。

5）决定适应度函数。适应度函数将是次方误差。也就是说，函数 $f(x)$ 的适应度如下：

$$\sum_{i=1}^{10} \left[f(x_i) - y_i \right]^2$$

式中，每个 (x_i, y_i) 是表 13.9 中的一个点。误差较小的函数更适合。

6）决定选择哪些个体进行复制。使用 4 个单独的锦标赛选择过程。在锦标赛选择过程中，从群体中随机选择 n 个个体。在这种情况下，$n=4$。我们说这些 n 个人进入锦标赛，其中 $n/2$ 最适合他们获胜并且 $n/2$ 最不适合输。允许 $n/2$ 个获胜者复制以生产 $n/2$ 个子体。这些子体取代了下一代人口中的 $n/2$ 个输家。在这种情况下，2 名获胜者复制两次，产生 2 个子体，取代 2 个输家。较小规模的锦标赛导致较少的选择过程，而较大规模的锦标赛导致压力过大。

7）决定如何执行交叉和突变。两个个体之间的交叉将通过交换随机选择的子树来执行。这种交叉如图 13.8 所示。通过随机选择节点并通过增长新子树以替换该节点处的子树来执行突变。在 5% 的后代上随机进行突变。

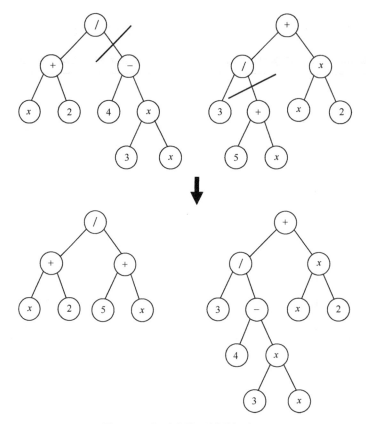

图 13.8　通过交换子树进行交叉

8）决定何时终止。当最适合的个体的二次方误差为 0 或已生成 100 代时终止。

Banzhaf 等人［1998］将上述提出的技术应用于表 13.9 中的数据，以下显示了前 4 代中最适合的个体：

代数	最适合的个体
1	$\dfrac{x}{3}$
2	$\dfrac{x}{6-3x}$
3	$\dfrac{x}{x(x-4)-1+\dfrac{4}{x}-\dfrac{\frac{9(x+1)}{5x}+x}{6-3x}}$
4	$\dfrac{x^2}{2}$

最适合的个体已经在第 3 代扩展到非常大的树，但是在第 4 代缩小到正确的解（生成数据的函数）。

13.3.2　人工蚂蚁

考虑一下开发机器人蚂蚁沿着食物路径导航的问题。图 13.9 显示了一条名为"Sante Fe trail"的路径。每个黑色方块代表一个食物颗粒，共有 89 个这样的方块。蚂蚁从面向右边的标有"开始"的方块开始，其目标是在访问所有 89 个黑色方块（因此在路径上吃掉所有食物）后尽可能少的时间到达标有"89"的方格。注意，沿路有许多空隙。时间限制的问题代表了具有挑战性的计划问题。

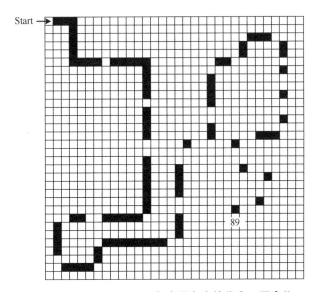

图 13.9　Sante Fe trail，每个黑色方块代表一团食物

蚂蚁有一个传感器如下：

food_ahead：当蚂蚁看到对面的方格中有食物时值为真；否则为假。

蚂蚁可以在每个时隙中执行 3 种不同的操作：

right：蚂蚁向右转 90°（不移动）。

left：蚂蚁向左转 90°（不移动）。

move：蚂蚁向前移动到它面对的方格。如果方格中有食物，蚂蚁会吃掉食物，从而消除方格中的食物并将其从小道上抹去。

Koza［1992］针对这个问题开发了以下遗传编程算法。

1）确定终端集 T。终端集包含蚂蚁可以采取的行动。那是

$$T = \{right,\ left,\ move\}$$

2）决定函数集 F。函数集如下：

① *if_food_ahead*（*instruction*1，*instruction*2）；

② *do2*（*instruction*1，*instruction*2）；

③ *do3*（*instruction*1，*instruction*2，*instruction*3）。

如果前进为真，则第一个函数执行 *instruction*1；否则它执行 *instruction*2。第二个函数无

条件地执行 *instruction*1 和 *instruction*2。第三个函数无条件地执行 *instruction*1，*instruction*2 和 *instruction*3。例如，

$$do2（right, move）$$

导致蚂蚁向右转，然后向前移动。

3）决定一个种群有多少个体。规模是 500。

4）决定如何初始化种群。每个初始个体都是通过生长树创建的（参见 13.3.1 节）。

5）决定一个适应度函数。假设每个动作（右、左、移动）均需要一个时间步长，每个个体允许 400 个时间步长。每个个体都从左上方面向右方的正方形开始。适应度定义为在规定时间内消耗的食物颗粒数量。所以最大适应度是 89。

6）决定选择哪些个体进行复制。

7）决定如何执行交叉和突变。通过交换随机选择的子树来执行两个子树之间的交叉。这种交叉如图 13.8 所示。通过随机选择节点并通过生成新子树替换该节点处的子树来执行突变。在 5% 的后代上随机进行突变。

8）决定何时终止。当个体的适应度达到 89 或达到某个迭代的最大数量时终止。

在每次迭代中，群体（程序）中的每个个体都重复运行，直到执行 400 个时间步长。然后评估个体的适应度。在一个特定的运行中，Koza［1992］在第 22 代获得了一个适应度等于 89 的个体。个体出现在图 13.10 中。第 0 代的个体的平均适应度为 3.5，而第 0 代中最适合的个体的适应度为 32。

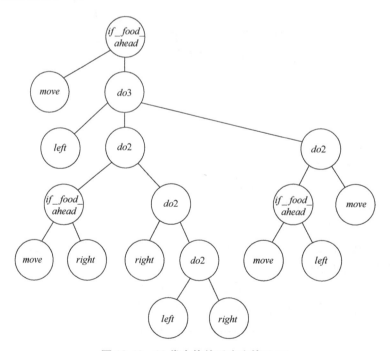

图 13.10　22 代个体的适应度等于 89

13.3.3　金融交易应用

投资股票和其他金融市场的每个人面临的一个重要决定是，是否在某一天买入、卖出或

持有。我们已经做了很多努力开发自动化系统来做出这个决定。Farnsworth 等人 [2004] 使用遗传编程开发了这样一个系统。他们的系统根据特定日期的市场指标值做出投资决策。接下来将讨论该系统。

13.3.3.1 开发交易系统

首先，这里展示了用于创建系统的 8 个步骤。

1）决定终端集 T。终端符号是市场指标。在决定将哪些指标纳入最终系统之前，研究人员尝试并测试了各种指标。这里只介绍最后的。结果如下：

① 标准普尔 500 指数（S&P500）是基于美国经济主要行业 500 家领先公司的市场指数。在某一天，基于标准普尔 500 指数的指标如下：

$$\frac{S\&P500_{today} - S\&P500_{avg}}{S\&P500_{\sigma}}$$

式中，$S\&P500_{today}$ 是标准普尔 500 指数在当天的价值；$S\&P500_{avg}$ 是过去 200 天的平均值；$S\&P500_{\sigma}$ 是过去 200 天的标准差。

我们将此指标简称为 SP 500。

② 证券的 k 日指数移动平均线（EMA）是过去 k 天的证券加权平均值。证券 x 的移动平均线收敛/发散（MACD）如下：

$$MACD(x) = 12\text{-day } EMA(x) - 26\text{-day } EMA(x)$$

MACD 被视为动量指标。如果是正的，交易商表示上行势头正在增加；当它是负面时，表示下行势头正在增加。

该系统中使用的第二个指标是 MACD（标准普尔 500 指数），这里将其简称为 MACD。

③ 指标 MACD9 是标准普尔 500 指数 MACD 的 9-day EMA。

④ 设 Diff 成为递增和递减证券数量之差。

McClennan Oscillator（MCCL）如下：

$$MCCL = 19\text{-day } EMA(Diff) - 39\text{-day } EMA(Diff)$$

当 $MCCL > 100$ 时，交易者认为市场超买，当 $MCCL < -100$ 时，认为超卖。

这里将此指标简单地表示为 MCCL。

⑤ 指标 SP500lag、MACDlag、MACD9lag 和 MCCLlag 是前一天这些指标的值。

⑥ 其他终端符号包括区间 [-1,1] 中的实常数。

将所有指标值归一化为区间 [-1,1]。

2）决定函数集 F。函数符号包括+、-和×以及以下控制结构：

① 如果 $x>0$ 则 y，否则 z。该结构在树中表示，其中符号 IF 具有子项 x、y 和 z。

② 如果 $x>w$ 则 y，否则 z。该结构在树中表示，其符号 IFGT 具有子项 x、w、y 和 z。

3）决定一个种群有多少个体。试验了不同的规模，500 个个体以下的没有效果，2500 个个体左右的效果很好。

4）决定如何初始化种群。每个初始个体都是通过生长树创建的，如 13.3.1 节所述。允许的最大层数为 4，允许的总节点数为 24。这一限制也适用于未来的种群。这些限制的目的是为了避免过拟合，过拟合发生在树与训练数据非常接近但对不可见数据的预测价值有限的情况下。

5）决定适应度函数。数据来源于1983年4月4日至2004年6月18日的标准普尔收盘价格。给定的树分析了这些数据的前4750天。树在第一天以1美元开始。如果树在给定的一天返回大于0的值，则生成买入信号，否则生成卖出信号。当有买入或卖出时，所有当前的钱总是被投资或撤回。没有部分投资。如果树在前一天进入市场并且产生买入信号，则不采取任何行动。类似地，如果树在前一天退出市场并且产生卖出信号，则不采取任何行动。当4750天的交易完成后，减去初始价格，以便最终值代表利润。为了进一步避免过拟合，强加了与交易总数成比例的适应度惩罚。

6）决定选择哪些个体进行复制。种群根据适应度进行分类。最底层的25%被"杀掉"并被更适合的个体所取代。

7）决定如何执行交叉和突变。通过交换随机选择的子树来执行两个独立子树之间的交叉。节点突变是通过随机选择几个节点并随机将其值更改为采用相同参数的节点来完成的。函数节点的突变会改变操作，终端节点的突变改变指示符或常量值。通过随机选择子树并用新的随机子树替换它来执行树突变。

前10%的个体保持不变；随机选择50%进行与前10%的个体交叉；选择20%用于节点突变；选择10%的树突变；10%被杀死，然后随机替换。

8）决定何时终止。最大代数在300~500范围内。

图13.11显示了在一次特定运行中作为最适合的幸存的树。

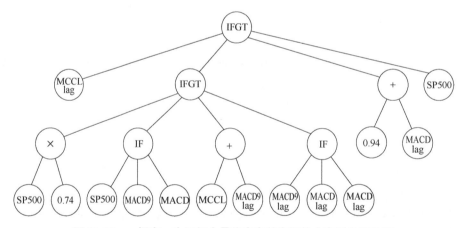

图13.11　一棵在一次运行中最能幸存并在评估中表现良好的树

13.3.3.2　评估

回想一下，数据是由1983年4月4日到2004年6月18日的标准普尔收盘价格获得的，这些数据的前4750天用于确定适应度，从而学习一个系统。剩余的500天用于通过基于这些数据计算其适应度来评估系统。由图13.11中的树表示的系统具有0.397的评估适应度。投资中的买入持有策略只是购买证券并持有它。根据评估数据，买入持有策略仅具有0.1098的适应度。

13.4　讨论和扩展阅读

其余两个进化计算领域是进化编程和进化策略。进化编程类似于遗传算法，因为它使用一组候选解决方案演变成对特定问题的答案。进化编程的不同之处在于集中在开发可观察系统与环境的相互作用的行为模型。Fogel［1994］提出了这种方法。进化策略将问题解决方案建模为物种。Rechenberg［1994］认为进化策略领域是基于进化的演化。可参考［Kennedy and Eberhart，2001］对所有 4 个进化计算领域的完整介绍。

练习

13.1 节

练习 13.1 描述二倍体生物中的有性生殖、单倍体生物中的二分裂和单倍体生物中的融合之间的差异。

练习 13.2 假设一个二倍体生物在其一个基因组中有 10 个染色体。

1）每个体细胞中有多少染色体？

2）每个配子中有多少染色体？

练习 13.3 假设两个成年单倍体生物通过融合繁殖。

1）将生产多少个孩子？

2）孩子的遗传内容是否都一样？

练习 13.4 考虑由 bey2 基因决定的人类的眼睛颜色。回想一下棕色眼睛的等位基因占优势。对于以下每个父等位基因组合，确定个体的眼睛颜色。

父亲	母亲
BLUE	BLUE
BLUE	BROWN
BROWN	BLUE
BROWN	BROWN

13.2 节

练习 13.5 考虑表 13.1。假设 8 个个体的适应度是 0.61、0.23、0.85、0.11、0.27、0.36、0.55 和 0.44。计算归一化适应度和累积标准适应度。

练习 13.6 假设执行基本交叉，如表 13.3 所示，父代是 01101110 和 11010101，交叉的起点和终点是 3 和 7，显示生成的两个子代。

练习 13.7 实现遗传算法以找到最大化 $f(x) = \sin(x\pi/256)x$ 的值，这在 13.2.2 节中讨论。

练习 13.8 考虑图 13.12 中的 TSP 实例。假设边上两个方向的权重相同，找到最短的旅程。

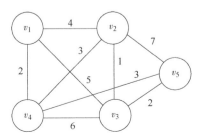

图 13.12 TSP 的实例

练习 13.9　假设执行有序交叉，父代是 3 5 2 1 4 6 8 7 9 和 5 3 2 6 9 1 8 7 4，并且选择的起点和终点是 4 和 7，显示生成的两个子代。

练习 13.10　考虑图 13.12 中的 TSP 实例。应用从每个顶点开始的最近邻算法。他们中的任何一个都会产生最短的行程吗？

练习 13.11　形成图 13.13 中所示的两个行程的联合图，并将最近邻算法应用于从顶点 v_5 开始的结果图。

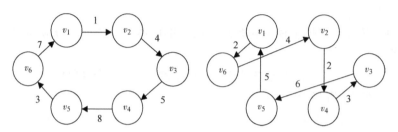

图 13.13　两个 tour

练习 13.12　将贪婪边算法应用于图 13.12 中的 TSP 实例。它是否会产生最短的行程？

13.3 节

练习 13.13　考虑图 13.8 中的两棵树。如果这里交换了左树中以 "4" 开头的子树，及右树中以 "+" 开头的子树，将会获得新树。

练习 13.14　考虑图 13.10 中的个体（程序）。在前 10 个步骤中与 Santa Fe 步道进行谈判时显示该程序产生的移动。

练习 13.15　实施 13.3.2 节中讨论的 Santa Fe 步道的遗传编程算法。

第14章　群体智能

许多物种在作为一个群体工作时可以执行复杂的任务，即使该群体中的每个成员都似乎表现得能力不足。例如，蚁群能够非常有效地找到它的巢穴和一些食物来源之间的最短路径，而一只蚂蚁没有能力完成这项任务。另一个例子是，我们中的许多人都很着迷，看着一群鸟儿作为一个整体旋转和移动，而没有明显的总体规划指导它们的行为。鱼群同样可以一致地游动。群体智能是一种智能的集体行为，当某些自主的、非智能的实体互动时就会出现这种行为。实体可以是真实的（例如，蚂蚁）或人造的（称为群体机器人）。

本章讨论两种形式的群体行为，即蚁群和鸟群。

14.1　蚂蚁系统

首先讨论真正的蚂蚁如何找到最短的路径，然后开发人工蚂蚁来解决旅行商问题（TSP）。

14.1.1　真实蚁群

蚂蚁可以找到食物来源和巢穴之间的最短路径 [Beckers et al.，1992]。众所周知，它们通过沉积信息素来完成这项任务。信息素是一种分泌或排泄的化学因子，它们可引起同一物种成员的反应。每只蚂蚁在行走时都会沉积一定量的信息素，每只蚂蚁都会被信息素吸引。这种吸引力使得一只特定的蚂蚁更有可能追随富含信息素的道路。这种本地化的个体行为解释了蚂蚁如何找到它们的巢穴和食物来源之间的最短路径。图 14.1 说明了这一点。图 14.1a 显示了巢穴和食物之间的直线路径，蚂蚁有条不紊地来回拾取食物并将其放入巢穴中。现在假设在路径中存放障碍物，如图 14.1b 所示。平均而言，大约一半的蚂蚁将采取上面路径，大约一半的蚂蚁采取下面的路径，如图 14.1c 所示。因为上面路径较短并且每单位时间通过它的蚂蚁数量相同，所以会累积更多的信息素。信息素的这种增加将吸引每只蚂蚁，使得蚂蚁更有可能在下一次迭代中通过上面路径。路径的信息素会变得更丰富，最终所有的蚂蚁都会走上面路径，如图 14.1d 所示。

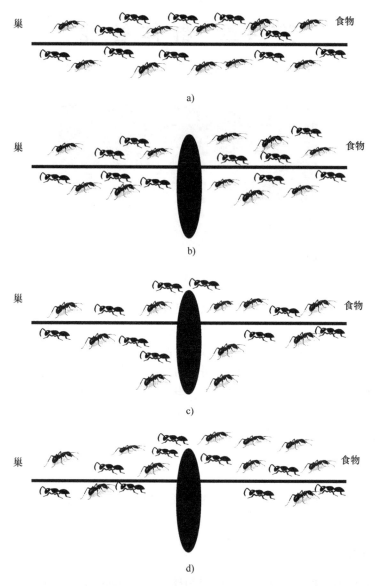

图 14.1 a）蚂蚁在巢穴和食物之间走一条路；b）路径上出现障碍物；
c）大约一半的蚂蚁沿着上面的路径行进，另一半沿着下面的路径行进；d）由于信息素在较短
的路径上更多地沉积，最终所有蚂蚁都会选择此路径

14.1.2 求解 TSP 人工蚂蚁算法

使用真实蚂蚁的行为作为模型，可以开发人工蚂蚁，称为群体机器人或智能体，解决有趣的问题。无论应用如何，这些群体都具有以下共同特征：

1）没有自上而下的中心指令来指导智能体的行为。

2）每个智能体都能够在环境中产生一些变化。

3）每个智能体都能够感知到环境中的一些变化。

基于［Dorigo and Gambardella，1997］中出现的方法，现在将开发一个解决 TSP 的群体，有关此问题的说明，请参阅 13.2.3 节。在这里考虑的应用中，从每个顶点到每个其他顶点都有一条边，也就是说，图表是完整的。

这里的群体从真实的蚁群中借用了以下三种特性：

1）每个智能体都喜欢具有更高信息素水平的路径。

2）信息素将在较短的路径上以更快的速度累积。

3）这些路径调解智能体之间的通信。

此外，群体具有以下属性，没有自然对应物：

1）每个智能体 k 均具有工作内存 M_k，其包含代理已经访问过的顶点。内存在每次新巡视开始时清空，并在每次访问顶点时更新。

2）每个智能体都知道顶点距离代理的当前顶点有多远。

鉴于这些属性，可以通过多种方式开发求解 TSP 的算法。出现在［Dorigo and Gambardella，1997］中的一个算法如下：

（1）决定如何选择下一个顶点

如果智能体 k 当前位于顶点 r，则根据以下规则从不在 M_k 中的顶点中选择下一个顶点：

$$s = \begin{cases} \arg \max_{u \notin M_k} \left[\tau(r,u) \times \{ \eta(r,u) \}^\beta \right] & p \leq p_0 \\ S & \text{其他} \end{cases} \tag{14.1}$$

式中，函数 $\tau(r, u)$ 是当前边信息素的量 (r, u)；$\eta(r, u)$ 是一个启发式函数，它被选择为边 (r, u) 的权重（道路长度）的倒数；β 是决定信息素水平与亲密度相对重要性的参数；S 是根据下面的概率分布选择的随机变量，有利于具有更高水平信息素的较短边：

$$p_{r,k}(s) = \begin{cases} \dfrac{\tau(r,s) \times \{ \eta(r,s) \}^\beta}{\sum_{u \notin M_k} \tau(r,u) \times \{ \eta(r,u) \}^\beta} & s \notin M_k \\ 0 & \text{其他} \end{cases} \tag{14.2}$$

参数 p_0 在区间［0，1］中，并根据开拓与探索的相对重要性来选择。根据［0，1］上的均匀分布随机选择 p 的值。如果 $p \leq p_0$，则通过简单地选择具有较短路径和较高信息素水平最佳组合的顶点来进行开拓。否则，通过基于有利于较短路径和较高信息素水平的概率分布随机选择顶点来进行探索［见式（14.2）］。

（2）沉积信息素

1）局部信息素更新。

每次智能体选择边时，边上的信息素将根据以下更新公式进行更新：

$$\tau(\tau,s) \leftarrow (1-\alpha)\tau(r,s) + \alpha\tau_0$$

式中，α 和 τ_0 是参数。局部更新是由真实蚂蚁中的踪迹蒸发引起的。

2）全局信息素更新。

当所有智能体完成行程后，最短行程（ST）的每个边的信息素水平更新如下：

$$\tau(\tau,s) \leftarrow (1-\alpha)\tau(\tau,s) + \alpha\Delta\tau(r,s)$$

其中

$$\Delta\tau(r,s) = \frac{1}{length(\text{ST})}$$

全局更新就像强化学习一样，更好的解决方案可以获得更多的强化。

现在从一些数量的蚂蚁开始并执行一些迭代次数，其中在每次迭代中所有智能体都生成新的行程。每个行程的起始顶点是随机选择的，这里称这种方法为蚁群系统（ACS）。

Dorigo 和 Gambardella ［1997］将 ACS 与使用模拟退火（SA）、弹性网络（EN）、自组织映射（SOM）和最远插入启发式（FI）的方法进行了比较。在这些比较中，他们使用以下参数值。

$$m = 20$$
$$t = 1250$$
$$\alpha = 0.1$$
$$\beta = 2$$
$$p_0 = 0.9$$
$$\tau_0 = \frac{1}{n \times L}$$

式中，L 是由最近邻启发式算法产生的行程的长度，n 是顶点的数量。

其中一项比较的结果见表 14.1。ACS 做得很好，在 5 个问题实例中有 4 个具有最短的平均行程长度。Dorigo 和 Gambardella ［1997］显示了进一步比较 ACS 和其他方法的结果。

表 14.1 对于五个 50 顶点问题实例的平均行程长度比较

问题实例	ACS	SA	EN	SOM	FI
1	**5.86**	5.88	5.98	6.06	6.03
2	6.05	**6.01**	6.03	6.25	6.28
3	**5.57**	5.65	5.70	5.83	5.85
4	**5.70**	5.81	5.86	5.87	5.96
5	**6.17**	6.33	6.49	6.70	6.71

注：SA、EN 和 SOM 的结果来自 ［Durbin and Willshaw, 1987］和 ［Potvin, 1993］。FI 和 ACS 的结果是 15 次试验的平均值。最佳平均行程长度以粗体显示。

Dorigo 和 Gambardella ［1997］提出了几种改进算法的方法。一个有趣的可能性是并行化。使用这种方法，相同的 TSP 将通过较少数量的蚂蚁在每个处理器上得到解决，并且找到的最佳行程路径将在处理器之间异步交换 ［Dorigo et al. , 1996］。另一种可能的改进是引入专门的蚂蚁家族 ［Gambardella and Dorigo, 1995］。

为了将这里介绍的技术应用于新问题，有必要以多智能体搜索的图形的形式识别问题的适当表示，以及定义图形上任意两个节点之间的距离的适当启发法。

14.2 鸟群

虽然蚂蚁的智能通过信息素的媒介体现出来，但是鸟类、鱼类和牛群在其成员没有共享任何物理媒介的情况下也表现出群体智能。鸟儿成群飞翔，鱼儿成群游动，奶牛成群奔跑。

单词 flock、school 和 herd 分别用于不同类型的物种，但行为是完全相同的，即一个团体的成员在没有任何明显的中心指令的情况下一致行动。下面将讨论成群的鸟类。

许多人都被成群的鸟协调的运动所吸引。群体作为一个单位，几乎瞬间改变方向。两个直接的问题是：①它们为什么这样做？②它们是如何做到的？Hamilton［1971］提出了第一个问题的进化答案。这种行为主要表现在猎物而非捕食者身上。靠近群体边缘的一只鸟更容易被捕食者捕获。因此，鸟类靠近群体中心时有生存益处。

关于第二个问题，一些研究人员曾认为可能涉及电磁通信。然而，目前的研究表明存在另一种机制。Breder［1954］进行了一项实验，其中一条孤立的鱼与鱼群分开。结果显示，孤立的鱼对鱼群的吸引力（通过游向鱼群的鱼来衡量）由下式给出：

$$c = kN^t$$

式中，c 和 t 是常数；N 是鱼群里鱼的数量。在一个实验中，$k = 0.355$ 并且 $t = 0.818$。注意，因为 $t < 1$，吸引力 c 随着 N 的增加而增加；但对于较大的 N，添加更多的鱼对鱼群的影响并不太明显。如图 14.2 所示 $c = N^{0.6}$。

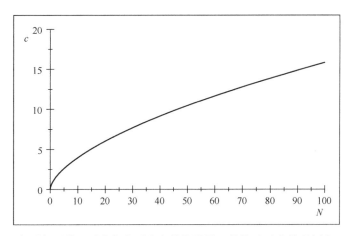

图 14.2 鱼对鱼群的吸引力与鱼群中鱼的数量的函数关系（在此示例中，$c = N^{0.6}$）

Partridge［1982］进行了实验，提供了鱼群行为的物理描述。鱼的侧线是用于检测周围水中的运动和振动的感觉器官。在 Partridge 的实验中，带有完整侧线的盲鱼比邻近的有视力的鱼游得更远。然而，没有侧线的视力正常的鱼游到其他鱼附近，但往往与它们发生碰撞。两种感觉系统"残疾"的鱼都没有留在鱼群。这些发现表明，一条鱼利用局部观察（水中的振动）来避免碰撞和视野（可能是鱼群局部）留在鱼群。

基于这些考虑因素，Reynolds［1987］假设群体中没有领头者或中心控制者；相反，群体的活动是由每只（或条）鸟（或鱼）根据与邻近的互动而遵循的简单规则所决定的。利用这些规则，Reynolds 开发了一种鸟群模拟器。接下来描述 Reynold 的规则和模拟器。

Reynolds［1987］将群体定义为一组展示广义对齐、非碰撞、聚合运动的物体。群体中的一个成员被称为 bird-oid 或简称为 boid。给定的 boid 仅对其周围的小区域中的其他 boid 做出反应。图 14.3 显示了这样一个区域。该区域由参数 r 和参数 θ 确定，参数 r 是在 boid 处具有中心的圆形邻域的半径，参数 θ 是从 boid 的飞行方向测量的角度，其确定包含多少圆圈。局部邻域的 boid 将被忽略。

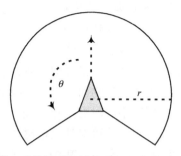

图 14.3 一个 boid 的邻域（参数 r 是其圆形邻域的半径，参数 θ 是确定邻域中包含多少圆的角度）

boid 使用以下 3 个规则（按优先级递减的顺序）基于其邻域中的其他 boid 来指导其行为。

1）避免碰撞：避免与附近的 boid 发生碰撞。

2）速度匹配：尝试与附近的 boid 保持相同的速度。速度是由方向和速度组成的矢量。

3）群体居中：尝试靠近附近的 boid。

这 3 个规则确定了 3 种转向行为，这些行为决定了一个 boid 如何基于其邻域中的 boid 的位置和速度来进行下一步行动。图 14.4 显示了这些行为。箭头显示了在给定情况下 boid 转动的方向。Reynolds［1987］描述了这些行为如何在他的模拟器中实现和相互作用的细节。模拟的鸟群模型还可以使鸟群避开障碍物并绕过它们。

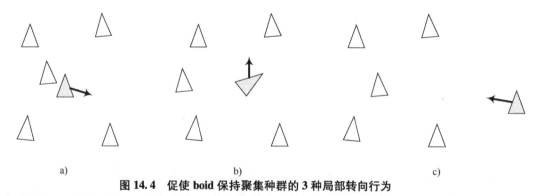

a)   b)   c)

图 14.4 促使 boid 保持聚集种群的 3 种局部转向行为

a）避免碰撞：避免与附近的物体碰撞　b）速度匹配：引导至本地 boid 的平均方向　c）居中：转向本地 boid 人的平均位置

成群鸟类展示的另一个有趣的行为是它们能够从空中数百英尺的地方找到食物，然后俯冲下来吃掉它们。Heppner 和 Grenander［1990］以及 Kennedy 和 Eberhart［1995］研究了这种行为的建模。进一步的群体数学模型出现在［Jadbabaie et al.，2003］和［Vicsek et al.，1995］中。

14.3 讨论和扩展阅读

Kennedy 和 Eberhart［2001］讨论了关于群体智能的大部分初步研究。然而，在过去十年中，该领域的进一步研究成果激增。例如，Campo 等人［2010］将信息素策略应用于集体觅食，这是一组机器人搜索资源并利用它们的任务。机器人觅食可以应用于搜索和救援、采矿、农业和对未知环境的探索。这些研究人员实施人工蚂蚁策略，将信息素存放在机器人网络中。信息素在给定机器人上的浓度允许它决定是否应该是特定路径的一部分，以及是否应该停止参与路径维护并切换到另一个任务。Montes de Oca 等人［2011］提出了一种称为增量社交学习的技术，用于在智能体数量很大时提高性能。在他们的技术中，种群数量随着时间而增长。当一个新的智能体被添加到种群中时，其位置是使用一个偏向于最佳智能体的"社交学习"规则初始化的。然后，代理通过一个"个人学习"的过程，其中包括一个局部搜索过程。Baldassarre 等人［2007］开发了能够根据环境变化动态改变其结构的群体机器人。

群体模型可以应用于涉及聚类和迁移的许多生物系统。除了鱼群和鸟群外，它还可以应用于细菌菌落生长等现象［Vicsek et al.，1995］。该模型也已应用于人类行为。例如，Latané［1981］基于关于人类行为和人群的实验提出了社会影响理论。这种行为包括各种人群效应，包括餐馆中群体中的人数如何影响小费行为以及舞台上的个人的紧张程度如何影响观众中的人数。金融行为解释了股票市场泡沫和投资崩溃等现象，这些现象体现在投资者的集体非理性中［Shiller，2000］；［Hey and Morone，2004］。Goldstone 和 Janssen［2005］提供了个人决策如何导致群体组织出现的计算模型。

练习

14.1 节

练习 14.1　解释为什么所有的蚂蚁最终都会采取较短的路径，如图 14.1 所示。

练习 14.2　考虑式（14.1）中的参数 β。更大的 β 值对信息素水平或亲密度更重要吗？

练习 14.3　考虑式（14.1）中的参数 p_0。更大的 p_0 值更重视开拓或探索吗？

练习 14.4　实现 14.1.2 节中讨论的蚁群系统（ACS），并调查改进该方法。

14.2 节

练习 14.5　回忆一下 14.2 节，孤立鱼对鱼群的吸引力由下式给出：$c=kN^t$，其中 c 和 t 是常数，N 是鱼群里鱼的数量。调查此函数分别当 $t<1$ 和 $t>1$ 时，当 N 增加时，添加另一条鱼的效果何时变得不那么明显，何时更明显？

练习 14.6　考虑 Reynolds 指导 boid 行为的 3 条规则，见 14.2 节。对于每个规则，如果该规则不存在且其他两个规则存在，则讨论 boid 的行为。

第4部分 神经智能

第15章 神经网络和深度学习

本书前3部分在人类认知水平或基于群体的水平上模拟智能，把智能从智能推理所涉及的生理过程中移除。这一部分模拟了当大脑"智能地"控制生命形式的思想和行为时所涉及的神经元过程，这种方式构建的网络称之为人工神经网络。神经网络尽管在图像识别和语音识别中得到了有效的应用，但很难用基于规则的系统和贝叶斯网络中使用的结构化方法进行建模。例如，在图像识别中，它们通过被标记为"汽车"和"没有汽车"的图像学会识别汽车图像，这里首先建立一个简单的神经模型。

15.1 感知器

图15.1a显示了一个生物神经元结构，它包括将信号传递给神经元的树突，一个处理信号的细胞体，以及一个将信号发送到其他神经元的轴突。输入信号在神经元的细胞体中累积，并且如果累积信号超过特定阈值，则产生由轴突传递的输出信号。图15.1b显示了一个模仿这个过程的人工神经元。人工神经元将向量 $(x_1, x_2, \cdots, x_k)$ 作为输入，然后将权重 $(w_0, w_1, w_2, \cdots, w_k)$ 应用于该输入，从而产生加权和：

$$w_0 + \sum_{i=1}^{k} w_i x_i$$

然后，神经元将激活函数 f 应用于该加权和，并输出值 y。注意，输入 x_i 是方形节点，以将它们与人工神经元区分开来，人工神经元是计算单元。

神经网络由一个到多个人工神经元组成，它们相互通信。一个神经元的输出是另一个神经元的输入。最简单的神经网络是感知器，由单个人工神经元组成，如图15.1b所示。感知器的激活函数如下：

$$f(z) = \begin{cases} 1, & z > 0 \\ -1, & \text{其他} \end{cases}$$

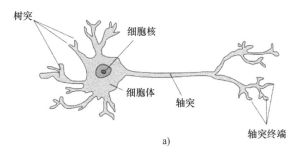

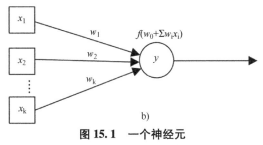

图 15.1　一个神经元

a)生物神经元　b）人工神经元

因此，感知器的输出 y 的完整表达式如下：

$$y = \begin{cases} 1, & w_0 + \sum_{i=1}^{k} w_i x_i > 0 \\ -1, & \text{其他} \end{cases} \tag{15.1}$$

感知器是二元分类器。如果激活函数大于 0，则返回 1；否则返回 -1。

这里假设当输入是二维向量 (x_1, x_2) 时的情况。感知器中的加权和如下：

$$w_0 + w_1 x_1 + w_2 x_2 = -3 - 4x_1 + 5x_2 \tag{15.2}$$

图 15.2a 绘制了 $-3 - 4x_1 + 5x_2 = 0$ 这条直线。如果将二维点着色为灰色或黑色，则如果平面中至少存在一条直线，且所有灰色点都在直线的一侧，而所有黑色点都在另一侧，则灰色点集与黑色点集是线性可分的。该定义容易扩展到更高维数据。图 15.2b 中的点可以通过直线 $-3 - 4x_1 + 5x_2 = 0$ 线性分离。因此，具有式（15.2）中权重的感知器将所有灰点映射到 $y = 1$，所有黑点都映射到 $y = -1$。这种感知器是一种完美的二元分类器。如果有图 15.2c 中的数据，这个感知器是一个非常好的分类器，因为它只对两个点进行了错误分类。对于图 15.2d 中的数据，它是一个非常差的分类器。该图中的灰点和黑点不是近似线性可分的；因此，对于这些数据而言，不存在一个很好的分类器。感知器是一个线性二元分类器，因为它使用线性函数对实例进行分类。

15.1.1　学习感知器的权重

在感知器学习进行二元分类时，我们的目标是确定权重，以确定尽可能接近地线性分离这两个类的直线。接下来将开发用于学习这些权重的梯度下降算法（参见 5.3.2 节，了解梯度下降。）如果有一个数据项 $(x_1, x_2, \cdots, x_k, y)$，损失函数为

$$Loss(y, \hat{y}) = (\hat{y} - y)\left(w_0 + \sum_{i=1}^{k} w_i x_i\right)$$

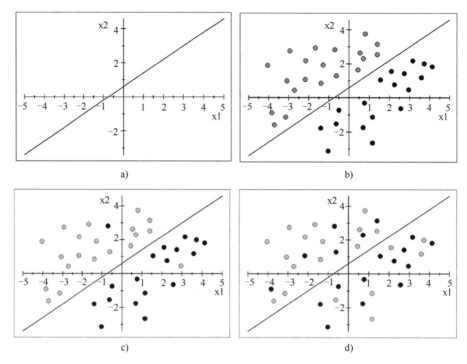

图 15.2　直线 $-3-4x_1+5x_2=0$ 图解，该直线线性地分离了图 b 中的数据，

并且近似线性地分离了图 c 中的数据，但它没有近似线性分离了图 d 中的数据

其中 $\hat{y}$ 是使用式（15.1）估算的 y。这种损失函数背后的思想是，如果 $\hat{y}=y$，则没有损失。如果 $\hat{y}=1$ 且 $y=-1$，那么 $w_0+\sum_{i=1}^{k}w_ix_i>1$，则损失值为 $2\left(w_0+\sum_{i=1}^{k}w_ix_i\right)$。这个损失值是衡量我们得到分类正确这一结果距离还差多少的一个指标。同样，$\hat{y}=-1$ 且 $y=1$，那么 $w_0+\sum_{i=1}^{k}w_ix_i<1$，最后损失值仍然是 $2\left(w_0+\sum_{i=1}^{k}w_ix_i\right)$。Cost 函数如下：

$$Cost\left(\left[y^1,\hat{y}^1\right],\cdots,\left[y^n,\hat{y}^n\right]\right)=\sum_{j=1}^{n}Loss(y^j,\hat{y}^j)=\sum_{j=1}^{n}\left[(\hat{y}^j-y^j)\left(w_0+\sum_{i=1}^{k}w_ix_i^j\right)\right]$$

(15.3)

注意，x_i^j 表示第 j 个数据项中的第 i 个向量元素。这与 5.3 节中使用的符号不同。Cost 函数的偏导数如下：

$$\frac{\partial\left[\sum_{j=1}^{n}(\hat{y}^j-y_j)\left(w_0+\sum_{i=1}^{k}w_ix_i^j\right)\right]}{\partial w_0}=\sum_{j=1}^{n}(\hat{y}^j-y^j)$$

$$\frac{\partial\sum_{j=1}^{n}\left((\hat{y}^j-y^j)\left(w_0+\sum_{i=1}^{k}w_ix_i^j\right)\right)}{\partial w_m}=\sum_{j=1}^{n}(\hat{y}^j-y^j)x_m^j$$

当 Rosenblatt［1958］开发出感知器以及上面提出的算法时，他根据随机梯度下降的顺序更新了每个项目（5.3.4 节），接下来将该算法的不同版本进行展示。

算法 15.1　梯度下降感知器

输入：真实预测数据和二进制结果数据的集合：
$$\{(x_1^1,x_2^1,\cdots,x_k^1,y^1),(x_1^2,x_2^2,\cdots,x_k^2,y^2),\cdots,(x_1^n,x_2^n,\cdots,x_k^n,y^n)\}$$

输出：权重 $w_0,w_1,\cdots,w_k$，最小化式（15.3）中的 Cost 函数。

函数：*Minimizing-Values*；

for $i = 0$ to k
　　$w_i = arbitrary\_value$;
endfor
$\lambda = learning\_rate$;
repeat $number\_iterations$ times
　　for $j = 1$ to n
　　　　$y = \{\begin{matrix} 1 \text{ if } w_0+\sum_{i=1}^k w_i x_i^j>0 \\ -1 \text{ otherwise} \end{matrix}$
　　　　$w_0 = w_0 - \lambda(y - y^j)$;
　　　　for $m = 1$ to k
　　　　　　$w_m = w_m - \lambda(y - y^j)x_m^j$;
　　　　endfor
　　endfor
endrepeat

例 15.1　假设我们设置 $\lambda = 0,1$，则对以下数据：

x_1	x_2	y
1	2	1
3	4	−1

通过重复循环的 2 次迭代的算法如下：

//将权重初始化为任意值
　　$w_0 = 1$；$w_1 = 1$；$w_2 = 1$；
//重复循环的第一次迭代
//for 循环 $j = 1$

$w_0 + w_1 x_1^1 + w_2 x_2^1 = 1 + 1(1) + 1(2) = 4 > 0$;
$y = 1$;
$w_0 = w_0 - \lambda(y - y^1) = 1 - (0.1)(1 - 1) = 1$;
$w_1 = w_1 - \lambda(y - y^1)x_1^1 = 1 - (0.1)(1 - 1)1 = 1$;
$w_2 = w_2 - \lambda(y - y^1)x_2^1 = 1 - (0.1)(1 - 1)2 = 1$;

//for 循环 $j = 2$

$w_0 + w_1 x_1^2 + w_2 x_2^2 = 1 + 1(3) + 1(4) = 8 > 0$;
$y = 1$;
$w_0 = w_0 - \lambda(y - y^1) = 1 - (0.1)(1 - (-1)) = 0.8$;
$w_1 = w_1 - \lambda(y - y^1)x_1^1 = 1 - (0.1)(1 - (-1))3 = 0.4$;
$w_2 = w_2 - \lambda(y - y^1)x_2^1 = 1 - (0.1)(1 - (-1))4 = 0.2$;

//重复循环的第二次迭代

//for 循环 $j=1$

$w_0 + w_1 x_1^1 + w_2 x_2^1 = 0.8 + 0.4(1) + 0.2(2) = 1.6 > 0;$
$y = 1;$
$w_0 = w_0 - \lambda(y - y^1) = 0.8 - (0.1)(1-1) = 0.8;$
$w_1 = w_1 - \lambda(y - y^1)x_1^1 = 0.4 - (0.1)(1-1)1 = 0.4;$
$w_2 = w_2 - \lambda(y - y^1)x_2^1 = 0.2 - (0.1)(1-1)2 = 0.2;$

//for 循环 $j=2$

$w_0 + w_1 x_1^2 + w_2 x_2^2 = 0.8 + 0.4(3) + 0.2(4) = 2.8 > 0;$
$y = 1;$
$w_0 = w_0 - \lambda(y - y^1) = 0.8 - (0.1)(1-(-1)) = 0.6;$
$w_1 = w_1 - \lambda(y - y^1)x_1^1 = 0.4 - (0.1)(1-(-1))3 = -0.2;$
$w_2 = w_2 - \lambda(y - y^1)x_2^1 = 0.2 - (0.1)(1-(-1))4 = -0.6;$

15.1.2 感知器和逻辑回归

感知器类似于逻辑回归（参见 5.3.3 节），因为它们都将连续预测因子映射到二元结果。区别在于感知器确定得到 $Y=1$ 或 $Y=-1$，而逻辑回归得到的是 $Y=1$ 的概率。回想一下这个逻辑回归，计算其概率如下：

$$P(Y=1 \mid x) = \frac{\exp\left(b_0 + \sum_{i=1}^{k} b_i x_i\right)}{1 + \exp\left(b_0 + \sum_{i=1}^{k} b_i x_i\right)}$$

$$P(Y=-1 \mid x) = \frac{1}{1 + \exp\left(\sum_{i=1}^{k} b_i x_i\right)}$$

如果说 $Y=1$，当且仅当 $P(Y=1) > P(Y=-1)$ 时，可以使用逻辑回归方程作为二元分类器。以下步骤序列表明，如果这样做，就有了一个线性二元分类器。

$$P(Y=1 \mid x) = P(Y=-1 \mid x)$$

$$\frac{\exp\left(b_0 + \sum_{i=1}^{k} b_i x_i\right)}{1 + \exp\left(b_0 + \sum_{i=1}^{k} b_i x_i\right)} = \frac{1}{1 + \exp\left(\sum_{i=1}^{k} b_i x_i\right)}$$

$$\exp\left(b_0 + \sum_{i=1}^{k} b_i x_i\right) = 1$$

$$\ln\left(\exp\left(b_0 + \sum_{i=1}^{k} b_i x_i\right)\right) = 0$$

$$b_0 + \sum_{i=1}^{k} b_i x_i = 0$$

因此，当且仅当 $b_0 + \sum_{i=1}^{k} b_i x_i > 0$ 时，设置 $Y=1$。

例 15.2 假设怀疑 SAT 分数和父母收入对学生是否大学毕业有影响，获得表 15.1 中的

数据。这些数据绘制在图 15.3a 中。如果从这些数据中学习逻辑回归模型（使用 5.3.3 节中概述的算法），就会得到

$$P(Graduate = yes \mid SAT, Income) = \frac{\exp(-6.24 + 0.439SAT + 0.222Income)}{1 + \exp(-6.24 + 0.439SAT + 0.222Income)}$$

表 15.1　12 名学生的 SAT 分数，父母收入和毕业状况

SAT（100）	收入/万美元	毕业状况
4	18	no
6	7	no
8	4	no
10	6	no
12	2	no
10	10	no
6	6	yes
7	20	yes
8	16	yes
12	16	yes
14	7	yes
16	4	yes

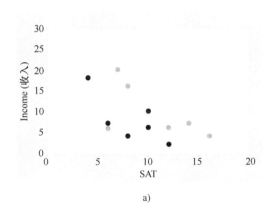 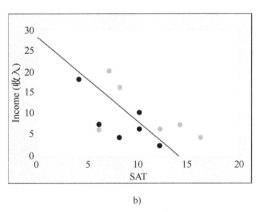

a)　　　　　　　　　　　　b)

图 15.3　图 a 显示了已大学毕业为灰色点的个人和没有大学毕业为黑点的个人
图 b 显示了相同的个体，包括 6.14 + 0.439*SAT* + 0.222*Income*

因此，用线性分类器获得的直线方程是

$$-6.24 + 0.439SAT + 0.222Income$$

该直线用图 15.3b 中的数据绘制。请注意，该方程不能完美地线性分离数据，有两个点被错误分类。这些数据点不是线性可分的。

这里将它留作练习算法 15.1，将其应用于表 15.1 中的数据，并将其结果与逻辑回归得到的结果进行比较。

15.2　前馈神经网络

如果想对图 15.2d 中的对象进行分类，需要超越一个简单的感知器。接下来，将介绍更复杂的网络，这些网络可以对不可线性分离的对象进行分类。从一个简单的例子开始：XOR函数。

15.2.1　XOR 建模

XOR 函数的域是{(0,0)，(0,1)，(1,0)，(1,1)}。XOR 映射如下：

$$XOR(0,0) = 0$$
$$XOR(0,1) = 1$$
$$XOR(1,0) = 1$$
$$XOR(1,1) = 0$$

图 15.4 绘制了 XOR 函数域，并显示了作为黑点映射到 0 的点和作为灰点映射到 1 的点。显然，黑点和灰点不是线性可分的。因此，感知器无法对 XOR 函数进行建模。但是，采用图 15.5 中更复杂的网络确实可对其进行建模。该网络是一个二层神经网络，因为有两层人工神经元。包含节点 h_1 和 h_2 的第一层称为隐层，因为它既不表示输入也不表示输出。第二层包含单个输出节点 y。感知器只有这一层。注意图 15.5 中隐层节点 h_2 中的激活函数是 $\max(0, z)$，称之为修正线性激活函数。

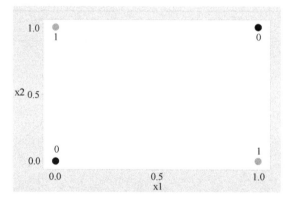

图 15.4　XOR 函数域（黑点映射为 0，灰点映射为 1）

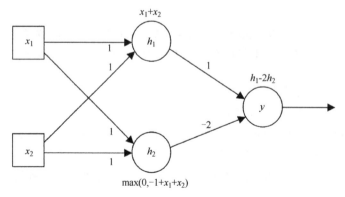

图 15.5　对 XOR 函数建模的神经网络

下面先观测一下图 15.5 中的网络如何确定 XOR 函数模型：

$$(x_1, x_2) = (0, 0)$$
$$h_1 = 0 + 0 = 0$$
$$h_2 = \max(0, -1 + 0 + 0) = 0$$
$$y = 0 - 2(0) = 0$$
$$(x_1, x_2) = (0, 1)$$
$$h_1 = 0 + 1 = 1$$
$$h_2 = \max(0, -1 + 0 + 1) = 0$$
$$y = 1 - 2(0) = 1$$
$$(x_1, x_2) = (1, 0)$$
$$h_1 = 1 + 0 = 1$$
$$h_2 = \max(0, -1 + 1 + 0) = 0$$
$$y = 1 - 2(0) = 1$$
$$(x_1, x_2) = (1, 1)$$
$$h_1 = 1 + 1 = 2$$
$$h_2 = \max(0, -1 + 1 + 1) = 1$$
$$y = 2 - 2(1) = 0$$

该网络中的"技巧"是 h_1 和 h_2 一起映射（0, 0）到（0, 0），映射（0, 1）到（1, 0），映射（1, 0）到（1, 0）和映射（1, 1）至（2, 1）。所以我们的黑点现在是（0, 0）和（2, 1），而单个灰点是（1, 0）。数据现在可以进行线性分离了。图 15.6 显示了从 x 空间到 h 空间的转换。

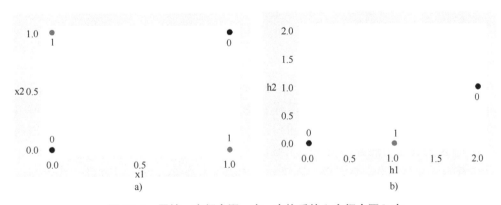

图 15.6　原始 x 空间在图 a 中，变换后的 h 空间在图 b 中

15.2.2　两个隐层示例

假设在平面中对点进行分类，并对图 15.7 中的灰色区域中的所有点进行分类，灰色在 C_1 类中，而白色区域中的所有点都在 C_2 类中。这是一个非常困难的分类问题，因为包含 C_1 类的区域甚至不相邻。而图 15.8 中的神经网络具有两个隐层，通过适当的权重和激活函数正确地完成了这种分类。接下来，将具体展示它的实现过程。

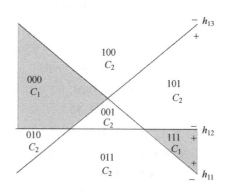

图 15.7 C_1 类由阴影区域组成，C_2 类由白色区域组成。例如，符号 100 表示该区域位于直线 h_{11} 的正侧，直线 h_{12} 的负侧，以及直线 h_{13} 的负侧。

图 15.7 中的直线 h_1、h_2 和 h_3 将平面分成 7 个区域。图 15.7 中的+/-符号表示该区域位于给定直线的+侧或-侧。如果它在直线的+侧，则分配区域值 1，如果它在-侧，则分配其值为 0。因此区域 100 标记为$-^{\ominus}$侧，因为它位于直线 h_{11} 的+侧，直线 h_{12} 的-侧和直线 h_{13} 的-侧。其他区域以类似的方式标记。现在可以创建一个隐层节点 h_{11}，其权重代表直线 h_{11}。然后使用一个激活函数，如果 (x_1, x_2) 在直线 h_{11} 的-侧，则返回 0，否则返回 1。以类似的方式创建隐层节点 h_{12} 和 h_{13}。表 15.2 显示了当 (x_1, x_2) 位于图 15.7 中的 7 个区域中的每个区域时，每个节点

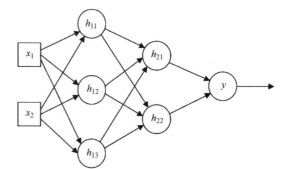

图 15.8 正确分类图 15.7 中 C_1 和 C_2 类中的点的神经网络

h_{11}、h_{12} 和 h_{13} 输出的值（注意 110 位于不确定区域）。因此，整个区域被 3 条直线划分为 7 块，形成了 3 个单元。表示 C_1 类的是两个点 $(0,0,0)$ 和 $(1,1,1)$ 代表的区域。可以使用空间中的平面将点 $(0,0,0)$ 代表的区域与其他 6 个点线性分开。所以可以创建一个隐层节点 h_{21} 来完成这个任务。使用一个激活函数，点 $(0,0,0)$ 代表的区域返回 1，所有其他点代表的区域返回 0。类似地，创建另一个隐层节点 h_{22}，点 $(1,1,1)$ 代表的区域输出 1，所有其他点代表的区域输出 0。表 15.2 显示了这些值。所以，如果 (x_1, x_2) 在区域 000 中，这两个隐层节点的输出是 $(1,0)$；如果 (x_1, x_2) 在区域 111 中，这两个隐层节点的输出是 $(0,1)$。如果 (x_1, x_2) 在任何其他区域，则输出为 $(0,0)$。这 3 个点如图 15.9 所示。接下来，为输出节点 y 创建权重，产生一条将 $(1,0)$ 和 $(0,1)$ 与 $(0,0)$ 分开的直线。这条直线如图 15.9 所示。使用激活函数，如果该点位于该直线之上，则返回 1，否则返回 0。这样，类 C_1 中的 (x_1, x_2) 的所有值都映射到 1，类 C_2 中的 (x_1, x_2) 的所有值都映射到 0。

$\ominus$　原书为"+"号，有误。——译者注

表 15.2　图 15.7 中神经网络中节点的值，位于图 15.6 中每个区域的输入元组

区域	类	h_{11}	h_{12}	h_{13}	h_{21}	h_{22}	y
000	C_1	0	0	0	1	0	1
001	C_2	0	0	1	0	0	0
010	C_2	0	1	0	0	0	0
011	C_2	0	1	1	0	0	0
100	C_2	1	0	0	0	0	0
101	C_2	1	0	1	0	0	0
110	—	—	—	—	—	—	—
111	C_1	1	1	1	0	1	1

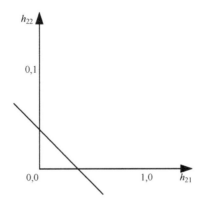

图 15.9　区域 000 中的点映射到 (0,1)，区域 111 中的
点映射到 (1,0)，所有其他点映射到 (0,0)

例 15.3　假设图 15.7 中区域的 3 条直线如下：

$$h_{11}:\ 2-x_1-x_2=0$$
$$h_{12}:\ 0.5-x_2=0$$
$$h_{13}:\ x_1-x_2=0$$

这 3 条直线如图 15.10 所示。给定这些直线，隐层节点 h_{11}、h_{12} 和 h_{13} 的激活函数如下：

$$h_{11}=\begin{cases}1, & 2-x_1-x_2>0\\ 0, & 其他\end{cases}$$

$$h_{12}=\begin{cases}1, & 0.5-x_2<0\\ 0, & 其他\end{cases}$$

$$h_{13}=\begin{cases}1, & x_1-x_2<0\\ 0, & 其他\end{cases}$$

隐层节点 h_{21} 必须提供一个平面，该平面将 (0,0,0) 与所有其他区域线性分开。平面如下：

$$h_{11}+h_{12}+h_{13}=0.5$$

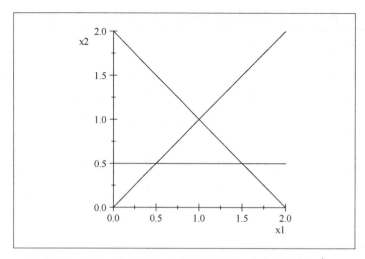

图 15.10 用以确定图 15.7 中所示区域的三条直线（例 15.3）

因此，为隐层节点 h_{21} 加上激活函数，如下所示：

$$h_{21} = \begin{cases} 1, & h_{11}+h_{12}+h_{13}-0.5<0 \\ 0, & \text{其他} \end{cases}$$

隐层节点 h_{22} 必须提供一个平面，该平面将（1,1,1）与所有其他区域线性分开。如下所示：

$$h_{11}+h_{12}+h_{13}=2.5$$

为隐层节点 h_{22} 加上激活函数，如下所示：

$$h_{22} = \begin{cases} 1, & h_{11}+h_{12}+h_{13}-2.5>0 \\ 0, & \text{其他} \end{cases}$$

最后，节点 y 必须提供一条直线，将（0,1）和（1,0）与（1,1）线性分开。如下所示：

$$h_{21}+h_{22}=0.5$$

因此，为节点 y 创建的激活函数如下所示：

$$y = \begin{cases} 1, & h_{21}+h_{22}-0.5>0 \\ 0, & \text{其他} \end{cases}$$

15.2.3 前馈神经网络的结构

上文已经展示了具有一个隐层的神经网络（见图 15.5）和具有两个隐层的神经网络（见图 15.8），现在来呈现前馈神经网络的一般结构。该结构如图 15.11 所示。最左边是输入，由 $x_1, x_2, \cdots, x_k$ 组成。接着是 0 个或更多隐层。然后在最右边是输出层，它由 1 个或多个节点 $y_1, y_2, \cdots, y_m$ 组成。每个隐层可以包含不同数量的节点。

在 15.2.1 节和 15.2.2 节中，构建了神经网络，并为权重指定了具体数值以便得到期望的结果。通常情况下不会这样做，而是使用梯度下降算法来学习权重，该算法类似于算法 15.1，但更为复杂。这里可以首先在图 15.8 中构建网络，然后为隐层节点和输出层节点提供激活函数的形式（在下一节中讨论）。最后，为算法提供许多数据项，每个数据项都有

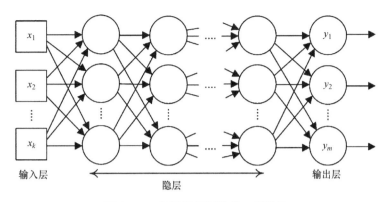

图 15.11　前馈神经网络的一般结构

值 $(x_1, x_2, \cdots, x_k, C)$，其中 C 是点 $(x_1, x_2, \cdots, x_k)$ 所属的类。然后算法学习权重，使得结果网络可以对新点进行分类。

目前存在的问题是不确定哪种网络结构最适用于已知的问题。例如，如果没有对 15.2.2 节中的问题进行详细分析，就不会去分配两个隐层，第一层包含 3 个节点，第二层包含 2 个节点。因此，通常会尝试不同的网络配置，并使用交叉验证等技术（5.2.3 节），找到可以获得最优结果的配置。配置网络的策略是多种多样的。一种是使隐层节点的数量大约等于输入变量的数量，并为每层分配不同节点。但是，如果数据集大小与输入量大小相比较小，可能会导致过拟合。另一种是使隐层节点的数量不大于数据项的数量，并再次尝试为每层分配不同节点。

总之，要开发神经网络应用程序，首先需要输入变量和输出变量的数据。然后构建一个具有隐层节点层和输出层配置的网络。最后一步是指定激活函数，这将在下面进行讨论。请注意，如果从头开始实现神经网络，还需要编写梯度下降算法，以找到权重的最优值。下面将假设正在使用具有这些算法的神经网络。本章在最后一节介绍这些程序包。

15.3　激活函数

接下来讨论通常在神经网络中使用的激活函数。

15.3.1　输出节点

首先根据任务为输出节点提供不同的激活函数。如果将数据分为两个不同的类，需要用二进制表示输出节点。如果在 3 个或更多可能类中对数据进行分类，需要表示多项式分类的输出节点。如果输出是连续分布，例如正态分布，需要表示该分布的属性的节点。这里依次讨论每个问题。

15.3.1.1　二分类

在二分类中，我们希望对具有两个可能值的变量进行分类或预测。例如，根据患者癌症的特征来预测患者的癌症是否会转移。在大多数此类情况下，不希望系统简单地说"是"或"否"。相反，我们想知道，例如，癌症转移的可能性。因此，通常使用 sigmoid 函数，而不是使用感知器中的离散激活函数，该函数也用于逻辑回归（5.3.3 节）。因此，假设单

个输出节点 y 具有隐层节点 $\boldsymbol{h}$ 的向量作为父节点，则二元结果的 sigmoid 激活函数是

$$f(\boldsymbol{h}) = \frac{\exp\left(w_0 + \sum w_i h_i\right)}{1 + \exp\left(w_0 + \sum w_i h_i\right)} \qquad (15.4)$$

得到 $P(Y=1 \mid \boldsymbol{h})$。

例 15.4 假设输出函数是 sigmoid 函数，并且

$$w_0 = 2, \quad w_1 = -4, \quad w_2 = -3, \quad w_3 = 5$$

对于特定输入进一步假设

$$h_1 = 6, \quad h_2 = 7, \quad h_3 = 9$$

然后

$$\begin{aligned}
f(\boldsymbol{h}) &= \frac{\exp(w_0 + w_1 \times h_1 + w_2 \times h_2 + w_3 \times h_3)}{1 + \exp(w_0 + w_1 \times h_1 + w_2 \times h_2 + w_3 \times h_3)} \\
&= \frac{\exp(2 - 4 \times 6 - 3 \times 7 + 5 \times 9)}{1 + \exp(2 - 4 \times 6 - 3 \times 7 + 5 \times 9)} \\
&= 0.881
\end{aligned}$$

因此

$$P(Y=1 \mid \boldsymbol{h}) = 0.881$$

15.3.1.2 多项式分类

在多项式分类中，希望对具有 m 个可能值的变量进行分类或预测。经常应用神经网络的一个重要例子是图像识别。例如，有一个数字 0~9 之一的手写符号，目标是将符号分类为想要的数字。要进行多项式分类，使用 softmax 函数，它是 sigmoid 函数的扩展。使用此函数时，为 m 个可能的结果中的每一个开发一个输出节点，并将以下激活函数分配给第 k 个输出节点：

$$f_k(\boldsymbol{h}) = \frac{\exp\left(w_{k0} + \sum w_{ki} h_i\right)}{\sum_{j=1}^{m} \exp\left(w_{j0} + \sum w_{ji} h_i\right)}$$

以此类推，第 k 个输出节点提供 $P(Y=k \mid \boldsymbol{h})$。图 15.12 显示了使用 softmax 函数对 m 个值进行分类的输出层。

例 15.5 假设输出函数是 softmax 函数，有 3 个输出，y_1，y_2 和 y_3，并且

$$w_{10} = 2, \quad w_{11} = -4, \quad w_{12} = 3$$
$$w_{20} = 1, \quad w_{21} = 9, \quad w_{22} = -3$$
$$w_{30} = 10, \quad w_{31} = 7, \quad w_{32} = -4$$

对于特定输入进一步假设

$$h_1 = 2, \quad h_2 = 4$$

然后

$$w_{10} + w_{11} h_1 + w_{12} h_2 = 2 - 4 \times 2 + 3 \times 4 = 6$$
$$w_{20} + w_{21} h_1 + w_{22} h_2 = 1 + 9 \times 2 - 3 \times 4 = 7$$
$$w_{30} + w_{31} h_1 + w_{32} h_2 = 10 + 7 \times 2 - 4 \times 4 = 8$$

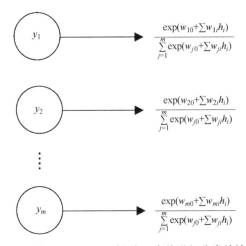

$$f_1(\boldsymbol{h}) = \frac{\exp\left(w_{10} + \sum w_{1i}h_i\right)}{\sum\limits_{j=1}^{3}\exp\left(w_{j0} + \sum w_{ji}h_i\right)} = \frac{\exp(6)}{\exp(6) + \exp(7) + \exp(8)} = 0.090$$

$$f_2(\boldsymbol{h}) = \frac{\exp\left(w_{20} + \sum w_{2i}h_i\right)}{\sum\limits_{j=1}^{3}\exp\left(w_{j0} + \sum w_{ji}h_i\right)} = \frac{\exp(7)}{\exp(6) + \exp(7) + \exp(8)} = 0.245$$

$$f_3(\boldsymbol{h}) = \frac{\exp\left(w_{30} + \sum w_{3i}h_i\right)}{\sum\limits_{j=1}^{3}\exp\left(w_{j0} + \sum w_{ji}h_i\right)} = \frac{\exp(8)}{\exp(6) + \exp(7) + \exp(8)} = 0.665$$

因此

$$P(Y = 1 \mid \boldsymbol{h}) = 0.090$$
$$P(Y = 2 \mid \boldsymbol{h}) = 0.245$$
$$P(Y = 3 \mid \boldsymbol{h}) = 0.665$$

15.3.1.3　正态分布输出

假设输出是正态分布,那么建模输出就不是 m 个值(离散)之一。可以得到

$$\rho(y \mid \boldsymbol{x}) = \mathrm{NormalDen}(y; \mu; \sigma^2)$$

式中,$\boldsymbol{x}$ 是输入向量。例如,我们希望根据患者的特征预测收缩压的正态分布。在这种情况下,有一个输出节点,其值是正态分布的均值。因此,激活函数只能是线性激活函数:

$$\mu = f(\boldsymbol{h}) = w_0 + \sum w_i h_i$$

例 15.6　假设输出函数是正态分布的平均值,并且

$$w_0 = 2,\quad w_1 = -4,\quad w_2 = -3,\quad w_3 = 5$$

对于特定输入进一步假设

$$h_1 = 3,\quad h_2 = 7,\quad h_3 = 8$$

那么输出正态分布的平均值如下:

$$\mu = f(\boldsymbol{h}) = w_0 + w_1 \times h_1 + w_2 \times h_2 + w_3 \times h_3$$

$$= 2 - 4 \times 3 - 3 \times 7 + 5 \times 8$$
$$= 9$$

15.3.2　隐层节点

隐层节点最常用的激活函数（特别是涉及图像识别的应用程序）是前面已经使用的修正线性激活函数。该函数如下：

$$f(\boldsymbol{h}) = \max\left(0, w_0 + \sum w_i h_i\right)$$

请注意，此激活函数类似于刚才讨论的线性激活函数，只是当线性组合为负时它返回 0。

例 15.7　假设激活函数是经过修正的线性函数，并且

$$w_0 = -5, w_1 = -4, w_2 = -3, w_3 = 5$$

对于特定输入进一步假设

$$h_1 = 8, h_2 = 7, h_3 = 9$$

然后

$$f(\boldsymbol{h}) = \max(0, w_0 + w_1 h_1 + w_2 h_2 + w_3 h_3)$$
$$= \max(0, -5 - 4 \times 8 - 3 \times 7 + 5 \times 9)$$
$$= \max(0, -13)$$
$$= 0$$

用于隐层节点的另一个激活函数是 maxout 激活函数。这个函数有 r 个权重向量，其中 r 是一个参数，取加权和的最大值。可以得到以下结果：

$$z_1 = w_{10} + \sum w_{1i} h_i$$
$$z_2 = w_{20} + \sum w_{2i} h_i$$
$$\vdots$$
$$z_r = w_{r0} + \sum w_{ri} h_i$$

并且

$$f(\boldsymbol{h}) = \max(z_1, z_2, \cdots, z_r)$$

例 15.8　假设激活函数是 maxout 函数，$r=3$，并且

$$w_{10} = 2, w_{11} = -4, w_{12} = 3$$
$$w_{20} = 1, w_{21} = 9, w_{22} = -3$$
$$w_{30} = 10, w_{31} = 7, w_{32} = -4$$

对于特定输入进一步假设

$$h_1 = 2, h_2 = 4$$

然后

$$z_1 = w_{10} + w_{11} h_1 + w_{12} h_2 = 2 - 4 \times 2 + 3 \times 4 = 6$$
$$z_2 = w_{20} + w_{21} h_1 + w_{22} h_2 = 1 + 9 \times 2 - 3 \times 4 = 7$$
$$z_3 = w_{30} + w_{31} h_1 + w_{32} h_2 = 10 + 7 \times 2 - 4 \times 4 = 8$$
$$f(\boldsymbol{h}) = \max(z_1, z_2, z_3) = \max(6, 7, 8) = 8$$

sigmoid 激活函数［见式（15.4）］也可用作隐层的激活函数。同时使用的相关函数是双曲正切激活函数，如下所示：

$$f(h) = \tanh(w_0 + \sum w_i h_i)$$

15.4　应用于图像识别

MNIST 数据集（http：//yann. lecun. com/exdb/mnist/）是用于评估分类算法性能的学术数据集。该数据集包括 60000 幅训练图像和 10000 幅测试图像。每幅图像都是 0～9 的数字之一，均为手写体。它是标准化的 28×28 像素灰度图像。所以，共有 784 个像素。图 15. 13 显示了数据集中的数字的示例。

图 15. 13　MNIST 数据集中手写数字的示例

Candel 等人［2015］共同开发了一个神经网络，通过从训练数据集中学习系统来解决测试数据集中图像分类的问题。网络有 784 个输入（每个像素一个）、10 个输出（每个数字一个）和 3 个隐层，每个隐层包含 200 个隐层节点。每个隐层节点使用修正线性激活函数，输出节点使用 softmax 函数。图 15. 14 描述了该网络。

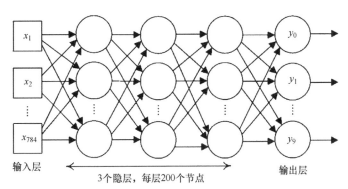

图 15. 14　用于对 MNIST 数据集中的数字进行分类的神经网络

神经网络的分类错误率为 0. 0083，这领先于微软此前实现的最低错误率。

15.5　讨论和扩展阅读

本章的标题是"神经网络和深度学习"。但却从未在文中提到"深度学习"。如 1. 1. 2 节所述，在 20 世纪 40 年代，人工智能的基础工作涉及对大脑中的神经元进行建模，从而产生了神经网络领域［Hebb，1949］。一旦 20 世纪 50 年代人工智能的逻辑方法成为主导，神经网络就不再受欢迎了。然而，用于训练神经网络和显著提高计算机处理速度的新算法导致在称为深度学习的领域中神经网络的重新出现［Goodfellow et al.，2016］。深度学习神经网络架构与较旧的神经网络的不同之处在于它们通常具有更多隐层。此外，可以使用无监督和有监督的学习来训练深度学习网络。这里只介绍了有监督的学习方法。卷积神经网络是其体系结构明确假设输入是图像，因此编码图像的特定属性的网络。递归神经网络是一类神经网络，它们将前一时间步的状态馈送到当前时间步。例如，它们应用于自动文本生成（下面讨论）。

这只是对神经网络基础知识的简要介绍。有关更全面的知识，包括用于学习神经网络参数的梯度下降算法的讨论，请参考［Goodfellow et al.，2016］和［Theodoridis，2015］。您可以下载实现神经网络的软件，比如 H20（https：//www.h2o.ai/）和 tenserflow（https：//www.tensorflow.org/）。

深度学习已被用于解决各种问题，而其他方法则难以解决。最后列出一些特定的应用程序。

1）对照片中的对象进行检测和分类［Krizhevsky et al.，2012］。该问题涉及将照片中的对象分类为一组先前已知的对象之一。

2）为黑白照片添加颜色［Zang et al.，2016］。此问题涉及为黑白照片添加颜色。

3）自动生成图像标题［Karpathy and Fei-Fei，2015］。此任务涉及生成描述图像内容的标题。

4）将声音添加到无声视频中［Owens et al.，2016］。此问题涉及合成与视频场景中发生的最优匹配的声音。

5）自动语言翻译［Sutskever et al.，2014］。此任务涉及将单词、短语或句子从一种语言翻译成另一种语言。

6）自动生成手写体［Graves，2014］。该问题涉及基于一组手写示例为给定的单词或短语生成新的手写内容。

7）自动生成文本［Sutskever et al.，2011］。此问题涉及使用大量文本来学习可以基于部分单词或文本生成新单词、短语或句子的模型。

8）自动游戏［Mnih et al.，2015］。该问题涉及学习如何基于屏幕上的像素来玩计算机游戏。

当使用神经网络对问题进行建模时，模型是一个黑盒子，因为神经元层中的结构和参数不能提供现实模型，我们可以掌握这一模型。另一方面，贝叶斯网络可提供变量之间的关系，这通常可以解释为因果关系。此外，贝叶斯网络使我们能够建模和理解复杂的人类决策。因此，尽管这两种架构都可用于建模许多相同的问题，但神经网络更常被成功应用于涉及人类智能的问题，这些问题无法在认知层面进行描述。这些问题就包括计算机视觉、图像处理和文本分析。另一方面，贝叶斯网络更经常成功应用于涉及确定相关随机变量之间关系的问题，并利用这些关系进行推理和做出决策。一个典型的例子是医疗决策支持系统（参见 7.7 节）。

练习

15.1 节

练习 15.1　例 15.1 中的结果是否线性可分？如果不是，则通过重复循环的多次迭代来完成。

练习 15.2　假设设置 $\lambda = 0,2$，有以下数据：

x_1	x_2	y
2	3	−1
4	5	1

通过算法 15.1 中的重复循环的迭代，直到结果线性地分离该组数据。

练习 15.3　将其作为练习来实现算法 15.1，将其应用于表 15.1 中的数据，并将结果与逻辑回归得到的结果进行比较。

15.2 节

练习 15.4　假设确定图 15.7 中区域的 3 条直线如下：

$$h_{11}: 4 - 2x_1 - x_2 = 0$$
$$h_{12}: 1 - x_1 - x_2 = 0$$
$$h_{13}: 3 + 2x_1 - x_2 = 0$$

绘制 3 条直线并显示对应于类 C_1 和 C_2 的区域。求解图 15.8 中的神经网络参数，使网络正确地对 C_1 和 C_2 类中的点进行分类。

15.3 节

练习 15.5　假设输出函数是二分类输出的 sigmoid 函数：

$$w_0 = 1, w_1 = -4, w_2 = -5, w_3 = 4$$

对于特定输入进一步假设

$$h_1 = 4, h_2 = 5, h_3 = 6$$

计算 $f(\boldsymbol{h})$ 和 $P(Y = 1 \mid \boldsymbol{h})$。

练习 15.6　假设输出函数是 softmax 函数，这里有 4 个输出，y_1，y_2，y_3，y_4。进一步假设

$$w_{10} = 1, w_{11} = -3, w_{12} = 2$$
$$w_{20} = 2, w_{21} = 7, w_{22} = -2$$
$$w_{30} = 6, w_{31} = 5, w_{32} = -4$$
$$w_{40} = 5, w_{41} = -3, w_{42} = 6$$

对于特定输入进一步假设

$$h_1 = 3, \quad h_2 = 4, \quad h_3 = 5$$

计算 $f_1(\boldsymbol{h})$、$f_2(\boldsymbol{h})$、$f_3(\boldsymbol{h})$、$f_4(\boldsymbol{h})$ 及 $P(Y = i \mid \boldsymbol{h})$ $(i = 1,2,3,4)$ 的值。

练习 15.7　假设激活函数是经过校正的线性函数，并且

$$w_0 = 5, w_1 = -4, w_2 = 2, w_3 = 4, w_4 = 8$$

对于特定输入进一步假设

$$h_1 = 8, h_2 = 7, h_3 = 6, h_4 = 5$$

计算 $f(\boldsymbol{h})$。

练习 15.8　假设激活函数是 maxout 函数，$r = 2$，并且

$$w_{10} = 1, w_{11} = -2, w_{12} = 6, w_{13} = 5$$
$$w_{20} = 2, w_{21} = 8, w_{22} = -2, w_{23} = 4$$

对于特定输入进一步假设

$$h_1 = 3, h_2 = 2, h_3 = 5$$

计算 $f(h)$。

15.4 节

练习 15.9　Metabric 数据集在［Curtis, et al., 2012］中有介绍。它提供了有关乳腺癌患者特征的数据，如肿瘤大小和死亡结果。该数据集可以在 https://www.synapse.org/#! Synapse：syn1688369/wiki/27311 中获得。获取对数据集的访问权限，然后下载 15.5 节中讨论的神经网络软件包之一。将数据集划分为包含 2/3 数据的训练数据集，以及包含 1/3 数据的测试数据集。设置各种参数（例如，隐层的数量和每个隐层节点的数量）应用于训练集。对于每个设置进行 5 折交叉验证分析，其目标是分类/预测患者是否死亡。确定每个设置的 ROC 曲线下的面积（AUROC），并将具有最优 AUROC 的设置应用于测试数据。确定测试数据的 AUROC。

朴素贝叶斯网络是一个网络，有一个根，所有其他节点都是根的子代。子代之间没有边。朴素贝叶斯网络通过使目标成为根来实现离散分类，并且预测子代。XLSTAT 包括一个朴素贝叶斯网络模块。免费的朴素贝叶斯网络软件可在各种网站获得（如 http://www.kdnuggets.com/software/bayesian.html）。下载一个朴素贝叶斯网络软件包，并使用此软件包进行上述相同的研究。改变软件中可用的任何参数，并对每个参数设置进行 5 折交叉验证分析。比较应用于测试数据时通过神经网络方法和朴素贝叶斯网络方法获得的 AUROC。

练习 15.10　如 15.4 节所述，MNIST 数据集是用于评估分类算法性能的学术数据集。该数据集包括 60000 幅训练图像和 10000 幅测试图像。每幅图像都是 0~9 的数字之一，且都是手写的。它是标准化的 28×28 像素灰度图像。所以，共有 784 个像素。下载此数据集，然后下载 15.5 节中讨论的神经网络软件包之一。设置参数（例如，隐层的数量和每层的隐层节点的数量）应用于训练集。对于每个设置进行 5 折交叉验证分析，其目标是对正确的数字进行分类/预测。确定每个设置的 ROC 曲线下的面积（AUROC），并将具有最优 AUROC 的设置应用于测试数据。确定测试数据的 AUROC。

然后将朴素贝叶斯网络应用于数据集。再次对训练数据集使用各种参数进行设置和 5 折交叉验证，并将最优参数值应用于测试数据集。比较应用于测试数据集时通过神经网络方法和朴素贝叶斯网络方法获得的 AUROC。

第5部分 语言理解

第16章 自然语言理解

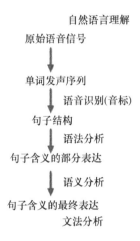

自然语言理解

原始语音信号

↓

单词发声序列

↓ 语音识别(音标)

句子结构

↓ 语法分析

句子含义的部分表达

↓ 语义分析

句子含义的最终表达

文法分析

你可能有过这样的经历：打电话给公用事业公司或信用卡公司，希望与接线员通话。有时，这种情况的结果如下：当自动信息询问你想做什么时，你要回答"和接线员交谈"。然后在被引导了一段时间后，系统就挂断了。但是，如果一切正常，系统将"理解"您的查询并采取将您联系到操作员的操作。本章讨论实现这些任务的算法的开发。

这里不追究理解语言意味着什么或人类是如何理解语言的问题，您可以参考［Pinker, 2007］等文献来讨论这些问题。相反，这儿采取务实的、可操作的方法。假设有一些关于论域的已知事实的知识库，例如，如果论域是 3.2.2 节中的块世界，那么知识库可能包含（a,b）上的事实，这意味着块 a 在块 b 上。现在需要让知识库理解我们的句子，在某种意义上说，一个陈述性句子可以被解释为可以添加到知识库中的概念，并且一个问题可以转换为一个可以呈现给知识库的查询，这种查询之后可以被回应。例如，在块世界中，如果您告诉系统"标记为 c 的块在 table 中"，系统应该理解这个句子并将（c,table）添加到知识库中。如果你问系统"块 b 上有什么块"，如果（a,b）在知识库中，系统应该理解这个问题并回答一个 a。在信用卡领域中，如果您询问"我的账户余额是多少"，系统应该了解此查询，查找余额并向您报告。"答案"也可以是一个动作，例如，如果您询问"我可以与操作员通话吗"，系统将把您连接到操作员来应答。

理解陈述句（或疑问句）涉及几个步骤，它们如下所示：

1）语法解析：此步骤通过验证句子语法是否正确，并通过识别语言成分和关系（如主语、谓语和宾语）来分析句子的句法结构，语法解析生成一个表示这些关系的语法解析树。

2）语义解释：此步骤从解析树中生成句子含义的表示，将此表示称为概念。

3）语境解释：此步骤将上述概念纳入知识库。

这些步骤之间的关系如图 16.1 所示，下面将依次讨论每个步骤。

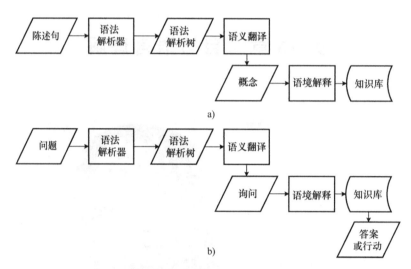

图 16.1 向知识库添加句子和询问知识库问题的步骤

a）向知识库中添加一个句子

b）向知识库提出一个问题

16.1 语法解析

使用语法解析句子，语法是一组规则，用于确定语言中的子句、短语和单词的组成。我们使用 Backus-Naur 形式（BNF）呈现我们的语法，一个 BNF 语法包括以下内容：

1）一组终结符。这些是语言中的单词，例如"block""on""speak"和"operator"。

2）一组非终结符。这些符号代表用于对语言中的短语进行分类的语言概念，例如名词短语和动词词组。

3）一个开始的符号。此符号代表要语法解析的整个字符串，对于英语，它是句子。

4）一组推导规则。这些规则左侧的非终结符可以由右侧的终端和非终结符代替。例如，如果我们写"Noun→block"，则一个名词可以用块代替。

5）"｜"表示"或"。

这样的语法是上下文无关语法（CFG），这意味着每个规则的左侧可能只有一个非终端符号，表 16.1 显示了一个简单的 CFG。

如果每个规则的形式均为 A←B C 或 D←word，则语法为乔姆斯基范式，其中 A、B、C 和 D 是非终结符，"word"是终结符。由于规则 2）、3）、6）和 10）~15），表 16.1 中的上下文无关语法不是乔姆斯基范式。可以证明每个上下文无关语法都可以转换为乔姆斯基范式的语法。

表 16.1 A CFG

1	*Sentence*→*NounPhrase VerbPhrase*
2	*Sentence*→*NounPhrase Aux VerbPhrase*
3	*Sentence*→*Sentence Conj Sentence*
4	*NounPhrase*→*Article Noun*
5	*NounPhrase*→*Adj Noun*
6	*NounPhrase*→*Article Adj Noun*
7	*NounPhrase*→*Noun*
8	*VerbPhrase*→*Verb NounPhrase*
9	*VerbPhrase*→*Verb*
10	*Noun*→man ∣ monkey ∣ book ∣ right ∣ left ∣ help
11	*Verb*→read ∣ reads ∣ love ∣ loves ∣ left ∣ help
12	*Article*→a ∣ an ∣ the
13	*Adj*→fat ∣ big ∣ right
14	*Aux*→can ∣ may
15	*Conj*→and ∣ or

终结符是语言中的单词，所有这种单词的集合称为词典。表 16.1 中的语法显示了一个非常小的用于说明的词典，我们实际使用的大多数语法都会有更大的词典。合法句子是一串符号，可以使用这些规则的序列来导出，推导必须以起始符号 Sentence 开始，通过应用规则执行一系列替换，最后得到正在语法解析的句子。

例 16.1 假设我们想得出以下句子：

The monkey reads a book

以下是使用表 16.1 中的语法对这个句子做出的推导：

		Rule
Sentence	→ *NounPhrase VerbPhrase*	1
	→ *Article Noun VerbPhrase*	3
	→ the *Noun VerbPhrase*	9
	→ the monkey *VerbPhrase*	7
	→ the monkey *Verb NounPhrase*	5
	→ the monkey reads *NounPhrase*	8
	→ the monkey reads *Article Noun*	3
	→ the monkey reads a *Noun*	9
	→ the monkey reads a book	7

推导可以用语法解析树表示。树中的每个非叶子节点包含在派生中使用的规则左侧的非终结符，并且其每个子节点包含规则右侧的终结或非终结符之一。每个叶子节点都包含一个终结

符，树的根是起始符号句。图 16.2 显示了与刚刚显示的推导相对应的语法解析树。

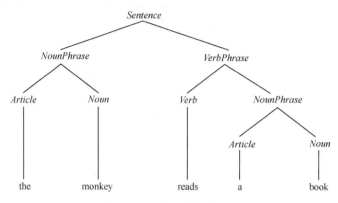

图 16.2   一个语法解析树.

16.1.1   递归语法解析器

在刚刚展示的推导过程中，只是按照顺序成功地应用规则，直到推导出这个句子。然而，假设现在有以下更复杂的句子：

The monkey can read and the man can love.

使用表 16.1 中的语法，我们可以尝试按顺序使用规则 1，3，9，7 和 5（如例 16.1 中所做的那样）解析句子，以得到 "monkey" 动名词短语。然而，紧接着会失败是因为 "can" 并不是动词，下面可以尝试规则 6 代替规则 5，但会再次失败。此时，我们可以返回并应用规则 2 最终得到 "the monkey can read。"但是，我们不会解析整个句子，然后可以再次返回并从规则 3 开始，这最终会导致我们对整个句子进行语法解析。此过程建议使用回溯技术进行语法解析，这可以使用递归来实现。以下是这样的一个算法。

算法 16.1 Parse

输入：待解析短语

输出：若短语可解析则为真，否则为假

Function *Parse*(*level*, *symbol*, *phrase*);

if *symbol* is a terminal

  if *symbol* = rst word in *phrase*;

    remove rst word in *phrase* from *phrase*;

    return True;

  else

    return False;

else

  success = False;

  rule = first rule for *symbol*;

  while *rule* ≠ null and not *success*

  string = right side of rule;

  phrasenew = *phrase*;

$symbolnew =$ rst symbol in $string$;

$success =$ True;

while $symbolnew \neq$ null and $success$

　　$success = parse(level+1, symbolnew, phrasenew)$;

　　$symbolnew =$ next symbol in string;

endwhile

if $level = 1$ and $phrasenew \neq null$

　　$success =$ False;

$rule =$ next rule for $symbol$;

endwhile

$phrase = phrasenew$;

return $success$;

endelse

函数 $Parse$ 的全局调用如下：

$$success = Parse(1, \quad Sentence, \quad phrase);$$

顶层调用中的变量短语的值是我们正在语法解析的句子。例如，如果那是我们正在语法解析的句子，那就是 "The monkey reads a book"。变量分层的目的是使我们能够在顶层调用中检查句子中是否有比通过成功语法解析得到的单词更多的单词，否则，诸如 "the monkey reads the book man may a love" 的句子将成功解析。变量字符串的值是规则的右侧，例如，如果我们应用规则 "$Sentence \leftarrow NounPhrase\ VerbPhrase$"，字符串的值将是 "$Noun$-$Phrase\ VerbPhrase$。" 使用给定的规则，我们递归地尝试语法解析字符串中的每个符号，直到到达字符串的末尾，我们用值 "null" 表示它。如果它们都被成功解析，则 $success$ 的值为 true。但是，如果它是顶层调用，则会切换为 false，并且还有更多单词需要语法解析。

如果获得成功的语法解析，则函数 $Parse$ 的值为 true，否则为 false。该函数不会生成语法解析树，但是，它可以很容易地被修改从而产生一个下述的语法树。当获得了成功的符号语法解析时，该函数返回指向包含该符号的节点的指针，然后，该符号成为前一级符号的子级。顶层调用中返回的指针指向树的根。剩下的练习就是写这个修改。

16.1.2　歧义性

考虑下面的句子，它可能作为报纸上的标题：

right help left.

这句话可能意味着政治权利有助于政治左翼，或者可能意味着不错的雇佣工人（正确的帮助）离开了。困难在于 "right" 这个词既是名词又是形容词，"help" 这个词既是动词又是名词，而 "left" 这个词既是名词又是动词。使用表 16.1 中的语法，可以用图 16.3 所示的两种不同方式解析这个句子。当一个句子可以用多种方式解析时，我们说这个句子有句法歧义。有许多更有趣的句法歧义形式，但其中许多需要允许介词短语的更复杂的语法。表 16.2 显示了没有词典的这种语法，介词是诸如 "by" "of" 和 "to" 之类的单词。

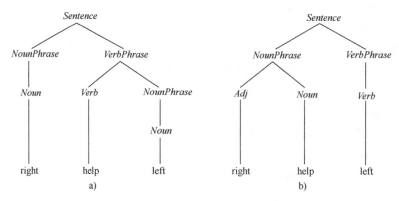

图 16.3 句子"right help left"的两棵语法解析树

表 16.2 允许介词短语的 CFG（没有词典）

1	Sentence→NounPhrase VerbPhrase
2	Sentence→NounPhrase Aux VerbPhrase
3	Sentence→Sentence Conj Sentence
4	NounPhrase→Article Noun
5	NounPhrase→Adj Noun
6	NounPhrase→Article Adj Noun
7	NounPhrase→Noun
8	NounPhrase→NounPhrase PP
9	PP→Preposition NP
10	VerbPhrase→Verb NounPhrase
11	VerbPhrase→Verb
12	VerbPhrase→Verb NounPhrase PP
13	VerbPhrase→Verb PP

例 16.2 以下是句法上有歧义的句子：

老师打骂懒散的孩子。

两姐妹失散 18 年后在柜台前相遇。

那位女士用伞打人。

乔伊和山姆正在猎狗。

最后，我们有一个格劳乔·马克思的老笑语：

我曾经用睡衣逮住了一头大象。他怎样落入我的睡衣，我一无所知。

最后，我们有老格劳乔·马克思的笑话：

I once shot an elephant in my pajamas.

How he got into my pajamas, I'll never know.

对算法 16.1 提出的修改建议产生该算法找到的第一个语法解析。以下留作练习来编写另一个修改以产生句子的所有语法。

另一种歧义是词汇歧义，当词汇或短语具有多个含义时出现。考虑这句话：

I deposited my money in the bank.

这句话通常可能意味着我将钱存入银行，然而，这也可能意味着我把它放在河边。请注意，该句子只允许一个语法解析，歧义是"bank"这个词的含义。

例 16.3　以下是词汇歧义的其他例子：

Prostitutes appeal to governor.

President seeks arms.

Francisco put the mouse on the desk.

Jim likes his new pen.

然而，在下面的句子中出现了第三种歧义：

I love it when i stub my toe.

只有一种方法可以解析这个句子，这个句子中没有单词具有多个含义。然而，演讲者可能是一个受虐狂，真的很喜欢碰他的脚趾，但演讲者更有可能是滑稽的。没有进一步的背景，就不可能知道是哪种情况，这是语义歧义的一个例子。

16.1.3　动态编程语法解析器

在 16.1.1 节的开头，讨论了使用表 16.1 中的语法解析"the monkey can read and the man can love"的句子。我们注意到，可以尝试首先从规则 1 开始解析句子，然后从规则 2 开始备份，最后从规则 3 开始备份。这个过程正是算法 16.1 所做的。在这个过程中，一遍又一遍地反复解释短语"monkey"。通常，递归算法存在这个问题，即重新评估相同的子实例，当发生这种情况时，我们通常可以使用动态编程获得更有效的算法。在动态编程中，首先解决小型子实例，存储其结果，然后，当我们需要结果时，直接查找而不是重新计算它。通常，使用数组或表来存储结果。John Cocke、Daniel Younger 和 Tadeo Kasami 为语法解析问题开发了 CYK 动态编程算法。该算法要求语法采用乔姆斯基范式，这不是问题，因为如前所述，任何上下文无关语法都可以转换为乔姆斯基范式。接下来讨论这个算法。讨论基于 [Allison，2007] 中的类似内容。

假设在表 16.3 中有简单的语法，想要解析句子

y x x x x.

表 16.3　一个简单语法

1	$S \rightarrow A\ B$
2	$A \rightarrow A\ C$
3	$B \rightarrow C\ B$
4	$A \rightarrow x \mid y$
5	$B \rightarrow x$
6	$C \rightarrow x$

设置一个 $n×n$ 的表，其中 n 是句子中的单词数（本例中 $n=5$），在表的右下方构建解决方案。这样的表 T 如图 16.4 所示。通过依次填充对角线为 1、2、3、4 和 5 来构建解决方案，该句子出现在对角线 1 的边上，对角线 1 的值直接根据句子中的单词计算。对于每个其他对角线，$T[i,j]$ 的值是从行 i 中的 $T[i,j]$ 左边的元素和列 j 中高于 $T[i,j]$ 的值确定的。例如，假设确定 $T[2,5]$ 的值，图 16.4 显示了如何根据第 2 行和第 5 列中的值确定该值。第 2 行中的最左边项（第 2 列中的一项）与第 5 列中的最近邻项（第 3 行中的第一项）组合在一起。然后，第 2 行中的下一个项（第 3 列中的项）与第 5 列中的下一个项（第 4 行中的第一项）合并。最后，第 2 行中最接近的项（第 4 列中的项）与第 5 列中的最远项（第 5 行中的第一项）相结合。所有这些组合的结果决定了 $T[2,5]$ 的值。

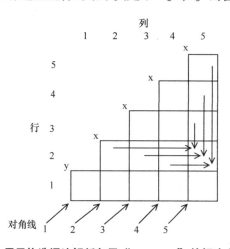

图 16.4　用于构造语法解析句子"y x x x x"的解决方案的表

接下来，使用句子"y x x x x"来演示算法，显示这些值是如何组合的，并且顺便解释为什么这导致最终出现在 $T[1,5]$ 中的解决方案。

为了确定对角线 1 中的值，依次访问该对角线中的每个数组。当访问第一个（$T[1,1]$）时，在其边缘找到"y"（见图 16.5a）。然后查看语法中的规则，看看哪些非终结符可以产生"y"。唯一的非终结符是 A；所以在 $T[1,1]$ 中放置一个 A，然后访问下一个数组（$T[2,2]$），在其边缘找到一个"x"，并从规则中看出 A、B 和 C 都可以确定"x"。所以将 A、B 和 C 都放在 $T[2,2]$ 中。以相同的方式，A、B 和 C 放置在对角线 1 的剩余数组中。结果如图 16.5a 所示。请注意，这些数组现在包含的值可能位于语法解析树中叶子（终结符）正上方的节点中。

接下来，确定对角线 2 中的值。第一个（$T[1,2]$）的值确定如下。研究左侧数组（$T[1,1]$）和上面数组（$T[2,2]$）中的值，并查找每个数组的右边只有一个非终结符的规则。对于发现的每个这样的规则，将非终结符放在 $T[1,2]$ 的左侧。例如，将 S 放在 $T[1,2]$ 中，因为有规则 $S←A\,B$，A 在 $T[1,1]$ 中，而 B 在 $T[2,2]$ 中。由于规则 $A←A\,C$，在 $T[1,2]$ 中放置一个 A。现在知道句子"y x"可以作为 S 和 A 导出，对角线 2 的剩余部分用相同方式完成，也就是说，每个数组中的值均是由其左侧数组中的值和其上方数组中的值确定的。图 16.5b 显示了结果。

对角线 3 以相同的方式完成，但稍微复杂一些。再看一下图 16.4，它显示了 3 对数组用

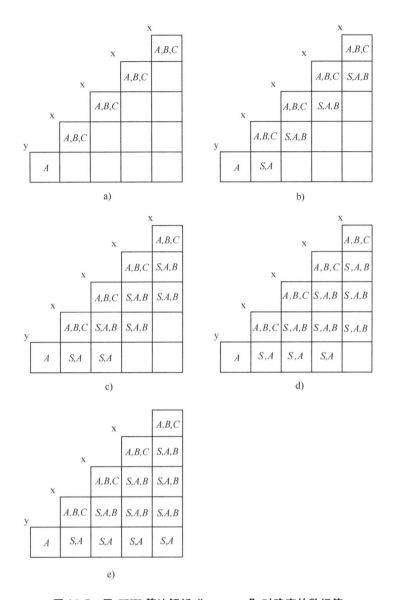

图 16.5　用 CYK 算法解析"y x x x x"时确定的数组值

于确定 $T[2,5]$ 中的值，这是在对角线 4 中。类似地，两对数组用于确定对角线 3 中的值。为了确定 $T[1,3]$ 中的值，研究 $T[1,1]$ 与 $T[2,3]$ 和 $T[1,2]$ 与 $T[3,3]$，这些研究能够在 $T[1,3]$ 中放置 S 和 A，现在知道句子"y x x"可以作为 S 或 A 导出。对角线 4 和 5 以相同的方式完成。因为 S 出现在 $T[1,5]$ 中，可以将句子"y x x x x"推导为 S，这意味着它是一个合法的句子。

现在假设要解析句子是

$$y\ x\ y\ x\ x.$$

图 16.6 显示了语法解析这句话的步骤。请注意，数组 $T[2,3]$ 中有一个 ϕ，这是因为没有其左侧是由 A、B、C 后跟 A 组成的规则，这意味着不可能将句子"x y"推导为任何非

终结符。请注意，这并不一定意味着无法导出"y x y x x"，因为可以将"y x"导出为非终结符，将"y x x"导出为非终结符，并将这两个非终结符出为 S。但是，情况并非如此，因为最终得到 $T[1,5]$ 中的 ϕ，这意味着 $S \notin T[1,5]$ 并且句子不合法。

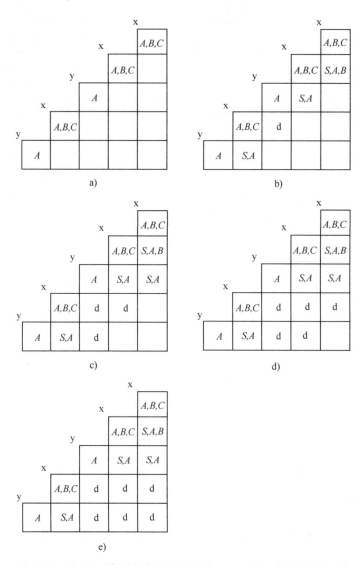

图 16.6   用 CYK 算法尝试语法解析 "y x y x x" 时确定的数组值

作为练习，编写 CYK 算法并将其时间复杂度表示为 $\theta(mn^3)$，其中 m 是规则数，n 是句子中的单词数。此外，可以通过存储指向语法解析数组（或第二阵列）中的树节点的指针来扩展该算法，然后可以从数组中检索所有可能的语法解析树（其数量可能是指数级）。此扩展的编写也作为练习。

16.1.4 概率语法解析器

如果按照上一节末尾的建议编写 CYK 算法，可以检索给定句子的所有可能的语法解析树。但是，目标通常是检索最可能的语法解析树或几个最可能的语法解析树。通过使用概率上下文无关语法（PCFG）解决了这个问题。表 16.4 显示了一个 PCFG。

PCFG 中的每个规则都有与之相关的概率。给定类别的规则的概率总和为 1，例如，句子有 3 个规则，即规则 1、2 和 3，有

$$P(\text{Rule 1}) + P(\text{Rule 2}) + P(\text{Rule 3}) = 0.6 + 0.25 + 0.15 = 1$$

这意味着，如果一个字符串是一个句子，那么它有一个 0.6 的概率为 *NounPhrase*，后面跟着 *VerbPhrase*。对于由终结符替换的类别，将所有替换的集合编写为一个规则。因此，这一条规则中的概率总和为 1。例如，在规则 12 中，

$$P(\text{a}) + P(\text{an}) + p(\text{the}) = 0.4 + 0.2 + 0.4 = 1$$

这意味着，举例来说，假定该单词是一个冠词，它具有 0.4 概率为 "a"。当然，为了举个例子，使用了一个非常小的词典。在实际应用中，会有更多的单词（可能接近整个字典），并且每个单词的概率要小得多。

图 16.7 显示了图 16.3 中的语法解析树，其中添加了表 16.4 中的概率。做出与贝叶斯网络类似的独立假设。也就是说，假设，$P(\text{right} \mid \text{Noun}) = 0.15$，不管语法解析树中其他节点的值如何，调用图 16.7a*Parse*$_a$ 中的语法解析树和图 16.7a*Parse*$_b$ 中的语法解析树。根据假设，有以下内容：

$$P(\text{Parse}_a) = 0.15 \times 0.3 \times 0.2 \times 0.15 \times 0.3 \times 0.8 \times 0.65 = 2.11 \times 10^{-4}$$

$$P(\text{Parse}_b) = 0.2 \times 0.1 \times 0.3 \times 0.1 \times 0.2 \times 0.65 = 7.8 \times 10^{-5}$$

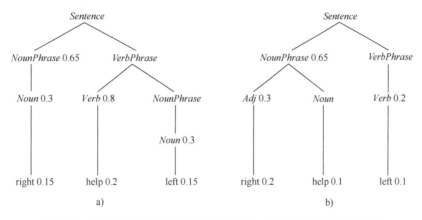

图 16.7　具有概率的 "right help left" 这一句子的两棵语法解析树

表 16.4　一个 PCFG（概率上下文无关语法）

1	*Sentence→NounPhrase VerbPhrase* [0.65]
2	*Sentence→NounPhrase Aux VerbPhrase* [0.25]
3	*Sentence→Sentence Conj Sentence* [0.1]
4	*NounPhrase→Article Noun* [0.3]
5	*NounPhrase→Adj Noun* [0.3]
6	*NounPhrase→Article Adj Noun* [0.1]

（续）

7	$NounPhrase{\to}Noun\ [0.3]$
8	$VerbPhrase{\to}Verb\ NounPhrase\ [0.8]$
9	$VerbPhrase{\to}Verb\ [0.2]$
10	$Noun{\to}$man $[0.2]$ ∣ monkey $[0.2]$ ∣ book $[0.2]$ ∣ right $[0.15]$ ∣ left $[0.15]$ ∣ help $[0.1]$
11	$Verb{\to}$read $[0.25]$ ∣ reads $[0.1]$ ∣ love $[0.25]$ ∣ loves $[0.1]{\to}$ ∣ left $[0.1]$ ∣ help $[0.2]$
12	$Article{\to}$a $[0.4]$ ∣ an $[0.2]$ ∣ the $[(0.4]$
13	$Adj{\to}$fat ∣ $[0.4]$ ∣ big $[0.4]$ ∣ right $[0.2]$
14	$Aux{\to}$can $[0.5]$ ∣ may $[0.5]$
15	$Conj{\gets}$and $[0.5]$ ∣ or $[0.5]$

之所以选择 $Parse_a$ 是因为它更有可能。因为这是句子"right help left"的唯一两个语法解析，所以句子的概率是 $2.11\times10^{-4}+7.8\times10^{-5}=2.89\times10^{-4}$。

要从 CYK 算法生成的指针数组中找到最可能的语法解析，可以简单地找到所有语法解析树并选择最可能的语法解析树。然而，如果只想要最可能的一个（或最可能的几个），可以使用最佳优先搜索算法 A^* ［Dechter and Pearl，1985］搜索所有语法解析树的空间。

具有最高概率的语法解析不一定是明智的。再考虑一下这句话。

I shot an elephant in my pajamas.

根据 PCFG 中的概率，使大象穿着睡衣的语法解析很容易比其他语法解析更高。当 $x=$ 睡衣时，语法解析器需要认识到短语"x 中的大象"是不可能的。

无论实际概率值如何，给定句子的两次语法解析甚至可以具有相同的概率。考虑这句话：

dogs in houses and cats like humans.

它留下来作为练习来表明这句话的两个语法解析使用相同的规则集并且明显包含相同的单词，所以两个语法解析的概率必须相同。

16.1.5 获得 PCFG 的概率

学习 PCFG 概率的最直接的方法是从树库中学习它们，树库是正确的语法解析树的集合。例如，众所周知的 Penn 树库 ［Marcus et al.，1993］包含 3000000 个单词及其词性，并且语法解析包含单词树，它是通过专家和自动化的努力开发的。

例 16.4 假设在表 16.2 中有语法，并且想要了解此规则的概率：

$NounPhrase{\to}NounPhrase\ PP$

如果树库中的语法解析树中出现了 200000 个 $NounPhrase$，并且其中 10000 个指向 $NounPhrase\ PP$，则估计该规则的概率为

$$10000/200000=0.05$$

现在假设有一个由未进行解析的句子而不是树库组成的数据集。内外算法使用期望最大化（EM）方法不仅从这样的数据集中学习概率而且学习规则本身。参见［Lari and Young, 1990］或［Manning and Schuetze, 2003］关于内外算法的讨论，［Neapolitan, 2004］介绍了贝叶斯网络域中的 EM 方法，以及［McLachlan and Krishnan, 2008］完整覆盖的 EM 方法。

16.1.6　词典化的 PCFG

PCFG 的难点在于它们确实上下文无关。因此，给定单词的概率不取决于句子中的其他单词。16.1.4 节末尾提到了这个问题。这是一个简单的例子。考虑将这两个动词短语解析为动词后跟名词：

demands quiet
sleep quiet

短语的概率仅取决于单个词的概率。事实上，动词短语中使用的不及物动词不会跟在名词之后。因此，如果语法解析句子"when I sleep quiet rooms help"时，将"quiet"作为名词处理的语法解析树将不会被确定为非常不可能。

这种困难由词典化 PCFG（LPCFG）解决。在这样的语法中，能够专注于一起出现的单词模式。表 16.5 显示了一个简单的 LPCFG。如果一个短语可以被给定的类别语法解析，则称这个短语的头部是该类别最重要的单词。例如，如果类别是名词短语而短语是"the man"，则短语的头部是"man"。如果类别是动词短语并且短语是"demands quiet"，则短语的头部是"demands"。为了简洁起见，将 S 替换为句子，用 NP 等代替 N，等等。符号 $NP(n)$ 用于表示被归类为头部为 n 的名词短语的短语。使用这种表示法，表 16.5 显示了一个简单的 LPGFG。概率 $P_1(n,v)$ 是为词典中的每个名词和动词定义的。这里存储每对这样的概率。例如，

$$P_1(man, demands) = 0.01$$

表 16.5　一个简单的 LPCFG

1	$S \rightarrow NP(n) VP(v)$	$P_1(n,v)$	$P_1(man, demands) = 0.01, \ldots$
2	$NP(n) \rightarrow Art(a) N(n)$	$P_2(a,n)$	$P_2(the, man) = 0.03, \ldots$
3	$NP(n) \rightarrow N(n)$	$P_3(n)$	$P_3(quiet) = 0.6, \ldots$
4	$VP(v) \rightarrow V(v) NP(n)$	$P_4(v,n)$	$P_4(demands, quiet) = 0.02,$ $P_4(sleeps, quiet) = 0.00001, \ldots$
5	$VP(v) \rightarrow V(v)$	$P_5(v)$	$P_5(demands) = 0.00001,$ $P_5(sleeps) = 0.06, \ldots$

因为这些是 S 可以形成的所有方式，所以这些概率总和为 1。概率 $P_2(a,n)$ 被定义为每个物品和名词对，概率 $P_3(n)$ 被定义为每个名词。因为这些都是可以形成 NP 的所有方式，所以 $P_2(a,n)$ 和 $P_3(n)$ 的所有值总和为 1. 语法中的其他概率被类似地加以定义。

图 16.8 显示了使用表 16.5 中的语法获得的语法解析树来语法解析以下句子：

The man demands quiet

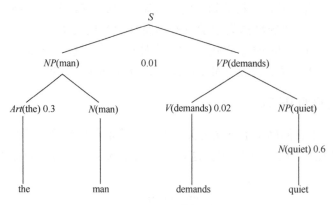

图 16.8　使用 LPCFG 获得的语法解析树

如果称之为语法解析，就有了

$$P(Parse) = 0.6 \times 0.02 \times 0.3 \times 0.01 = 3.6 \times 10^{-5}$$

因为这是句子的唯一语法解析，这也是句子的概率。

现在考虑以下句子：

the man sleeps quiet

因为 $P_4(\text{sleeps, quiet}) = 0.00001$，这句话的概率要小得多。

LPCFG 的一个问题是它需要比 PCFG 更多的概率。处理此问题的一种方法是通过仅取决于 v 的概率来估计稀疏 (v, n) 元组的 $P_4(v, n)$。

我们展示的 LPCFG 非常简单。有许多方法可以开发和学习 LPCFG。您可以参考以下文献：［Charniak，1993］、［Charniak，1997］、［Manning and Schuetze，2003］和［Collins，1997］。

16.2　语义解释

语法解析产生一棵树，代表句子的语言成分，如主语、谓语和宾语，以及它们之间的关系。下一步，即语义解释，表示来自语法解析树的句子的含义。其含义指的是可以添加到知识库的语句或可以呈现给知识库的查询。例如，假设论域是 5.2.2 节中的块世界。进一步假设句子是"块 a 位于块 b 上"。那么句子的语义就是 on(a,b)，并且句子的语义解释必须从源自句子的逻辑公式中导出。

在图 16.1 中，我们将语义解释描述为为了清楚起见而进行语法解析的步骤。但是，它可以继续进行语法解析。接下来展示了一种同时完成它们的方法。

为简单起见，假设句子如下：

a on b.

基于这句话，应该在（a,b）上推导出逻辑陈述。表 16.6 显示了使用语义增强的此域的简单语法。终端是"a""b"和"on"。终端"a"和"b"的语义（含义）是逻辑术语"a"和"b"。因为通常名词部分（NP）可以是块以外的其他部分，所以有规则 2，即 $NP(obj) \rightarrow Block(obj)$。变量 obj 表示句子成分的语义或含义。因此，使用规则 4 可以获得 $Block(a)$，然后使用规则 2 可以获得 $NP(a)$。难点在于"on b"。这个短语的语义解释既不是术语，也不是谓语，也不是逻辑句子。但是，我们可以认为"b"是一个谓语，当与一个术语（在这种情况下为 a）结合时，会产生一个逻辑句子。为实现这一目标，我们将"on b"表示为谓语如下：

$$\lambda x \; on(x,b)$$

这是 λ 符号，它代表 x 的未命名函数。我们可以将函数应用于"a"，如下所示：

$$on(a,b) = \lambda x \; on(x,b)(a)$$

因此，当应用规则 1 时，其中 *obj* 具有值 a，*pred* 具有值 $\lambda x \; on(x,b)$ 时，获得推导

$$S(on(a,b)) = S(\lambda x \; on(x,b)(a)) \rightarrow NP(a)VP(\lambda x \; on(x,b))$$

表 16.6　用语义增强的语法

1	$S(pred(obj)) \rightarrow NP(obj) \; V\,P(pred)$
2	$NP(obj) \rightarrow Block(obj)$
3	$VP(pred(obj)) \rightarrow Verb(pred)NP(obj)$
4	$Block(a) \rightarrow a$
5	$Block(b) \rightarrow b$
6	$Verb(\lambda y \; \lambda x \; on(x;y)) \rightarrow on$

同样，动词"on"表示为以下谓语：

$$\lambda y \; \lambda x \; on(x,y)$$

将此谓语应用于"b"，我们有以下内容：

$$on(x,b) = \lambda y \; \lambda x \; on(x,y)(b)$$

图 16.9 显示了从"a on b"导出 on（a,b）的语义解释的语法解析树。

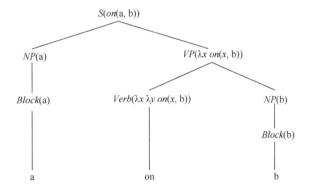

图 16.9　从句子"a on b"推导出 on(a,b) 的语义解释

我们已经展示了如何将语义解释硬编码到语法解析树中。Zelle 和 Mooney［1996］开发了 CHILL，它从例子中学习语义解释。

16.3　概念/知识解释

句子的语义解释产生一个信息单元，例如 on（a,b）上的逻辑语句。在最后一步，概念/

知识或背景解释中，信息项被纳入知识库。例如，假设我们的世界或知识库包括两个房间，房间1和房间2；房间1有一张桌子，那个房间的块位于桌子上，如图16.10左侧所示；而房间2没有桌子，那个房间的块如图16.10右侧所示。如果我们的语义解释是on(a,b)，那么如何知道是否将块a放在房间1或房间2的块b上？语言学家使用情境的概念来处理问题，情境是真实世界上特定的情况。这种情况记录了到目前为止发生的一切。在当前示例中，情境不仅包括房间中各种块的放置，还包括机器人当前在房间1中。因此，对on(a,b)的语境解释是在房间1将块a放置在块b上。

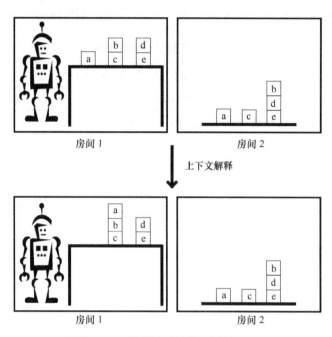

图 16.10　机器人在房间 1 的情况下

16.4　信息检索

这是接近语言理解的应用，即信息检索。信息检索系统将文本主体作为输入，并从中提取关于预先指定的感兴趣主题的事实。图16.11显示了这种系统如何进行处理的示例。该特定系统的目的是提取与自然灾害领域相关的信息。所需信息由包含要检索的精确属性的模板表示。在这种情况下，它们罗列如下：事件，日期，时间，地点，破坏，估计损失和受伤情况。在图16.11的示例中，文本由当地报纸上可能出现的关于达拉斯地震的文本段落组成，所提取的信息包含有关地震的所有信息。

在讨论了信息检索的各种有用应用之后，这里提出了一种信息检索系统的体系结构。

16.4.1　信息检索的应用

今天，信息检索通常涉及从网页上出现的信息中挖掘所需的事实。应用包括监控报纸和其他文章，以了解自然灾害、恐怖事件、政治事务、商业企业、科学发现等的细节。另一个应用包括总结出随笔形式的患者记录，以提取症状、测试结果、治疗和诊断。另一个应用涉及诸如法律文件之类的文档自动分类。

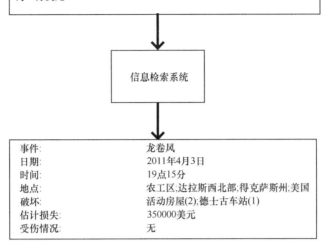

图 16.11　自然灾害领域信息检索系统相关实例

16.4.2　信息检索系统的体系结构

已经在信息检索系统的开发中尝试了各种方法。在一个极端情况下，开发的系统只是执行关键字匹配而根本没有语言分析。在另一个极端，系统使用本章开发的所有自然语言理解技术处理文本，包括语法分析、语义解释和语境解释。

Cardie［1997］描述了进化为信息检索系统的标准体系结构。该体系结构如图 16.12 所示。现在依次讨论体系结构的每个组件。

1）标记化和标记：在此步骤中，每个单词的词义都被消除歧义或标记。

2）句子分析：此阶段执行语法分析，并查找和标记与每个提取主题相关的语义实体。例如，在自然灾害域中，系统识别事件，地点，名称，伤害表述，时间表述和财物表述。信息检索系统中句子分析的目标不是像标准自然语言理解程序那样生成完整的语法解析树。相反，系统进行部分语法解析，其仅涉及开发实现信息检索任务所需的结构。部分语法解析器查找可识别文本的片段，例如名词组和动词组。

3）提取：在提取阶段，系统集中于识别与特定域相关的信息。例如，在自然灾害域，它识别事件（龙卷风）和地点（"区域"和"达拉斯西北部"）。

4）合并：在合并阶段，系统尝试区分语法解析文本中发现的不同实体是否属于同一实体。例如，在关于达拉斯龙卷风的文本中，系统可能会解决"龙卷风"和"旋风"指的是同一个实体。这里的目的是使系统能够将两个不同语句中的信息与一个实体相关联。例如，在龙卷风的情况下，我们有文字"龙卷风席卷……造成严重破坏"，"旋风在没有警告的情况下发生……并摧毁了两个移动房屋。"一旦我们确定"龙卷风"和"旋风"是同一个实体，我们知道龙卷风造成了过多的破坏并摧毁了两个移动房屋。

5）模板生成：在模板生成阶段，提取的信息被映射到模板所需的属性。

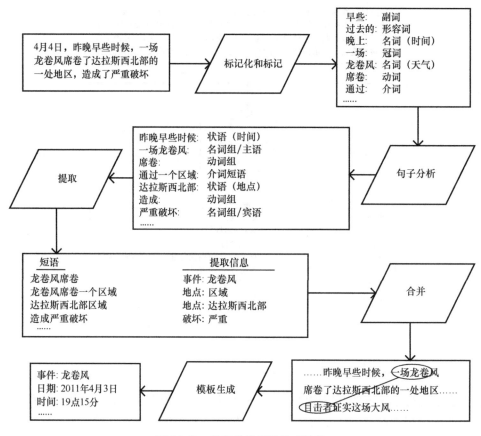

图 16.12 信息检索系统体系结构

Cardie［1997］讨论了刚刚提出的体系结构的算法的实现。

16.5 讨论和扩展阅读

在理论和算法层面，自然语言理解领域要比这里提供得更多。关于这个主题的两篇流行文章是［Allen，1995］和［Jurafsky and Martin，2009］。前一篇文章长期以来一直是标准，而后一篇文章更为现实，因为它涵盖了最近发生的统计技术的进步。自然语言理解是自然语言处理（NLP）的子领域，其涉及理解自然语言输入和产生自然语言输出。上面提到的后一篇文章，即［Jurafsky and Martin，2009］，涵盖了 NLP 的这两个方面。

练习

16.1 节

练习 16.1　证明任何上下文无关语法都可以转换为乔姆斯基范式的语法。

练习 16.2　使用表 16.1 中的 CFG，解析这些句子并显示生成的语法解析树：

1）A big man loves the monkey；

2）The fat monkey can read the right book；

3）The man loves the left and the monkey loves the right。

练习 16.3　修改算法 16.1，使其生成一个语法解析树。

练习 16.4　实现算法 16.1 并使用它来解析练习 16.2 中的句子。

练习 16.5　对例 16.2 中的每个句子显示两个不同的语法解析树。

练习 16.6　使用表 16.3 中的语法，显示在解析以下每个句子时由 CYK 算法生成的表：

1）y y x x x；

2）x x y x x；

3）x y y y y。

练习 16.7　实现 CYK 算法。

练习 16.8　证明 CYK 算法的时间复杂度为 $\theta(mn^3)$，其中 m 是规则数，n 是句子中的单词数。

练习 16.9　使用表 16.4 中的 PCFG，计算练习 16.2 中句子的概率。

练习 16.10　使用表 16.5 中的 LPCFG，获取语法解析树并计算该句子的概率：

The man sleeps quiet。

16.2 节

练习 16.11　用语义扩充表 16.1 中的语法，并使用增强的语法来获得练习 16.2 中句子的语义。

参 考 文 献

Allen, 1995   Allen, J., *Natural Language Understanding*, Benjamin/Cummings, 1995.

Allison, 2007   Allison, C., "Practical Computation Theory," *The Journal of Computing Sciences in Colleges*, Vol. 22, No. 10, 2007.

Amarel, 1968   Amarel, S., "On Representations of Problems of Reasoning About Actions," in Michie, D. (Ed.): *Machine Intelligence 3*, Elsevier/North-Holland, 1968.

Anderson et al., 2007 Anderson, D., D. Sweeney, and T. Williams, *Statistics for Business and Economics*, South-Western, 2007.

Ash, 1970   Ash, R. B., *Basic Probability Theory*, Wiley, 1970.

Baldassarre et al., 2007   Baldassarre, G., et al., "Self-Organized Coordinated Motion in Groups of Physically Connect Robots," *IEEE Transactions on Systems, Man, and Cybernetics, Part B: Cybernetics*, Vol. 37, No. 1, 2007.

Banzhaf et al., 1998   Banzhaf, W., P. Nordin, R. E. Keller, and F. D. Francone, *Genetic Programming An Introduction*, Morgan Kaufmann, 1998.

Basye et al., 1992   Basye, K., T. Dean, J. Kirman, and M. Lejter, "A Decision-Theoretic Approach to Planning, Perception and Control," *IEEE Expert*, Vol. 7, No. 4, 1992.

Bauer et al., 1997   Bauer, E., D. Koller, and Y. Singer, "Update Rules for Parameter Estimation in Bayesian Networks," in Geiger, D., and P. Shenoy (Eds.): *Uncertainty in Artificial Intelligence; Proceedings of the Thirteenth Conference*, Morgan Kaufmann, 1997.

Beckers et al., 1992   Beckers, E., S. Ceria, and G. Cornuéjols, "Trails and U-turns in the Selection of the Shortest Path by the Ant Lasius Nifwe," *Journal of Theoretical Biology*, Vol. 159, 1992.

Beinlich et al., 1989 Beinlich, I. A., H. J. Suermondt, R. M. Chavez, and G. F. Cooper, "The ALARM Monitoring System: A Case Study with Two Probabilistic Inference Techniques for Belief Networks," *Proceedings of the Second European*

Conference on Artificial Intelligence in Medicine, London, 1989.

Bell, 1982	Bell, D.E., "Regret in Decision Making Under Uncertainty," *Operations Research*, Vol. 30, No. 5, 1982.
Bellman, 1957	Bellman, R., "A Markovian Decision Process." *Journal of Mathematics and Mechanics*, Vol. 6, No. 4, 1957.
Benson, 1995	Benson, S., "Active Model Learning and Action Execution in a Reactive Agent," *Proceedings of the 1995 International Joint Conference in Artificial Intelligence* (IJCAI), 1995.
Bentler, 1980	Bentler, P. N., "Multivariate Analysis with Latent Variables," *Review of Psychology*, Vol. 31, 1980.
Bernardo and Smith, 1994	Bernado, J., and A. Smith, *Bayesian Theory*, Wiley, New York, 1994.
Bilmes, 2000	Bilmes, J.A., "Dynamic Bayesian Multinets," in Boutilier, C. and M. Goldszmidt (Eds.): *Uncertainty in Artificial Intelligence; Proceedings of the Sixteenth Conference*, Morgan Kaufmann, 2000.
Boden, 1977	Boden, M.A., *Artificial Intelligence and Natural Man*, Basic Books, 1977.
Bottou, 1991	Bottou, L., "Stochastic Gradient Learning in Neural Networks," *Proceedings of Neuro-Nîmes 91*, Nimes, France: EC2, 1991.
Brachman and Levesque, 2004	Brachman, R.J., and H.J. Levesque, *Knowledge Representation and Reasoning*, Morgan Kaufmann, 2004.
Breder, 1954	Breder, C.M., "Equations Descriptive of Fish Schools and Other Animal Aggregations," *Ecology*, Vol. 35, 1954.
Breese et al., 1998	Breese, J., D. Heckerman, and C. Kadie, "Empirical Analysis of Predictive Algorithms for Collaborative Filtering," in Cooper, G.F., and S. Moral (Eds.): *Uncertainty in Artificial Intelligence; Proceedings of the Fourteenth Conference*, Morgan Kaufmann, 1998.
Breiman et al., 1984	Breiman, L., J. Friedman, R. Olshen, and C. Stone, *Classification and Regression Trees*, Wadsworth and Brooks, 1984.
Brooks, 1981	Brooks, R.A., "Symbolic Reasoning Among 3-D Models and 3-D Images," *Artificial Intelligence*, Vol. 17, No. 1–3, 1981.
Brooks, 1991	Brooks, R.A., "Intelligence without Representation," *Artificial Intelligence*, Vol. 47, 1991.
Buchanan and Shortliffe, 1984	Buchanan, B.G., and E.H. Shortliffe, *Rule-Based Expert System*, Addison-Wesley, 1984.

Bulmer, 2003 — Bulmer, M., *Francis Galton: Pioneer of Heredity and Biometry*, Johns Hopkins University Press, 2003.

Buntine, 1993 — Buntine, W., "Learning Classification Trees," in Hand, D.J. (Ed.): *Artificial Intelligence Frontiers in Statistics: AI and Statistics III*, Chapman & Hall/CRC, 1993.

Buntine, 2002 — Buntine, W., "Tree Classification Software," *Proceedings of the Third National Technology Transfer Conference and Exposition*, Baltimore, MD, 2002.

Burnell and Horvitz, 1995 — Burnell, L., and E. Horvitz, "Structure and Chance: Melding Logic and Probability for Software Debugging," *Communications of the ACM,* Vol. 38, No. 3, 1995.

Campo et al., 2010 — Campo, A., et al., "Artificial Pheromone for Path Selection by a Foraging Swarm of Robots," *Biological Cybernetics*, Vol. 103, No. 5, 2010.

Candel et al., 2015 — Candel, A., et al. *Deep Learning with H2O*, H2O.ai, Inc., 2015.

Cardie, 1997 — Cardie, C., "Empirical Methods in Information Extraction," *AI Magazine*, Vol. 18, No. 4, 1997.

Chalmers, 1996 — Chalmers, D., *The Conscious Mind: In Search of a Fundamental Theory*, Oxford University Press, 1996.

Charniak, 1993 — Charniak, E., *Statistical Language Learning*, MIT Press, 1993.

Charniak, 1997 — Charniak. E, "Statistical Parsing with a Context-Free Grammar and Word Statistics," *Proceedings of the Fourteenth National Conference on Artificial Intelligence (AAAI 1997)*, 1997.

Cheeseman and Stutz, 1996 — Cheeseman, P., and J. Stutz, "Bayesian Classification (Autoclass): Theory and Results," in Fayyad, D., G. Piatetsky-Shapiro, P. Smyth, and R. Uthurusamy (Eds.): *Advances in Knowledge Discovery and Data Mining*, AAAI Press, 1996.

Chib, 1995 — Chib, S., "Marginal Likelihood from the Gibbs Output," *Journal of the American Statistical Association*, Vol. 90, No. 432, 1995.

Chickering, 2001 — Chickering, D., "Learning Equivalence Classes of Bayesian Networks," Technical Report # MSR-TR-2001-65, Microsoft Research, Redmond, WA, 2001.

Chickering, 2002 — Chickering, D., "Optimal Structure Identification with Greedy Search," *Journal of Machine Learning Research*, Vol. 3, 2002.

Chickering and Heckerman, 1997   Chickering, D., and D. Heckerman, "Efficient Approximation for the Marginal Likelihood of Bayesian Networks with Hidden Variables," Technical Report # MSR-TR-96-08, Microsoft Research, Redmond, WA, 1997.

Chickering and Heckerman, 2000   Chickering, D., and D. Heckerman, "A Decision-Theoretic Approach to Targeted Advertising," in Boutilier, C., and M. Goldszmidt (Eds.): *Uncertainty in Artificial Intelligence; Proceedings of the Sixteenth Conference*, Morgan Kaufmann, San Mateo, California, 2000.

Christensen et al., 2009   Christensen, L.M., H. Harkema, P. J. Haug, J. Y. Irwin, and W. W. Chapman, "ONYX: A System for the Semantic Analysis of Clinical Text," *Proceedings of the Workshop on BioNLP*, Boulder, CO, June 04–05, 2009.

Clemen, 1996   Clemen, R.T., *Making Hard Decisions*, PWS-KENT, 1996.

Collins, 1997   Collins, M., "Three Generative, Lexicalised Models for Statistical Parsing," *Proceedings of the 35th Annual Meeting of the Association for Computational Linguistics*, 1997.

Collins and Quillan, 1969   Collins, A., and M.R. Quillian, "Retrieval Time from Semantic Memory," *Journal of Verbal Learning and Verbal Behavior*, Vol. 8, 1969.

Cooper, 1990   Cooper, G. F., "The Computational Complexity of Probabilistic Inference Using Bayesian Belief Networks," *Artificial Intelligence*, Vol. 42, No. 2–3, 1990.

Cooper and Herskovits, 1992   Cooper, G. F., and E. Herskovits, "A Bayesian Method for the Induction of Probabilistic Networks from Data," *Machine Learning*, Vol. 9, 1992.

Cotton et al., 2000   Cotton, S., A. Bundy, and T. Walsh, "Automatic Invention of Integer Sequences," *Proceedings of AAAI-2000*, MIT Press, 2000.

Curtis, et al. 2012   Curtis, C., et. al.,"The Genomic and Transcriptomic Architecture of 2,000 Breast Tumours Reveals Novel Subgroups," *Nature*, Vol. 486, 2012.

Cozman and Krotkov, 1996   Cozman, F., and E. Krotkov, "Quasi-Bayesian Strategies for Efficient Plan Generation: Application to the Planning to Observe Problem," in Horvitz, E., and F. Jensen (Eds.): *Uncertainty in Artificial Intelligence; Proceedings of the Twelfth Conference*, Morgan Kaufmann, 1996.

Dagum and Chavez, 1993   Dagum, P., and R. M. Chavez, "Approximating Probabilistic Inference in Bayesian Belief Networks," *IEEE Transactions on Pattern Analysis and Machine Intelligence*, Vol. 15, No. 3, 1993.

Dagum and Luby, 1993   Dagum, P., and M. Luby, "Approximating Probabilistic Inference in Bayesian Belief Networks Is NP-hard," *Artificial Intelligence*, Vol. 60, No. 1, 1993.

Davis and Lenat, 1982   Davis, R., and D.B. Lenat, *Knowledge-based Systems in Artificial Intelligence*, McGraw-Hill, 1982.

Dean and Wellman, 1991   Dean, T., and M. Wellman, *Planning and Control*, Morgan Kaufmann, 1991.

Dechter and Pearl, 1985   Dechter, R., and J. Pearl, "Generalized Best-First Search Strategies and the Optimality of A*," *Journal of the ACM*, Vol. 32, No. 3, 1985.

de Finetti, 1937   de Finetti, B., "La prévision: See Lois Logiques, ses Sources Subjectives," *Annales de l'Institut Henri Poincaré*, Vol. 7, 1937.

Delgrande and Schaub, 2003 Delgrande, J., and T. Schaub, "On the Relation Between Reiter's Default Logic and its (major) Variants," *Proceedings of the Seventh European Conference on Symbolic and Quantitative Approaches to Reasoning with Uncertainty*, 2003.

Demirer et al., 2006   Demirer, R., R. Mau, and C. Shenoy, "Bayesian Networks: A Decision Tool to Improve Portfolio Risk Analysis," *Journal of Applied Finance*, Vol. 6, No. 2, 2006.

Dempster et al., 1977   Dempster, A, N. Laird, and D. Rubin, "Maximum Likelihood from Incomplete Data via the EM Algorithm," *Journal of the Royal Statistical Society B*, Vol. 39, No. 1, 1977.

DePuy et al., 2005   DePuy, G.W., R.J. Moraga, and G.E. Whitehouse, "Meta-RaPS: A Simple and Effective Approach for Solving the Traveling Salesman Problem," *Transportation Research Part E*, Vol. 41, No. 2, 2005.

Diez and Druzdzel, 2002   Diez, F.J., and M.J. Druzdzel, "Canonical Probabilistic Models for Knowledge Engineering," Technical Report IA-02-01, Dpto. Inteligencia Artificial, UNED, Madrid, 2002.

Dorigo and Gambardella, 1997 Dorigo, M., and L.M. Gambardella, "Ant Colonies for the Traveling Salesperson Problem," *Biosystems*, Vol. 43, 1997.

Dorigo et al., 1996   Dorigo, M., V. Maniezzo, and A. Colorni, "The Ant System: by a Colony of Cooperating Agents," *IEEE Transaction on Systems, Man, and Cybernetics*, Part B, Vol. 26, No. 1, 1996.

Doyle, 1979   Doyle, J., "A Truth Maintenance System," *Artificial Intelligence*, Vol. 12, No. 3, 1979.

Druzdzel and Glymour, 1999   Druzdzel, M.J., and C. Glymour, "Causal Inferences from Databases: Why Universities Lose Students," in Glymour, C., and G.F. Cooper (Eds.): *Computation, Causation, and Discovery*, AAAI Press, 1999.

Duda et al., 1976   Duda, R.O., P.E. Hart, and N.J. Nilsson, "Subjective Bayesian Methods for Rule-Based Inference Systems," Technical Report 124, Stanford Research Institute, 1976.

Durbin and Willshaw, 1987   Durbin, R., and D. Willshaw, "An Analogue Approach to the Traveling Salesperson Problem Using an Elastic Net Method," *Nature*, Vol. 326, 1987.

Edelman, 2006   Edelman, G.M., *Second Nature: Brain Science and Human Knowledge*, Yale University Press, 2006.

Edelman, 2007   Edelman, G.M., "Learning in and from Brain-Based Devices," *Science*, Vol. 318, No. 5853, 2007.

Eells, 1991   Eells, E., *Probabilistic Causality*, Cambridge University Press, 1991.

Farnsworth et al., 2004   Farnsworth, G.V., J.A. Kelly, A.S. Othling, and R.J. Pryor, "Successful Technical Trading Agents Using Genetic Programming," Technical Report # SAND2004-4774, Sandia National Laboratories, Albuquerque, NM, 2004.

Feigenbaum et al., 1971   Feigenbaum, E.A., B.G. Buchanan, and J. Lederberg, "On Generality and Problem Solving: A Case Study Using the Dendral Program, in Meltzer, B., and D. Mitchie (Eds.): *Machine Intelligence 6*, Edinburgh University Press, 1971.

Feller, 1968   Feller, W., *An Introduction to Probability Theory and Its Applications*, Wiley, New York, 1968.

Fikes and Nilsson, 1971   Fikes, R.E., and N.J. Nilsson, "STRIPS: A New Approach to the Application of Theorem Proving to Artificial Intelligence," *Artificial Intelligence*, Vol. 3, No. 2, 1971.

Fishelson and Geiger, 2002   Fishelson, M., and D. Geiger, "Exact Genetic Linkage Computations for General Pedigrees," *Bioinformatics*, Vol. 18 (supplement 1), 2002.

Fishelson and Geiger, 2004   Fishelson, M., and D. Geiger, "Optimizing Exact Genetic Linkage Computation," *Journal of Computational Biology*, Vol. 11, No. 2–3, 2004.

Fogel, 1994   Fogel, D.B., "Evolutionary Programming in Perspective: The Top-Down View," in Zurada, J.M., R.J. Marks II, and C.J. Robinson (Eds.): *Computational Intelligence: Imitating Life*, IEEE Press, 1994.

Fraser, 1958

Fraser, A.S., "Monte Carlo Analyses of Genetic Models," *Nature*, Vol. 181, 1958.

Freedman et al., 2007

Freedman, F., R. Pisani, and R. Purves, *Statistics*, W.W. Norton & Co., 2007.

Friedman et al., 2000

Friedman, N., M. Linial, I. Nachman, and D. Pe'er, "Using Bayesian Networks to Analyze Expression Data," in *Proceedings of the Fourth Annual International Conference on Computational Molecular Biology*, 2000.

Friedman et al., 2002

Friedman, N., M. Ninio, I Pe'er, and T. Pupko, "A Structural EM Algorithm for Phylogenetic Inference," *Journal of Computational Biology*, Vol. 9, No. 2, 2002.

Friedman and Koller, 2003

Friedman, N., and K. Koller, "Being Bayesian about Network Structure: A Bayesian Approach to Structure Discovery in Bayesian Networks," *Machine Learning*, Vol. 50, No. 1, 2003.

Fung and Chang, 1990

Fung, R., and K. Chang, "Weighing and Integrating Evidence for Stochastic Simulation in Bayesian Networks," in Henrion, M., R. D. Shachter, L. N. Kanal, and J. F. Lemmer (Eds.): *Uncertainty in Artificial Intelligence 5*, North-Holland, 1990.

Galán et al., 2002

Galán, S.F., F. Aguado, F.J. Díez, and J. Mira, "NasoNet, Modeling the Spread of Nasopharyngeal Cancer with Networks of Probabilistic Events in Discrete Time," *Artificial Intelligence in Medicine*, Vol. 25, No. 3, 2002.

Gambardella and Dorigo, 1995

Gambardella, L.M., and M. Dorigo, "Ant-Q: a Reinforcement Learning Approach to the Traveling Salesperson Problem," in Prieditis, A., and S. Russell (Eds.): *Proceedings of ML-95, 12th International Conference on Machine Learning,* Morgan Kaufmann, 1995.

Geiger and Heckerman, 1994

Geiger, D., and D. Heckerman, "Learning Gaussian Networks," in de Mantras, R.L., and D. Poole (Eds.): *Uncertainty in Artificial Intelligence; Proceedings of the Tenth Conference*, Morgan Kaufmann, 1994.

Gelernter, 1959

Gelernter, H., "Realization of a Geometry Theorem-Proving Machine," *Proceedings of International Conference on Information Processing*, UNESCO, 1959.

Geman and Geman, 1984

Geman, S., and D. Geman, "Stochastic Relaxation, Gibb's Distributions and the Bayesian Restoration of Images," *IEEE Transactions on Pattern Analysis and Machine Intelligence*, Vol. 6, 1984.

Gilks et al., 1996

Gilks, W.R., S. Richardson, and D.J. Spiegelhalter (Eds.): *Markov Chain Monte Carlo in Practice*, Chapman & Hall/CRC, 1996.

Gillispie and Pearlman, 2001	Gillispie, S.B., and M.D. Pearlman, "Enumerating Markov Equivalence Classes of Acyclic Digraph Models," in Koller, D., and J. Breese (Eds.): *Uncertainty in Artificial Intelligence; Proceedings of the Seventeenth Conference*, Morgan Kaufmann, 2001.
Glymour, 2001	Glymour, C., *The Mind's Arrows: Bayes Nets and Graphical Causal Models in Psychology*, MIT Press, 2001.
Glymour and Cooper, 1999	Glymour, C., and G. Cooper, *Computation, Causation, and Discovery*, MIT Press, 1999.
Goertzel and Pennachin, 2007	Goertzel, B., and C. Pennachin, *Artificial General Intelligence*, Springer, 2007.
Goldstone and Janssen, 2005	Goldstone, R.L., and M.A. Janssen, "Computational Models of Collective Behavior," *Trends in Cognitive Sciences*, Vol. 9, No. 9, 2005.
Goodfellow et al., 2016	Goodfellow, I., Y. Bengio, and A. Courville, *Deep Learning*, MIT Press, 2016.
Goodwin, 1982	Goodwin, J., "An Improved Algorithm for Non-Monotonic Dependency Net Update," Technical Report LITH-MAT-R-82-23, Department of Computer Science and Information Science, Linköping University, Linköping, Sweden, 1982.
Graves, 2014	Graves, A., "Generating Sequences with Recurrent Neural Networks," arXiv:1308.0850v5 [cs.NE], 2014.
Griffiths et al., 2007	Griffiths, J. F., S. R. Wessler, R. C. Lewontin, and S. B. Carroll, *An Introduction to Genetic Analysis*, W. H. Freeman and Company, 2007.
Hamilton, 1971	Hamilton, W.D., "Geometry for the Selfish Herd," *Journal of Theoretical Biology*, Vol. 31, 1971.
Hanks and McDermott, 1987	Hanks, S., and D. McDermott, "Nonmonotonic Logic and Temporal Projection," *Artificial Intelligence*, Vol. 33, No. 3, 1987.
Hardwick and Stout, 1991	Hardwick, J.P., and Q.F. Stout, "Bandit Strategies for Ethical Sequential Allocation," *Computing Science and Statistics*, Vol. 23, 1991.
Harnad, 2001	Harnad, S. "What's Wrong and Right About Searle's Chinese Room Argument," in Bishop, M., and J. Preston (Eds.): *Essays on Searle's Chinese Room Argument*, Oxford University Press, 2001.
Hartl and Jones, 2006	Hartl, D. L., and E. W. Jones, *Essential Genetics*, Jones and Bartlett, 2006..
Hastings, 1970	Hastings, W.K., "Monte Carlo Sampling Methods Using Markov Chains and Their Applications," *Biometrika*, Vol. 57, No. 1, 1970.

Hebb, 1949	Hebb, D., *The Organization of Behavior*, Wiley, 1949.
Heckerman, 1996	Heckerman, D., "A Tutorial on Learning with Bayesian Networks," Technical Report # MSR-TR-95-06, Microsoft Research, Redmond, WA, 1996.
Heckerman and Meek, 1997	Heckerman, D., and C. Meek, "Embedded Bayesian Network Classifiers," Technical Report MSR-TR-97-06, Microsoft Research, Redmond, WA, 1997.
Heckerman et al., 1992	Heckerman, D., E. Horvitz, and B. Nathwani, "Toward Normative Expert Systems: Part I The Pathfinder Project," *Methods of Information in Medicine*, Vol. 31, 1992.
Heckerman et al., 1994	Heckerman, D., J. Breese, and K. Rommelse, "Troubleshooting under Uncertainty," Technical Report MSR-TR-94-07, Microsoft Research, Redmond, WA, 1994.
Heckerman et al., 1999	Heckerman, D., C. Meek, and G. Cooper, "A Bayesian Approach to Causal Discovery," in Glymour, C., and G.F. Cooper (Eds.): *Computation, Causation, and Discovery*, AAAI Press, 1999.
Heppner and Grenander, 1990	Heppner, F., and U. Grenander, "A Stochastic Nonlinear Model for Coordinated Bird Flocks," in Kasner, S. (Ed.): *The Ubiquity of Chaos*, AAAS Publications, 1990.
Herskovits and Cooper, 1990	Herskovits, E. H., and G. F. Cooper, "Kutató: An Entropy-Driven System for the Construction of Probabilistic Expert Systems from Databases," in Shachter, R. D., T. S. Levitt, L. N. Kanal, and J. F. Lemmer (Eds.): *Uncertainty in Artificial Intelligence; Proceedings of the Sixth Conference*, North-Holland, 1990.
Herskovits and Dagher, 1997	Herskovits, E.H., and A.P. Dagher, "Applications of Bayesian Networks to Health Care," Technical Report NSI-TR-1997-02, Noetic Systems Incorporated, Baltimore, MD, 1997.
Hey and Morone, 2004	Hey, J.D., and A. Morone, "Do Markets Drive Out Lemmings-or Vice Versa?," *Economica, London School of Economics and Political Science*, Vol. 71, No. 284, 2004.
Hogg and Craig, 1972	Hogg, R. V., and A. T. Craig, *Introduction to Mathematical Statistics*, Macmillan, 1972.
Holland, 1975	Holland, J., *Adaptation in Natural and Artificial Systems*, University of Michigan Press, 1975.
Horvitz et al., 1992	Horvitz, E., S. Srinivas, C. Rouokangas, and M. Barry, "A Decision-Theoretic Approach to the Display of Information for Time-Critical Decisions: The Vista Project," *Proceedings of SOAR-92*, Houston, TX, 1992.

Huang et al., 1994	Huang, T., D. Koller, J. Malik, G. Ogasawara, B. Rao, S. Russell, and J. Weber, "Automatic Symbolic Traffic Scene Analysis Using Belief Networks," *Proceedings of the Twelfth National Conference on Artificial Intelligence (AAAI94)*, AAAI Press, 1994.
Hume, 1748	Hume, D., *An Inquiry Concerning Human Understanding*, Prometheus, 1988 (originally published in 1748).
Iversen et al., 1971	Iversen, G. R., W. H. Longcor, F. Mosteller, J. P. Gilbert, and C. Youtz, "Bias and Runs in Dice Throwing and Recording: A Few Million Throws," *Psychometrika*, Vol. 36, 1971.
Jadbabaie et al., 2003	Jadbabaie, A., J. Lin, and A.S. Morse, "Coordination of Groups of Mobile Autonomous Agents Using Nearest Neighbor Rules," *IEEE Transactions on Automatic Control*, Vol. 48, 2003.
Jensen et al., 1990	Jensen, F., S. Lauritzen, and K. Olesen, "Bayesian Updating in Causal Probabilistic Networks by Local Computations," *Computational Statistics Quarterly* 4, 1990.
Jensen, 2001	Jensen, F.V., *Bayesian Networks and Decision Graphs*, Springer-Verlag, New York, 2001.
Jiang et al., 2010	Jiang, X., M.M. Barmada, R.E. Neapolitan, S. Visweswaran, and G.F. Cooper, "A Fast Algorithm for Learning Epistatic Genomic Relationships," *AMIA 2010 Symposium Proceedings*, 2010.
Jiang et al., 2011a	Jiang, X., R.E. Neapolitan, M.M. Barmada, and S. Visweswaran, "Performance of Bayesian Network Scoring Criteria for Learning Genetic Epistasis," *BMC Bioinformatics*, Vol. 12, No. 89, 2011.
Jiang et al., 2011b	Jiang, X., S. Visweswaran, and R.E. Neapolitan, "Mining Epistatic Interactions from High-Dimensional Data Sets Using Bayesian Networks," in Holmes, D. and L. Jain (Eds.): *Foundations and Intelligent Paradigms–3*, Springer-Verlag, 2011.
Joereskog, 1982	Joereskog, K. G., *Systems under Indirect Observation*, North Holland, 1982.
Jurafsky and Martin, 2009	Jurafsky, D., and J. Martin, *Speech and Language Processing*, Prentice Hall, 2009.
Kaelbling et al., 1998	Kaelbling, L.P., M.L. Littman, and A.R. Cassandra, "Planning and Acting in Partially Observable Stochastic Domains," *Artificial Intelligence*, Vol. 101, 1998.
Kahneman and Tversky, 1979	Kahneman, D., and A. Tversky, "Prospect Theory: An Analysis of Decision Under Risk," *Econometrica*, Vol. 47, 1979.

Karpathy and Fei-Fei, 2015   Karpathy, A., and L. Fei-Fei, "Deep Visual-Semantic Alignments for Generating Image Descriptions," arXiv:1412.2306v2 [cs.CV], 2015.

Katz, 1997   Katz, E.P., "Extending the Teleo-Reactive Paradigm for Robotic Agent Task Control Using Zadehan (fuzzy) Logic," *Proceeding of IEEE International Symposium on Computational Intelligence in Robotics and Automation* (CIRA'97), 1997.

Kemmerer et al., 2002   Kemmerer, B., Mishra, S., and P. Shenoy, "Bayesian Causal Maps as Decision Aids in Venture Capital Decision Making," *Proceedings of the Academy of Management Conference*, 2002.

Kennedy and Eberhart, 1995   Kennedy, J., and R.C. Eberhart, "Particle Swarm Optimization," *Proceedings of the IEEE Conference on Neural Networks IV*, IEEE Service Center, New York, 1995.

Kennedy and Eberhart, 2001   Kennedy, J., and R.C. Eberhart, *Swarm Intelligence*, Morgan Kaufmann, 2001.

Kennett et al., 2001   Kennett, R., K. Korb, and A. Nicholson, "Seabreeze Prediction Using Bayesian Networks: A Case Study," *Proceedings of the 5th Pacific-Asia Conference on Advances in Knowledge Discovery and Data Mining - PAKDD*, Springer-Verlag, New York, 2001.

Kenny, 1979   Kenny, D. A., *Correlation and Causality*, Wiley, 1979.

Kerrich, 1946   Kerrich, J. E., *An Experimental Introduction to the Theory of Probability*, Einer Munksgaard, 1946.

Klein et al., 2000   Klein, W.B., C.R. Stern, G.F. Luger, and D. Pless, "Teleo-Reactive Control for Accelerator Beam Tuning," *Artificial Intelligence and Soft Computing: Proceedings of the IASTED International Conference*, IASTED/ACTA Press, 2000.

Koehler, 1998   Koehler, S. *Symtext: a Natural Language Understanding System for Encoding Free Text Medical Data*, Ph.D. dissertation, University of Utah, 1998.

Korf, 1993   Korf, R., "Linear-Space Best-First Search," *Artificial Intelligence*, Vol. 62, 1993.

Koza, 1992   Koza, J., *Genetic Programming*, MIT Press, 1992.

Krishnamurthy et al., 2001   Krishnamurthy, B., C. Wills, and Y. Zhang, "On the Use and Performance of Content Distribution Networks," *ACM SIGCOMM Internet Measurement Workshop*, 2001.

Krizhevsky et al., 2012   Alex Krizhevsky, A.I. Sutskever, and, E. Hinton, "ImageNet Classification with Deep Convolutional Neural Networks," *NIPS 12 Proceedings of the 25th International Conference on Neural Information Processing Systems*, 2012.

Lander and Shenoy, 1999   Lander, D.M., and P. Shenoy, "Modeling and Valuing Real Options Using Influence Diagrams," School of Business Working Paper No. 283, University of Kansas, 1999.

Langley et al., 1987   Langley, P., H.A. Simon, G.L. Bradshaw, and J.M. Zytkow, *Scientific Discovery: Computational Explorations of the Creative Processes*, MIT Press, 1987.

Lari and Young, 1990   Lari, K., and S. Young, "The Estimation of Stochastic Context-Free Grammars Using the Inside-Outside Algorithm," *Computer Speech and Language*, Vol. 4, 1990.

Latané, 1981   Latane, B., "The Psychology of Social Impact," *American Psychologist*, Vol. 36, 1981.

Lauritzen and Spiegelhalter, 1988   Lauritzen, S. L., and D. J. Spiegelhalter, "Local Computation with Probabilities in Graphical Structures and Their Applications to Expert Systems," *Journal of the Royal Statistical Society B*, Vol. 50, No. 2, 1988.

Lenat, 1983   Lenat, D.B., "EURISKO: A Program that Learns New Heuristics," *Artificial Intelligence*, Vol. 21, No. 1-2, 1983.

Lenat, 1998   Lenat, D.B., " From 2001 to 2001: Common sense and the mind of HAL," in Stork D.G. (Ed.): *Hal's Legacy: 2001 as Dream and Reality*, MIT Press, 1998.

Lenat and Brown, 1984   Lenat, D.B., and J.S. Brown, "Why AM and Eurisko Appear to Work," *Artificial Intelligence*, Vol. 23, No. 3, 1984.

Leung et al., 2004   Leung, K.S., H.D. Jin, and Z.B. Xu, "An Expanding Self-Organizing Neural Network for the Traveling Salesman Problem," *Neurocomputing*, Vol. 62, 2004.

Li, 1997   Li, W., *Molecular Evolution*, Sinauer Associates, 1997.

Li and D'Ambrosio, 1994   Li, Z., and B. D'Ambrosio, "Efficient Inference in Bayes' Networks as a Combinatorial Optimization Problem," *International Journal of Approximate Inference*, Vol. 11, 1994.

Lifschitz, 1994   Lifschitz, V., "Circumscription," In Gabbay, D., C. J. Hogger, and J. A. Robinson (Eds.): *Handbook of Logic in Artificial Intelligence and Logic Programming, Volume 3: Nonmonotonic Reasoning and Uncertain Reasoning*, Oxford University Press, 1994.

Lindley, 1985	Lindley, D.V., *Introduction to Probability and Statistics from a Bayesian Viewpoint*, Cambridge University Press, London, 1985.
Lindsay et al., 1980	Lindsay, R. K., B. G. Buchanan, E.A. Feigenbaum, and J. Lederberg, *Applications of Artificial Intelligence for Organic Chemistry: The Dendral Project*, McGraw-Hill, 1980.
Lugg et al., 1995	Lugg, J. A., J. Raifer, and C. N. F. González, "Dehydrotestosterone Is the Active Androgen in the Maintenance of Nitric Oxide-Mediated Penile Erection in the Rat," *Endocrinology*, Vol. 136, No. 4, 1995.
Mani et al., 1997	Mani, S., S. McDermott, and M. Valtorta, "MENTOR: A Bayesian Model for Prediction of Mental Retardation in Newborns," *Research in Developmental Disabilities*, Vol. 8, No. 5, 1997.
Manning and Schuetze, 2003	Manning, C., and Schuetze, H., *Foundations of Statistical Natural Language Processing*, MIT Press, 2003.
Marcus et al., 1993	Marcus, P., B. Santorini, and M. Marcinkiewicz, "Building a Large Annotated Corpus of English: The Penn Treebank," *Computational Linguistics*, Vol. 19, No. 2, 1993.
Margaritis et al., 2001	Margaritis, D., C. Faloutsos, and S. Thrun, "NetCube: A Scalable Tool for Fast Data Mining and Compression," *Proceedings of the 27th VLB Conference*, Rome, Italy, 2001.
McCarthy, 1958	McCarthy, J., "Programs with Common Sense," *Symposium on Mechanization of Thought Processes*. National Physical Laboratory, Teddington, England, 1958.
McCarthy, 1980	McCarthy, J., "Circumscription–A Form of Non-Monotonic Reasoning," *Artificial Intelligence*, Vol. 13, 1969.
McCarthy, 2007	McCarthy, J., From Here to Human-Level AI, *Artificial Intelligence*, Vol. 171, No. 18, 2007.
McCarthy and Hayes, 1969	McCarthy, J., and P. J. Hayes, "Some Philosophical Problems from the Standpoint of Artificial Intelligence, *Machine Intelligence*, Vol. 4, 1969.
McCorduck, 2004	McCorduck, P., *Machines Who Think*, A. K. Peters, Ltd., 2004.
McCulloch and Pitts, 1943	McCulloch, W., and W. Pitts, "A Logical Calculus of the Ideas Immanent in Nervous Activity, *Bulletin of Mathematical Biophysics*, Vol. 5, 1943.
McDermott, 1982	McDermott, J., "A Rule-Based Configurer of Computer Systems," *Artificial Intelligence*, Vol. 19, No. 1, 1982.

McDermott and Doyle, 1980   McDermott, D., and J. Doyle, "Nonmonotonic Logic 1," *Artificial Intelligence*, Vol. 13, 1980.

McLachlan and Krishnan, 2008   McLachlan, G. J., and T. Krishnan, *The EM Algorithm and Extensions*, Wiley, 2008.

Meek, 1995   Meek, C., "Strong Completeness and Faithfulness in Bayesian Networks," in Besnard, P., and S. Hanks (Eds.): *Uncertainty in Artificial Intelligence; Proceedings of the Eleventh Conference*, Morgan Kaufmann, 1995.

Meek, 1997   Meek, C., "Graphical Models: Selecting Causal and Statistical Models," Ph.D. dissertation, Carnegie Mellon University, 1997.

Metropolis et al., 1953   Metropolis, N., A. Rosenbluth, M. Rosenbluth, A. Teller, and E. Teller, "Equation of State Calculation by Fast Computing Machines," *Journal of Chemical Physics*, Vol. 21, 1953.

Meuleau and Bourgine, 1999   Meuleau, N., and P. Bourgine, "Exploration of Multi-State Environments: Local Measures and Back-Propagation of Uncertainty," *Machine Learning*, Vol. 35, No. 2, 1999.

Meystre and Haug, 2005   Meystre, S., and PJ Haug, "Automation of a Problem List Using Natural Language Processing," *BMC Medical Informatics and Decision Making*, Vol. 5, No. 30, 2005.

Minsky et al., 2004   Minsky, M.L., P. Singh, and A. Sloman, "The St. Thomas Commonsense Symposium: Designing Architectures for Human-Level Intelligence, *AI Magazine*, Vol. 25, No. 2, 2004.

Minsky, 2007   Minsky, M.L., *The Emotion Machine: Commonsense Thinking, Artificial Intelligence and the Future of the Human Mind*, Simon and Schuster, 2007.

Mnih et al., 2015   Mnih, V., et al., "Human-Level Control through Deep Reinforcement Learning," *Nature*, Vol. 518, 2015.

Montes de Oca et al., 2011   Montes de Oca, M.A., T. Stützle, K. Van den Enden, and M. Dorigo, "Incremental Social Learning in Particle Swarms," *IEEE Transactions on Systems, Man, and Cybernetics, Part B: Cybernetics*, Vol. 41, No. 2, 2011.

Morjaia et al., 1993   Morjaia, M., F. Rink, W. Smith, G. Klempner, C. Burns, and J. Stein, "Commercialization of EPRI's Generator Expert Monitoring System (GEMS)," in *Expert System Application for the Electric Power Industry*, EPRI, Phoenix, AZ, 1993.

Neal, 1992   Neal, R., "Connectionist Learning of Belief Networks," *Artificial Intelligence*, Vol. 56, 1992.

Neapolitan, 1989

Neapolitan, R. E., *Probabilistic Reasoning in Expert Systems*, Wiley, 1989.

Neapolitan, 1996

Neapolitan, R. E., "Is Higher-Order Uncertainty Needed?" in *IEEE Transactions on Systems, Man, and Cybernetics Part A: Systems and Humans*, Vol. 26, No. 3, 1996.

Neapolitan, 2004

Neapolitan, R. E., *Learning Bayesian Networks*, Prentice Hall, 2004.

Neapolitan, 2009

Neapolitan, R. E., *Probabilistic Methods for Bioinformatics*, Morgan Kaufmann, 2009.

Neapolitan, 2015

Neapolitan, R. E., *Foundations of Algorithms*, Jones and Bartlett, 2015.

Neapolitan and Jiang, 2007

Neapolitan, R. E., and X. Jiang, *Probabilistic Methods for Financial and Marketing Informatics*, Morgan Kaufmann, 2007.

Nease and Owens, 1997

Nease, R.F., and D.K. Owens, "Use of Influence Diagrams to Structure Medical Decisions," *Medical Decision Making*, Vol. 17, 1997.

Nefian et al., 2002

Nefian, A.F., L.H. Liang, X.X. Liu, X. Pi., and K. Murphy, "Dynamic Bayesian Networks for Audio-Visual Speech Recognition," *Journal of Applied Signal Processing, Special Issue on Joint Audio Visual Speech Processing*, Vol. 11, 2002.

Newell and Simon, 1961

Newell, A., and H. Simon, "GPS, a Program that Simulates Human Thought," in Building, H. (Ed.): *Lerenede Automaten*, R. Oldenbourg, 1961.

Newell, 1981

Newell, A., "The Knowledge Level," *AI Magazine*, Summer, 1981.

Nicholson, 1996

Nicholson, A.E., "Fall Diagnosis Using Dynamic Belief Networks," *Proceedings of the 4th Pacific Rim International Conference on Artificial Intelligence (PRICAI-96)*, Cairns, Australia, 1996.

Nillson, 1991

Nillson, N.J., "Logic and Artificial Intelligence," *Artificial Intelligence*, Vol. 47, 1991.

Nillson, 1994

Nillson, N.J., "Teleo-Reactive Programs for Agent Control," *Journal of Artificial Intelligence Research*, Vol. 1, 1994.

Norwick et al., 1993

Norwick, S.M., M.E. Dean, D.L. Dill, and M. Horowitz, "The Design of a High-Performance Cache Controller: A Case Study in Synchronous Synthesis," *Integration, the VLSI Journal*, Vol. 15, No. 3, 1993.

Ogunyemi et al., 2002   Ogunyemi, O., J. Clarke, N. Ash, and B. Webber, "Combining Geometric and Probabilistic Reasoning for Computer-Based Penetrating-Trauma Assessment," *Journal of the American Medical Informatics Association*, Vol. 9, No. 3, 2002.

Olesen et al., 1992   Olesen, K. G., S. L. Lauritzen, and F. V. Jensen, "aHUGIN: A System Creating Adaptive Causal Probabilistic Networks," in Dubois, D., M. P. Wellman, B. D'Ambrosio, and P. Smets (Eds.): *Uncertainty in Artificial Intelligence; Proceedings of the Eighth Conference*, Morgan Kaufmann, 1992.

Olmsted, 1983   Olmsted, S.M., "On Representing and Solving Influence Diagrams," Ph.D. dissertation, Dept. of Engineering-Economic Systems, Stanford University, California, 1983.

Onisko, 2001   Onisko, A.,"Evaluation of the Hepar II System for Diagnosis of Liver Disorders," *Working Notes on the European Conference on Artificial Intelligence in Medicine (AIME-01): Workshop Bayesian Models in Medicine*," Cascais, Portugal, 2001.

Owens et al., 2016   Owens, A., et al., "Visually Indicated Sound," arXiv:1512.08512v2 [cs.CV], 2016.

Partridge, 1982   Partridge, B., "The Structure and Function of Fish Schools," *Scientific American*, Vol. 246, No. 6, 1982.

Pearl, 1986   Pearl, J., "Fusion, Propagation, and Structuring in Belief Networks," *Artificial Intelligence*, Vol. 29, 1986.

Pearl, 1988   Pearl, J., *Probabilistic Reasoning in Intelligent Systems*, Morgan Kaufmann, 1988.

Pearl, 2000   Pearl, J., *Causality: Models, Reasoning, and Inference*, Cambridge University Press, 2000.

Pearl et al., 1989   Pearl, J., D. Geiger, and T. S. Verma, "The Logic of Influence Diagrams," in Oliver, R.M., and J. Q. Smith (Eds.): *Influence Diagrams, Belief Networks and Decision Analysis*, Wiley, 1990. (A shorter version originally appeared in *Kybernetica*, Vol. 25, No. 2, 1989.)

Pham et al., 2002   Pham, T.V., M. Worring, and A. W. Smeulders, "Face Detection by Aggregated Bayesian Network Classifiers," *Pattern Recognition Letters*, Vol. 23. No. 4, 2002.

Piaget, 1966   Piaget, J., *The Child's Conception of Physical Causality*, Routledge and Kegan Paul, 1966.

Pinker, 2007   Pinker, S., *The Stuff of Thought: Language as a Window into Human Nature*, Viking, 2007.

Potvin, 1993

Potvin, J.Y., "The Traveling Salesperson Problem: A Neural Network Perspective," *ORSA Journal on Computing*, Vol. 5, No. 4, 1983.

Pradhan and Dagum, 1996

Pradhan, M., and P. Dagum, "Optimal Monte Carlo Estimation of Belief Network Inference," in Horvitz, E., and F. Jensen (Eds.): *Uncertainty in Artificial Intelligence; Proceedings of the Twelfth Conference*, Morgan Kaufmann, 1996.

Quinlan, 1983

Quinlan, J.R., "Learning Efficient Classification Procedures and Their Application to Chess Endgames," in Michalski. R.S., J.G. Carbonell, and T.M. Mitchell (Eds.), *Machine Learning – An Artificial Intelligence Approach*, Tioga, 1983.

Quinlan, 1986

Quinlan, J.R., "Induction of Decision Trees," *Machine Learning*, Vol. 1, No. 1, 1986.

Quinlan, 1987

Quinlan, J.R., "Simplifying Decision Trees," *International Journal of Man-Machine Studies*, Vol. 27, No. 3, 1987.

Rechenberg, 1994

Rechenberg, I., *Evolution Strategies*, in Zurada, J.M., R.J. Marks II, and C.J. Robinson (Eds.): *Computational Intelligence: Imitating Life*, IEEE Press, 1994.

Reiter, 1980

Reiter, R., "A Logic for Default Reasoning," *Artificial Intelligence*, Vol. 13, 1980.

Reiter, 1991

Reiter, R., "The Frame Problem in the Situation Calculus: A Simple Solution (Sometimes) and a Completeness Result for Goal Regression," in Lifschitz, V. (Ed.): *Artificial Intelligence and Mathematical Theory of Computation: Papers in Honor of John McCarthy*, Academic Press, 1991.

Reynolds, 1987

Reynolds, C.W., "Flocks, Herds, and Schools: A Distributed Behavioral Model," *Computer Graphics*, Vol. 21, No. 4, 1987.

Robbins, 1952

Robbins, H., "Some Aspects of the Sequential Design of Experiments," *Bulletin of the American Mathematical Society*, Vol. 58, No. 5, 1952.

Robinson, 1977

Robinson, R. W., "Counting Unlabeled Acyclic Digraphs," in Little, C. H. C. (Ed.): *Lecture Notes in Mathematics, 622: Combinatorial Mathematics V*, Springer-Verlag, 1977.

Rosenblatt, 1958

Rosenblatt, F., "The Perceptron: a Probabilistic Model for Information Storage and Organization in the Brain," *Psychological Review*, Vol. 65, No. 6, 1958.

Rosenschein, 1985   Rosenschein, S.J., "Formal Theories of Knowledge in AI and Robotics," *New Generation Computing*, Vol. 3, No. 4, 1985.

Royalty et al., 2002   Royalty, J., R. Holland, A. Dekhtyar, and J. Goldsmith, "POET, The Online Preference Elicitation Tool," *Proceedings of AAAI Workshop on Preferences in AI and CP*, 2002.

Ruhnka et al., 1992   Ruhnka, J.C., H.D. Feldman, and T.J. Dean, "The 'Living Dead' Phenomena in Venture Capital Investments," *Journal of Business Venturing*, Vol. 7, No. 2, 1992.

Salmon, 1997   Salmon, W., *Causality and Explanation*, Oxford University Press, 1997.

Savage, 1954   Savage, L.J., *Foundations of Statistics*, Wiley, New York, 1954.

Scheines et al., 1994   Scheines, R., P. Spirtes, C. Glymour, and C. Meek, *Tetrad II: User Manual*, Erlbaum, 1994.

Searle, 1980   Searle, J.R., "Mind, Brains, and Programs," *Behavioral and Brain Sciences*, Vol. 3, 1980.

Segal et al., 2005   Segal, E., D. Pe'er, A. Regev, D. Koller, and N. Friedman, "Learning Module Networks," *Journal of Machine Learning Research*, Vol. 6, 2005.

Shachter, 1986   Shachter, R. D. "Evaluating Influence Diagrams," *Operations Research*, Vol. 34, 1986.

Shachter and Peot, 1990   Shachter, R. D., and M. Peot, "Simulation Approaches to General Probabilistic Inference in Bayesian Networks," in Henrion, M., R. D. Shachter, L. N. Kanal, and J. F. Lemmer (Eds.): *Uncertainty in Artificial Intelligence 5*, North-Holland, 1990.

Shannon, 1948   Shannon, C.E., "A Mathematical Theory of Communication," *The Bell System Technical Journal*, Vol. 27, 1948.

Shaparau et al., 2008   Shaparau, D., M. Pistore, and P. Traverso, "Fusing Procedural and Declarative Planning Goals for Nondeterministic Domains," *Proceedings of the Twenty-Third AAAI Conference on Artificial Intelligence*, Chicago, IL, 2008.

Shenoy, 2006   Shenoy, P., "Inference in Hybrid Bayesian Networks Using Mixtures of Gaussians," in Dechter, R., and T. Richardson (Eds.): *Uncertainty in Artificial Intelligence: Proceedings of the Twenty-Second Conference*, AUAI Press, 2006.

Shepherd and Zacharakis, 2002   Shepherd, D.A., and A. Zacharakis, "Venture Capitalists' Expertise: A Call for Research into Decision Aids and Cognitive Feedback," *Journal of Business Venturing*, Vol. 17, 2002.

Shiller, 2000 — Shiller, R.J., *Irrational Exuberance*, Princeton University Press, 2000.

Simon, 1957 — Simon, H., *Models of Man: Social and Rational*, Wiley, 1957.

Sims, 1987 — Sims, M.H., "Empirical and Analytic Discovery in IL," *Proceedings of the 4h International Machine Learning Workshop*, Morgan Kaufmann, 1987.

Singh and Valtorta, 1995 — Singh, M., and M. Valtorta, "Construction of Bayesian Network Structures from Data: A Brief Survey and an Efficient Algorithm," *International Journal of Approximate Reasoning*, Vol. 12, 1995.

Spirtes et al., 1993; 2000 — Spirtes, P., C. Glymour, and R. Scheines, *Causation, Prediction, and Search*, Springer-Verlag, New York, 1993; second edition, MIT Press, 2000.

Srinivas, 1993 — Srinivas, S., "A Generalization of the Noisy OR Model," in Heckerman, D., and A. Mamdani (Eds.): *Uncertainty in Artificial Intelligence; Proceedings of the Ninth Conference*, Morgan Kaufmann, 1993.

Strutt and Hall, 2003 — Strutt, J.E., and P.L. Hall, *Global Vehicle Reliability: Prediction and Optimization Techniques*, Wiley, 2003.

Sun and Shenoy, 2006 — Sun, L., and P. Shenoy, "Using Bayesian Networks for Bankruptcy Prediction: Some Methodological Issues," School of Business Working Paper No. 302, University of Kansas, Lawrence, KS, 2006.

Süral et al., 2010 — Süral, H., N.E. Özdemirel, I Önder, and M.S. Turan, "An Evolutionary Approach for the TSP and the TSP with Backhauls," in Tenne, Y., and C.K. Goh (Eds.): *Computational Intelligence in Expensive Optimization Problems*, Springer-Verlag, 2010.

Sutskever et al., 2011 — Sutskever, I., J. Martens, and G. Hinton,, "Generating Text with Recurrent Neural Networks," *Proceedings of the 28 th International Conference on Machine Learning*, 2011.

Sutskever et al., 2014 — Sutskever I., O. Vinyals, and Q.V. Le, "Sequence to Sequence Learning with Neural Networks," arXiv.org > cs > arXiv:1409.3215, 2014.

Szolovits and Pauker, 1978 — Szolovits, P., and S.G. Pauker, "Categorical and Probabilistic Reasoning in Medical Diagnosis," *Artificial Intelligence*, Vol. 11, 1978.

Tatman and Shachter, 1990 — Tatman, J.A., and R.D. Shachter, "Dynamic Programming and Influence Diagrams," *IEEE Transactions on Systems, Man, and Cybernetics*, Vol. 20, No. 2, 1990.

Theodoridis, 2015   Theodoridis, S., *Machine Learning*, Academic Press, 2015.

Tierney, 1996   Tierney, L., "Introduction to General State-Space Markov Chain Theory," in Gilks, W. R., S. Richardson, and D. J. Spiegelhalter (Eds.): *Markov Chain Monte Carlo in Practice*, Chapman & Hall/CRC, 1996.

Torres-Toledano and Sucar, 1998   Torres-Toledano, J.G., and L.E. Sucar, "Bayesian Networks for Reliability Analysis of Complex Systems," in Coelho, H. (Ed.): *Progress in Artificial Intelligence - IBERAMIA 98*, Springer-Verlag, Berlin, 1998.

Turing, 1950   Turing, A., "Computing Machinery and Intelligence," *Mind*, Vol. 59, 1950.

Tversky and Kahneman, 1981   Tversky, A., and D. Kahneman, "The Framing of Decisions and the Psychology of Choice," *Science*, Vol. 211, 1981.

Valadares, 2002   Valadares, J. "Modeling Complex Management Games with Bayesian Networks: The FutSim Case Study," *Proceeding of Agents in Computer Games, a Workshop at the 3rd International Conference on Computers and Games (CG'02)*, Edmonton, Alberta, Canada, 2002.

van Lambalgen, 1987   van Lambalgen, M., "Random Sequences," Ph.D. thesis, University of Amsterdam, 1987.

VanLehn et al., 2005   VanLehn, K., C. Lynch, K. Schulze, J.A. Shapiro, R. Shelby, L. Taylor, D. Treacy, A. Weinstein, and M. Wintersgill, "The Andes Physics Tutoring System: Lessons Learned," *International Journal of Artificial Intelligence and Education*, Vol. 15, No. 3, 2005.

Vermorel and Mohri, 2005   Vermorel, J., and M. Mohri, "Multi-Armed Bandit Algorithms and Empirical Evaluation," *European Conference on Machine Learning*, 2005.

Vicsek et al., 1995   Vicsek, T., A. Czir´ok, E. Ben-Jacob, and O. Shochet, "Novel Type of Phase Transition in a System of Self-Driven Particles," *Physical Review Letters*, Vol. 75, 1995.

von Mises, 1919   von Mises, R., "Grundlagen der Wahrscheinlichkeitsrechnung," *Mathematische Zeitschrift*, Vol. 5, 1919.

Williams et al., 2003   Williams, B., M. Ingham, S. Chung, and P. Elliot, "Model-based Programming of Intelligent Embedded Systems and Robotic Space Explorers," *Proceedings of IEEE Special Issue on Modeling and Design of Embedded Software*, 2003.

Winograd, 1972   Winograd, T., "Understanding Natural Language," *Cognitive Psychology*, Vol. 3, No. 1, 1972.

Winston, 1973

Winston, P., "Progress in Vision and Robotics," M.I.T. Artificial Intelligence TR-281, 1973.

Wright, 1921

Wright, S., "Correlation and Causation," *Journal of Agricultural Research*, Vol. 20, 1921.

Xiang et al., 1996

Xiang, Y., S. K. M. Wong, and N. Cercone, "Critical Remarks on Single Link Search in Learning Belief Networks," in Horvitz, E., and F. Jensen (Eds.): *Uncertainty in Artificial Intelligence; Proceedings of the Twelfth Conference*, Morgan Kaufmann, 1996.

Yob, 1975

Yob, G., "Hunt the Wumpus," *Creative Computing*, Vol. 1, No. 5, Sep-Oct 1975.

Zadeh, 1965

Zadeh, L., "Fuzzy Sets," *Information and Control*, Vol. 8, No. 3, 1965.

Zelle and Mooney, 1996

Zelle, J., and R. Mooney, "Learning to Parse Database Queries Using Inductive Logic Programming," *Proceedings of AAAI-96*, MIT Press, 1996.

Zang et al., 2016

Zhang R., P. Isola, and A.A. Efros, "Colorful Image Colorization," arXiv:1603.08511v5 [cs.CV], 2016.